DAS ASTRONOMIE-BUCH

250 Meilensteine in der Geschichte des Universums und seiner Erforschung

Jim Bell

Librero

Für meine Lehrer und Mentoren, für ihre Geduld, ihre weisen Ratschläge und ihre wiederholte Ermahnung, dass wir aus den Bemühungen derer lernen sollten, die vor uns kamen; und für meine Kinder und zahlreichen Schüler, die Geduld mit mir hatten und haben und diese Lektion zu verinnerlichen suchen.

Titel der englischen Originalausgabe:
The Space Book: Revised & Updated

Postbus 72, 5330 AB Kerkdriel, Niederlande

Bildnachweise S. 528

Die Originalausgabe erschien 2018 bei Sterling Publishing Co., Inc.
Diese Ausgabe entstand in Zusammenarbeit mit Sterling Publishing Co., Inc.,
1166 Avenue of the Americas 17th Floor, New York, NY 10036

Aus dem Englischen von Markus Roduner
Lektorat & Satz: G & R Vilnius, Litauen

Printed in India

ISBN: 978-94-6359-115-7

Mir kam plötzlich in den Sinn, dass diese kleine Erbse, hübsch und blau, die Erde war. Ich hob einen Daumen und schloss ein Auge, und mein Daumen verdeckte den Planeten. Ich fühlte mich nicht wie ein Riese. Ich fühlte mich sehr, sehr klein.

Neil Armstrong

Schwer zu sagen, was unmöglich ist, denn die Träume von gestern sind die Hoffnungen von heute und die Wirklichkeit von morgen.

Robert Goddard

Inhalt

Unsere Zukunft

Einführung

Eine Geschichte der Astronomie und Raumfahrt in chronologischer Abfolge in nur 250 Kapiteln erzählen zu wollen, darf man sicherlich als gewagtes Unterfangen bezeichnen, aber ich nehme diese Herausforderung gerne an. Eine Fülle spannender Entdeckungen erwartet uns hinter jeder Ecke, und als Raumfahrt-Enthusiast, der das Glück hatte, Weltraumwissenschaften zu lehren und auf diesem Gebiet zu forschen, kann ich aus dem Vollen schöpfen. In den letzten fünf Jahrzehnten wurden wir Zeugen einer der größten Eruptionen menschlichen Forschungsgeistes in der Geschichte der Menschheit: des Weltraumzeitalters. Menschen sind in den Weltraum gereist, und einige leben sogar dort, ein Dutzend ist auf dem Mond herumspaziert. Raumsonden und riesige Teleskope auf der Erde und im Weltraum haben es uns ermöglicht, einen Blick aus der Nähe auf außerirdische Landschaften auf den Planeten unseres Sonnensystems, Asteroiden und Kometen zu werfen und den Kosmos in seiner ganzen Grandiosität wahrzunehmen.

All das wurde möglich, weil wir, um mit Isaac Newton zu sprechen, »auf den Schultern von Riesen standen«. Aber die wundersamen Entdeckungen der modernen Astronomie und Weltraumforschung wären ohne eingehende Betrachtung der von unseren Vorfahren erarbeiteten Grundlagen kaum zu verstehen. Viele dieser Pioniere bezahlten für ihre Glanzleistungen einen hohen Preis in Form von persönlichen oder beruflichen Erschwernissen oder sogar mit dem Tod, andere erkannte man erst Jahrzehnte oder Jahrhunderte nach ihrem Tod als Wegbereiter an. Wo sich bedeutende Leistungen nicht auf Einzelpersonen beschränkten oder mir deren Nennung unpraktisch erschien, wird im entsprechenden Kapitel der Beitrag von Gruppen für zukünftige Errungenschaften erläutert. Um ein paar Beispiele zu nennen: die Himmelskarten in Steinzeithöhlen, die Sumerer als Begründer der Kosmologie vor fünf- bis siebentausend Jahren, die im Dunkel der Geschichte verborgenen Zivilisationen, die für den Bau alter Observatorien wie Stonehenge verantwortlich sind, die sorgfältigen Chronisten von Himmelsereignissen zur Zeit der chinesischen Dynastien Xià, Shāng und Zhōu (2100–256 v. Chr.) oder die Mathematik- und Astronomieschulen der antiken und mittelalterlichen Kulturen der Ägypter, Inder, Araber, Perser und Maya, die einen so starken Einfluss auf die moderne Astronomie, Astrophysik und Kosmologie ausgeübt haben.

Natürlich haben auch Individuen Entscheidendes zum Fortschritt der Naturwissenschaften im Allgemeinen und zur Physik und Astronomie im Besonderen beigetragen. Keine Wissenschaftsgeschichte kommt ohne gebührende Erwähnung der nachhaltigen Beiträge antiker Philosophen, Mathematiker und Astronomen wie Pythagoras, Platon, Aristoteles, Aristarchos, Eratosthenes, Hipparchos oder Ptolemäus aus, auf deren Forschungen und Erkenntnissen letztlich auch die moderne Astronomie beruht. In jüngerer Zeit haben Wissenschaftler wie Nikolaus Kopernikus, Galileo Galilei, Johannes Kepler, Isaac Newton, Albert Einstein, Edwin Hubble, Stephen Hawking oder Carl Sagan, um nur einige zu nennen, für unglaubliche Fortschritte in der Physik, Astronomie und Weltraumforschung gesorgt. Die Leistungen dieser Riesen werden hier in zahlreichen Beiträgen gewürdigt.

Aber auch Forscher, die vielleicht nur in Handbüchern als berühmt bezeichnet werden, trugen zu wichtigen Fortschritten und Entdeckungen bei oder hinterließen Werke mit nachhaltiger Wirkung. Zu diesen herausragenden Wissenschaftlern gehören: Christiaan Huygens, der Entdecker des »dünnen, flachen Rings« des Saturns und seines größten Mondes Titan; Giovanni Cassini, der den Großen Roten Fleck des Jupiters sowie den Saturnmond Iapetus aufspürte und die Gestalt der Saturnringe enträtselte; Edmond Halley, der die Rückkehr des nach ihm benannten Kometen ins Innere Sonnensystem alle 76 Jahre berechnete; Tycho Brahe, der letzte Astronomie-Gigant der Vorteleskop-Ära, dessen Daten Johannes Kepler die Ausarbeitung seiner Gesetze zu den Planetenbewegungen ermöglichten; der produktive Kometenjäger Charles Messier, der den ersten Katalog der bekannten Nebel mit über 100 Einträgen zusammenstellte; der Mathematiker Joseph-Louis Lagrange, der die Existenz der heute nach ihm benannten Gleichgewichtspunkte im Weltraum vorhersagte; Wilhelm Herschel, der Entdecker des Uranus und einiger seiner Monde; die Spektroskopie-Pioniere Joseph von Fraunhofer, Christian Doppler und Armand Fizeau, die den Astronomen die Messung der Zusammensetzungen und Geschwindigkeiten von Himmelsobjekten ermöglich(t)en; die Entdecker der Radioaktivität, Pierre und Marie Curie sowie ihr Kollege Henri Becquerel; Max Planck, der unfreiwillige Vater der Quantenphysik; Harlow Shapley, der als einer der ersten Astronomen die überwältigende Größe der Milchstraße erfasste; die Raketenpioniere Robert Goddard und Hermann Oberth; die Astrophysikerin und Mitentdeckerin des »kosmischen Netzes« Margaret Geller und der Planetenforscher Eugene Shoemaker, der die Bedeutung von Impaktkratern auf unserem und anderen Planeten aufdeckte. Diese und andere Forscher, die in bedeutender Weise zur Weiterentwicklung der Astronomie, Astrophysik sowie der Planeten- und Weltraumforschung beigetragen haben, sollen durch ihre Erwähnung an entsprechender Stelle vermehrt ins Bewusstsein eines interessierten Publikums gebracht werden.

Und dann sind da noch die Männer und Frauen, die mit wichtigen Entdeckungen, neuen Theorien und Experimenten, die einen Paradigmenwechsel herbeiführten, zum wissenschaftlichen Fortschritt beitrugen oder sich durch die mühselige Suche nach der entscheidenden Nadel im Heuhaufen verdient machten, denen aber aus den unterschiedlichsten Gründen die ihnen gebührende öffentliche Aufmerksamkeit oder wissenschaftliche Anerkennung verwehrt blieb. Die wichtigsten dieser Genies sollen hier der Vergessenheit entrissen werden: der indische Mathematiker und Astronom Aryabhata aus dem 6., der Kalenderexperte Beda Venerabilis aus dem 8. und der arabische Sternkartierer ʻAbd ar-Rahmān as-Sūfī aus dem 10. Jahrhundert. Ebenso Giordano Bruno, der unbeirrbar die Existenz weiterer bewohnbarer Welten verfocht und deshalb 1600 als Ketzer auf dem Scheiterhaufen verbrannt wurde, oder der dänische Astronom Ole Røemer, der im 17. Jahrhundert die Lichtgeschwindigkeit erstmals mit großer Genauigkeit bestimmte. Erwähnung verdienen auch der englische Astronom Jeremiah Horrocks, der den Venustransit von 1639 vorhersagte, der deutsche Physiker Ernst Chladni, der 1794 richtigerweise auf den außerirdischen Ursprung der Meteoriten schloss, oder der britische Astrophysiker Arthur Eddington, der als einer der Ersten das Innenleben der Sterne erkannte, sowie nicht zuletzt der amerikanische Radioingenieur Karl Jansky, der 1931 mit einem Experiment die Radioastronomie begründete.

In Vergessenheit gerieten im Laufe der Zeit auch eine ganze Reihe einflussreicher weiblicher Astronomen. Von ihnen soll hier an prominenter Stelle die Rede sein, zumal sie oft härter arbeiten mussten, um auf einem von Männern dominierten Forschungsfeld zu bestehen und anerkannt zu werden. Zu diesen bemerkenswerten Frauen gehören die britische Astronomin Caroline Herschel, die jüngere Schwester von Wilhelm Herschel, die sich im ausgehenden 18. Jahrhundert als erfolgreiche Kometenjägerin und versierte Sternenkartografin einen Namen machte, oder die weltweit erste Astronomieprofessorin Maria Mitchell. Gebührende Würdigung verdienen außerdem die weiblichen »Computer« des Harvard-College-Observatoriums im frühen 20. Jahrhundert, darunter Annie Jump Cannon und Henrietta Swan Leavitt, die eine auch heute noch weitverbreitete Klassifizierung der Sterne erarbeiteten und die sogenannten Standardkerzen zur ungefähren Bestimmung von Entfernungen im Universum entdeckten. Ich habe mir Mühe gegeben, noch viele andere wichtige, aber meist unbeachtete Astronomen, Physiker, Philosophen und Ingenieure zu erwähnen, auch wenn ich ihnen wohl leider nicht die Anerkennung zukommen lasse, die sie verdient haben. Als Astronom und Planetenforscher ist es mir peinlich, dass selbst ich von einigen dieser erstaunlichen Wissenschaftler vor meinen Recherchen zu diesem Buch noch nie gehört hatte.

Im Laufe meiner Nachforschungen bemerkte ich, dass die Zahl der für die Erwähnung vorgesehenen Individuen mit der Zeit, insbesondere seit dem Beginn des Weltraumzeitalters in den 1950er-Jahren, abnahm. Dies spiegelt vermutlich einen aktuellen Trend in der Astronomie und Weltraumforschung, ja vielleicht in allen Forschungsbereichen, wider. Einst waren Forschung und Erkundung als Einzelunternehmungen meist wohlhabenden Männern vorbehalten, die nicht selten von einem Monarchen oder Gönner gefördert wurden und in erbittertem Wettbewerb mit ihren Kollegen standen. Ausnahmen wie die bemerkenswerte Kooperation von Tycho Brahe mit Johannes Kepler oder Pierre und Marie Curie mit Henri Becquerel sowie Forscherteams wie die des al-Tūsī am Marāgheh-Observatorium im Iran oder die Kerala-Mathematikschule im 16. Jahrhundert bestätigen die Regel. Zumeist aber waren in meinem Forschungsbereich vor dem Zweiten Weltkrieg Einzelpersonen für Fortschritte verantwortlich.

Aufgrund des rasanten technischen Fortschritts nahm in der zweiten Hälfte des 20. Jahrhunderts in der Physik, Astronomie und Raumfahrt die Bedeutung der Großforschung immer mehr zu. Die beteiligten Forscher verfügen dabei nur noch für bestimmte Teile des Projekts über das nötige Fachwissen, denn es umfasst ein sehr breites Spektrum an Disziplinen. Ein frühes Musterbeispiel war das Manhattan-Projekt der US-Armee in den 1940er-Jahren, das die ersten Atomwaffen entwickelte. Damit dies gelang, wurden Experten aus den Bereichen Technik, Werkstoffe und Luftfahrt benötigt, aber auch Wissenschaftler, die sich mit Kernreaktionen bei extrem hohen Temperaturen und Drucken auskannten. Astronomen, die nur Jahre zuvor herausgefunden hatten, was Sterne zum Leuchten bringt, boten sich da geradezu an. Zu den weiteren frühen Großforschungsprojekten, die eine Teilnahme von Astrophysikern und Raumfahrtwissenschaftlern erforderten, gehörten die Entwicklung militärischer Radarsysteme und ballistischer Raketen sowie von Satelliten für den militärischen und zivilen Einsatz.

In der Geschichte der zivilen astronomischen Großforschung dominierte im Westen die 1958 gegründete US-Raumfahrtbehörde NASA (*National Aeronautics and Space Administration*). Von ihren vielen bahnbrechenden Erfolgen bei der unbemannten und bemannten Erforschung des Weltraums können nur sehr wenige mit einem Individuum in Verbindung gebracht werden. Auch meine eigene Arbeit mit dem Hubble-Weltraumteleskop oder Instrumenten auf Orbitern, die um Mond, Mars oder Asteroiden kreis(t)en sowie auf den Mars-Rovern *Spirit*, *Opportunity* und *Curiosity* im Rahmen von NASA-Missionen zum Einsatz kamen, hat mich in meiner Erkenntnis bestärkt, dass die heutige Astronomie und Weltraumforschung nur mit großen Teams erfolgreich betrieben werden kann. Die Bandbreite der beteiligten Fachleute spiegelt die Vielfalt der geforderten Kompetenzen wider. Bei einer Mars-Rover-Mission arbeiten beispielsweise Planetenwissenschaftler mit den Spezialgebieten Physik, Chemie, Mathematik, Geologie, Astronomie, Meteorologie und Biologie, Informatiker und Softwareentwickler, Werkstoff-, Antriebs-, Energie-, Wärme-, Kommunikations-, Elektro- und Systemtechniker sowie diverse Verwaltungsmitarbeiter mit. Ebenso unverzichtbar sind breit gefächerte Fachkenntnisse für den Bau, die Stationierung und den Betrieb von Weltraumteleskopen, Raumfähren, großen Teilchendetektoren und -beschleunigern sowie der Internationalen Raumstation, die mitunter als teuerstes und komplexestes je vom Menschen durchgeführtes Projekt bezeichnet wird. Außerdem betragen die Kosten derartiger Großforschungsprojekte über längere Zeit oft Hunderte Millionen oder gar Dutzende Milliarden Euro. Einzelne Forscher finden bei Großprojekten im Falle eines Erfolgs (oder auch Misserfolgs) in der Regel keine Erwähnung, denn das Ziel konnte nur durch die gemeinsamen Anstrengungen des ganzen Teams erreicht werden. Der Erfolg der sowjetischen Raumfahrtprogramme in den 1960er- und 1970er-Jahren war gleichfalls das Ergebnis von Teamarbeit (wenn auch eher militärisch geprägt). Und in jüngster Zeit spielen die 19 Länder der ESA sowie Kanada, Japan, Brasilien, Südkorea,

Indien und China neben eigenen, kleineren Projekten auch eine bedeutende Rolle auf der Bühne der internationalen astronomischen Großforschung.

Mindestens so herausfordernd wie die Ermittlung der zu erwähnenden Schlüsselpersonen gestaltete sich die Feststellung der wichtigsten Ereignisse in der Geschichte der Astronomie und Raumfahrt. Bei einigen wie der Entstehung der Erde und der Planeten, dem ersten Menschen im Weltraum oder den ersten Menschen auf dem Mond musste ich mir nicht den Kopf zerbrechen. Aber bei den meisten Ereignissen fällt die Ermittlung ihrer Bedeutung nicht ganz so leicht, denn ihre Einschätzung variiert von Person zu Person beträchtlich. Die Ereignisse werden in chronologischer Folge behandelt – bei prähistorischen Ereignissen wie der Entstehung des Lebens auf der Erde, langwierigen Prozessen wie der Entstehung der ersten Sterne und Galaxien oder zukünftigen Geschehnissen handelt es sich dabei um Annäherungen.

Bei historischen und insbesondere neueren Ereignissen kennen wir zwar ihre zeitliche Einordnung in der Regel viel besser, aber es bleibt die Herausforderung, unter der unendlich scheinenden Zahl von Entdeckungen, Theorien, Erfindungen und Missionen der letzten Jahrhunderte und insbesondere der letzten fünf Jahrzehnte eine Auswahl zu treffen. Eine Voreingenommenheit des Herausgebers ist deshalb wohl unvermeidlich, und ich gestehe gern ein, dass eine solche auch meinerseits besteht: Ich bin ein Sonnensystem-Snob. Meine Passion ist das Studium von Planeten, Monden, Asteroiden und Kometen, die für viele andere Astronomen nur Überreste einer Explosion darstellen, die vor 4,5–5 Milliarden Jahren rein zufällig nicht in die sich neu bildende Sonne gestürzt sind. Unser Zentralgestirn macht nämlich 99,86 Prozent der Masse des Sonnensystems aus, der Jupiter den Löwenanteil der verbleibenden 0,14 Prozent. Dennoch sind gerade sie ein unglaublich spannendes Studienobjekt, auch weil auf mindestens einem der Trümmerreste seit Urzeiten Leben gedeiht und es auf anderen wohl einst tat (oder vielleicht bis heute tut). Wenn meine Astrophysiker- oder Kosmologen-Freunde ihr Bedauern darüber äußern, dass ich meine Forschung auf so unbedeutende, nahe gelegene Objekte beschränke, könnte ich entgegnen, dass die neuesten Erkenntnisse der Exoplanetenforschung belegen, dass Planetensysteme ein wahrscheinlich durchaus übliches Phänomen sind. Unser Sonnensystem könnte eines von Millionen oder eher Milliarden in unserer Galaxie sein. Und doch wissen wir nicht, ob außer unserem noch eines Leben beherbergt. Das macht uns trotz unserer Winzigkeit zu etwas Besonderem.

Unsere Reise durch die Geschichte der Weltraumforschung ist bestimmt auch ein Spiegelbild meiner Präferenzen für Entdeckungen, Theorien und Abenteuer im Zusammenhang mit unserem Sonnensystem. Aber diese Bevorzugung nahe gelegener Objekte des Sonnensystems hat noch weitere Gründe: Einerseits gelten diese als am besten erforscht, und andererseits sollte man erst die Nachbarschaft erkunden, bevor man sich globalen Problemen zuwendet. Kenntnisse in Physik, Chemie, Himmelsmechanik, Geologie, Spektroskopie und Ingenieurskunst sowie weitere Fertigkeiten, die zur Erforschung unseres Sonnensystems mithilfe von Teleskopen, Raumsonden, Computersimulationen, hochmodernen Laborexperimenten oder bemannten Raumflügen erforderlich sind, bilden die Grundlage für die Erforschung der Nachbarsterne und ihrer eventuellen Planetensysteme, unserer Milchstraße, nahe gelegener Galaxien und des ganzen Universums – jetzt und auch in ferner Zukunft. Folgende Augenblicke betrachte ich als wahrhafte Meilensteine bei der Erforschung des Weltraums: wenn sich ein Lichtpunkt in eine einzigartige Welt auflöst – über 50 größere und Millionen kleinerer Welten befinden sich in unserer Nachbarschaft – und wenn wir eine dieser Welten zum ersten Mal besuchen, ob virtuell durch die Augen unserer Abgesandten in Form von Raumsonden oder bei geringerer Distanz zur Erde selbst. Das Sonnensystem ist so etwas wie unser Kinderspielplatz: Wir lernen die Welten um uns herum kennen, tauchen unsere Füße, wie Carl Sagan es sagen würde, »am Ufer in den kosmischen Ozean« und bereiten uns darauf vor, eines Tages tiefer hineinzuwaten.

Und schließlich sollte ich darauf hinweisen, dass eine Sammlung von Meilensteinen in der Geschichte der Astronomie und Raumfahrt gar nicht vollständig sein kann. Aus pragmatischen Erwägungen wurde sie auf 250 Einträge beschränkt, die natürlich nur einen Bruchteil der Menschen, historischen Entdeckungen und revolutionären Ereignisse reflektieren, die diese spannenden Forschungsfelder im Laufe der Geschichte von Raum und Zeit geprägt haben. Andere Autoren hätten wohl andere Meilensteine zusammengetragen, aber sie wären alle mit dem gleichen Dilemma konfrontiert gewesen: Wie entscheiden, welche man weglassen soll? Als ich dieses Projekt in seinen Umrissen skizzierte, entschied ich mich bewusst dafür, nicht nur den atemberaubenden Errungenschaften des Weltraumzeitalters, sondern auch den grundlegenden Leistungen der Wissenschaftler des Altertums aus Mesopotamien, China, Indien, Ägypten, Europa und Amerika die gebührende Anerkennung zu zollen. Und auch besonders wichtige Errungenschaften aus dem Mittelalter, der Renaissance und der jüngeren Geschichte, von der vorindustriellen Zeit bis zur industriellen Revolution, wollte ich nicht übergehen. Bei meinem Versuch, eine ausgeglichenere Zeitachse zu schaffen, habe ich vermutlich verdienstvolle Menschen, Entdeckungen oder Ereignisse aus neuerer Zeit übersehen, wofür ich um Nachsicht bitte. Wie ich schon eingangs gesagt habe, kann man die Geschichte der Astronomie und Weltraumforschung nicht auf 250 Meilensteine reduzieren. Aber das soll uns nicht daran hindern, es auf den folgenden Seiten dennoch zu tun.

Der Weltraum ist fast unermesslich und befindet sich in ständiger Veränderung. In den fünf Jahren seit der Veröffentlichung der englischen Erstausgabe des *Space Book* begaben sich etliche Raumsonden auf ihren Weg zu Zielen im Sonnensystem, während laufende unbemannte Raummissionen spannende Entdeckungen machten. Außerdem sind Hunderte neuer Planeten auf Bahnen um nahe gelegene sonnenähnliche Sterne aufgespürt worden, Astrophysiker haben neue Wege zur Erforschung des ferneren Universums gefunden, und Weltraumorganisationen auf der ganzen Welt ein breites Spektrum von zukünftigen Raumfahrtmissionen und Forschungsprojekten bewilligt. Auch die Welt der Weltraumforschung hat sich in wenigen Jahren stark verändert: Private Raumfahrtunternehmen wie *SpaceX* und *Blue Origin* drängen mit ihren eigenen, wiederverwendbaren Trägerraketen auf den Markt oder entwickeln Methoden zur Kartierung der Erde und Erschließung von Mineralien sowie Wasser auf nahe gelegenen Asteroiden mithilfe von CubeSats, Kleinsatelliten mit den Standardmaßen 11,35 × 10 × 10 Zentimetern. Das goldene Zeitalter der Weltraumerkundung geht weiter, und ein Ende ist nicht in Sicht.

Ich habe versucht, mit einigen dieser Änderungen Schritt zu halten, obwohl ich bei der Fülle von Informationen eine Auswahl treffen musste. Angesichts meiner Leidenschaft für die Planetologie, das heißt die Erforschung unseres Sonnensystems, befassen sich viele der hinzugekommenen Einträge mit kürzlich gestarteten Missionen zur genaueren Erkundung der Atmosphären und des Inneren der Planeten Mars und Jupiter sowie der Oberfläche des größten Asteroiden Ceres oder mit bevorstehenden Missionen, die die Oberfläche des Mars beziehungsweise die Jupitertrabanten Europa und Ganymed aus der Nähe erforschen sollen. Zu den weiteren aktuellen Ereignissen und Entdeckungen, die in der erweiterten Neuauflage Aufnahme fanden, gehören die Meteoriten-/Feuerkugelexplosion, die sich 2013 über Russland ereignete, der Start der ersten privat finanzierten Sonnensegelschiffmission der *Planetary Society LightSail-1*, die lang ersehnte Entdeckung von Gravitationswellen im Jahre 2016 und die spannende Ankündigung, dass auf Umlaufbahnen um den nahe gelegenen Stern Trappist-1 sieben erdähnliche Planeten entdeckt wurden, im folgenden Jahr. Weitere neue Einträge widmen sich Instrumenten und Missionen, die meine Kollegen aus der Astronomie und Astrophysik planen, zum Beispiel dem neuen, großen Radioteleskop-Observatorium in den chilenischen Anden, dem nach einem ehemaligen NASA-Administrator benannten James-Webb-Weltraumteleskop, das bei seiner Stationierung in wenigen Jahren das größte seiner Art sein wird, und dem ebenfalls in Planung befindlichen optischen Weltraumteleskop WFIRST sowie den langfristigen Plänen für den Start Tausender winziger *StarChip*-Raumschiffe, die auf einer Hochgeschwindigkeitsmission das sonnennächste Sternsystem Alpha Centauri erkunden sollen.

Über das ganze Buch verteilt fügte ich auch spektakuläre neue Fotos und künstlerische Darstellungen hinzu, aktualisierte die Daten zu laufenden Missionen und neuen Entwicklungen in der Weltraumforschung und -technologie. Dazu gehören die spektakulären Ergebnisse des Flugs der Raumsonde *New Horizons* durch das Plutosystem im Jahre 2015, die neuesten Forschungsergebnisse der noch aktiven Mars-Rover-Missionen *Opportunity* und *Curiosity*, die Ergebnisse der Raumsondenmission *Cassini* zum Saturn nebst dem feurigen Ende der Sonde, die historische Überquerung der Heliopause, der

Grenze zum interstellaren Raum, durch *Voyager 1* sowie die 2017 von Millionen Menschen in den USA beobachtete spektakuläre totale Sonnenfinsternis.

Aber viel mehr ist geschehen, und noch viel mehr Spannendes wartet auf uns. Folgen Sie den Ereignissen durch die Lektüre einer Auswahl der hinten im Buch angeführten weiterführenden Literatur, und behalten Sie den Himmel im Auge!

Dank

Ich möchte an dieser Stelle den zahlreichen Kolleginnen und Kollegen sowie Mentoren meinen Dank aussprechen, die wissentlich oder auch ohne besonderes Zutun mein Interesse an der Geschichte der Astronomie, der Planetenforschung und der Erforschung des Weltraums geweckt haben. Den wohl größten Einfluss auf mich hatten die herausragenden Wissenschaftler Carl Sagan (verstorben), Jim Pollack und Leonard Martin. Ich bin auch den vielen Freunden, Kollegen, neuen Bekannten und anonymen Wohltätern zu Dank verpflichtet, die ihre wunderschönen Fotos oder Kunstwerke für dieses Projekt zur Verfügung stellten. Ein besonderer Dank geht an die Macher und weltweiten Autoren der Wikipedia (die ich auch finanziell unterstütze), denn sie haben ein fantastisches Tool geschaffen, das als Ausgangspunkt für die weitere Recherche historischer und aktueller Themen unverzichtbare Dienste leistet. Ich danke Michael Bourret bei Dystel & Goderich und Melanie Madden bei Sterling für ihren unermüdlichen Einsatz für dieses scheinbar nie enden wollende Projekt. Ein herzliches Dankeschön geht auch an auch meine Forscherkolleginnen Rachel Bean und Margaret Geller für ihre Durchsicht von Einträgen auf Gebieten, die relativ weit von meinem eigenen astronomischen Schwerpunkt entfernt sind, sowie Jahangir Mohandesi und Shuang Gao, die einige Fehler im ursprünglichen Text entdeckten. Und nicht zuletzt möchte ich mich bei Maureen Bell bedanken, die mir bei der Fotorecherche eine unverzichtbare Hilfe und während der langen Entstehungszeit außerordentlich geduldig war. Voltaire soll einst gesagt haben, die Bedeutung von allem, was man tun könne, sei gering, dagegen sei unendlich wichtig, dass man es tue.

Dieses Bild, das die Innenfläche des Hitzeschildes des NASA-Rovers Curiosity *zeigt, wurde während seines Abstiegs auf die Marsoberfläche am 6. August 2012 aufgenommen. Das* Mars-Descent Imager-*Instrument (MARDI) zeigt den 4,5 Meter hohen Hitzeschild in etwa 16 Metern Entfernung von der Raumsonde.*

vor 13,7 Mrd. Jahren

Der Urknall

Nichts eignet sich besser als Ausgangspunkt, um den weiten Bogen der astronomischen Geschichte zu spannen, als der Beginn von Raum und Zeit. Im 20. Jahrhundert entdeckten Astronomen wie Edwin Hubble, dass Galaxien und andere große Strukturen sich in alle möglichen Richtungen voneinander wegbewegen, und schlossen daraus, dass sich das Universum ständig ausdehnt. Das Universum war somit früher kleiner als heute und nahm irgendwann in der fernen Vergangenheit als ein einzelner Punkt in Raum und Zeit, in einer Singularität, seinen Anfang. Jahrelange sorgfältige Beobachtungen mithilfe des Hubble-Weltraumteleskops und anderer Einrichtungen haben ergeben, dass es bei einer gewaltigen Explosion dieser Singularität vor etwa 13,7 Milliarden Jahren geboren wurde.

Die einzelnen Hypothesen der Urknalltheorie, wie sie Astronomen in den 1930er-Jahren entwickelten, sind von Kosmologen und auf die Entstehung und Entwicklung des Universums spezialisierten Astronomen über Jahrzehnte durch astronomische Beobachtungen, Laborexperimente und mathematische Modellierungen gründlich überprüft worden. Die Erkenntnisse aus diesen Studien zur Frühgeschichte unseres Universums sind beeindruckend: In der ersten Sekunde seiner Existenz sank die Temperatur des Universums von einer Trilliarde Grad auf »nur noch« zehn Milliarden Grad, und aus diesem Urplasma bildeten sich alle im Universum vorhandenen Protonen (Wasserstoffatome) und Neutronen. Als das Universum drei Minuten alt war, hatten Kernfusionsprozesse, wie sie auch heute noch tief in den Sternen stattfinden, schon zur Bildung von Helium und anderen leichten Elementen aus Wasserstoff geführt.

Der Gedanke, dass Raum und Zeit vor 13,7 Milliarden Jahren in einem einzigen Augenblick entstanden sind, ist überwältigend. Was hat diese Explosion verursacht? Was war da vor dem Urknall? Kosmologen halten diese Fragen für verfehlt, weil ja die Zeit selbst beim Urknall entstand. Die Erkenntnis, dass Wasserstoff, das häufigste Element in unserem Körper, in der allerersten Sekunde geschaffen wurde, lehrt uns Demut. Wir sind uralt!

SIEHE AUCH Die Hubble-Konstante (1929), Die Kernfusion (1939), Das Hubble-Weltraumteleskop (1990)

Den Anfang des Universums grafisch darzustellen, ist eine ebenso große Herausforderung, wie ihn zu verstehen. Hier eine fantasievolle Illustration der These, dass eine Kollision mit einem anderen, in höheren Dimensionen verborgenen dreidimensionalen Universum den Urknall auslöste.

Die Rekombinationsära

Die ersten Jahre des Universums waren geprägt von Hitze, Druck und Strahlung. Der gesamte Weltraum war in das Urlicht hochionisierter Atome und subatomarer Teilchen getaucht, die bei Temperaturen im Bereich von Millionen Grad wechselwirkten, kollidierten, zerfielen und rekombinierten. Dieser Abschnitt der kosmischen Geschichte wird oft als das Strahlungszeitalter bezeichnet. Als das Universum etwa 10 000 Jahre alt war, hatten die Ausdehnung des Raumes und der Zerfall eines beträchtlichen Teils der energetischen Teilchen den Kosmos auf »nur noch« etwa 12 000 Kelvin (Abkürzung K, Temperatur über dem absoluten Nullpunkt) abgekühlt. Damit war eine wichtige Schwelle erreicht, denn nun betrug die Gesamtenergie aus Wärme und ionisierender Strahlung weniger als die gesamte Ruhemassenenergie der Materie – Tendenz abnehmend. Mathematisch erfasste dies Albert Einstein in seiner berühmten Gleichung $E = mc^2$. Für weitere Hunderttausende Jahre blieb das Universum eine undurchsichtige, dichte, hochenergetische Suppe aus ständig kollidierenden ionisierten Protonen und Elektronen, wobei die Expansion und Abkühlung anhielten, während die Strahlungsenergie im Vergleich zum Rest der Massenenergie weiter abnahm.

Etwa 400 000 Jahre nach dem Urknall war die Temperatur auf wenige Tausend Kelvin gesunken. Nun konnten Elektronen in stabile Wasserstoffatome eingefangen (deionisiert) werden und mehrere Wasserstoffkerne die ersten Moleküle des Universums bilden: Wasserstoffgas (H^2). Diese Periode in der Frühgeschichte des Universums wird als Rekombinationsära bezeichnet.

Das Großartige an der Rekombination ist, dass sich die verbleibende Strahlung – meist hochenergetische Photonen und andere subatomare Teilchen – von der Materie lösen und relativ ungehindert durch den Raum reisen konnte. Da das Universum für mehrere Hundert Millionen Jahre kälter und dunkler wurde, wird diese Zeitspanne in der Kosmologie als »dunkles Zeitalter« bezeichnet. Das restliche 3-Kelvin-Glühen der im frühen Universum freigesetzten Strahlungsenergie kann noch heute als Hintergrundstrahlung oder kosmische Mikrowellenhintergrundstrahlung nachgewiesen werden.

SIEHE AUCH Der Urknall (vor 13,7 Mrd. Jahren), Einsteins Wunderjahr (1905), Die Hintergrundstrahlung (1964), Die Messung der Hintergrundstrahlung (1992), Das Alter des Universums (2001)

Himmelskarte der Restwärme nach der ersten Expansion des frühen Universums, NASA-Satellit Wilkinson Microwave Anisotropy Probe *(WMAP). Die winzigen Temperaturschwankungen im Bereich von wenigen hundertmillionstel Grad waren die Samen der ersten Sterne und Galaxien im Universum.*

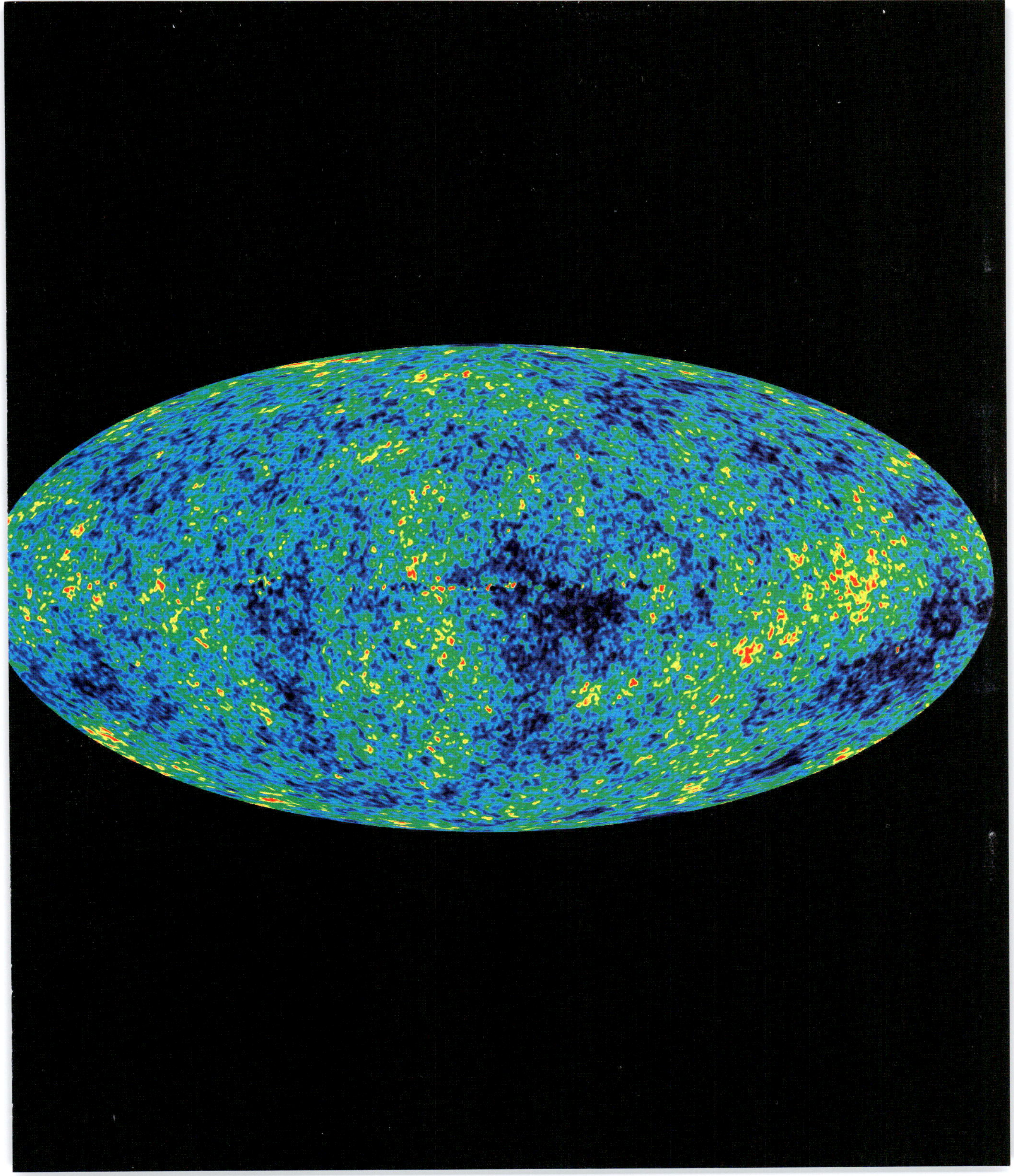

Erste Sterne

Auf ein dunkles Zeitalter folgt eine Renaissance – auch die frühe Geschichte des Universums bestätigt diese Regel. Kosmologen gehen davon aus, dass das dunkle Zeitalter des Universums etwa 100 bis 200 Millionen Jahre dauerte. Danach verklumpten molekularer Wasserstoff und andere Moleküle, die sich während der Rekombinationsära gebildet hatten, nach und nach gravitativ. Als Ursache kommen Turbulenzeffekte infrage, aber niemand kennt sie wirklich. Die Gasklumpen fungierten als Samen, die durch die Wirkung der Schwerkraft weiteres Gas anzogen, sodass sie immer größer wurden und schließlich riesige Wasserstoffwolken bildeten, die sich infolge des zunehmenden Gasdrucks im Inneren zu erwärmen begannen. Eine Wolke konnte beispielsweise von der Gravitationskraft einer nahe gelegenen Wolke in Bewegung gesetzt werden, sodass sie sich schließlich zu drehen begann. Irgendwann, vielleicht 300 bis 400 Millionen Jahre nach dem Urknall, stiegen die Temperaturen in den Zentren einiger dieser riesigen, sich langsam drehenden Gaswolken wieder auf Abermillionen Grad an – so wie in den ersten drei Minuten nach dem Urknall. Nun waren Temperatur und Druck in diesen kugelförmigen Wolken hoch genug für die Fusion von Wasserstoffprotonen zu einem Heliumatom: Die ersten Sterne wurden geboren, und die dunklen Zeiten nahmen ein Ende.

Die ersten, von den Astronomen mitunter der Population III zugerechneten Sterne waren keine unscheinbaren, sondern gigantische Erscheinungen, vielleicht hundert- bis tausendmal größer als unsere Sonne. Somit war auch ihre Wirkung auf die stellare Nachbarschaft enorm, denn sie strahlten ungeheure Mengen an Energie in die sie umgebenden Wasserstoffklumpen und -wolken aus und heizten sie von außen auf. Dies führte zur Freisetzung der Elektronen, die zu Beginn des dunklen Zeitalters eingefangen worden waren. In dieser als Reionisierungsära bekannten Zeit hielten Licht und Wärme wieder Einzug im Universum, aber nicht etwa Licht und Wärme der Entstehung des Universums, sondern der Sterne.

SIEHE AUCH Der Urknall (vor 13,7 Mrd. Jahren), Die Rekombinationsära (vor 13,7 Mrd. Jahren), Die Masse-Leuchtkraft-Beziehung (1924), Die Kernfusion (1939)

Supercomputersimulation ionisierter Wasserstoffblasen (blau) und Wasserstoff-Molekülwolken (grün), der ersten großräumigen Strukturen im frühen Universum, die schließlich zu den ersten Sternen kollabierten.

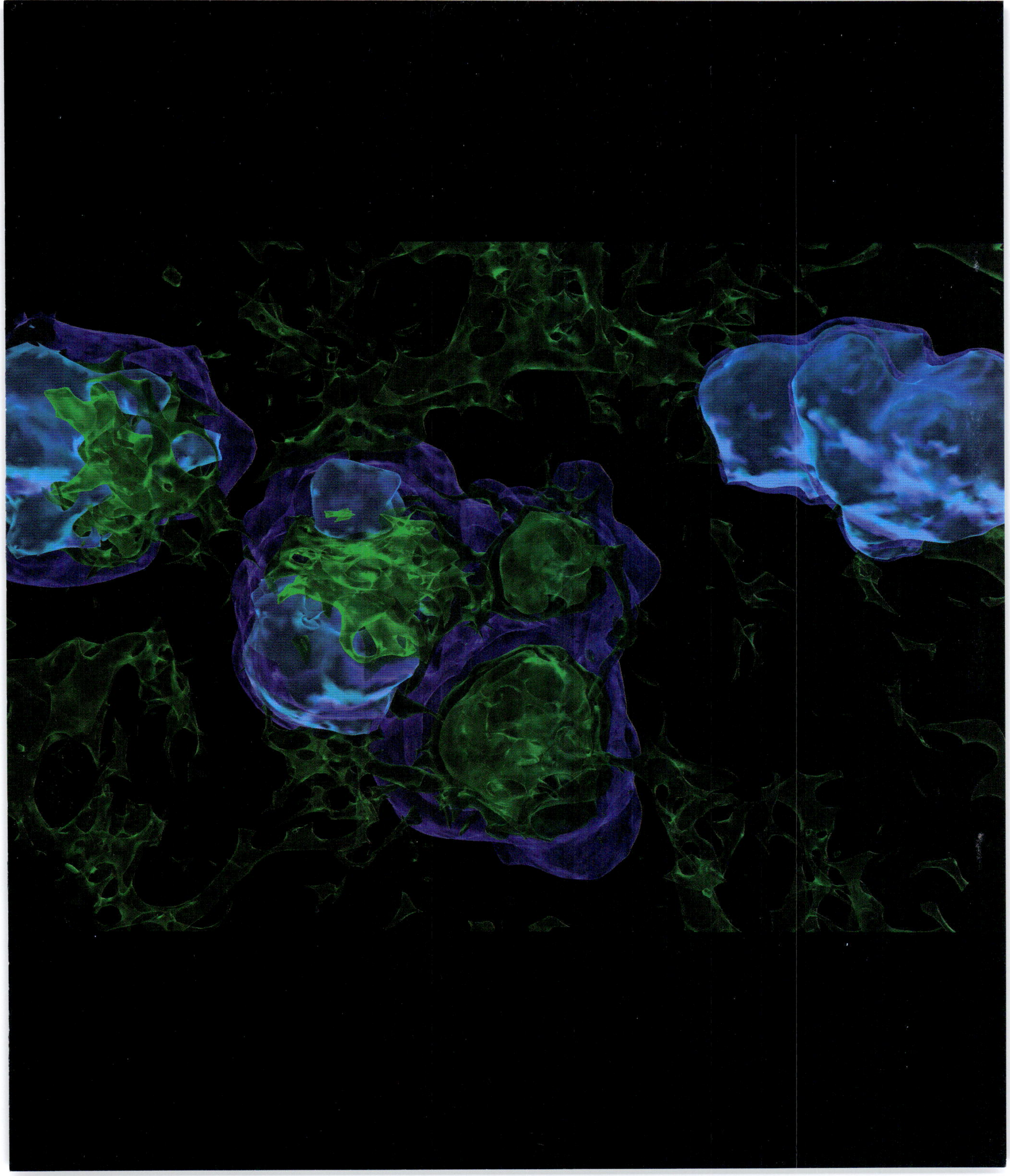

vor 13,3 Mrd. Jahren

Die Milchstraße

Die Astronomen definieren eine Galaxie als ein gravitativ gebundenes System aus Sternen, Gas, Staub und weiteren, eher rätselhaften Substanzen (siehe Dunkle Materie), die sich gemeinsam durch das Weltall bewegen, als wären sie ein einziges Objekt. Nach der Geburt der ersten Sterne war es nur eine Frage der Zeit, bis viele von ihnen, von der Schwerkraft eines anderen Sterns angezogen, Haufen bildeten. Später vereinten sich diese Haufen zu immer größeren, sodass schließlich riesige Sternensammlungen entstanden, die einen gemeinsamen Schwerpunkt umkreisten.

Unsere Milchstraße besteht aus schätzungsweise 100–400 Milliarden Sternen. Ihr Aufbau ist typisch für die Klasse der sogenannten Balkenspiralgalaxien, die über das ganze Universum verteilt vorkommen (siehe Spiralgalaxie). Die Milchstraße setzt sich aus einer mit Sternen dicht besiedelten halbkugelförmigen Ausbuchtung in der Mitte und einer spiralförmigen Scheibe aus Sternen (einschließlich der Sonne), Gas und Staub zusammen, und ist von einem diffusen sphärischen Halo aus älteren Sternen, Sternhaufen und zwei kleineren Begleitgalaxien umgeben. Ihr Durchmesser beträgt beinahe 100000 Lichtjahre, die Dicke der Scheibe etwa 1000 Lichtjahre. Unsere Sonne befindet sich ungefähr in der Mitte zwischen dem galaktischen Zentrum und dem Rand, und ein galaktisches Jahr dauert etwa 250 Millionen Erdenjahre.

Die Astronomen wissen nicht genau, wann die Milchstraße entstanden ist. Die ältesten bekannten Sterne der Galaxie befinden sich im Halo und sind bis zu 13,6 Milliarden Jahre alt. Das Alter der ältesten Sterne in der Scheibe wird auf etwa 8–9 Milliarden Jahre geschätzt. Offenbar bildeten sich die beiden Hauptbestandteile der Milchstraße zu unterschiedlichen Zeiten heraus, auch wenn die Grundstruktur der Galaxie vermutlich sehr früh in Bewegung versetzt wurde.

Schon unsere frühen Vorfahren beeindruckte das helle, milchig weiße Band am Nachthimmel. In Schöpfungsmythen taucht es als Fluss des Lichts und des Lebens auf, und noch heute ist unsere Heimatgalaxie mit ihrer Größe und Majestät Ehrfurcht gebietend.

SIEHE AUCH Dunkle Materie (1933), Spiralgalaxien (1959)

Weitwinkelaufnahme des Sagittarius-Arms der Milchstraße. Milliarden von Sternen lassen unsere Galaxie hell und zugleich diffus leuchten, denn der dunkle Staub in der Scheibe blockiert einen Teil des Sternenlichts.

Sonnennebel

Die Entstehung von Sternen ist ein chaotischer Prozess. Beim Kollabieren gigantischer Molekülwolken konzentrieren sich ihr Gas und Staub fast gänzlich im zentralen Protostern. Nur ein winziger Bruchteil davon verbleibt in der Umlaufbahn des im Entstehen begriffenen Sterns. Während sich das System um die eigene Achse dreht und abkühlt, flacht die Restwolke langsam zu einer Scheibe aus Gas, Staub und – in größerer Entfernung vom Stern – Eis ab. In dieser Phase der Sternentstehung scheinen alle jungen Sterne eine Begleitscheibe zu besitzen, die mitunter als Sonnennebelscheibe bezeichnet wird.

Der Nebel, aus dem unsere eigene Sonne entstand, begann mit einiger Wahrscheinlichkeit vor etwa fünf Milliarden Jahren zu kollabieren. Beobachtungen lassen darauf schließen, dass die Herausbildung sonnenähnlicher Sterne etwa 100 Millionen Jahre dauert, diejenige der Nebelscheiben jedoch nur etwa eine Million. Nach ihrer Entstehung ändert die Scheibe rasch ihre Gestalt: Winzige Staub- und/oder Eiskörner prallen aufeinander, bleiben aneinander haften und wachsen in einem als Akkretion bezeichneten Prozess zu murmelgroßen Partikeln heran. Nach Computermodellen dauert dies nur wenige Tausend Jahre. Die kleinen Partikel kollidieren miteinander und bleiben manchmal aneinander haften. Dieser Prozess, dessen Funktionsweise wir noch kaum begreifen, läuft offenbar unkontrolliert weiter, bis sich nach ein paar Millionen Jahren Planetesimale (kilometergroße Klumpen aus Staub-, Eis-, Fels- und/oder Metallkörnern) und schließlich Asteroiden von 100–1000 Kilometer Größe gebildet haben.

Sonnennebelscheiben haben eine kurze Lebensdauer, denn schon nach etwa 10 Millionen Jahren ist der größte Teil des Staubes in Gebilden gebunden oder hat sich aufgelöst. Da Eis in Sternnähe infolge der hohen Temperaturen schmilzt, sind die Planetesimale hier meist felsig und zu klein, um durch ihre Gravitation viel Gas an sich zu binden. Weiter draußen können sich Eis und Staub zu größeren Planetesimalen ansammeln, die genug Masse besitzen, um gewaltige Gasmengen anzusammeln und »Gasriesen« herauszubilden. Wie genau aus einer solchen »Unordnung« in so kurzer Zeit elegante Planetensystemen entstehen, darüber wird unter Astronomen heiß diskutiert und spekuliert.

SIEHE AUCH Erste Sterne (vor 13,5 Mrd. Jahren), Die stürmische Protosonne (vor 4,6 Mrd. Jahren), Protoplanetare Scheiben (1984), Erste Exoplaneten (1992)

Die Protosonne (Ursonne) und ihre Sonnennebelscheibe, die sich drehende Wolke aus Gas und Staub und Eis, aus der sich die Planeten, Monde, Asteroiden und Kometen unseres Sonnensystems bildeten. Bild des Weltraumkünstlers Don Dixon.

Die stürmische Protosonne

Die Geburt eines Sterns ist wie die eines Kindes ein eher heftiges und unkontrolliertes Ereignis, das viel Energie erfordert. Noch bevor sie heiß und dicht genug sind, damit die Kernfusion von Wasserstoffprotonen zu einem Heliumatom in Gang kommt, geben Protosterne während ihrer 100 Millionen Jahre dauernden »Schwangerschaft«, in der sie sich gravitativ zusammenziehen, gigantische Energiemengen ab. Einige dieser Babysterne bündeln diese Energie zu einem kosmischen Jet, einem gerichteten Strom aus Gas, Staub und geladenen Teilchen von der Größe eines Sonnensystems, der möglicherweise durch starke Magnetfelder des Sterns, Materie, die von der zum Stern gehörigen Nebelscheibe hereinfällt, oder auch beides, parallel gerichtet und erhitzt wird.

Astronomen haben viele dieser Materiejets entdeckt, die von sehr jungen protostellaren Objekten emittiert und nach dem Prototyp dieser Sternklasse als T-Tauri-Sterne bezeichnet werden. Nach Auffassung der Astronomen ist T Tauri der jungen Sonne sehr ähnlich: Nach einer kurzen Periode mit heftigem Materieausstoß und anderen hochenergetischen Aktivitäten beginnt der Stern Wasserstoff stabil zu verschmelzen und richtet sich auf ein langes, relativ ruhiges Leben in der sogenannten Hauptreihe ein.

Als Beweise dafür, dass die Sonne eine so heftige frühe T-Tauri-Phase durchlief, könnten die gewöhnlichen Chondriten dienen, die gelegentlich auf die Erde stürzen. Diese Steinbrocken sind die ältesten bekannten Feststoffkörper im Sonnensystem und helfen bei der Bestimmung des Alters der Sonne und des Zeitrahmens, in dem die Planeten entstanden. Die kleinen Meteoriten bestehen oft zu wesentlichen Teilen aus Chondren, millimetergroßen kugelförmigen Einschlüssen von Mineralen. Zuerst geschmolzene Gesteinstropfen, kühlten sie ab und formten sich durch Akkretion (Aufnahme von Materie) zu größeren Körnern, Planetesimalen und Asteroiden. Als Energiequelle für das Schmelzen der Chondren im frühen Sonnensystem kommen hochenergetische Eruptionen und kosmische Jets der jungen Sonne infrage.

Je tiefer Astronomen in den Weltraum hineinschauen und je genauere Erkenntnisse sie dabei gewinnen, desto mehr Beweise finden sie für Jets und Scheiben im Zusammenhang mit neu entstehenden Sternen. Das legt den Schluss nahe, dass sie für die Entstehung von Sternen von großer Bedeutung sind. Eine stürmische Jugend könnte somit zum normalen Lebenszyklus eines typischen Sterns gehören.

SIEHE AUCH Meteoriten aus dem Weltraum (1794), Die Hauptreihe (1910), Die Kernfusion (1939)

Links unten auf dieser Aufnahme des Hubble-Weltraumteleskops ist in einer Staubwolke ein junger T-Tauri-ähnlicher Protostern zu erkennen. HH-47 schleudert einen zwei Billionen Kilometer langen spiralförmigen kosmischen Jet aus ionisiertem Gas und Staub ins All (von links unten nach rechts oben).

vor 4,6 Mrd. Jahren

Die Geburt der Sonne

Temperatur und Druck stiegen im Zentrum des Sonnennebels für etwa 100 Millionen Jahre stark an und überschritten die Schwelle, an der die Wasserstoffatome so dicht beieinander zu liegen kamen, dass eine Kernfusion in Gang gesetzt wurde. Dabei wurde Wasserstoff unter Freisetzung von Energie in Form von Licht und Wärme zu Helium. Unsere Sonne war geboren!

Wir halten die Sonne gern für etwas Besonderes – mit Recht, denn ohne sie gäbe es kein Leben auf unserem Planeten. Es mag schwerfallen, sich die Sonne als typischen, durchschnittlichen Stern vorzustellen, aber in vielerlei Hinsicht ist sie es. Unser Stern ist nur einer von über zehn Trilliarden (10^{22}) im bekannten Universum. Sie alle sind vermutlich das natürliche Ergebnis der Wechselwirkung von Materie, meist Wasserstoff, mit der Schwerkraft bei hohen Drücken und Temperaturen. Dabei werden gigantische Energiemengen in den umgebenden Raum freigesetzt. Somit dürfen Sterne mit Recht als Motoren des Universums gelten.

Nach ihrer Geburt führen die Sterne ein relativ stabiles Leben und sterben schließlich meist auf einigermaßen vorhersehbare, manchmal spektakuläre Art und Weise. Die Sonne ist da nicht anders. Noch etwa fünf Milliarden Jahre wird die Fusion von Wasserstoffprotonen zu Heliumatomen in ihrem Inneren weiterlaufen. Wenn der Wasserstoff ausgeht, verliert die Sonne ihre äußeren Schichten (die die Erde und die anderen inneren Planeten verschlingen), und in ihrem Kern beginnt die Fusion von Heliumkernen zu Kohlenstoff. Sobald auch das Helium ausgeht, verblasst die Sonne langsam zu einem Weißen Zwerg und verdunkelt sich dann ganz.

Nach astronomischen Berechnungen werden in der Milchstraße jedes Jahr etwa ein bis drei neue Sterne geboren, und auch etwa ein bis drei alte Sterne sterben. Auf alle bekannten Galaxien extrapoliert bedeutet das, dass Tag für Tag etwa 500 Millionen Sterne entstehen und etwa die gleiche Zahl von Sternen erlöschen. Die schiere Größe dieser Zahl sollte uns nachdenklich stimmen und jeden einzelnen Tag im Leben unseres eigenen Sterns schätzen lassen.

SIEHE AUCH Ein »Gaststern« über China (185), Beobachtungen eines »Tagessterns« (1054), Planetarische Nebel (1764), Weiße Zwerge (1862), Die Kernfusion (1939)

Ultraviolettaufnahme der Sonne durch das UV-Weltraumteleskop des Solar Dynamics Observatory *der NASA. Helmet-Streamer, Loops, heißere (heller) und kühlere (dunkler) Flecken weisen auf einen äußerst aktiven, aber typischen Stern mittleren Alters hin.*

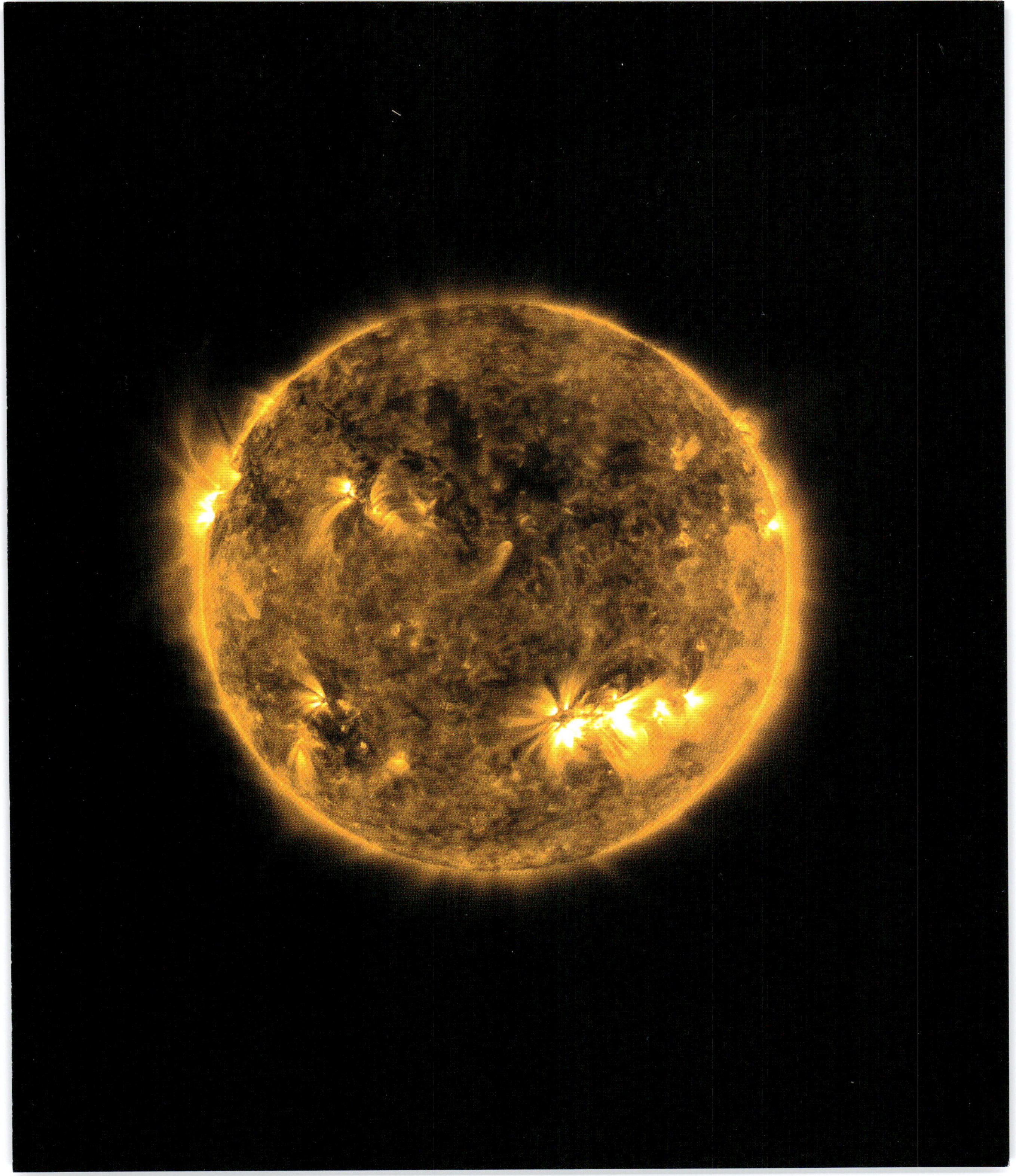

vor 4,5 Mrd. Jahren

Merkur

Die Planeten unseres Sonnensystems entstanden vor etwa 4,5 Milliarden Jahren, als der Sonnennebel sich abkühlte. Dabei kondensierten winzige Körner, kollidierten, blieben aneinander haften und wuchsen schließlich zu wenigen großen Objekten heran. Die (terrestrischen) Planeten in Sonnennähe bestehen deshalb aus Fels, die weiter entfernten, jenseits der »Schneegrenze«, aus Fels, Eis und Gas.

Der nächstgelegene terrestrische Planet ist der Merkur mit einem Durchmesser von 4880 Kilometern – der Durchmesser der Erde beträgt 12756 Kilometer. Er umkreist die Sonne in einer durchschnittlichen Entfernung von nur 0,38 Astronomischen Einheiten (1 AE = knapp 150 Millionen Kilometer = mittlere Entfernung der Erde von der Sonne). Benannt ist der Planet nach dem römischen Gott Mercurius, dem Gegenstück des leichtfüßigen Götterboten Hermes der Griechen. Ein treffender Name: Schon in der Antike hatte man beobachtet, dass der Merkur in nur 88 Tagen einmal über den Himmel wanderte – wie wir heute wissen, ist dies seine Umlaufzeit um die Sonne.

Der Planet ist eine kleine Welt der Extreme und rätselhaften Merkwürdigkeiten. Da er keine Atmosphäre besitzt, reichen die Temperaturen von nur 90 Kelvin in dauerhaft schattigen Kratern in Polnähe bis zu mehr als 700 Kelvin (über dem Schmelzpunkt von Blei) in der Mittagssonne. Radarbeobachtungen von der Erde aus deuten darauf hin, dass es in den Polarkratern Eis geben könnte. Die Dichte des Merkurs ist sehr hoch, und er besitzt einen Eisenkern, der etwa drei Viertel des Planetendurchmessers einnimmt. Möglicherweise ist der Kern teilweise geschmolzen, was das schwache Magnetfeld des Merkurs erklärt – nur ein Prozent der Stärke des Erdmagnetfelds. Bilder der beiden Weltraummissionen zum Merkur (Mariner 10 1974–1975 und MESSENGER 2011–2015) zeigen eine stark zerfurchte Oberfläche und Hinweise auf einstigen Vulkanismus, die denen des Mondes ähneln. Am meisten überraschen mag das System großer tektonischer Schubstörungen (Geländekanten), die darauf hindeuten, dass der Merkur in seinen frühen Tagen zuerst länger vollständig geschmolzen und darauf beim Abkühlen um einige Prozent geschrumpft sein könnte.

SIEHE AUCH Sonnennebel (vor 5 Mrd. Jahren), Erde (vor 4,5 Mrd. Jahren), Kirkwoodlücken (1857), Bewohnbare Supererden? (2007), *MESSENGER* erreicht den Merkur (2011)

Die NASA-Raumsonde MESSENGER *flog dreimal am Merkur vorbei und schwenkte 2011 in eine Umlaufbahn ein. Das Bild gegenüber wurde im Januar 2008 beim dritten Vorbeiflug aufgenommen und enthüllte viele unbekannte Krater und andere Merkmale des Planeten.*

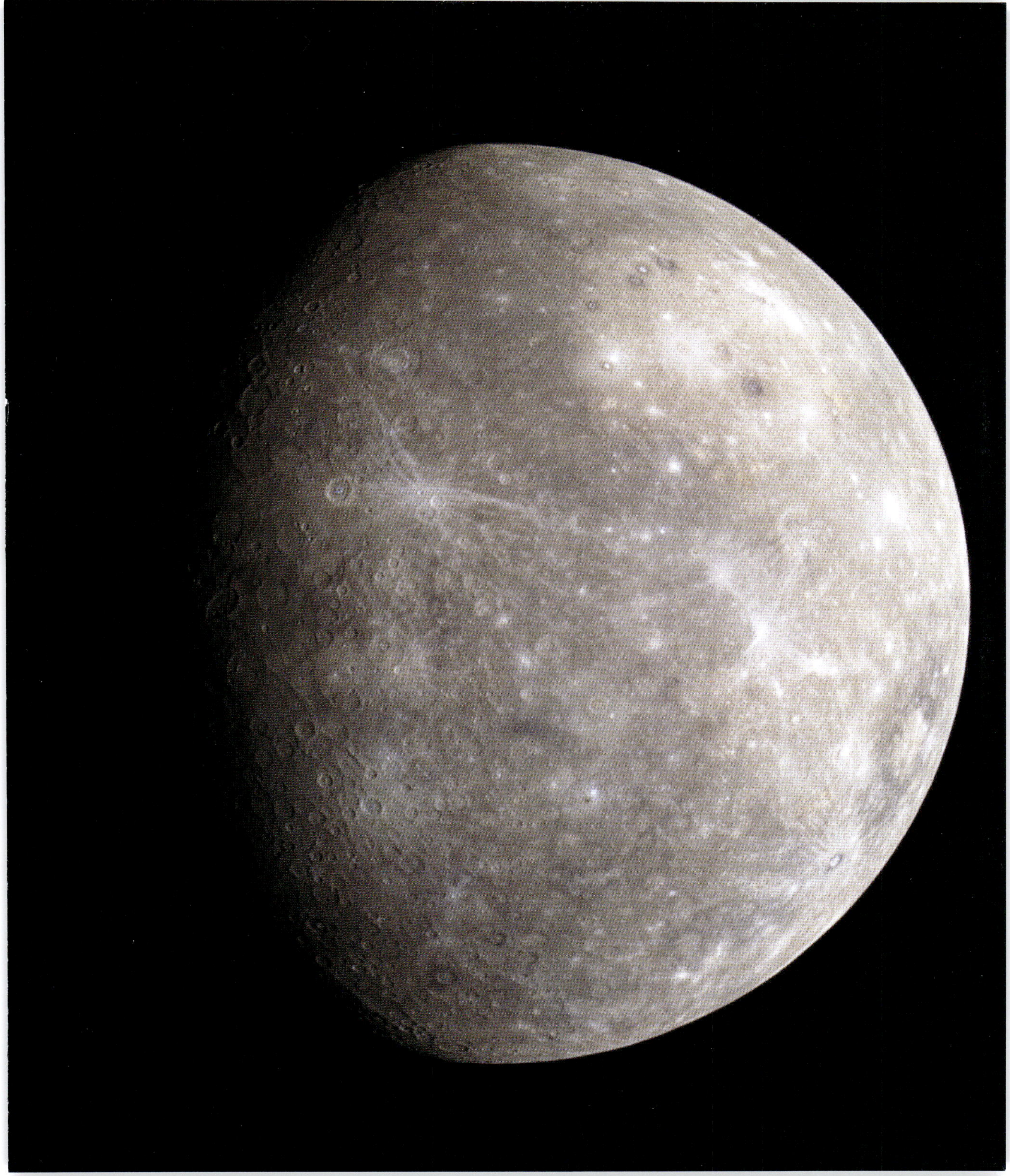

Venus

Eine amüsante Spielerei ist das Nachdenken darüber, welche charakteristischen Eigenschaften eines Menschen angeboren und welche erworben sind. Zwillinge eignen sich hervorragend für solche Fallstudien. Dass dies auch für Planeten gilt, beweist die Venus, in mancher Hinsicht ein Beinahe-Zwilling der Erde, in anderen Dingen aber ihr absolutes Gegenteil.

Die Venus ist nur etwa fünf Prozent kleiner als die Erde und hat in etwa die gleiche Dichte und zählt zu den felsigen, erdähnlichen Himmelskörpern. Beide Planeten besitzen eine Atmosphäre, und die Venus umkreist die Sonne wie die Erde als innerer Planet innerhalb des Asteroidengürtels. Die durchschnittliche Entfernung beträgt dabei 0,72 Astronomische Einheiten (Erde = 1,0 AE). Aber hier enden auch schon die Gemeinsamkeiten. Die Venus rotiert kaum, sie braucht etwa 243 Erdtage, um sich einmal rückwärts um ihre Achse zu drehen! Die Venusatmosphäre ist viel dichter als unsere: an der Oberfläche beträgt der Atmosphärendruck das Neunzigfache. Hier toben Winde mit Geschwindigkeiten von mehr als 350 Kilometern pro Stunde. Die Atmosphäre besteht fast ausschließlich aus Kohlendioxid, mit geringen Spuren von Stickstoffdioxid, Sauerstoff und Wasser, wie sie in der Erdatmosphäre in ausreichender Menge vorkommen. Das Kohlendioxid-Molekül ist für sichtbares Licht durchlässig, absorbiert aber wie ein Gewächshaus Wärmestrahlung. Deshalb herrschen an der Venusoberfläche sehr hohe Temperaturen bis etwa 750 Kelvin – etwa 300 Grad mehr als in einem Backofen.

Die Astronomen versuchen den Grund für diese so unterschiedlichen Oberflächenbedingungen auf Erde und Venus herauszufinden. Das Kohlendioxid könnte der Schlüssel sein: Zwar gibt es auf der Erde ebenso viel Kohlendioxid wie auf der Venus, aber hier löst es sich in den Ozeanen auf und ist auch in felsigen Karbonatmineralien gebunden. Auf der Venus wäre ein Ozean, der in ihrer Frühzeit existiert hätte, infolge der größeren Sonnennähe längst verdunstet.

Anhand der Venus lässt sich die Wirkung von übermäßig vorhandenem Kohlendioxid gut studieren, und sie ist ein Paradebeispiel dafür, wie das Studium anderer Planeten uns beim Verständnis der Zukunft unserer Erde helfen kann.

SIEHE AUCH Erde (vor 4,5 Mrd. Jahren), Venustransite (1639), *Venera* 7 landet auf der Venus (1970), Die Venuskartierung durch *Magellan* (1990), Die Erdozeane verdampfen (in 1 Mrd. Jahren)

Falschfarbenbild der Infrarotwärme, die von der Nachtseite des Planeten abgestrahlt wird (unten links, rot), und von Sonnenlicht, das von den wirbelnden Wolken der Tagesseite des Planeten reflektiert wird (oben rechts). Aufnahme des Orbiter Venus Express *der ESA, 2009.*

Erde

Unsere Heimatwelt ist der größte der vier terrestrischen Planeten und der einzige mit einem großen natürlichen Satelliten. Geologen betrachten sie als felsige vulkanische Welt, die, von außen nach innen, aus einer dünnen, festen Kruste mit geringer Dichte, einem dickeren Silikatmantel und einem teilweise geschmolzenen Eisenkern mit sehr hoher Dichte besteht. Für einen Atmosphärenforscher ist es ein Planet mit einer dünnen Stickstoff-Sauerstoff-Wasserdampfatmosphäre und einem ausgedehnten System aus Wasserozeanen und Polareis, die für die großen Klimaveränderungen – sowohl saisonal als auch über geologische Zeitalter ablaufende – verantwortlich sind. Und ein Biologe würde sie sicher als Paradies bezeichnen.

Die Erde ist der einzige Ort im Universum, von dem wir mit Sicherheit wissen, dass es dort Leben gibt. Fossilien und geochemische Daten belegen seinen Beginn zum frühestmöglichen Zeitpunkt – nach dem Ende des Großen Bombardements durch Asteroiden und Meteoriten. Die Oberflächenbedingungen sind in den letzten vier Milliarden Jahren offenbar relativ stabil geblieben. Dies führte zusammen mit der günstigen Lage unseres Planeten in der bewohnbaren Zone mit moderaten Temperaturen und flüssigem Wasser dazu, dass das Leben hier bis heute gedeiht und unzählige Formen entstehen ließ.

Die Erdkruste besteht aus mehreren Dutzend beweglichen tektonischen Platten, die auf dem oberen Mantel treiben. An den Plattengrenzen findet man geologisch interessante Erscheinungen wie Erdbeben, Vulkane, Berge und Gräben. Der größte Teil der ozeanischen Erdkruste, die etwa 70 Prozent der Erdoberfläche ausmacht, ist sehr jung, da sie auf vulkanische Aktivität an den Mittelozeanischen Rücken in den letzten Jahrhundertmillionen zurückgeht. Aufgrund des jungen Alters seiner Oberfläche kann man heute nur noch wenige Hundert Einschlagkrater erkennen – ganz im Gegensatz zum Mond, dessen Gesicht völlig verbeult ist.

Der hohe Sauerstoff-, Ozon- und Methangehalt der Erdatmosphäre könnte von außerirdischen Astronomen, die unseren Planeten aus der Ferne studieren, als Hinweis auf Leben verstanden werden. Diese Gase sind es denn auch, wonach unsere Astronomen heute auf neu entdeckten Exoplaneten suchen. Gibt es da draußen noch mehr Erden zu entdecken und zu erforschen?

SIEHE AUCH Die Geburt des Mondes (vor 4,5 Mrd. Jahren), Das Große Bombardement (vor 4,1 Mrd. Jahren), Leben auf der Erde (vor 3,8 Mrd. Jahren), Erste Exoplaneten (1992)

Digitales Porträt der westlichen Hemisphäre der Erde vom 9. September 1997, erstellt mit Daten von Wetter- und Erdbeobachtungssatelliten der NASA sowie der National Oceanic and Atmospheric Administration.

Mars

Möglicherweise müssen wir nur eine Reise zu einem unserer Nachbarplaneten unternehmen, um herauszufinden, ob außerirdisches Leben existiert oder je existiert hat. Der Mars faszinierte die Menschen schon in der Antike als kosmische Inkarnation des römischen Kriegsgotts und tat es im 20. Jahrhundert noch immer, denn man sah in ihm die Heimat von Percival Lowells verzweifelten Kanalbauern.

Der Mars ist nur etwa halb so groß wie die Erde, und sein Volumen beträgt nur etwa 15 Prozent des Erdvolumens. Die Größe der Marsoberfläche entspricht in etwa der aller Erdkontinente. Der Planet umkreist die Sonne in einer durchschnittlich um die Hälfte größeren Entfernung als die Erde. Die dünne Kohlendioxid-Atmosphäre des Mars (nur ein Prozent der Dichte der Erdatmosphäre) hält nicht viel Wärme zurück, sodass an der Oberfläche eisige Temperaturen herrschen. Die Tagestemperaturen steigen in Äquatornähe nur selten über den Gefrierpunkt, an den Polen sinken sie nachts, bis auf 140 Kelvin (–133 °C) – unter den Sublimationspunkt von Kohlendioxid. Heute ist der Mars eine tiefgefrorene staubige Welt.

Aus Satellitenbildern, Meteoriten vom Mars und anderen in den letzten fünf Jahrzehnten ausgewerteten Daten geht jedoch hervor, dass der Mars die erdähnlichsten Bedingungen im Sonnensystem aufweist und dass der Rote Planet in der ersten Milliarde Jahre seiner Existenz eine deutlich wärmere und feuchtere Welt gewesen sein könnte. Als Ursachen werden die allmähliche Abkühlung des Planetenkerns und der Sonnenwind oder die Zerstörung der Atmosphäre durch eine Einschlagkatastrophe vermutet. Die Frage, wie und warum sich das Klima des Planeten so dramatisch verändert hat, ist Gegenstand aktueller Forschungen.

SIEHE AUCH Erde (vor 4,5 Mrd. Jahren), Deimos (1877), Phobos (1877), Marskanäle (1906), Erste Marsorbiter (1971), Die *Viking*-Sonden auf dem Mars (1976), Leben auf dem Mars? (1996), Der erste erfolgreiche Mars-Rover (1997), Mars Global Surveyor (1997), *Spirit* und *Opportunity* auf dem Mars (2004)

Die bisherigen Erkenntnisse lassen den Schluss zu, dass auf der Marsoberfläche und im Untergrund vor drei oder vier Milliarden Jahren teilweise lebensfreundliche Bedingungen herrschten. In den nächsten 50 Jahren der Mars-Erkundung werden die Menschen die Suche nach bewohnbaren Lebensräumen ausweiten, um herauszufinden, ob es auf dem Mars Leben gibt oder gab.

Der Asteroidengürtel

Die terrestrischen Planeten entstanden vor etwa 4,5 Milliarden Jahren aus kleinen felsigen und metallischen Bausteinen, den Planetesimalen, die sich in den langsam abkühlenden inneren Regionen des Sonnennebels herausgebildet hatten. Sie sammelten dazu Planetesimale entlang ihrer Umlaufbahn auf und »fegten« so ihre Orbitalzone »leer«. Schließlich schob der Mangel an neuem Material dem Wachstum der felsigen Welten einen Riegel vor.

Jenseits der Marsumlaufbahn störte jedoch die enorme Gravitation des nahen Jupiters die Ausbildung größerer Planeten durch Ansammlung von Planetesimalen. Die Heftigkeit des Zusammenpralls von Planetesimalen wurde verstärkt und die Zahl der sanften Kollisionen, die ein Zusammenhaften und Wachsen ermöglichten, auf ein Minimum reduziert. Nach Beinahezusammenstößen mit dem Jupiter landeten viele Planetesimale im Raum zwischen Mars und Jupiter. So finden wir in dieser Region anstelle eines großen Planeten einen Gürtel aus kleinen felsigen und metallischen Asteroiden: den Asteroiden- oder Hauptgürtel.

Astronomen schätzen die Zahl der Asteroiden im Hauptgürtel, die größer als eine halbe Meile (etwa achthundert Meter) sind, auf über eine Million. Für über eine halbe Million, darunter die beiden größten, Ceres und Vesta, kennen wir heute Bahn, Position und deren wichtigste Eigenschaften. Zusammen mit Pallas und Juno machen die beiden zuvor erwähnten Asteroiden mehr als die Hälfte der Gesamtmasse des Hauptgürtels aus.

Asteroiden befinden sich aber nicht etwa an einer zufälligen Position. Die Gravitation des Jupiters hat viele Lücken im Asteroidengürtel geschlossen (siehe Kirkwoodlücken), und manche Asteroiden bewegen sich in »Familien«, was auf gestörte, langsam auseinanderdriftende Überreste von einst größeren Objekten hinweisen könnte. Als (Jupiter-)Trojaner werden zwei große Gruppen von kleinen Körpern bezeichnet, die in Umlaufbahnen gefangen sind, auf denen sich die Schwerkraft des Jupiters und der Sonne die Waage halten.

Immer wieder fallen kleine Bruchstücke von Asteroiden auf die Erde. Diese werden als Meteoriten bezeichnet, deren Untersuchung im Hinblick auf Alter und Zusammensetzung uns schon zahllose Detailinformationen zu Zeitpunkt, Entstehung und Entwicklung unseres Sonnensystems geliefert hat.

SIEHE AUCH Sonnennebel (vor 5 Mrd. Jahren), Meteoriten aus dem Weltraum (1794), Ceres (1801), Vesta (1807), Kirkwoodlücken (1857), Jupiter-Trojaner (1906)

Computergenerierte Darstellung des inneren Sonnensystems vom 14. August 2006, von der Umlaufbahn des Jupiters (äußerer blauer Kreis) aus gesehen, mit der Sonne im Zentrum. Die Asteroiden im Hauptgürtel sind weiß. Die Hilda-Asteroidenfamilie erscheint als orange Punkte, die grünen sind die Jupiter-Trojaner.

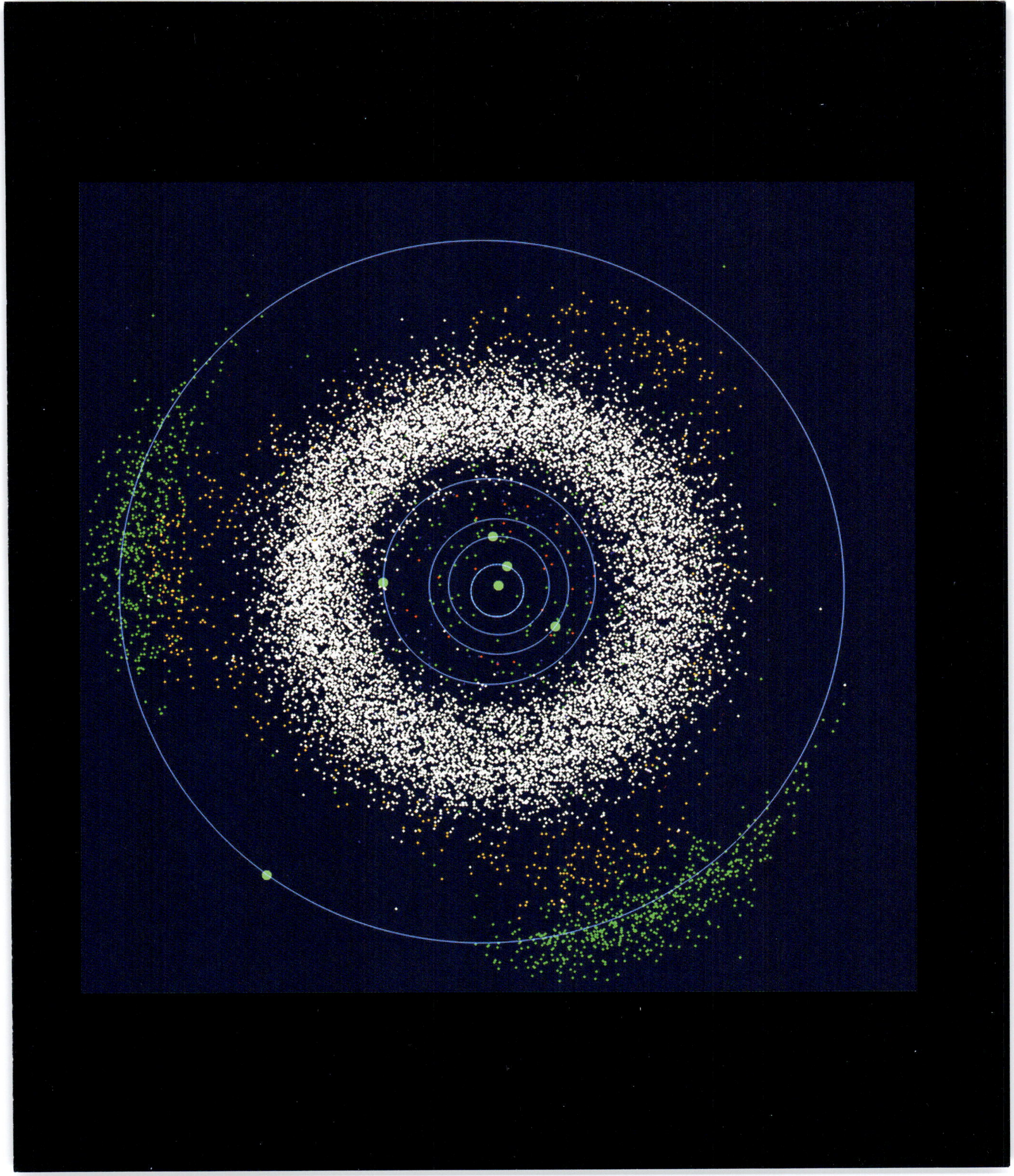

Jupiter

Den größten Teil der Masse unseres Sonnensystems machen Sonne (etwa 99,8 Prozent) und Jupiter (etwa 0,1 Prozent) aus. Jupiter thront als König im Planetenreich, denn seine Masse ist mehr als doppelt so groß wie die aller anderen Planeten zusammen. Der Koloss hält 63 bekannte Monde und eine ganze Reihe schwacher Ringe in seinem Orbit fest. Der Durchmesser des Jupiters beträgt 23 Erddurchmesser, und wäre er innen hohl, fänden mehr als tausend Erden Platz.

Als Goliath und innerster Planet des äußeren Sonnensystems (Entfernung zur Sonne: etwa 5,2 Astronomische Einheiten) ist der Jupiter nach Sonne, Mond und Venus das vierthellste Objekt an unserem Nachthimmel. Zu seiner Leuchtkraft trägt weiter bei, dass seine sichtbare Oberfläche aus hellen Wolken besteht. Eine Oberfläche im eigentlichen Sinn besitzen nämlich weder der Jupiter noch die anderen Gasriesen im äußeren Sonnensystem: Was wir sehen, ist Gewölk oder Dunst, die aus exotischen und manchmal farbenfrohen chemischen Verbindungen wie Methan, Ethan, Ammoniumhydrogensulfid und Monophosphan bestehen. Bei Windgeschwindigkeiten von mehreren hundert Stundenkilometern wirbeln Wolkenbänder durch die Atmosphäre. Manchmal toben gigantische Stürme wie der Große Rote Fleck über viele Jahrhunderte.

Unter der Wolkendecke steigen auf dem Jupiter Druck und Temperatur jäh an. Die Chemie ist hier aber in der Regel viel einfacher: Der Jupiter besteht zu etwa 75 Prozent aus Wasserstoff und zu 25 Prozent aus Helium – genau wie die Sonne. In einem größeren Sonnennebel und mit der fünfzig- bis achtzigfachen Masse hätte sich der Jupiter zu einem Stern entwickelt.

Die Herausbildung des Jupiters hatte einen großen Einfluss auf die Architektur des Sonnensystems, denn sie störte die Umlaufbahnen der anderen Gasriesen, verhinderte die Entstehung eines Planeten im Bereich des Asteroidengürtels und brachte Asteroiden und Kometen gravitativ auf Umlaufbahnen, auf denen sie während des Großen Bombardements auf anderen Planeten einschlugen. Einige Objekte wurden sogar in den Kuipergürtel oder aus dem Sonnensystem geschleudert. Auch heute noch zieht der Jupiter als Gravitationsmagnet gelegentlich kleine Körper wie den Kometen SL-9 an, der auseinanderbrach und 1994 in seinen Wolkengipfeln zerschmettert wurde.

SIEHE AUCH Sonnennebel (vor 5 Mrd. Jahren), Der Asteroidengürtel (vor 4,5 Mrd. Jahren), Die Geburt des Mondes (vor 4,1 Mrd. Jahren), Der Große Rote Fleck (1665), Kuipergürtelobjekte (1992), Komet SL9 schlägt auf dem Jupiter ein (1994), *Galileo* im Orbit des Jupiters (1995)

Farbgetreues Fotomosaik des Jupiters mit dem Großen Roten Fleck, das 2000 die NASA-Raumsonde Cassini *zur Erde sendete, als sie auf ihrem Weg zum Saturn am Gasriesen vorbeiflog.*

Saturn

Einer der atemberaubendsten Anblicke, die ein Astronomie-Fan mit seinem kleinen Heimteleskop einfangen kann, ist der Saturn mit seinen prunkvollen Ringen. Seinen Augen bietet sich eine beinahe surreale Szenerie dar: eine eiförmige Kugel schimmert mitten in der Schwärze des Raumes, umgeben von einer unglaublich zarten, dünnen Scheibe, deren Breite den Durchmesser des Planeten fast um das Doppelte übertrifft. Der Saturn ist eine Perle des Himmels.

Der Saturn ist der zweitgrößte Gasriese mit dem neuneinhalbfachen Durchmesser und der fünfundneunzigfachen Masse der Erde. Als flache Scheibe rund um den Äquator des Planeten nehmen wir sein Ringsystem wahr, das größtenteils aus Eis besteht. Es ist wahrscheinlich kaum dicker als 20–30 Meter. Niemand weiß, ob der Saturn diese Ringe seit Urzeiten besitzt oder ob sie eher neueren Datums und vielleicht durch das Auseinanderbrechen eines ehemaligen Eismondes bei einer Katastrophe entstanden sind. Gesellschaft leisten dem Saturn in seinen Ringen 62 bekannte Monde, Hunderte kleinerer »Möndchen« und Milliarden von Ringteilchen, deren Größe von der eines Hauses oder Autos bis zu der eines Staubkorns reicht. Saturns größter Mond namens Titan ist größer als Merkur und der einzige Mond im Sonnensystem mit einer dichten Atmosphäre.

Der Äquatorstreifen, ein Band aus Wolken und Dunst, ist beim Saturn trotz ähnlicher Atmosphärenzusammensetzung weniger ausgeprägt und bunt als beim Jupiter. Der wohl größte Unterschied der chemischen Zusammensetzung der beiden Planeten besteht darin, dass beim Saturn aus noch nicht vollständig geklärten Gründen der Anteil des Heliums im Vergleich zum Wasserstoff geringer ist. Somit gilt er als weniger sonnenähnlich als der Jupiter. Ein weiteres Rätsel geben uns die Windgeschwindigkeiten auf dem Saturn auf, die viel höher liegen als auf dem Jupiter, ja überhaupt sonst im Sonnensystem. Stellenweise erreichen sie bis zu 1800 Kilometer pro Stunde! Detaillierte Untersuchungen von Saturn und Jupiter durch die Raumsonden *Pioneer*, *Voyager*, *Galileo* und *Cassini* haben uns die Verschiedenheit der Gasriesen aufgezeigt. Neu entdeckte Gasriesen in anderen Sternensystemen nehmen wir vermutlich ebenfalls als schön und rätselhaft wahr.

SIEHE AUCH Titan (1655), Saturnringe (1659), *Pioneer 10* erreicht den Jupiter (1973), *Pioneer 11* erreicht den Saturn (1979), Die *Voyager*-Sonden erreichen den Saturn (1980, 1981), Erste Exoplaneten (1992), *Galileo* im Orbit des Jupiters (1995), *Cassini* erforscht den Saturn (2004–2017)

Foto der nördlichen Hemisphäre des Saturns aus dem Jahre 2016, als dieser Teil des Planeten sich der Sommersonnenwende näherte. Aufnahme der NASA-Raumsonde Cassini. *In der Atmosphäre des Planeten sind die Wolkenzonen und die rätselhafte, dunklere, sechseckige Zone, die den Nordpol umgibt, gut zu erkennen.*

Uranus

Wilhelm Herschel (1738–1822)

Noch im Mittelalter wusste man nichts von der Existenz des siebten (und achten) Planeten unseres Sonnensystems. Uranus wurde 1781 vom aus Deutschland stammenden britischen Astronomen Wilhelm Herschel mit dem Teleskop entdeckt. Eigentlich hatten ihn bereits 1690 zahlreiche andere Astronomen beobachtet, aber wegen seiner äußerst langsamen Bewegung am Himmel, die auf seine 84-jährige Umlaufzeit zurückgeht, mit einem Stern verwechselt. Da die durchschnittliche Entfernung des Uranus von der Sonne etwa 19 Astronomische Einheiten beträgt – gegenüber 9,5 beim Saturn –, verdoppelte seine Entdeckung die Größe des Sonnensystems mit einem Mal.

Mit dem vierfachen Durchmesser und der fünfzehnfachen Masse der Erde gehört der Uranus zu den Gasriesen, auch wenn er erheblich kleiner ist als seine Cousins Jupiter und Saturn. Die Atmosphäre des Uranus besteht wie bei jenen hauptsächlich aus Wasserstoff und Helium, während die charakteristische blaugrüne Farbe des Planeten auf Methanwolken und Dunst in der oberen Atmosphäre zurückgeht. Stürme sind auf dem Uranus selten, Wolken- und Dunstbänder meist nur schwach ausgeprägt. Im Unterschied zu Jupiter und Saturn besteht der Uranus tief im Inneren aus erheblichen Mengen von Eis und Gestein. Da der Anteil von Eis und Gestein im Verhältnis zum Gas bei Uranus und Neptun merklich höher liegt als bei Jupiter und Saturn, werden sie auch als Eisriesen bezeichnet.

Mit dem Teleskop und durch den Vorbeiflug der *Voyager 2* im Jahre 1986 konnte festgestellt werden, dass fünf große und 22 kleinere Monde den Uranus umkreisen, alle dunkel und eisbedeckt. Außerdem besitzt er etwa ein Dutzend dünner, dunkler, Eisringe, die möglicherweise aus dem Zerfall eines oder mehrerer kleiner Monde in jüngerer Zeit entstanden sind.

Das Merkwürdigste an Uranus ist womöglich die Neigung seiner Rotationsachse gegenüber der Ekliptik (Ebene der Erdumlaufbahn um die Sonne) von beinahe 98 Grad. Diese ungewöhnliche Neigung könnte das Ergebnis eines (Beinahe-)Zusammenpralls mit dem Jupiter in grauer Vorzeit sein. Die tatsächliche Ursache gehört zu den vielen ungelösten Rätseln unseres Sonnensystems.

SIEHE AUCH Erde (vor 4,5 Mrd. Jahren), Saturn (vor 4,5 Mrd. Jahren), Jupiter (vor 4,5 Mrd. Jahren), Neptun (vor 4,5 Mrd. Jahren), Die Entdeckung des Uranus (1781), Titania und Oberon (1787), Die Entdeckung des Neptuns (1846), Ariel und Umbriel (1851), Miranda (1948), *Voyager 2* erreicht den Uranus (1986)

Spektakuläres Falschfarben-Infrarot-Kompositbild des Uranus und seiner Ringe. Keck-Teleskop auf Hawaii, 2004. In der Atmosphäre sind seltene weiße Sturmwolken zu sehen.

Neptun

Betrachtet man Erde und Venus als zweieiige Zwillinge, so dürfen Uranus und Neptun als eineiige gelten. Beide liegen tief im äußeren Sonnensystem, der Neptun um die 30 Astronomischen Einheiten von der Sonne entfernt. Für eine Umkreisung der Sonne benötigt er etwa 165. Die beiden Eisriesen haben ungefähr die gleiche Größe und Masse, wobei der Neptun mit 17 Erdmassen leicht schwerer ist, und eine ähnliche Zusammensetzung: etwa 80 Prozent Wasserstoff, 19 Prozent Helium und Spuren von Methan und anderen Kohlenwasserstoffen. Die schöne azurblaue Farbe stammt wie beim Uranus vom Methan.

Wie sein Schwesterplanet besitzt der Neptun nur eine eher geringe Anzahl eisiger Satelliten (13) und ein System dunkler Eisringe. Aus Messungen mit Teleskopen, Daten vom Vorbeiflug der Voyager 2 im Jahre 1989 und Laboruntersuchungen schlossen Astronomen, dass die Gasatmosphäre des Neptuns etwa 10–20 Prozent der Entfernung zum Zentrum des Planeten in die Tiefe reicht. Anschließend sind Druck und Temperatur so hoch, dass Wasser, Ammoniak und Methan einen heißen Flüssigkeitsmantel bilden. Astronomen bezeichnen dieses Gemisch als »Eis«, weil man annimmt, dass die Moleküle ursprünglich von den meist eisigen äußeren Sonnennebel-Planetesimalen stammen, die zu den ursprünglichen Bausteinen des Neptuns gehörten. Einige Astronomen sprechen hier sogar von einem Wasser-Ammoniak-Ozean. Computersimulationen legen nahe, dass durch diesen Ozean hindurch ein Regen von Diamanten in den erdähnlichen Kern des Planeten aus Gestein, Eisen und Nickel fällt.

Die Lage der Eisriesen so weit draußen im Sonnensystem stellt die Astronomen vor ein Rätsel, denn in dieser Entfernung dürfte es an Sonnennebelmaterial für ihre Herausbildung gefehlt haben. Eine mögliche Erklärung lautet, dass sie in geringerer Distanz zur Sonne entstanden und langsam an ihre jetzige Position wanderten – vielleicht von Jupiter und/oder Saturn geschubst. Wir glauben, das heutige Sonnensystem sei stabil und laufe wie ein Uhrwerk, aber als sich die Planeten herausbildeten, herrschten rohe Gewalt und Chaos.

SIEHE AUCH Sonnennebel (vor 5 Mrd. Jahren), Venus (vor 4,5 Mrd. Jahren), Erde (vor 4,5 Mrd. Jahren), Uranus (vor 4,5 Mrd. Jahren), Die Entdeckung des Uranus (1781), Die Entdeckung des Neptuns (1846), Triton (1846), *Voyager 2* erreicht den Neptun (1989)

Neptun mit dem Großen Dunklen Fleck, einem kleineren dunklen Fleck im Süden und sich schnell bewegenden weißen Federwolken. Aufnahme von Voyager 2. *In diesen Sturmsystemen wurden Windgeschwindigkeiten von mehr als 2100 Stundenkilometern gemessen.*

Pluto und der Kuipergürtel

Gerard P. Kuiper (1905–1973)

Fels und Eis aus dem Sonnennebel, die nicht in die junge Sonne fielen, dienten zum größten Teil als Bausteine für den Jupiter, in geringerem Maß auch für die anderen großen Planeten des Sonnensystems. Noch immer aber blieben Brocken übrig, die nicht als Bestandteile von Planeten endeten. Dazu gehörten die 1–10 Kilometer kleinen Felsplanetesimale im Asteroidengürtel, die von der Schwerkraft des Jupiters daran gehindert wurden, zu vollwertigen Planeten heranzuwachsen, aber auch die Eisplanetesimale jenseits des Neptuns, die zu weit voneinander entfernt waren und zu selten kollidierten. Diese Klasse der transneptunischen Objekte stand insbesondere wegen ihres zuerst entdeckten Vertreters Pluto des Öfteren im Zentrum des Interesses.

Der Pluto ist eine kleine Welt aus Fels und Eis und umkreist die Sonne auf einer elliptischen Umlaufbahn in einer Entfernung von 30–50 Astronomischen Einheiten (AE). Obwohl er nur etwa 20 Prozent der Masse und 35 Prozent des Volumens unseres Mondes aufweist, besitzt er einen großen Eismond namens Charon und mindestens vier kleinere Eismonde sowie eine dünne kometenartige Atmosphäre aus Stickstoff, Methan und Kohlenmonoxid.

Seit den frühen 1990er-Jahren haben Astronomen jenseits des Neptuns zahlreiche weitere »Plutos« entdeckt, die sich in einer doughnutförmigen Scheibe namens Kuipergürtel bewegen. Namensgeber ist der niederländisch-amerikanische Astronom Gerard Peter Kuiper (1905–1976). Jenseits des Kuipergürtels mit seinen kleinen Eiskörpern in einer Entfernung zwischen etwa 30 und 55 AE zur Sonne, existiert noch eine weitere »Scattered Disk« aus Eiskörpern, die in größerer Sonnennähe entstanden, aber durch Gravitation des Jupiters in eine Entfernung von 30–100 AE von der Sonne geschleudert wurden. Mehr als 1100 transneptunische Objekte sind inzwischen bekannt. Als sich herausstellte, dass es im Kuipergürtel und in der Scattered Disk eine große Anzahl von plutoähnlichen Objekten gibt, führte die Internationale Astronomische Union für den Pluto und ähnliche Objekte 2006 den Zwergplanetenstatus ein.

Pluto wurde erstmals 2015 von der Raummission New Horizons erreicht, die an diesem Zwergplaneten und seinen Monden vorbeiflog.

SIEHE AUCH Sonnennebel (vor 5 Mrd. Jahren), Der Asteroidengürtel (vor 4,5 Mrd. Jahren), Jupiter (vor 4,5 Mrd. Jahren), Die Entdeckung des Pluto (1930), Charon (1978), Kuipergürtelobjekte (1992), Die Herabstufung des Pluto (2006), Erforschung des Pluto (2015)

Grafische Darstellung der Umlaufbahnen der vier Gasriesen (Kreise) und der geneigten, elliptischen Umlaufbahn des Pluto. Die Punkte bilden die als Kuipergürtel bekannte, doughnutförmige Wolke aus kleinen transneptunischen Objekten. Als Erstes dieser Objekte wurde der Pluto entdeckt.

Die Geburt des Mondes

Die Erde ist mit ihrem großen natürlichen Satelliten einzigartig unter den terrestrischen Planeten. Aber woher kommt unser Mond? Viele Hypothesen zu seinem Ursprung wurden von den Astronomen diskutiert. Eine davon lautet, dass sich der Mond in seiner Umlaufbahn zur gleichen Zeit und auf die gleiche Weise wie die Erde gebildet habe, nämlich durch Akkretion von felsigen und metallischen Planetesimalen, die sich im warmen Sonnennebel herausgebildet hatten. Nach einer anderen soll die frühe (zähflüssige) Erde so stark rotiert haben, dass sich ein Klumpen abspaltete, in eine Umlaufbahn um unseren Planeten überging und den Mond bildete. Außerdem könnte der Mond auch anderswo im inneren Sonnensystem entstanden und von der Schwerkraft der Erde eingefangen worden sein.

Diese Theorien standen so lange miteinander in Konkurrenz, bis die *Apollo*-Missionen Mondgestein und weiteres informatives Material zur Erde zurückbrachten. Nun stellte sich heraus, dass die neuen Erkenntnisse keine der früheren Thesen stützten. Für das Akkretionsmodell hätten Alter und Zusammensetzung des Mondes mit den entsprechenden Daten der Erde übereinstimmen müssen. Der Mond hat jedoch eine viel geringere Dichte, enthält bedeutend weniger Eisen und bildete sich offenbar 30–50 Millionen Jahre nach der Entstehung der Erde und der anderen Planeten heraus. Für eine Abspaltung hätte die frühe Erde unerklärlich schnell rotieren müssen, während bei der Einfangtheorie unerklärt blieb, wie ein frei fliegender Mond so viel Energie verlor, dass ihn die Gravitation der Erde auf eine Umlaufbahn bringen konnte.

In den 1990er-Jahren schlugen Planetenforscher die Kollisionstheorie vor: Hätte ein etwa marsgroßer Protoplanet die frühe Erde aus einem schrägen Winkel getroffen (Impakt), so wäre nach Computersimulationen ein Stück des eisenarmen Erdmantels mit geringer Dichte geschmolzen und in den Orbit geschossen worden, das groß genug gewesen wäre, um durch Abkühlung und Akkretion den Mond zu bilden. Zusammensetzung, Dichte und Alter des Mondes stimmen mit den Vorhersagen des Modells überein. So liefert es die bis heute beste Erklärung für die Entstehung des Mondes.

SIEHE AUCH Sonnennebel (vor 5 Mrd. Jahren), Erde (vor 4,5 Mrd. Jahren), Die Geburt des Mondes (vor 4,1 Mrd. Jahren), Die ersten Menschen auf dem Mond (1969), Mond-Rover (1971), Das Mondhochland (1972), Die letzte bemannte Mondlandung (1972)

Grafische Darstellung des Zusammenstoßes eines marsgroßen Körpers mit der Proto-Erde vor über vier Milliarden Jahren. Man nimmt an, dass ein solcher gigantischer Impakt zur Entstehung unseres Mondes führte.

Das Große Bombardement

Alle Planeten des Sonnensystems, also auch unsere Erde, sind seit ihrer Entstehung einem wahren Asteroiden- und Kometenregen ausgesetzt. Allerdings überstiegen die Zahl der Einschläge und deren Auswirkungen in den frühen Tagen die heutigen offenbar um ein Vielfaches. Auf der Erde sind kaum Spuren dieser frühen kosmischen Wirkungsgeschichte nachweisbar, denn der größte Teil ihrer alten Oberfläche ist von jüngeren vulkanischen Ablagerungen überdeckt oder wurde von Wind, Wasser und Eis abgetragen. Ganz anders verhält es sich dagegen mit dem Mond: Die zahlreichen Einschlagkrater und -becken erinnern uns an die einstige Gestalt der Erdoberfläche.

Zu den wichtigsten Ergebnissen der Apollo-Missionen gehört, dass wir mit der radiometrischen Methode das Alter einzelner lunarer Einschlagereignisse feststellen können. Für die aus Kratern mitgebrachten Proben ergaben die Messungen ein Alter von 3,8 bis 4,1 Milliarden Jahre – erstaunlich, wenn man bedenkt, dass die großen Planeten vor rund 4,5 Milliarden Jahren entstanden. Manche Planetenforscher sind der Ansicht, am einfachsten lasse sich das so erklären, dass Mond und Erde etwa 400 bis 700 Millionen Jahre nach ihrer Entstehung eine Periode intensiver Kraterbildung durchliefen.

Die Ursache für diesen relativ kurzen starken Ausschlag der ansonsten nach unten zeigenden Einschlagshäufigkeitskurve ist unbekannt. Eine These lautet, dass die Gravitationswirkung des Jupiters, die mit für die hypothetische Migration von Uranus und Neptun verantwortlich war und wahrscheinlich die transneptunischen Objekte in den Kuipergürtel trieb, auch einige Asteroiden und Kometen in das innere Sonnensystem umgeleitet haben könnte. Die daraus folgende Katastrophe müsste große Verwüstungen auf den terrestrischen Planeten angerichtet und einen tiefen Einfluss auf die Entwicklung und den Fortbestand des Lebens in unserer Heimatwelt gehabt haben.

SIEHE AUCH Jupiter (vor 4,5 Mrd. Jahren), Uranus (vor 4,5 Mrd. Jahren), Neptun (vor 4,5 Mrd. Jahren), Pluto und der Kuipergürtel (vor 4,5 Mrd. Jahren), Leben auf der Erde (vor 3,8 Mrd. Jahren), Radioaktivität (1896), Die ersten Menschen auf dem Mond (1969), Mond-Rover (1971), Das Mondhochland (1972), Die letzte bemannte Mondlandung (1972)

Grafische Darstellung des Großen Bombardements durch Asteroiden und Kometen, das vor etwa 3,8 bis 4,1 Milliarden Jahren die Entwicklung von Erde und Mond prägend beeinflusst haben soll. Aufprallgeschwindigkeit und Anzahl gleichzeitiger Einschläge sind hier im Interesse größerer Dramatik stark übertrieben.

Leben auf der Erde

Den genauen Zeitpunkt sowie das Wie und Warum der Entstehung des Lebens auf der Erde kennt niemand, aber es muss sehr früh in ihrer Geschichte geschehen sein. Die ältesten Hinweise auf irdisches Leben sind chemischer, nicht fossiler Natur: Alles bekannte Leben auf unserem Planeten basiert auf einer gemeinsamen chemischen Architektur. Zum Beispiel erzeugen einige biogeochemische Prozesse und Reaktionen, die bei allen Lebewesen auftreten und Aminosäuren beinhalten, die oft mit der DNA oder der RNA in Verbindung gebracht werden, erkennbare Muster in Isotopen von Kohlenstoff und einigen anderen Elementen. Da das Leben bevorzugt mit bestimmten Materialien arbeitet (oder sie kreiert), liefern ungewöhnliche Isotope wie ein Mehr an Kohlenstoff-12 (^{12}C) im Vergleich zu Kohlenstoff-13 (^{13}C) in etwa 3,8 Milliarden Jahre altem Gestein aus Grönland – nicht ganz unumstrittene – chemofossile Beweise für Leben in der frühesten Geschichte unseres Planeten.

Der älteste bekannte fossile Beleg für Mikroorganismen auf unserem Planeten stammt aus einer Zeit vor etwa 3,5 Milliarden Jahren und hat sich in Stromatolithen erhalten, Gesteins- und Mineralstrukturen, die von Kolonien einfachster Organismen wie Blaualgen erzeugt wurden. Noch heute kann man diesen Prozess unter anderem in der Shark Bay in Westaustralien beobachten. Somit sind die Stromatolithen die ältesten Lebensformen auf unserem Planeten.

Nach den Ergebnissen neuester Studien zum ersten Äon der Erdgeschichte, dem Hadaikum vor 4,5–3,8 Milliarden Jahren, bildeten sich Ozeane und Kontinente viel früher heraus als bisher angenommen, und schon wenige Hundert Millionen Jahre nach der Entstehung unseres Planeten herrschten dem Leben förderliche Bedingungen. Das Große Bombardement vor 4,1–3,8 Milliarden Jahren könnte zum Aussterben frühester Lebensformen geführt haben. Jedenfalls entstanden schon bald nach der Abkühlung der Erdkruste die Ozeane, das Große Bombardement fand ein Ende, und die Bedingungen auf der Erde wurden stabil genug, um Leben von Dauer zu ermöglichen. Bemerkenswert ist allerdings, dass es bis heute so gut gedeiht und sich in so vielen Formen ausgeprägt hat. Nun suchen Astronomen, Planetenforscher und Astrobiologen nach Beweisen für Leben auf anderen, erdähnlichen Welten.

SIEHE AUCH Erde (vor 4,5 Mrd. Jahren), Die Geburt des Mondes (vor 4,1 Mrd. Jahren)

Querschnitt durch ein Stromatolith-Fossil. Die roten Schichten sind vermutlich versteinerte Überreste der blaugrünen Algen, die zu den ältesten Zeugnissen von Leben auf der Erde gehören. Dieses besondere Stück aus der westaustralischen Ord Range ist etwa sechs Zentimeter groß.

Die Kambrische Explosion

Als erste Lebensformen auf der Erde gelten einzellige Mikroben, denen die chemischen und thermischen Energiequellen das Überleben ermöglichten. Während der ersten drei Milliarden Jahre der Erdgeschichte dominierten einzellige Organismen, die sich mitunter in Kolonien, beispielsweise in Stromatolithen, organisierten, das Leben auf unserem Planeten. Vor rund 550 Millionen Jahren jedoch nahm seine Vielfalt bei der kambrischen Explosion rasant zu. Zahlreiche Vorfahren der heutigen Pflanzen- und Tierwelt lassen sich deshalb aufgrund von Fossilien für eine auf der geologischen Zeitskala recht frühe Zeit nachweisen. Biologen diskutieren aktiv über mögliche Gründe für die so plötzliche und enorme Diversifizierung irdischen Lebens an der Grenze zwischen Präkambrium und Kambrium.

Andererseits versuchen Biologen auch die Gründe für den immer wieder vorkommenden plötzlichen und jähen Rückgang der Artenvielfalt zu verstehen. Der größte Katastrophenfall trat vor 250 Millionen Jahren an der Grenze zwischen Perm und Trias ein. Vermutlich starben in kaum einer Million Jahren zu Land etwa 70 Prozent und in den Ozeanen gar 96 Prozent der Arten aus. Deshalb wird diese Zeit manchmal auch als »großes Sterben« oder »Mutter aller Massensterben« bezeichnet. Es dauerte mehr als 100 Millionen Jahre, bis die Lebensformen wieder so vielfältig waren wie vor dem Perm.

Als Auslöser dieses gewaltigen Verlusts an Lebensformen kommt ein umfassender Klimawandel infrage, auch wenn sich die Geschwindigkeit des Massenaussterbens so nur schwer erklären lässt. Oder es könnten auch ein großes Impaktereignis, ein gewaltiger Vulkanausbruch oder Ähnliches, die weitere klimatische und geologische Katastrophen nach sich zogen, dafür verantwortlich sein. Biologen, Geologen und Astronomen suchen noch immer nach stichhaltigen Hinweisen.

SIEHE AUCH Leben auf der Erde (vor 3,8 Mrd. Jahren), Der Dinosaurier-Killer-Asteroid (vor 65 Mio. Jahren), Der Barringer-Krater (vor 50 000 Jahren)

An der Perm-Trias-Grenze fand vor rund 250 Millionen Jahren das größte Masssenaussterben überhaupt mit dem stärksten Rückgang der Artenvielfalt statt. Vom Yavapai Point über dem Grand Canyon eröffnen sich dem Blick des Besuchers fast zwei Milliarden Jahre Erdgeschichte.

Der Dinosaurier-Killer-Asteroid

Luis W. Alvarez (1911–1988), **Walter Alvarez** (geb. 1940)

Der Theorie, dass Einschläge großer Körper auf der Erde bei katastrophalen Klima- und Biosphärenveränderungen eine Hauptrolle spielten, verhalf einem aus Luis W. Alvarez, seinem Sohn Walter und weiteren Kollegen bestehenden Geologenteam zu großer Aufmerksamkeit. Sie fanden Hinweise, dass der Einschlag eines großen Asteroiden vor etwa 65 Millionen Jahren das Aussterben der Dinosaurier und zahlreicher weiterer Arten hervorrief. Grundlegend für ihre Argumentation war die Entdeckung einer weltweit vorhandenen dünnen, mit dem seltenen Element Iridium angereicherten Sedimentschicht aus einer Zeit, die heute als Kreide-Paläogen-Grenze (K-P-Grenze) bezeichnet wird. Iridium gehört zur Gruppe der Platinmetalle, die in Gesteinen und Mineralien oft in Verbindung mit Eisen vorkommen. Der überwiegende Teil des Eisens und vermutlich auch des Iridiums sank bei der Entstehung der Erde in den tiefen Mantel und in den Kern ab. Deshalb stellt eine über die ganze Welt verteilte iridiumreiche Krustenablagerung ein und desselben Alters eine Anomalie dar. Nach der Alvarez-Hypothese nun stammt dieses Iridium von einem großen metallhaltigen Asteroiden, der auf der Erde einschlug und verdampfte. Die anschließende Klimakatastrophe richtete in der Tier- und Pflanzenwelt verheerenden Schaden an.

Der Impakt schleuderte verdampftes Gestein sowie gigantische Ruß- und Staubwolken in die Atmosphäre. Aufgrund der Verdunkelung der Sonne stürzten die Temperaturen in frostige Tiefen. Die Dezimierung von Arten, die für ihr Überleben auf Sonnenlicht und Fotosynthese angewiesen sind, unterbrach die Nahrungskette der Raubtiere. Säugetiere, Vögel und andere Arten, die sich auch von Insekten, Aas oder anderen nicht pflanzlichen Nahrungsmitteln ernährten, wurden durch das Ereignis nicht besonders in Mitleidenschaft gezogen. Als sich der Staub (im wahrsten Sinne des Wortes) auflöste, konnten die Überlebenden Nischen besetzen, zu denen sie zuvor keinen Zugang hatten.

Die Hypothese, dass die Dinosaurier durch einen Asteroideneinschlag ausgelöscht wurden, wird regelmäßig überprüft. Auch andere geologische oder klimatische Ursachen, etwa der drastische Rückgang des Meeresspiegels in Verbindung mit gewaltigen Vulkaneruptionen kurz vor dem Massensterben, könnten die Umweltbedingungen herbeigeführt haben, die so viele Arten auslöschten.

SIEHE AUCH Die Kambrische Explosion (vor 550 Mio. Jahren), Der Barringer-Krater (vor 50 000 Jahren), Die Tunguska-Explosion (1908), Komet SL9 schlägt auf dem Jupiter ein (1994)

Grafische Darstellung des Asteroiden, der vor etwa 65 Millionen Jahren auf die Erde stürzte. Das Ereignis markiert den exakten Endzeitpunkt der Kreidezeit und den Beginn des Paläogens der geologischen Zeitskala.

Der Homo sapiens

Der Homo sapiens, also der Mensch, erschien vor relativ kurzer Zeit auf der Erde. Nach den ältesten Funden in Afrika trat er erstmals vor 200 000 Jahren in Erscheinung. Eine Zeit lang koexistierte er nachweislich mit den eng verwandten Neandertalern, doch vor etwa 30 000 Jahren reißen die Belege für mit den Neandertalern in Verbindung zu bringende Eigenschaften ab.

Wir Menschen sind ausdauernd und haben dank nützlicher Werkzeuge, Sprache, Langzeiterinnerung und mit großen Mühen verbundener Erfahrung überlebt. Neugierde und der Wunsch nach Nahrung für die Seele prägen unsere Geschichte und Entwicklung, sodass Musik, Tanz und Kunst ein unverzichtbarer Teil menschlicher Erfahrung sind.

Ich weiß noch, dass ich beim Anblick der 17 000 Jahre alten Steinzeit-Höhlenmalereien in der französischen Dordogne in großes Staunen geriet, dass unsere damaligen Vorfahren sich trotz ihres immerwährenden Überlebenskampfs die Zeit für das Erschaffen von Kunstwerken nahmen. Und sie bildeten nicht nur Tiere, Pflanzen und anderes aus ihrem täglichen Leben ab. Manche Archäologen vertreten heute die Ansicht, dass wir gewisse Punkte, Linien und vielleicht auch Tierfiguren als Darstellungen von Sternbildern oder anderen Elementen des Nachthimmels verstehen sollten. Falls dies stimmt, sind dies nicht nur die ältesten Gemälde der Welt, sondern auch die ältesten, von den frühesten Astronomen gezeichneten Himmelskarten.

Das Erscheinen der menschlichen Spezies auf der Erde mag uns für die Geschichte der Astronomie nebensächlich erscheinen, denn sie stellt nur eine von vielen dar auf einem Planeten, der einen typischen Stern in einem eher unspektakulären Teil einer durchschnittlichen Spiralgalaxie umkreist. Unser Planet könnte nur einer von Milliarden sein, auf denen Leben existieren kann, sodass auch wir nur eine von unzähligen Arten unter den Sternen sind. Möglich ist aber auch, dass wir die einzige intelligente, reflektierende Spezies mit Technologie und Zivilisation im ganzen Universum repräsentieren. Das stimmt ehrfürchtig, vielleicht auch nachdenklich, ruft uns aber zugleich in Erinnerung, dass wir das Erscheinen unserer Spezies, die imstande ist, das Universum kennenzulernen, als außergewöhnliches Ereignis feiern sollten.

SIEHE AUCH Die Geburt der Kosmologie (um 5000 v. Chr.), Das SETI-Programm (1960), Erste Exoplaneten (1992), Planeten bei sonnenähnlichen Sternen (1995), Bewohnbare Supererden? (2007)

Ausschnitt aus einer restaurierten Malerei in den südfranzösischen Höhlen von Lascaux. Neben einem prähistorischen Pferd sind auch einige Symbole zu sehen, die möglicherweise Sterne und Sternbilder am Nachthimmel darstellen.

Der Barringer-Krater

Grove Karl Gilbert (1843–1918), **Daniel Barringer** (1860–1929), **Eugene M. Shoemaker** (1928–1997)

Um zu erahnen, wie stark die Erde im Laufe ihrer Geschichte von Asteroiden- und Kometeneinschlägen heimgesucht wurde, braucht man nur die Spuren des Großen Bombardements auf der uralten Oberfläche des luftlosen Mondes zu betrachten. Da auf unserem Planeten die Wind- und Wassererosion sowie die kontinuierliche Erneuerung des Meeresbodens durch Plattentektonik und Vulkanismus die Spuren der Einschlagkrater beseitigt haben, dauerte es lange, bis die Geologen die Bedeutung der Einschlagkrater im Sinne eines geologischen Prozesses auf der Erde und anderen terrestrischen Planeten, Monden und Asteroiden erkannten.

Ein »Naturlabor«, das dies mit aller Deutlichkeit vor Augen hält, ist der Barringer-Krater (auch bekannt als Meteor Crater) östlich von Flagstaff im US-Bundesstaat Arizona mit einem Durchmesser von etwa 1200 und einer Tiefe von etwa 180 Metern. Bis in die 1960er-Jahre stritten Geologen teils heftig über seinen Ursprung. In den 1890er-Jahren hatte Grove Karl Gilbert, einer der ersten Vertreter der Hypothese von der Entstehung der kreisförmigen Mondkrater durch Einschlag, postuliert, der Krater müsse bei Fehlen signifikanter Trümmer aus dem Einschlagsobjekt durch einen explosiven Vulkanausbruch gebildet worden sein. Zu Beginn des 20. Jahrhunderts kaufte der Bergbauingenieur Daniel Moreau Barringer den Krater und bohrte jahrelang vergeblich nach einem riesigen Eisenmeteoriten. Der Geologe Eugene Shoemaker, der bei US-Nukleartests in Nevada entstandene Krater untersucht hatte, verfocht dagegen die Impakt-Hypothese und untermauerte sie mit der Entdeckung bestimmter Quarzmineralien, wie sie nur bei den hohen Drücken und Temperaturen bei einem Einschlag und nicht bei einem Vulkanausbruch entstehen.

Mehr als 200 weitere Einschlagkrater wurden seither als solche erkannt, die meisten davon größer, aber viel schlechter erhalten als der Barringer-Krater. Bei Labor- und Computersimulationen wurde aufgezeigt, dass Einschlagskörper wie der etwa 50 Meter lange, eisenreiche Asteroid in Arizona mit seiner Geschwindigkeit von mehr als zehn Kilometern pro Sekunde beim Aufprall fast immer vollständig verdampfen. Damit war die Frage nach dem Fehlen von Trümmern in der Umgebung des Kraters geklärt.

SIEHE AUCH Die Geburt des Mondes (vor 4,1 Mrd. Jahren), Die Tunguska-Explosion (1908), Komet SL9 schlägt auf dem Jupiter ein (1994)

Blick auf den Barringer-Krater in der Wüste von Arizona, der vor etwa 50 000 Jahren durch den Einschlag eines kleinen, eisenreichen Asteroiden mit einer Geschwindigkeit von mehr als zehn Kilometern pro Sekunde entstand.

Die Geburt der Kosmologie

Die Kosmologie im Sinne eines Teilgebiets der Astronomie beschäftigt sich mit der Erforschung der Natur, des Ursprungs und der Evolution des Weltalls. Ursprünglich bezieht sie sich im Sinne der antiken Bedeutung von Kosmos als (Welt-)Ordnung auf das Weltbild einer Gesellschaft, das die Fragen nach dem Woher, Warum und Wohin des Menschen beantwortet. Während der gesamten Menschheitsgeschichte haben Zivilisationen ihre Kosmologien geschaffen, die auf Schöpfungsgeschichten, Mythologie, Religion, Philosophie und in jüngster Zeit auch Wissenschaft beruh(t)en.

Man hört und liest nicht selten Plattitüden von der Art, die Menschen hätten schon immer zu den Sternen aufgeschaut, oder jemand behauptet zu wissen, wie unsere prähistorischen Vorfahren über den Himmel dachten. Alles – durchaus amüsante – Spekulation, denn Genaueres lässt sich darüber nicht sagen, weil Vorgeschichte *per definitionem* bedeutet, dass keine Aufzeichnungen existieren. Deshalb sind die ältesten archäologischen Fundstücke mit Darstellungen astronomischer Themen enorm wichtig, da sie uns das damalige Verständnis des Universums zu erschließen gestatten.

Der älteste Beleg dafür, wie eine bestimmte Zivilisation über den Himmel dachte, stammt von den Sumerern. Ihre teilweise erhaltenen Sternkarten, einfachen astronomischen Instrumente, von denen einige Gelehrte glauben, dass sie 5000–7000 Jahre alt sind, und weitere Funde offenbaren ein differenziertes Verständnis der Sumerer für die Bewegungen von Sonne, Mond, großen Planeten und Sternen. Das muss nicht verwundern, denn die Sumerer gründeten die ersten Stadtstaaten mit Getreideanbau durch eine ganzjährig sesshafte Bevölkerung. Die Kenntnis der Vorgänge am Himmel ermöglichte die Bestimmung des Zeitpunkts der Anpflanzung, Bewässerung und Ernte und sorgte für eine stabile Nahrungsmittelversorgung. So hatten die Sumerer genug Zeit, um Schreiben, Arithmetik, Geometrie und Algebra zu erfinden.

Die sumerische Kosmologie scheint als erste Himmelskörper zu Göttern erklärt zu haben, eine Praxis, die später unter anderem babylonische, griechische und römische Kosmologen fortsetzten. Sie kannte viele Himmel und viele Erden in einem nicht-geozentrischen Universum – eine Weltsicht, die überraschend gut mit dem modernen kosmologischen Denken übereinstimmt, das ein Universum ohne Zentrum und offenbar randvoll mit Erden postuliert.

SIEHE AUCH Der Urknall (vor 13,7 Mrd. Jahren), Das geozentrische Weltbild (um 400 v. Chr.)

Restaurierte sumerische Sternkarte (um 3300 v. Chr.), bekannt als Planisphäre aus Ninive, die zu den ältesten bisher entdeckten astronomischen Instrumenten und Informationen gehört.

um 3000 v. Chr.

Erste Observatorien

Zwar waren sich schon die frühen Menschen der Existenz des Himmels bewusst, aber erst in der späten Jungsteinzeit und Bronzezeit wurden ab dem vierten vorchristlichen Jahrtausend erste große Bauwerke errichtet, die in Zusammenhang mit der Astronomie standen. Das berühmteste ist wohl Stonehenge in Südengland, eines von vielen Steinkreisen, Grabhügeln und anderen Erdbauwerken auf der ganzen Welt mit kultureller, religiöser und/oder astronomischer Bedeutung aus jener Zeit.

Stonehenge ist ein erstaunliches Bauwerk mit 25 Tonnen schweren Steinblöcken, die als Türsturz auf vier Meter hohen und 50 Tonnen schweren steinernen Türpfosten thronen und größten Respekt abfordern. Mit modernen Versuchen und Simulationen konnte nachgewiesen werden, dass sein Bau mit jungsteinzeitlichen und bronzezeitlichen Werkzeugen und Methoden im Rahmen der damaligen Möglichkeiten lag und somit weder der Magie noch der Hilfe Außerirdischer bedurfte. Dennoch reizte die Errichtung dieser atemberaubenden Steinkreise die damals zur Verfügung stehenden Technologien wohl bis aufs Letzte aus.

Stonehenge gilt auch in planerischer Hinsicht als beeindruckende prähistorische Leistung. Aufgrund der Ergebnisse detaillierter Untersuchungen zur Ausrichtung von Steinen, Löchern in Pfosten, Gruben, Wegen und Wällen halten einige Archäologen Stonehenge für ein astronomisches Observatorium, vermutlich als riesige Sonnenuhr konzipiert. So konnte man den Lauf der Jahreszeiten und die wichtigen Daten der Winter- und Sommersonnenwende bestimmen. Während die Einzelheiten der Nutzung des Denkmals als Sternwarte Gegenstand der heutigen Forschung und Diskussion sind, besteht unter Archäologen und Astronomen weitgehende Einigkeit, dass die Grundausrichtung des Bauwerks die Sonnen- und Mondbahn widerspiegelt.

Als prähistorische astronomische Observatorien gelten auch die Hügelgräber von Newgrange in Irland und Maes Howe in Schottland, die so ausgerichtet sind, dass die Strahlen der aufgehenden beziehungsweise untergehenden Sonne zur Wintersonnenwende in die Grabkammern fielen, sowie die ebenfalls solar ausgerichteten Trilithen und Ganggräber in Portugal und die T-förmigen *Taulas* auf Menorca. Die Zivilisationen, die einige dieser bemerkenswerten Denkmäler schon vor über 5000 Jahren errichteten, hinterließen zwar keine schriftlichen Aufzeichnungen, aus denen wir etwas über ihre Traditionen und Überzeugungen erfahren könnten, aber ihre Denkmäler aus Stein und Erde bezeugen, wie teuer ihnen ihr Wissen über den Himmel war.

SIEHE AUCH Astronomie im Alten Ägypten (um 2500 v. Chr.)

Trilithen aus Sarsen (Sandsteinfindlingen) mit circa acht Meter hohen Steinpfosten und massiven Türstürzen und kleinen Blausteinen zur Markierung im inneren Kreis der prähistorischen Megalithstruktur von Stonehenge in Südengland.

Astronomie im Alten Ägypten

Die monumentalen Pyramiden von Gizeh ragen als Denkmal für das technische und arbeitsorganisatorische Geschick der alten Ägypter in der Wüste empor und zeugen vom astronomischen Wissen ihrer Erbauer, die vor 4500 Jahren in Gesellschaft und Religion eine wichtige Rolle spielten.

Da sich die Erdachse ganz langsam in einer Kreiselbewegung verlagert (Präzession), konnte man um 2500 v. Chr. den (heutigen) Polarstern nicht als solchen begreifen. Wie heute am Südhimmel befand sich damals kein heller Stern in der Nähe des Himmelspols. So schien sich der Himmel für die Pharaonen, Astrologen und das gewöhnliche Volk nachts um ein strudelartiges dunkles Loch zu drehen, das man als Tor zum Himmel deutete. Im Alten Ägypten befand sich dieses etwa 30 Grad über dem nördlichen Horizont. Die Pyramiden richtete man sorgfältig nach Norden aus, sodass ein kleiner Schacht von der Hauptgrabkammer des Pharaos nach draußen genau ins Zentrum des Tores zeigte. Wenn der Herrscher sich nach seinem Tod den Göttern anschließen sollte, warum nicht durch den Hauptzugang?

Die ägyptischen Astrologen entwickelten auch ein ausgeklügeltes Kalendersystem, das sich bei der Errichtung der Pyramiden bereits etabliert hatte. Das neue Jahr begann mit der ersten Sichtung des Sirius (Sodet), des hellsten Sterns, am Horizont im Hochsommer kurz vor Sonnenaufgang. Das Jahr mit 365 Tagen (sic!) wurde in zwölf Monate zu je 30 Tagen aufgeteilt, mit fünf Zusatztagen an dessen Ende für religiöse und weltliche Feiern. Aufgrund sorgfältiger Beobachtungen und Aufzeichnungen der Sternenpositionen zu verschiedenen Daten wusste man auch, dass alle vier Jahre ein Schalttag hinzugefügt werden musste, um den Kalender mit den Bewegungen des Himmels in Einklang zu halten. Der Bestimmung des Zeitpunkts der großen religiösen Feste und der jährlichen Nilschwemme dienten das Beobachten und Festhalten des Aufgangs einiger heller Sterne vor Tagesanbruch.

Auch die Pyramidenform könnte der altägyptischen Kosmologie entstammen, da nach einigen Mythen der Schöpfergott Atum in einer Pyramide lebte, die sich zusammen mit dem Land aus dem Urmeer erhoben hatte.

SIEHE AUCH Erste Observatorien (um 5000 v. Chr.)

Die Pyramiden von Gizeh, Grabstätten der Pharaonen und astronomische Hinweise auf das vermeintliche Tor zum Himmel am nördlichen Himmelspol. Für beinahe 4000 Jahre waren sie die größten menschlichen Bauten.

um 2100 v. Chr.

Astronomie im Alten China

Die Kulturen der Welt entwickelten völlig unabhängig voneinander Interesse und Verwendung für die Astronomie. Aufgrund von archäologischen Belegen von Stern- und Sternbildnamen in Grabstätten können die Anfänge der chinesischen Astronomie auf die Urgeschichte und Bronzezeit datiert werden. Wie alle Zivilisationen richteten sich auch die frühen Chinesen eng nach den Zyklen und Bewegungen von Sonne, Mond und Sternen. Jede der maßgeblichen frühen Dynastien Chinas verpflichtete ihre Hofastronomen zur Ausarbeitung ausgeklügelter Sonnen- und Mondkalendersysteme. Bei ihren astronomischen Beobachtungen gingen die Astronomen mit viel Fleiß und Sorgfalt vor. Sie hielten jegliche Hinweise auf Veränderungen am Himmel, darunter Sonnen- und Mondfinsternisse, Sonnenflecken, die Planetenbewegungen sowie das Erscheinen neuer Kometen oder Supernovae, akribisch fest. Noch heute verwenden ihre Kollegen die einzigartigen Aufzeichnungen der chinesischen Astronomen aus der Xia-, der Shang- und der Zhou-Dynastie (um 2200–250 v. Chr.) für die historische Forschung.

Chinesische Astronomen bauten neuartige, genaue Instrumente zur Beobachtung des Himmels. Mit großen Himmelsgloben und Armillarsphären (Weltmaschinen) kartierten sie Sterne und Konstellationen, verfolgten sie die Bewegungen und die Helligkeit von Planeten und »Gaststernen« wie Kometen und Novae. Weiterentwickelte Versionen dieser Instrumente wurden bis ins 17. Jahrhundert verwendet und dienten der Ausarbeitung chinesischer Theorien zu den Planetenbewegungen, die denjenigen westlicher Astronomen wie Tycho Brahe und Johannes Kepler, die mit ähnlichen Methoden arbeiteten, in nichts nachstanden.

Im alten China scheinen mehrere komplexe kosmologische Modelle des Universums existiert zu haben. Einige stellten sich den Himmel wie in der abendländischen Kosmologie der Antike als Kuppel oder Himmelskugel vor, während er in anderen als unendlich und eher chaotisch galt. Lange bevor sich diese Ansicht im Abendland durchsetzte, leiteten frühe chinesische Astronomen die Kugelform des Mondes und anderer Himmelskörper ab. Ein potenzieller Konflikt mit der herrschenden Weltsicht drohte nicht, denn der Schwerpunkt der frühen chinesischen astronomischen Studien lag im Einklang mit dem dominierenden Konfuzianismus auf der sorgfältigen Beobachtung und Beschreibung des Universums, wie es war oder zu sein schien.

SIEHE AUCH Ein »Gaststern« über China (185), Beobachtungen eines »Tagessterns« (1054), Brahes Nova (1572), Drei Gesetze der Planetenbewegung (1619)

Der Wissenschaftler und Militärstratege Wu Yong aus dem chinesischen Volksbuch Die Räuber vom Liang Schan Moor *mit astronomischen Instrumenten, darunter Himmelskugel und Astrolabiumquadrant (Vordergrund). Holzschnitt des japanischen Meisters Utagawa Kuniyoshi (um 1827).*

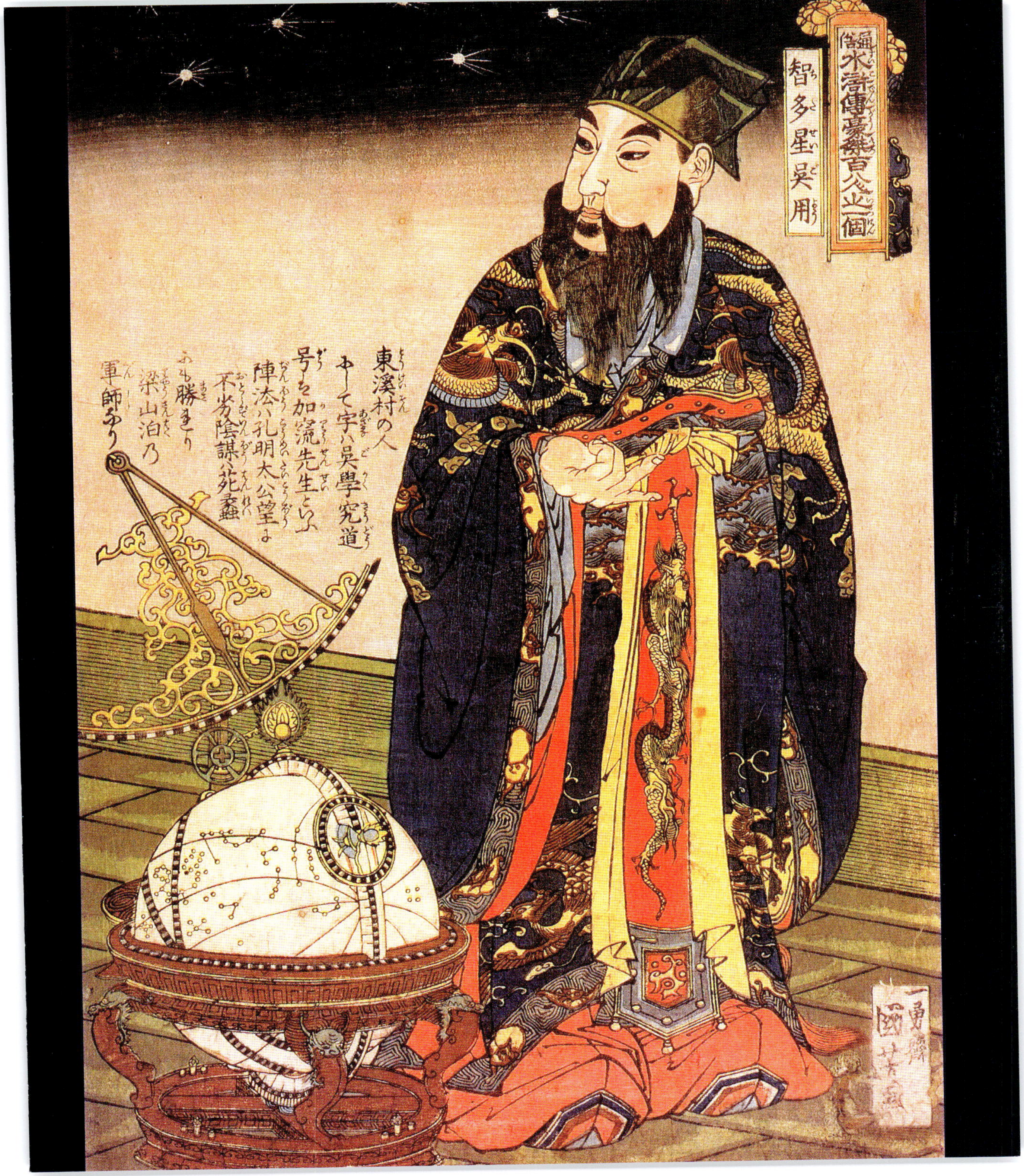
通俗水滸傳豪傑百八人之一個
智多星呉用
東溪村の人
にして字ハ呉學究道
号を加亮先生といふ
陣法ハ孔明太公望よ
不劣陰謀ハ范蠡
にも勝れり
梁山泊乃
軍師なり
一勇斎國芳画

um 500 v. Chr.

Die Erde ist rund

Pythagoras (um 570–510 v. Chr.)

Die Erde gleicht einer schönen, blauen, beinahe kugelförmigen Murmel mitten in der Schwärze des Raumes. Das wissen wir heute dank der seit wenigen Jahrzehnten bestehenden Möglichkeit zu einem Weltraumbesuch mit Aussicht auf unseren Heimatplaneten. Zuvor musste aber erst jemand auf den Gedanken kommen, dass die Erde rund und nicht flach sein könnte, wie es am Boden logisch erschien. Dieser Jemand war nach zahlreichen Berichten zu urteilen Pythagoras von Samos, der griechische Philosoph, Mathematiker und Astronom, den wir vom Satz des Pythagoras kennen.

Pythagoras und seine Anhänger brachten indirekte Argumente für die Kugelform der Erde vor, die auf einer Vielzahl von Beobachtungen basierten. So berichteten Seeleute, die von Griechenland nach Süden reisten, dass die Sternbilder im Süden, je länger die Fahrt dauerte, desto höher am Himmel standen. Expeditionen, die entlang der afrikanischen Küste zu Zielen südlich des Äquators segelten, berichteten außerdem, dass die Sonne dort von Norden und nicht wie in Griechenland von Süden schien. Als weiterer wichtiger Beweis dienten Mondfinsternisse: Wenn Vollmond, Erde und Sonne auf einer geraden Linie stehen, kann man den kreisförmigen Schatten der Erde auf der Mondscheibe deutlich sehen.

Noch immer wird darüber debattiert, ob Pythagoras die Kugelform der Erde selbst »entdeckte« oder nur unverblümt eine Ansicht vertrat, die unter gebildeten Menschen im damaligen Griechenland allgemein verbreitet war, und dazu Berühmtheit genoss. Wie dem auch sei, etwa 250 Jahre nach Pythagoras erbrachte Eratosthenes mit seinen Experimenten den Beweis, und fast 2500 Jahre später übertrugen die Astronauten an Bord der *Apollo 8* die ersten klaren Livebilder von unserer schönen blauen Murmel im Weltraum zur Erde.

SIEHE AUCH Eratosthenes' Ausmessung der Erde (um 250 v. Chr.)

OBEN: *Ein Beweis für die runde Form der Erde ist der gekrümmte Schatten der Erde auf der Mondoberfläche während einer Mondfinsternis, hier 2008 von Griechenland aus beobachtet.* GEGENÜBER: *Unser kostbarer blauer Planet ist eine Kugel aus Gestein und Metall, bedeckt mit einer dünnen Schicht aus Luft und (vielerorts) Wasser. Für unsere frühen Vorfahren war es alles andere als offensichtlich, dass die Welt rund ist.*

Das geozentrische Weltbild

Platon (427–347 v. Chr.), **Aristoteles** (384–322 v. Chr.)

Manche Erkenntnisse des antiken Griechenlands haben die abendländische Zivilisation über Jahrtausende geprägt. Dazu gehört die kosmologische Weltsicht der alten Griechen, die vor allem auf den Lehren und Schriften des Mathematikers und Philosophen Platon und seines Schülers Aristoteles beruht, der in beinahe allen Künsten und Wissenschaften jener Zeit bewandert war. Die beiden großen Denker der Antike schufen die Grundlagen, auf denen die moderne westliche Philosophie und Wissenschaft – einschließlich der Physik und Astronomie – gründet.

Das Hauptanliegen des alten griechischen Denkens und damit auch der Astronomie bestand darin, nach mathematisch-physikalischen Erklärungen und Modellen für beobachtete Phänomene zu suchen. Als Ausgangspunkt für Lösungsansätze boten sich die von Pythagoras entwickelte Geometrie und Trigonometrie an. Platon unterteilte den Kosmos in zwei Bereiche, nämlich in die feste Sphäre der Erde und in die verschachtelten, in ständiger Bewegung befindlichen Sphären mit der Sonne, dem Mond, den im Altertum bekannten fünf Planeten und den Sternen, die sich alle um eine bewegungslose Erde drehten. Für Aristoteles bestand der sublunare Bereich zwischen Erde und Mond wie nach überkommener Vorstellung der ganze Kosmos aus den vier Elementen Erde, Wasser, Luft und Feuer. Für den Raum jenseits davon nahm er jedoch die Existenz eines fünften Elements, des Äthers, an, aus dem die rotierenden himmlischen Sphären mit den Sternen und Planeten bestanden.

Dieser geozentrische Kosmos gehörte zu den Grundlagen des griechischen Weltbildes. Das im Denken der alten Griechen fest verwurzelte Bedürfnis nach Symmetrie und Einfachheit erforderte, dass sich die himmlischen Sphären in einheitlichen Kreisbewegungen oder Kombinationen davon bewegten. Diese Interpretation stimmte mit dem Gros der damals verfügbaren astronomischen Daten überein, konnte aber nicht alle am Himmel beobachteten Bewegungen erklären. Der in der römischen Provinz Ägypten lebende Astronom Ptolemäus erweiterte Platons System der perfekten Kreisbewegungen im 2. Jahrhundert, und Astronomen stellten es bis zum 17. Jahrhundert immer wieder infrage, doch erst mit den Beobachtungen und theoretischen Arbeiten von Kopernikus und Kepler wurde das geozentrische Modell offiziell ad acta gelegt.

SIEHE AUCH Die Erde ist rund (um 500 v. Chr.), Ptolemäus und sein *Almagest* (um 150), Kopernikus' himmlische Revolution (1543), Drei Gesetze der Planetenbewegung (1619)

Eine Darstellung des geozentrischen Himmelskugelmodells des Universums. Ganz außen befindet sich der in lateinischer Sprache so bezeichnete »Feuerhimmel, Heim Gottes und aller Auserwählten«.

COELVM EMPIREVM HABITACVLVM DEI ET OMNIVM ELECTORVM
Primũ Mobile
Decimũm Coelũm
Cristallinũm
Nonũ Coelũm
Octauum
Firmamentũ
SATVRNI
COELṼ
IOVIS
MARTIS
SOLIS
VENERIS
MERCVRII
LVNÆ

Abendländische Astrologie

Alexander der Große (356–323 v. Chr.), **Ptolemäus** (um 90–168 n. Chr.)

Astrologen gehen davon aus, dass die Positionen und Bewegungen von Sonne, Mond, Planeten und Sternen zum Zeitpunkt der Geburt oder in anderen Schlüsselaugenblicken im Leben einer Person dieses beeinflussen oder gar menschliche und irdische Dinge vorherbestimmen. In den meisten Zivilisationen der Menschheitsgeschichte war sie in der einen oder anderen Form verbreitet. Die Wurzeln der abendländischen Astrologie lassen sich nach einigen Forschern bis zu den frühesten Aufzeichnungen der sumerischen Kosmologie im 6. Jahrtausend v. Chr. zurückverfolgen, die von Priestern berichten, die die himmlische Sphäre um Zeichen bezüglich des Willens der Götter baten (siehe *Die Geburt der Kosmologie*). Erst mit der Kosmologie der alten Griechen wurde jedoch die Astrologie zu dem, was wir heute kennen.

Während die Astrologie bei den Babyloniern eher der Versuch von Priestern und Königen war, die Rolle des Himmels für eine erfolgreiche Ernte, einen bevorstehenden Krieg oder ein anderes staatliches Unternehmen zu begreifen, verwandelten die Griechen sie in etwas sehr Persönliches: die Erstellung von individuellen Horoskopen für Könige und einfache Bürger in Bezug auf bevorstehende Ereignisse, ob von historischer Tragweite oder alltäglich. Zu den bedeutendsten Förderern der Wissenschaften in der Antike zählte Alexander der Große, der bei Aristoteles studierte und durch Eroberungen ein Großreich von Nordafrika über das Mittelmeer bis in den Mittleren Osten schuf. Er gründete mit der Bibliothek von Alexandria das führende antike Zentrum der Gelehrsamkeit, in dem auch die horoskopische Astrologie ihren Anfang nahm.

In den nächsten Jahrhunderten wurden, insbesondere unter dem Einfluss des griechisch-ägyptischen Astronomen Ptolemäus (2. Jahrhundert n. Chr.), die zwölf klassischen Tierkreiszeichen etabliert und die grundlegenden Funktionen und Rollen der Planeten in allen Bereichen der Wissenschaft – von der Astronomie über die Medizin bis zur Zoologie – definiert. Ptolemäus' geozentrische, von der Astrologie bestimmte Kosmologie dominierte das abendländische Denken für mehr als 1300 Jahre.
Obwohl man Astrologie heute leicht als Scharlatanismus abtun kann, drucken die Zeitungen noch immer das Tageshoroskop ab, und auf der Suche nach Rat und Auskunft über die Zukunft gehen manche von uns zum Astrologen oder besuchen einschlägige Websites. Es liegt wohl in unserer Natur, nach Ordnung im Universum zu verlangen.

SIEHE AUCH Die Geburt der Kosmologie (um 5000 v. Chr.), Das geozentrische Weltbild (um 400 v. Chr.), Ptolemäus und sein *Almagest* (um 150)

Die griechische Göttin Astrologia leitet Ptolemäus zur Beobachtung des Himmels mithilfe eines Astrolabiums und einer riesigen Armillarsphäre an. Holzschnitt von Erhard Schön, 1515.

AN IMV S.
INCVBVIT,
SVBIMAGINE.
Astrologia
ptolomeus
ALTIOR
MVNDI

um 280 v. Chr.

Das Heliozentrische Weltbild

Aristarchos (um 310–230 v. Chr.)

Das geozentrische Weltbild von Platon und Aristoteles beherrschte das Denken der alten Griechen, denn jeder konnte doch sehen, dass Sonne, Mond und Sterne die Erde umkreisten. Gelehrte untermauerten es mit vermeintlich unwiderlegbaren Beweisen. So durchläuft der Mond Phasen, die mit der These im Einklang standen, dass er unseren Planeten umkreist. Und wenn sich die Erde um ihre eigene Achse drehte, warum wurde dann nichts von der Oberfläche weggeschleudert? Und kein Stern zeigte die im Fall einer Bewegung der Erde auf einer Umlaufbahn zu erwartende Parallaxe, eine Verschiebung der Position relativ zu anderen Sternen. Fall erledigt!
Natürlich kamen hin und wieder Zweifel an diesem Weltbild auf. So stellte der griechische Astronom und Mathematiker Aristarchos von Samos das auf eine zweihundertjährige Tradition zurückblickende Wissen seiner geschätzten Forscherkollegen infrage, als er Sonne und Mond eingehend mit bloßem Auge beobachtete und seine Erkenntnisse im Rahmen des geozentrischen Weltbildes zu interpretieren versuchte. Obwohl die menschliche Sehschärfe seinen Untersuchungen Grenzen setzte, konnte er mithilfe geometrischer Berechnungen ableiten, dass die Sonne mindestens zwanzigmal (in Wirklichkeit vierhundertmal) weiter von der Erde entfernt sein musste als der Mond. Daraus folgerte er bei ungefähr gleichem scheinbarem Winkeldurchmesser von Sonne und Mond am Himmel für die Sonne einen mindestens zwanzigmal größeren Durchmesser als für den Mond und einen siebenmal größeren als für die Erde. Somit müsse das Volumen der Sonne das der Erde mehr als dreihundertmal übersteigen (in Wirklichkeit etwa eine Million Mal). Dass eine derart riesige Sonne einen so winzigen Planeten wie die Erde umkreiste und nicht umgekehrt, widersprach jeglicher Logik. Deshalb postulierte er, die Erde und andere Planeten umkreisten die Sonne, und die Sterne seien so weit entfernt, dass keine Parallaxe beobachtet werden könne. Damit war Aristarchos' Universum viel größer als alle zuvor beschriebenen.

Wie die meisten revolutionären Denker erntete Aristarchos für sein heliozentrisches Weltbild bei den Kollegen seiner Zeit meist nur Spott und Geringschätzigkeit. Und ein Vierteljahrtausend nach seinem Tod machte Ptolemäus dem heliozentrischen Kosmos mit seinen geozentrischen Lehren und Schriften den Garaus. Aristarchos hatte jedoch einen kritischen Samen gepflanzt, der schließlich im 16. Jahrhundert aufkeimte.

SIEHE AUCH Die Erde ist rund (um 500 V. Chr.), Das geozentrische Weltbild (um 400 v. Chr.), Eratosthe- nes' Ausmessung der Erde (um 250 v. Chr.), Ptolemäus und sein *Almagest* (um 150), Kopernikus' himmlische Revolution (1543)

Ausschnitt aus einer späteren Abschrift von Aristarchs Berechnungen der relativen Größen von Sonne, Erde und Mond, auf denen seine damals radikale Vorstellung eines heliozentrischen Kosmos gründete.

Eratosthenes' Ausmessung der Erde

Platon (427–347), **Aristoteles** (384–322), **Eratosthenes** (um 276–195 v. Chr.)

Im alten Griechenland nahm man seit Pythagoras oder noch früher allgemein an, dass die Erde rund ist, doch die Schätzungen ihrer Größe wichen deutlich voneinander ab. Platon setzte den Umfang der Erde auf etwa 70 000 Kilometer an, was einem Durchmesser von etwa 22 000 Kilometern entspricht. Archimedes bezifferte den Umfang mit etwa 55 000 und den Durchmesser mit 17 500 Kilometern. Im Interesse einer genaueren Bestimmung entwickelte später Eratosthenes, ein Universalgelehrter und der dritte Leiter der Bibliothek von Alexandria, ein einfaches Experiment, in dem er die Erde als riesige Sonnenuhr behandelte.

Eratosthenes hatte erfahren, dass die Sonne zur Sommersonnenwende in der südägyptischen Stadt Syene mittags fast im Zenit stand und im Boden eingeschlagene Pfosten somit keine Schatten warfen. Er wusste ferner, dass im nordägyptischen Alexandria, wo er selbst wohnte, zu exakt dieser Zeit (kleine) Schatten auf dem Boden zu sehen waren. Durch Messungen stellte er fest, dass sich die Sonne in Alexandria etwas mehr als sieben Grad (ein Fünfzigstel des Kreisumfangs) südlich des Zenits befand. Daraus schloss er auf einen Erdumfang, der der fünfzigfachen Strecke von Alexandria nach Syene entspricht. Da die Entfernung zwischen den beiden Städten etwa 5000 Stadien (zu etwa 160 Metern) betrug, schätzte er den Erdumfang auf etwa 250 000 Stadien oder 40 000 Kilometer. Seine Berechnungen sind in Anbetracht der unvermeidlichen Ungenauigkeiten und seiner Prämissen verblüffend genau.

Eratosthenes gilt als Vater der Geografie – und als Schöpfer dieses Begriffs. Deshalb erstaunt kaum, dass er als Erster die Größe der Erde mit annähernder Genauigkeit bestimmte. Seine Methode ist ferner ein schlagendes Beispiel für die Leistungsfähigkeit eines einfachen, gut konzipierten Experiments. Archimedes sagte einmal zum Hebel: »Gib mir einen Punkt, wo ich hintreten kann, und ich bewege die Erde.« Eratosthenes hätte ihm problemlos erwidern können: »Gib mir ein paar Stöcke und Schatten, und ich messe die Erde.«

SIEHE AUCH Die Erde ist rund (um 500 v. Chr.), Das geozentrische Weltbild (um 400 v. Chr.), Das Heliozentrische Weltbild (um 280 v. Chr.)

Grafische Darstellung der einfachen Methode, mit der Eratosthenes den Erdumfang berechnete. Ein vertikaler Pfosten in Syene (unterer Kasten) wirft zur Sommersonnenwende mittags keinen Schatten. Der gleiche Pfosten in Alexandria (oberer Kasten) wirft dagegen einen Schatten, aus dem hervorgeht, dass die Entfernung zwischen den beiden Orten den 50. Teil des Kreisumfangs beträgt.

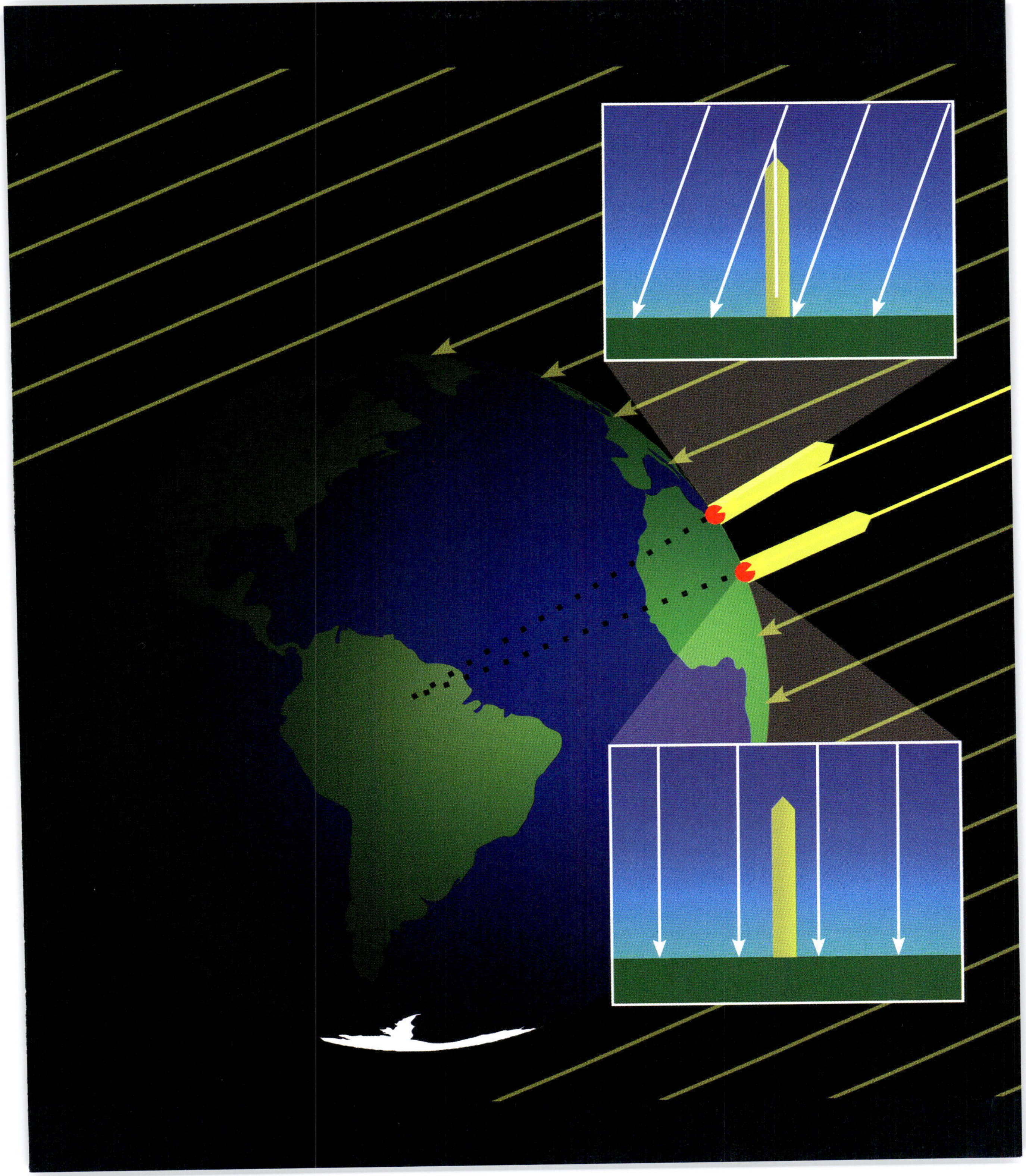

um 150 v. Chr.

Scheinbare Helligkeit

Hipparchos (um 190–120 v. Chr.)

Manche Sterne leuchten hell, andere schwach. Um das festzustellen, reicht ein Blick zum klaren Nachthimmel, aber erst um die Mitte des zweiten vorchristlichen Jahrhunderts nahm der griechische Astronom und Mathematiker Hipparchos, dem der früheste umfassende Sternkatalog zugeschrieben wird, eine Quantifizierung dieser Helligkeit vor.

Hipparchos ordnete jedem Stern eine Helligkeit auf einer Skala von 1 für die 20 hellsten bis 6 für die mit bloßem Auge gerade noch sichtbaren zu, wobei jeder nächsthöhere Wert eine um 50 Prozent geringere Helligkeit bedeutete. Noch heute verwenden Astronomen eine verbesserte Form dieser Helligkeitsskala. Um die Mitte des 19. Jahrhunderts wurde sie so abgewandelt, dass fünf Helligkeitsstufen einem Faktor 100 entsprechen und damit der Unterschied von Wert zu Wert das Zweieinhalbfache beträgt. Außerdem wurde die Skala nach beiden Seiten hin erweitert, wobei dem Stern Wega eine Helligkeit von 0 zugewiesen wurde. Am Erdhimmel extrem helle Sterne, Planeten sowie Sonne und Mond finden sich nun im negativen Bereich der Helligkeitsskala, während sehr lichtschwache Sterne, die nur mit den modernsten Teleskopen zu sehen sind, einen Wert um die 30 aufweisen. Die Zuordnung höherer Werte zu geringerer Leuchtkraft kommt uns vielleicht merkwürdig vor, aber die Astronomen haben sich im Laufe ihrer über zweitausendjährigen Existenz an diese Skala gewöhnt.

Aber Hipparchos gilt nicht nur als Vater der Sternhelligkeitsskala, sondern auch als Erfinder der Trigonometrie und Entdecker der Präzession der Erdachse. Außerdem führte er die bis heute genauesten Messungen der relativen Positionen der hellen Sterne (Astrometrie) durch. In Anerkennung seiner astronomischen – im wörtlichen und übertragenen Sinn – Verdienste wurde 1989 ein Astrometrie-Satellit nach ihm benannt.

SIEHE AUCH Ptolemäus und sein *Almagest* (um 150), Die Sichtung des Andromedanebels (964), Kugelsternhaufen (1665), Die Eigenbewegung der Sterne (1718)

Kugelsternhaufen NGC 6397, Aufnahme des Hubble-Weltraumteleskops. Die hellsten Sterne haben eine Helligkeit (Magnitude, Größe) von etwa +10. Das kleine Bild oben zeigt einen Ausschnitt. Der kleine rote Punkt in der Mitte ist mit einem Wert von +26 auf der Helligkeitsskala der lichtschwächste je fotografierte Rote Zwerg.

um 100 v. Chr.

Der erste Computer

Im ersten vorchristlichen Jahrhundert sank vor der griechischen Insel Antikythera ein reich beladenes römisches Schiff im Mittelmeer. Zweitausend Jahre später entdeckten Taucher das Wrack mit den vielen Artefakten. Darunter befand sich mit dem stark korrodierten sogenannten Mechanismus von Antikythera der wohl älteste Computer der Welt.

Zuerst hielten die Archäologen den Fund mit Dutzenden kleiner Zahnräder für eine mechanische Uhr. Das wäre an sich schon eine außerordentliche Entdeckung gewesen, denn hinsichtlich ihrer Verarbeitung konnte sie es mit den europäischen mechanischen Uhrwerken des 17. Jahrhunderts aufnehmen. Nach jahrzehntelanger Reinigung und eingehender Prüfung fand man heraus, dass das Gerät viel mehr als eine Uhr darstellt. Es scheint sich dabei um einen ausgeklügelten mechanischen astronomischen Computer und Kalender zu handeln, mit dem man die vergangenen und zukünftigen Positionen von Sonne, Mond und Planeten am Himmel bestimmen, Finsternisse vorhersagen und die Mondphasen anzeigen konnte. Die uhrwerksähnliche Planetenmaschine zur Veranschaulichung des Sonnensystems ist um anderthalb Jahrtausende älter als ihre neuzeitlichen Nachfolger, die auch als Orrerys bezeichnet werden, und außerdem von herausragender Qualität.

Die Entdeckungen in Verbindung mit diesem Gerät dürfen in vieler Hinsicht als bemerkenswert gelten. So wissen wir nun um die akribische Kenntnis der Planetenbewegungen und auch der winzigen Variationen der Mondgeschwindigkeit im Laufe des Monats im alten Griechenland. Die reibungslose Funktion des Mechanismus deutet auf eine größere Produktion dieser Geräte hin, die kompakte Größe auf ihre Tragbarkeit.

In der modernen Welt gelten technischer Fortschritt und wissenschaftliche Entdeckungen als eng miteinander verbunden. Kaum verwunderlich, dass das auch schon in der griechisch-römischen Antike der Fall war. Dennoch überrascht ein Artefakt, das eine antike Zivilisation als weitaus fortschrittlicher ausweist, als bisher angenommen wurde.

SIEHE AUCH Erste Observatorien (um 5000 v. Chr.), Das Kreuz mit dem Osterdatum (um 700)

OBEN: *Eines der Fragmente, das 1901 von einem in der Antike gesunkenen Schiff geborgen wurde.* GEGENÜBER: *Ein Nachbau des Mechanismus von Anthykera aus dem Jahre 2007, wie er dank der detaillierten Untersuchung und Analyse der stark beschädigten Fragmente möglich wurde.*

Der Julianische Kalender

Julius Caesar (100–44 v. Chr.)

Wie andere Zivilisationen der Vergangenheit, die ihr Leben auf die Vorgänge am Himmel abstimmten, kannten auch die Römer ein astronomisches Kalendersystem. Das ursprüngliche stammte aus dem 8. Jahrhundert v. Chr., führte jedoch regelmäßig zu Verwirrung, auch weil es ein Stückwerk aus Anleihen bei den Griechen und früheren Hochkulturen war. So zählte das Jahr 304 Tage, verteilt auf zehn Monate zu 30 oder 31 Tagen. Die übrigen 61 Tage einer Reise der Erde um die Sonne, wurden als »Winter« unter den Teppich gekehrt. Später führte man die zwei Wintermonate Januar und Februar ein, kürzte aber zugleich die Monate mit 30 Tagen auf 29. Deshalb fehlten immer noch zehn Tage pro Jahr. Um den Kalender mit den Jahreszeiten in Einklang zu bringen, erklärten die Hohepriester hin und wieder einen Schaltmonat, aber die Entscheidung für Zusatztage in einem bestimmten Jahr fiel oft willkürlich und war politisch motiviert. Die Verwirrung nahm ein Ausmaß an, bei dem viele einfache römische Bürger keine Ahnung mehr hatten, welcher Tag, welches Jahr und welcher Monat gerade war.

Als Julius Caesar 49 v. Chr. an die Macht kam, herrschte bei der Zeitrechnung ein solches Durcheinander, dass er eine Kalenderreform anordnete. Sie sorgte dafür, dass der Kalender mit der Bewegung der Sonne in Einklang stand. Zu einigen der zwölf Monate fügte man Tage hinzu, um die Gesamtzahl pro Jahr auf 365 zu erhöhen. Außerdem führte Caesar per Dekret einen zusätzlichen Schalttag alle vier Jahre am Ende des Februars ein. Damit dauerte das Jahr durchschnittlich 365,25 Tage, was beinahe der tatsächlichen Länge des Sonnenjahres von 365,242 Tagen entsprach. Caesars reformierter Kalender trat am 1. Januar des Jahres 709 nach der Gründung Roms (45 v. Chr.) in Kraft. Das vorangehende Jahr mussten die Priester auf 445 Tage verlängern, um alle Probleme zu lösen, die sich angesammelt hatten.

Der Julianische Kalender funktionierte lange Zeit gut, da er nur um 0,008 Tage (etwa elf Minuten) pro Jahr vom Sonnenjahr abwich. Im 16. Jahrhundert hatte sich der Beginn des Frühlings aufgrund dieser winzigen Abweichung bereits so stark verschoben, dass eine weitere Optimierung, die sogenannte Gregorianische Kalenderreform, erforderlich wurde, um den Kalender wieder mit den Jahreszeiten zu synchronisieren.

SIEHE AUCH Astronomie im Alten Ägypten (um 2500 v. Chr.), Der Gregorianische Kalender (1582)

Antike römische Kalender wurden mitunter in Marmor- und andere Steinblöcke gehauen. Hier kann man die Tagesnamen und astrologischen Symbole für die Monate April bis September erkennen.

um 150 n. Chr.

Ptolemäus und sein *Almagest*

Ptolemäus (um 90–168)

Für beinahe 700 Jahre (um 300 v. Chr. bis 400 n. Chr.) bildete die Bibliothek von Alexandria das akademische Zentrum der antiken Welt. Die meisten der berühmten hellenisch-griechischen und römischen Gelehrten, die wir heute als Vordenker der Mathematik, Astronomie und weiterer Fachgebiete feiern, suchten sie auf oder arbeiteten in diesem Zentrum der Gelehrsamkeit mit seiner erstaunlichen Sammlung, die Hunderttausende Schriftrollen und Bücher umfasste. Darunter befand sich auch das berühmteste Buch der klassischen Astronomie, der *Almagest*, den der ägyptisch-griechische Mathematiker und Astronom Claudius Ptolemäus um 150 n. Chr. veröffentlichte.

Der Universalgelehrte Ptolemäus ging meisterhaft mit astronomischen Instrumenten um und machte wichtige Beobachtungen. Was ihn aber berühmt werden ließ, war seine Fähigkeit, die Erkenntnisse der letzten 800 Jahre zu einer neuen, umfassenden Sicht des Kosmos in Form eines einzigen Werkes zu vereinen. In seinem *Almagest* legte Ptolemäus in 13 Büchern seine geozentrische Kosmologie, die auf den Theorien von Platon, Aristoteles und weiterer Vorgänger beruhte, im Detail dar. Nach seiner Kosmologie bewegen sich die Planeten auf kleinen Kreisbahnen (Epizyklen) und diese sich ihrerseits auf größeren (Deferenten) mit der Erde in der Mitte. Das Grundprinzip des eher komplexen Systems des Ptolemäus lautete, dass sich die Sterne und Planeten auf kugel- oder kreisförmigen Bahnen bewegen. Diese Anmut und Symmetrie passte zu den vorhandenen Daten und spiegelte das Werk eines vollkommenen Schöpfers wider. Das Buch enthielt auch Tabellen zur Berechnung des Aufgangs und der Konstellationen von Planeten und Sternen. Einzelne Kapitel behandelten die Bewegung von Sonne, Mond und Planeten, Finsternisse, die Präzession sowie die Beobachtungswerkzeuge und -methoden. Der *Almagest* enthielt auch einen für die damalige Zeit umfassenden Katalog mit mehr als tausend Sternen, der auf Hipparchos' Sternenkatalog und seinem System der scheinbaren Helligkeit beruhte.

Schließlich stellte sich heraus, dass Ptolemäus mit seinem Bild des Sonnensystems falschlag. Da es jedoch die Himmelsbewegungen erstaunlich gut zu beschreiben und vorherzusagen erlaubte, blieb der *Almagest* mit dem geozentrischen Ptolemäischen Weltbild für über ein Jahrtausend die maßgebliche Quelle astronomischer Informationen.

SIEHE AUCH Das geozentrische Weltbild (um 400 v. Chr.), Abendländische Astrologie (um 400 v. Chr.), Das Heliozentrische Weltbild (um 280 v. Chr.), Scheinbare Helligkeit (um 150 v. Chr.), Kopernikus' himmlische Revolution (1543), Brahes Nova (1572), Drei Gesetze der Planetenbewegung (1619)

Ptolemäus beobachtet die Höhenlage von Sonne, Mond und Sternen mit einem Dreistab (Triquetrum), den er in seinem Almagest *beschreibt. Holzschnitt, 1559.*

It is made of 3. peaces, beyng 4. square: As in the Picture where A. F. is the first peace or rule.

A.D. The seconde.

G.D. the third rule.

E. The Foote of the staffe.

C.F. The Plumrule.

C.B. The ioyntes, in which the second & third Rulers are moued.

K.L. The sighte holes.

I. The Sonne.

H. The Zenit, or verticall pointe.

M. N. The Noonestead Lyne.

185

Ein »Gaststern« über China

Die chinesischen Astronomen des Altertums waren akribische Sternforscher. Die offizielle astronomische Forschung wurde meist von gerichtlich bestellten Beamten in Vollzeit und nicht von einzelnen Wissenschaftlern durchgeführt. Zudem gingen die Chinesen bei der Suche nach Veränderungen am Himmel viel systematischer und gründlicher vor als die römischen, griechischen oder babylonischen Sternenbeobachter ihrer Zeit und der Vergangenheit. Sobald sich Neues am Himmel zeigte, nahm man in China sofort Notiz davon und hielt die Beobachtungen im Rahmen der kaiserlichen dynastischen Aufzeichnungen fest, von denen viele bis heute erhalten sind.

Als Paradebeispiel gilt das plötzliche Erscheinen eines »Gaststerns« am südlichen Himmel im Jahre 185. Die chinesischen Astronomen hielten dies für ein äußerst bemerkenswertes Ereignis, sodass man ihren Bericht bis heute in den Annalen der östlichen Han-Dynastie (25–220 n. Chr.) nachlesen kann. Obwohl die Schilderung keine Zeichnungen enthält, muss man aufgrund der Lagebeschreibung und der Feststellung, dass der »Gaststern« nach etwa sechs Monaten wieder aus dem Blickfeld verschwand, davon ausgehen, dass die Chinesen als Erste nachweislich eine Supernova beobachteten. Untersuchungen mit optischen, Radio- und Röntgenteleskopen haben ergeben, dass es sich beim halbkugelförmigen Gasnebel RCW 86 um die Überreste dieser Sternexplosion vor mehr als 1800 Jahren handelt.

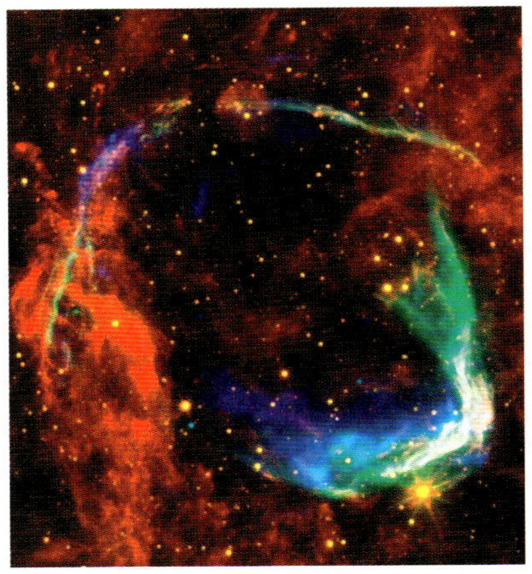

Auf astronomischen Zeichnungen aus dem alten China findet man noch viele andere »Gaststerne«. Von besonderem Interesse sind Darstellungen von Objekten mit einem hellen, runden »Kopf« und einem oder mehreren gefiederten oder stacheligen »Schwänzen«. Die von den alten Chinesen als »Besensterne« bezeichneten Himmelsobjekte interpretiert man heute meist als helle Kometen mit langen Gas- und Staubschweifen. In den Jahren 240 und 12 v. Chr. sowie 141, 684 und 837 n. Chr. beobachteten die Chinesen mit großer Wahrscheinlichkeit ein und denselben »Besenstern«, nämlich den nach dem englischen Astronomen Halley benannten Kometen, für den dieser 1682 eine Umlaufzeit von 76 Jahren berechnete. Die sorgfältige, methodische Himmelsbeobachtung und die Aufzeichnungen der frühen chinesischen Astronomen haben sich als Datenfundgrube für historische und astronomische Studien erwiesen.

SIEHE AUCH Astronomie im Alten China (um 2100 v. Chr.), Beobachtungen eines »Tagessterns« (1054), Der Halley'sche Komet (1682), »Miss Mitchells Komet« (1847), Die Tunguska-Explosion (1908)

OBEN: *Überreste der Supernova-Explosion des Jahres 185 in heutiger Zeit.* GEGENÜBER: *Alte chinesische Zeichnungen von Kometenerscheinungen in der Bambuschronik, einer Darstellung der Geschichte Chinas von etwa 2400 v. Chr. bis 300 v. Chr.*

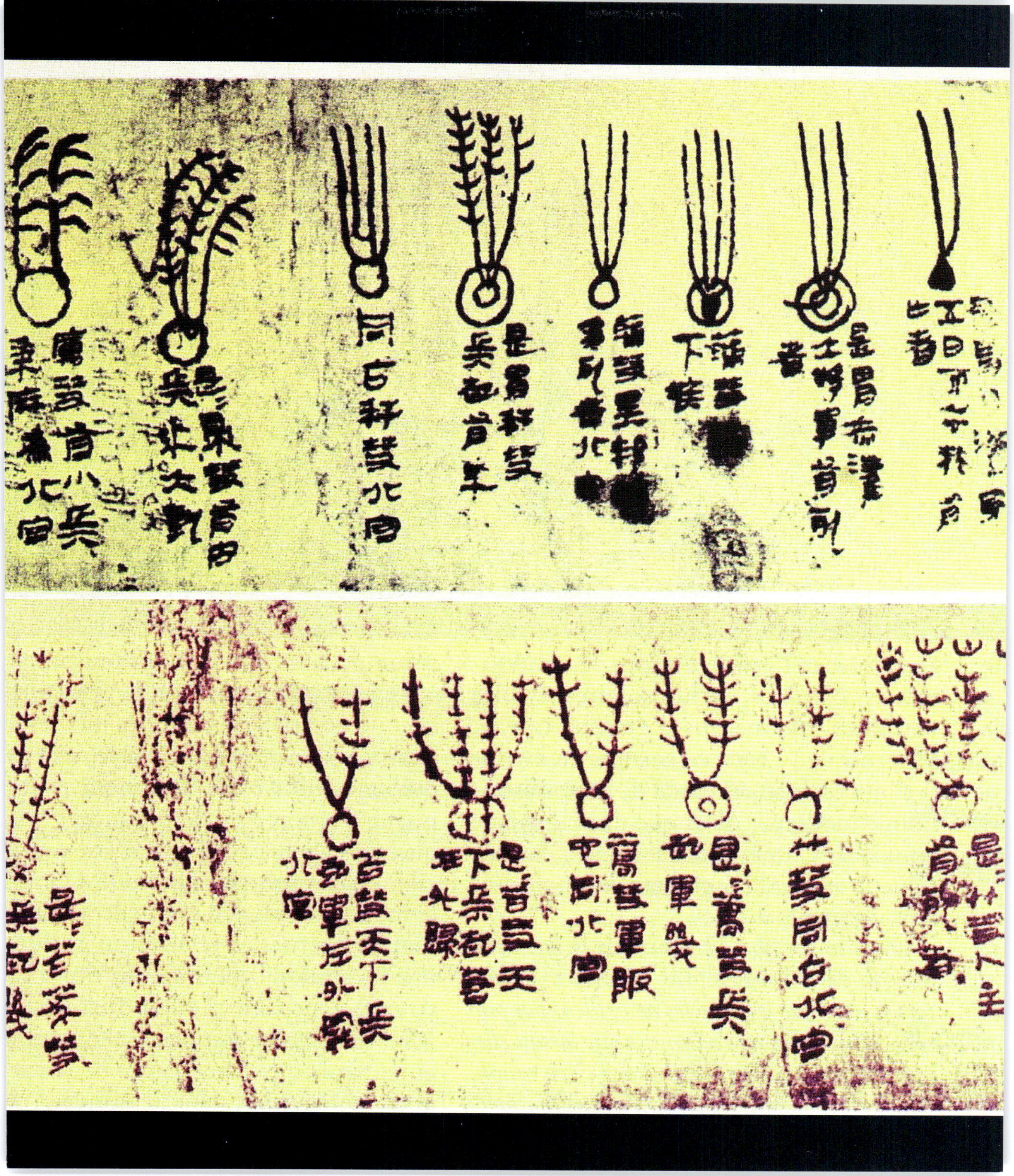

Die *Aryabhatiya*

Aryabhata (476–550)

Die Anfänge der Astronomie waren in Indien wie in den meisten anderen frühen Zivilisationen eng mit der Religion verbunden. Astronomisches Wissen lag frühen Kalendersystemen zugrunde, die das Datum hinduistischer religiöser Feste sowie den Zeitpunkt der Anpflanzung und Ernte festlegten. Wie im Abendland zogen Fortschritte bei den Instrumenten, die Priester und frühe Astronomen zur Ermittlung der Sonnen-, Mond- und Sternenposition verwendeten, das Aufkommen ausgefeilter kosmologischer Schemata nach sich, die der Erklärung und Vorhersage der Himmelsbewegungen dienten. Der erste große Denker, der einen nachhaltigen Beitrag zur Entwicklung der indischen Astronomie leistete, hieß Aryabhata. Um 500 erschien mit seiner *Aryabhatiya* die älteste erhaltene Abhandlung zur Mathematik und Astronomie in seinem Heimatland.

In seinem in Versen geschriebenen Werk, das auch praktische Sinustabellen für trigonometrische Berechnungen enthält, erläuterte Aryabhata die ganze damals bekannte Mathematik. Einige Teile der *Aryabhatiya* befassen sich mit der Astronomie. Darin deutet Aryabhata die Finsternisse als logische Folge von Erd- oder Mondschatten und nicht mehr als das Werk von Himmelsdämonen. Mithilfe seiner teilweise neu entwickelten sphärischen Trigonometrie und Messungen zu Finsternissen berechnete er einen weniger als 0,2 Prozent vom tatsächlichen Wert abweichenden Erdumfang und verbesserte die Schätzung durch Eratosthenes siebeneinhalb Jahrhunderte früher deutlich.

Der vermutlich revolutionärste Gedanke Aryabhatas aber bestand darin, dass nach seiner Theorie die Erde nicht starr im Raum schwebte, sondern sich um ihre eigene Achse drehte, während die Sterne der Himmelssphäre sich an einem fixen Ort befanden und nicht bewegten. Die indische Kosmologie war in Aryabhatas Zeit klar geozentrisch. Seine (genauen) Berechnungen der Planetenpositionen beruhten auf Bahnen und Epizyklen, die den in Ptolemäus' *Almagest* dargestellten nicht unähnlich waren. Dagegen dürfte Aryabhata als Erster elliptische statt kreisförmige Planetenbahnen postuliert haben. Die *Aryabhatiya* enthält auch Thesen, aus denen sich je nach sprachlicher Interpretation herauslesen lässt, dass Aryabhata an einen heliozentrischen Kosmos glaubte. Wie im Falle des griechischen Denkers Aristarchos dauerte es jedoch auch in Indien über ein Jahrtausend, bis sich solch radikale Ideen durchsetzten.

SIEHE AUCH Das Heliozentrische Weltbild (uM 280 v. Chr.), Eratosthenes' Ausmessung der Erde (um 250 v. Chr.), Ptolemäus und sein Almagest (um 150)

Statue des Mathematikers und Astronomen Aryabhata vor dem Inter-University Centre for Astronomy and Astrophysics in der indischen Stadt Pune.

Das Kreuz mit dem Osterdatum

Beda Venerabilis (um 672–735)

Viele Religionen kennen bewegliche Feiertage, deren Datum von der Jahreszeit, der Mondphase, dem Aufgang eines bestimmten Sterns oder anderen astronomischen Gegebenheiten abhängt. Religiöse Würdenträger wie Priester oder Mönche waren dafür verantwortlich, die Daten dieser Feste im Voraus bekannt zu geben, und machten sich deshalb mit den neuesten Tendenzen in der Astronomie und/oder Mathematik vertraut.

Was das kalendarische Datum betrifft, gehört Ostern, das christliche Fest der Auferstehung Christi, sicher zu den verwirrendsten religiösen beweglichen Feiertagen. Das hohe Fest fällt auf den ersten Sonntag nach dem Vollmond, der auf die Frühlingstagundnachtgleiche folgt, so die Theorie. In der Praxis aber war die Voraussage der Daten für Vollmond oder der Tagundnachtgleiche eine derart unübersichtliche Angelegenheit, dass die Astronomen des Mittelalters für die Bestimmung des Ostertermins ein eigenes Wort kannten: *Computus*.

Zu Beginn des Mittelalters konkurrierten zahlreiche Computi, jeder natürlich mit jeweils eigenem Osterdatum. Im frühen achten Jahrhundert schlug der Mönch Beda Venerabilis aus dem Kloster Jarrow im Königreich Northumbria (heute Nordengland und Südschottland) einen standardisierten Computus vor, den er in seinen Schriften *De temporibus* und *De temporibus ratione* beschrieb, die weite Verbreitung erfuhren. Da er auch über gute Astronomiekenntnisse verfügte, entdeckte Beda bei der Ausarbeitung seines Computus, dass Ostern alle 532 Jahre auf den gleichen Tag fällt. Dieser Zyklus besteht seinerseits aus lunaren 19-Jahres- und solaren 28-Jahres-Zyklen. Endlich konnte nun das Datum des wichtigsten christlichen Feiertags mit Sicherheit vorhergesagt werden.

Sein *Computus* und seine hervorragenden Leistungen als Historiker und Theologe brachten Beda den Spitznamen *Venerabilis* (ehrwürdig) ein. Seine Schriften standen bis zum Ende des Mittelalters in hohem Ansehen, denn sie klärten zahlreiche andere praktische Berechnungen, die sich auf Sonne, Mond und Gezeiten bezogen. Er versuchte sogar, auf der Grundlage der *Genesis* das Alter der Erde zu berechnen. Dabei kam er auf das Jahr 3952 v. Chr. für den Schöpfungszeitpunkt. Der anglikanische Erzbischof James Ussher gab ihn viel später, im 17. Jahrhundert, in seiner Weltgeschichte mit dem 23. Oktober 4004 v. Chr. an.

SIEHE AUCH Das geozentrische Weltbild (um 400 v. Chr.), Der Julianische Kalender (45 v. Chr.)

Der mittelalterliche Mönch und astronomische Gelehrte Bede Venerabilis auf einem öffentlichen Gemälde in der Nähe des Tyne-Tunnels im englischen Jarrow.

Curly 2009

um 825

Frühe islamische Astronomie

Habasch al-Hāsib al-Marwazī (um 770–870), **Abu Dscha'far Muhammad ibn Mūsā al-Chwārizmī** (um 780–850), **Muhammad ibn Dschābir al-Battānī** (um 858–929), **Abū r-Raihān Muhammad ibn Ahmad al-Bīrūnī** (973–1048)

Die heutige Terminologie und Methodik der Astronomie und Mathematik geht zu wesentlichen Teilen auf eine jahrhundertelange Blüte der Künste und Wissenschaften in der islamischen mittelalterlichen Welt zurück, während in Europa der Fortgang der Wissenschaften zum Erliegen kam. Die persische und arabische Welt pflegte das griechisch-römische Erbe und entwickelte Astronomie und Mathematik weiter.

Zu den bedeutendsten frühen islamischen Astronomen und Mathematikern gehören unter zahlreichen anderen: al-Chwārizmī, der die moderne Algebra (aus arabisch *al-dschabr* »Zusammenfügung von Zerbrochenem«) begründete und neue Methoden zur Berechnung der Positionen von Sonne, Mond und Planeten entwarf; al-Marwazī, der den Durchmesser und die Entfernung des Mondes von der Erde sowie den Durchmesser der Sonne am bisher exaktesten berechnete und seine Beobachtungen im *Buch der Körper und Abstände* veröffentlichte; al-Battānī, der einige Theorien aus Ptolemäus' *Almagest* weiter ausarbeitete und neue Methoden zur Berechnung des Neulichts (des ersten Erscheinens des Mondes) entwickelte; und schließlich al-Bīrūnī, der neue astronomische Instrumente und Beobachtungsmethoden erfand und wie viele andere persische und arabische Astronomen der Ansicht war, dass ein heliozentrisches Modell des Sonnensystems mindestens genauso gut zu den aus Beobachtungen gewonnenen Daten passe wie das überkommene geozentrische Modell. Der Einfluss der mittelalterlichen islamischen Forschung auf abendländische Astronomen der Renaissance wie Brahe, Kepler, Kopernikus und Galileo und den späteren Paradigmenwechsel vom ptolemäischen geozentrischen zum heliozentrischen Weltbild ist kaum zu überschätzen.

Außerdem arbeiteten fast alle bekannten Astronomen und Mathematiker des frühen Islams in Forschungsgruppen. Diese gelten mithin als erste ihrer Art und waren Teil des weltweit ersten Systems staatlicher Observatorien und Forschungsinstitute. Dank ihrer Teamarbeit, ohne die heute wissenschaftliche Forschung kaum mehr vorstellbar wäre, erzielten die islamischen Gelehrten bedeutende Fortschritte in der Astronomie und in anderen Forschungsgebieten.

SIEHE AUCH Das geozentrische Weltbild (um 400 v. Chr.), Das Heliozentrische Weltbild (um 280 v. Chr.), Ptolemäus und sein *Almagest* (um 150), Die Sichtung des Andromedanebels (964), Experimentelle Astrophysik (um 1000), Kopernikus' himmlische Revolution (1543), Brahes Nova (1572), Galileis Nachricht von neuen Sternen (1610), Drei Gesetze der Planetenbewegung (1619)

Illustration zu den Mondphasen mit Text in Persisch aus al-Bīrūnīs astrologischem Handbuch Kitāb al-tafhīm.

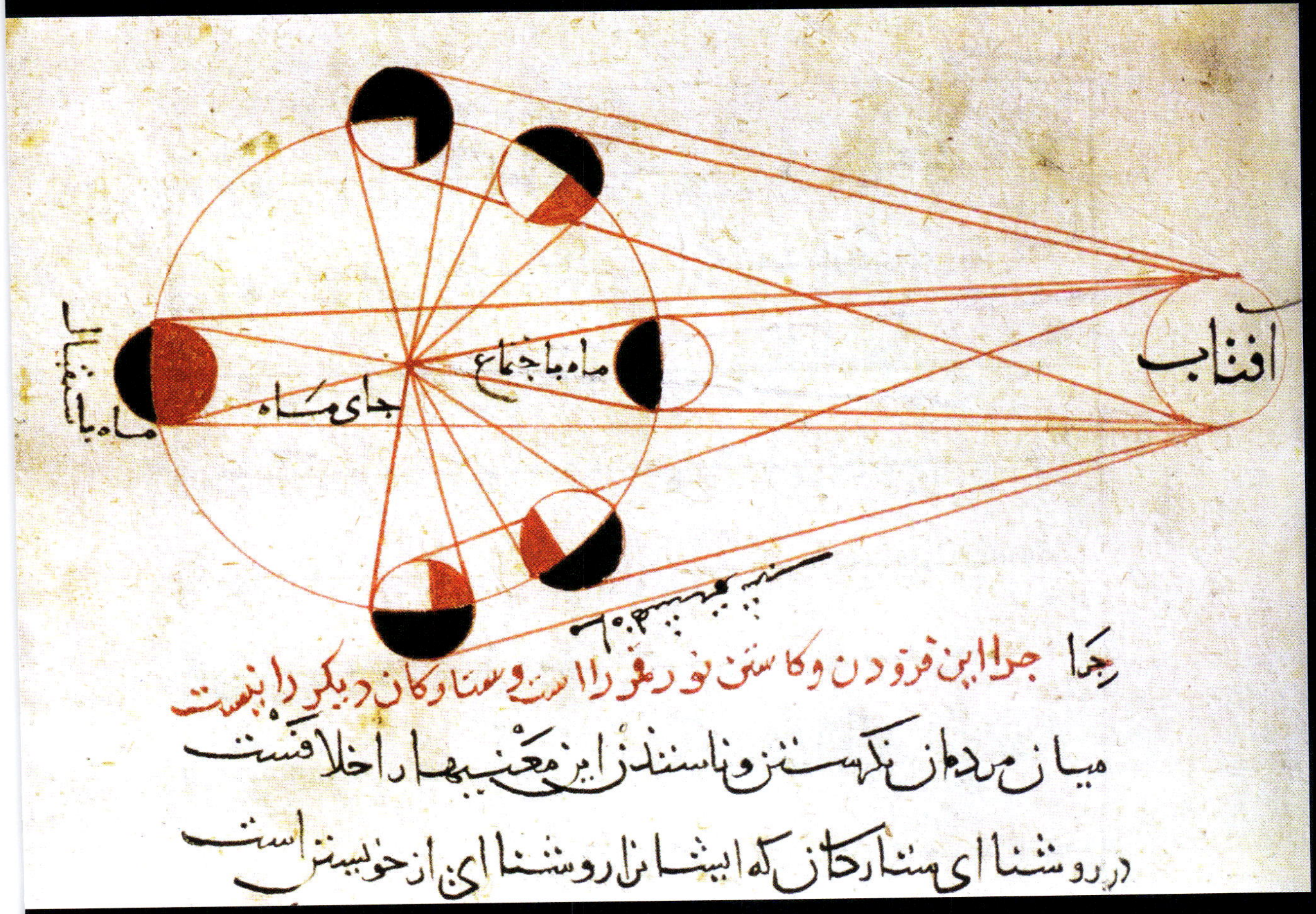
آفتاب
ماه باجتماع
جای ماه
ماه باستقبال
جوا چرا این فزودن و کاستن نور ماه راست و ستارگان دیگر را نیست
میان مردمان که هستند و ناسنند زاین معنیها اختلافست
در روشنای ستارگان که ایشان را روشنای از خویشتن است

um 964

Die Sichtung des Andromedanebels

ʿAbd ar-Rahmān as-Ṣūfī (903–986)

Zu den bedeutenden frühen islamischen Astronomen gehörte auch ʿAbd ar-Rahmān as-Ṣūfī (Azophi) aus Persien. Wie die meisten Sternforscher des Mittelalters kannte er die wesentlichen Theorien der klassischen griechischen Astronomie und Kosmologie gut, insbesondere aber Ptolemäus' *Almagest*, den er ins Arabische übersetzte. So erstaunt es kaum, dass er wie andere islamische Gelehrte Ptolemäus' Ideen weiterzuentwickeln und mit neuen Beobachtungen und Theorien der frühen arabischen Astronomie zu verknüpfen suchte. Seine Ergebnisse veröffentlichte er im 964 in Arabisch erschienenen wegweisenden Werk *Das Buch der Fixsterne*.

As-Ṣūfīs Buch besteht im Wesentlichen aus Karten der 48 damals bekannten klassischen griechischen Sternbilder. Diese beruhen auf Ptolemäus' Katalog im *Almagest* und Hipparchos' Helligkeitssystem, wurden aber mithilfe neuerer Beobachtungen zur stellaren Helligkeit und den Farben der Sterne, darunter auch eigener, berichtigt und verfeinert. Viele der arabischen Namen in seinem Buch finden in angepasster Form bis heute Verwendung. Zu den bekannteren gehören Altair, Beteigeuze, Deneb, Rigel oder Wega.

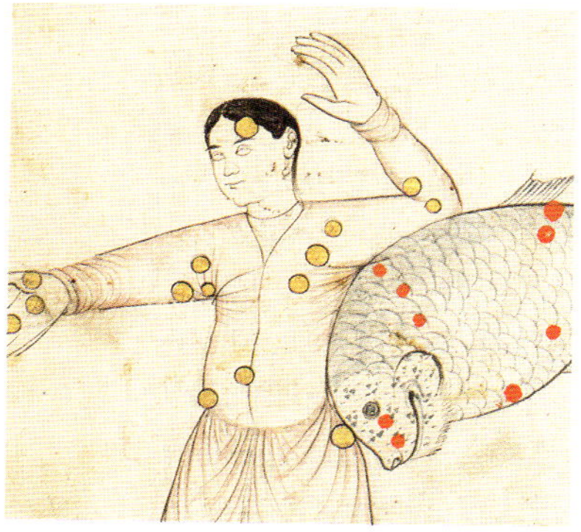

Im Rahmen der Sternbilder Andromeda und Fische kommt as-Ṣūfī auf eine »kleine Wolke« zu sprechen, die man inmitten der großen Sterne entdeckt hatte. Auch wenn er seine Entdeckung nicht wirklich zu interpretieren wusste, dürfte as-Ṣūfī als Erster erwiesenermaßen die Andromeda-Galaxie beobachtet haben, die als nächste Spiralgalaxie in etwa zwei Millionen Lichtjahren Entfernung zur Milchstraße liegt. Im Messier-Katalog als M31 verzeichnet, erscheint der Andromedanebel als achtmal größeres Objekt als der Vollmond am Himmel. Da seine Leuchtkraft aber sehr schwach ist, erfordert seine Sichtung ausgezeichnete Sehkraft und große Geduld. As-Ṣūfī entdeckte noch weitere Sternhaufen, Nebel und »Wolken«, darunter eine elliptische Begleitgalaxie der Milchstraße am südlichen Himmel, die 550 Jahre später auf den Namen »Große Magellan'sche Wolke« getauft wurde, da sie Ferdinand Magellan mit seinem viel gelesenen Reisebericht von seiner Weltumsegelung im Jahre 1519 in Europa bekannt gemacht hatte.

SIEHE AUCH Ptolemäus und sein *Almagest* (um 150), Frühe islamische Astronomie (um 825), Der Messier-Katalog (1771)

OBEN: *Teile der Sternbilder Andromeda und Fische aus as-Ṣūfīs* Buch der Fixsterne. GEGENÜBER: *Modernes digitales UV-Astrofoto der Andromeda-Galaxie, NASA-Weltraumteleskop* Galaxy Evolution Explorer.

Experimentelle Astrophysik

Alhazen (Abū ʿAlī al-Hasan Ibn ibn al-Haytham) (965–1040),
Abū r-Raihān Muhammad Ibn Ahmad al-Bīrūnī (973–1048)

Das wissenschaftliche Interesse, insbesondere in der Astronomie, galt bei den Gelehrten des antiken Griechenlands vorwiegend philosophischen und theoretischen Fragen. Im Gegensatz dazu war die im Mittelalter dominierende islamische Astronomie und Mathematik eher auf die Erfindung von Instrumenten und Methoden, das Sammeln von Beobachtungen und praktische religiöse oder andere gesellschaftliche Bedürfnisse ausgerichtet. Ihre Herangehensweise darf als neuartig gelten: beobachten, festhalten, analysieren, interpretieren, Hypothesen aufstellen, wiederholen. Diese effektive Methode gehört bis heute zur Grundlage jeglicher wissenschaftlicher Forschung.

Dieser auf Beobachtung beruhende Ansatz zum Verständnis des Universums lässt sich auf eine kleine Anzahl arabischer und persischer Mathematiker zurückführen, die um die erste Jahrtausendwende lebten. Einer davon war Alhazen, ein islamischer Physiker und Mathematiker, der sich auf vielen Gebieten auskannte und sich dafür einsetzte, dass Forschungen auf Experimenten und kritischer Überprüfung der vorherrschenden Theorien statt auf Spekulationen oder Naturphilosophie beruhen sollten. So zählte er auch zu den Kritikern des Ptolemäus. In seinem *Buch vom Sehen oder Schatz der Optik* empfiehlt er, dass wir uns bei all unseren Bestrebungen stets von Ausgewogenheit, nicht von Voreingenommenheit leiten lassen und unser Ziel in der Suche nach Wahrheit, nicht in der Untermauerung vorgefasster Meinungen bestehen sollte.

Etwa zur gleichen Zeit verfocht al-Bīrūnī, ein persischer Universalgelehrter, einen ähnlichen Ansatz für wissenschaftliche Experimente sowie neue Forschungsansätze, darunter Versuchswiederholung und Analyse zufälliger und systematischer Fehler in den Forschungsergebnissen. Er scheue die Wahrheit nicht, aus welcher Quelle sie auch immer stammen möge, schrieb er in seinem enzyklopädischen Kanon der Wissenschaften *Al-Qānun al-Masʿūdi*.

So dürfen al-Haitham, al-Bīrūnī und zahlreiche andere Universalgelehrte des Mittelalters als die ersten »echten« Wissenschaftler gelten, denn sie waren leidenschaftliche Beobachter und Entdecker, skeptisch gegenüber »Wahrheiten«, die sich nicht verifizieren lassen, und selbstkritisch. Ihr Vorgehen hat sich seit über tausend Jahren bewährt.

SIEHE AUCH Die Erde ist rund (um 500 v. Chr.), Ptolemäus und sein *Almagest* (um 150), Frühe islamische Astronomie (um 825)

Arabische Astronomen studieren den Himmel. Illustration in einer mittelalterlichen Ausgabe eines Kommentars zu Ciceros Somnium Scipionis *(»Traum des Scipio«) aus dem ersten nachchristlichen Jahrhundert.*

TERRÆ·MOTVS

Die Astronomie der Maya

Die prähistorische und mittelalterliche Astronomie beschränkt sich nicht auf Europa und Asien. Auch die Hochkulturen Mittelamerikas wie die Maya, Olmeken oder Tolteken und die nordamerikanische Mississippi-Kultur blickten auf eine reiche astronomische Tradition zurück, deren Grundstein teilweise schon im dritten vorchristlichen Jahrtausend gelegt worden war. Leider sind nur wenige schriftliche Zeugnisse dieser Zivilisationen erhalten geblieben. In nicht unwesentlichem Maße trug dazu auch die willentliche Zerstörung durch die europäischen Eroberer bei.

So können wir die wissenschaftlichen Errungenschaften der einst beherrschenden mittelamerikanischen Hochkultur der Maya, die von ca. 2000 v. Chr. bis 900 n. Chr. blühte, nur anhand von drei mit Sicherheit authentischen Büchern (bei einem vierten wird die Echtheit vermutet) nachvollziehen. Eines davon ist der nach seinem Aufbewahrungsort benannte *Codex Dresdensis* (*Dresdner Kodex*) aus dem 13. Jahrhundert. Er liefert faszinierende und aufschlussreiche Einblicke, die belegen, dass sich die Astronomie der alten Maya nicht vor derjenigen der Griechen, Araber oder anderer Gesellschaften jener Zeit zu verstecken brauchte.

Der *Dresdner Kodex*, teils Geschichte, teils Mythologie, besteht zum Großteil aus detaillierten astronomischen Tabellen, die der Darstellung und Vorhersage der Bewegungen der Sonne, des Mondes und der bekannten Planeten, insbesondere der Venus, dienen. Nach der Entzifferung der Zeichen und numerischen Symbole stellten Archäoastronomen fest, dass die 74 Seiten mit illustrierten Tabellen die Zyklen der Venus, deren Auf- und Untergangszeiten sich alle 584 Tage wiederholen, und des Mondes beschreiben, bei dem nach 25 377 Tagen ein neuer Zyklus mit 857 Vollmonden beginnt. Man konnte sie außerdem zur Vorhersage von Finsternissen verwenden, denn die Maya hatten ihre Zyklen mit erheblich größerer Genauigkeit ermittelt als ihre babylonischen und griechischen Kollegen. Auch Mond- und Planetenkonjunktionen wussten sie fast präzise vorauszusagen. Eine so detaillierte Kenntnis wiederkehrender Himmelsvorgänge setzt Jahrhunderte sorgfältiger, eingehender Beobachtungen und ausgeklügelter Instrumente voraus. Die Tafeln leisteten nach ihrer Erstellung jahrhundertelang gute Dienste.

Wozu verwendeten die Mayas die Informationen? Auch wenn vieles nach wie vor ein Rätsel bleibt, haben Historiker religiöse, landwirtschaftliche, soziale und militärische Ereignisse und Traditionen identifiziert, die in engem Zusammenhang mit dem astronomischen Kalendersystem stehen.

SIEHE AUCH Astronomie im Alten Ägypten (um 2500 v. Chr.), Astronomie im Alten China (um 2100 v. Chr.), Das geozentrische Weltbild (um 400 v. Chr.), Frühe islamische Astronomie (um 825)

Auf diesem Ausschnitt der Seite 49 des Codex Dresdensis, *eines von drei (oder vier) erhaltenen Büchern der Maya, sind ein Teil des Zyklus vom Auf- und Untergang der Venus sowie die Mondgöttin Ixchel zu sehen.*

1054

Beobachtungen eines »Tagessterns«

Im ausgehenden Frühmittelalter kannten etliche Zivilisationen auf unserem Planeten aktive oder im Entstehen begriffene Gruppen von Astronomen- und Mathematikern, die sich ganz den Vorgängen am Himmel widmeten. Kaum verwunderlich also, dass man 1054, als im Sternbild des Stiers plötzlich ein neuer Stern am Himmel aufgleißte, an vielen Orten auf der Erde umgehend davon Kenntnis nahm.

Chinesische Astronomen notierten für den 4. Juli das Erscheinen eines »Gaststerns«, und persische, arabische, japanische sowie koreanische Kollegen bestätigten ihre Beobachtungen. Sogar Felsmalereien der indianischen Anasazi-Kultur hielten es fest. Nur die Europäer schienen noch im Mittelalter versunken zu sein und offenbar von diesem Ereignis keine Notiz genommen zu haben. In China konnte man den neuen Stern tagsüber 23 und nachts ganze 653 Tage lang beobachten, bevor er verblasste. Seine maximale Helligkeit wurde auf etwa −6 oder −7 geschätzt, übertroffen allein von Sonne und Mond.

Heute wissen wir, dass die Astronomen des Mittelalters eine Supernova, die gewaltige Explosion eines massereichen Vorgängersterns in etwa 6300 Lichtjahren Entfernung von der Erde, beobachtet hatten. Wie bei allen Supernovae hatte der Stern den Kernbrennstoff verbraucht und war unter Freisetzung einer gigantischen Menge an Gravitationsenergie kollabiert. Seine äußeren Schichten wurden dabei mit Geschwindigkeiten, die wohl zehn Prozent der Lichtgeschwindigkeit erreichten, ins All geschleudert. Über 650 Jahre nach dem Verblassen der Supernova entdeckten die Astronomen im 18. Jahrhundert erstmals den krabbenförmigen Emissionsnebel (Supernova-Überrest) aus ionisierten, durch die Explosionswelle stark erhitzten Gasen. In den späten 1960er-Jahren stellten Radioastronomen fest, dass sich der extrem komprimierte Kern des Vorgängersterns in einen schnell rotierenden (dreißigmal pro Sekunde) Neutronenstern (Pulsar) verwandelt hatte, der bei einem Durchmesser von nur etwa 20 Kilometern anderthalb- bis zweifache Sonnenmasse aufweist. Die sorgfältigen Aufzeichnungen der mittelalterlichen Astronomen halfen ihren modernen Nachfolgern also dabei, die Verbindung zwischen Supernovae, Emissionsnebeln und Neutronensternen zu entdecken.

SIEHE AUCH Die Geburt der Sonne (vor 4,6 Mrd. Jahren), Astronomie im Alten China (um 2100 v. Chr.), Ein »Gaststern« über China (185), Die Kernfusion (1939), Pulsare (1967)

OBEN: *Felsmalerei der Anasazi mit Hand, Mondsichel und dem neuen »Gaststern« von 1054.* GEGENÜBER: *Der sechs Lichtjahre entfernte Krebsnebel, der aus ionisierten Gasen bestehende Überrest der 1054 beobachteten Supernova-Explosion, Aufnahme des Hubble-Weltraumteleskops.*

um 1230

De Sphaera

Johannes de Sacrobosco (um 1195–1256)

Mit der Gründung der ersten Universitäten in Bologna und Oxford am Ende des elften Jahrhunderts kehrte das westliche Europa allmählich auf die Bühne der Weltgelehrsamkeit zurück. Weitere Hochschulen wurden gegründet, und es entstand ein großer Bedarf an wissenschaftlichen Handbüchern für Studenten. Die Buchproduktion war im mittelalterlichen Europa allerdings eine teure und umständliche Angelegenheit, sodass nur eine kleine Anzahl von Standard-Lehrbüchern in bestimmten Bereichen eine größere Auflage erreichte.

Als erstes Elementarlehrbuch für Astronomie fand der um 1230 erschienene *Tractatus de Sphaera* (*Das Puechlein von der Spera*) des englischen Mönchs und Astronomen Johannes de Sacrobosco, der als überzeugter Anhänger des ptolemäischen Weltbilds an der Universität Paris lehrte, in ganz Westeuropa Verwendung. Sein Traktat stellt zu großen Teilen nichts anderes als eine Zusammenfassung und kritische Besprechung des *Almagest* dar, jedoch ergänzt durch »modernere« Ideen und Entdeckungen der arabischen Astronomie und das im Orient aufkommende Feld der experimentellen Astrophysik, die der mittelalterlichen europäischen Astronomie weit überlegen war.

Neben dem Rückblick auf Ptolemäus bietet der *Tractatus de Sphaera* auch illustrierte Beschreibungen der himmlischen Sphären und Zirkel, die wohl der Unterweisung im Gebrauch einer Armillarsphäre dienten, einen Überblick über Aufgangs- und Untergangszeiten und -umstände der hellen Sterne und der Sonne sowie Beschreibungen der Bewegungen von Sonne und Planeten nach Ptolemäus' Modell der Epizyklen und Deferenten. Sacrobosco gab unmissverständlich zu erkennen, dass die Erde die Form einer Kugel hat, und lieferte zutreffende Erklärungen für Sonnen- und Mondfinsternisse.

Hätte es im Mittelalter Bestsellerlisten gegeben, so hätte der *Tractatus de Sphaera* für Jahrhunderte darauf gestanden. Zwischen dem 13. und 15. Jahrhundert wurden massenweise Abschriften angefertigt, von denen Hunderte bis heute überdauert haben, und der ersten gedruckten Ausgabe von 1472 folgten in zwei Jahrhunderten über 90 Neuausgaben. Außerdem gehörte dieses Werk bis weit ins 17. Jahrhundert zur Pflichtlektüre im universitären Astronomieunterricht.

SIEHE AUCH Ptolemäus und sein *Almagest* (um 150), Frühe islamische Astronomie (um 825), Experimentelle Astrophysik (um 1000)

Eine Ausgabe des Tractatus de Sphaera *von Johannes de Sacrobosco aus dem 16. Jahrhundert. In seinem Astronomie-Lehrbuch von 1230 beschreibt er Ptolemäus' geozentrisches Weltbild.*

90 ANNOTATIONI NELLA SPERA
Theorica del Sole, & delli superiori. ♄. ♃. ♂. & inferiori. ♀. ☿. ☾. Imaginando il Sole essere nel luogo dell'epiciclo delli altri Pianeti.
Oriēte.
Occidēte.
A. Centro del mondo.
B. Centro del deferente.
C. Centro del Equante.
D. e. f. g. Epiciclo, colli altri 6. Pianeti
G. Statione prima.
F. Statione seconda.
E. e. g. Arco della direttione.
G. d. f. Arco della Retrogradatione.
E. g. d. f. Corpo solare.
A. E. linea dellauge, dell'orbe che porta l'epiciclo.
A. K. linea delloppošto dellauge detta
L. M. Conuesso delorbe che porta lauge dellecentrico.
E. I. Concauo del dett'orbe.
E. I. & D. K. Conuesso & concaue delorbe.
E. K. Circulo Equante.
E. Auge del Epiciclo.
D. Oppošto della detta auge.
TRATTATO QVARTO. 91
Theorica delle line e, & de i moti.
D. Centro del mondo.
C. Centro del deferente.
H. Centro del Equante.
H. g. i. f. Epiciclo.
Eclitica l'estremo circulo.
B. N. linea dell'auge.
G. Auge media, dell'epiciclo.
H. Auge vera dell'epiciclo.
A. Principio dell'ariete.
A. N. Auge nella seconda significatiōe, del'arco A. N.
D. L. Linea del mezo moto.
A. N. L. Arco del mezo moto.
D. K. Linea del vero moto dellepiciclo.
A. N. K. Vero moto dell'epiciclo.
M ii

um 1260

Große Sternwarten des Mittelalters

Nasīr ad-Dīn at-Tūsī (1201–1274), **Hülegü Chan** (um 1217–1265), **Ulūgh Beg** (1394–1449)

Man stellt sich astronomische Observatorien gern als Erfindung der Neuzeit vor: gewaltige Kuppeln auf hohen Bergen mit riesigen Teleskopen und Hightech-Computern. Die Gründung der ersten Sternwarten als Forschungsstätten, die Astronomen gemeinsam benutzten, erfolgte jedoch schon im Mittelalter in der islamischen Welt und in China.

Zu den ersten großen Sternwarten der Welt gehörte das Rasad-e-Khan-Observatorium im nordwestiranischen Maragha, das der mongolische Herrscher Hülegü, ein Enkel Dschingis Khans, für seinen Hofastronomen und -mathematiker Nasīr ad-Dīn at-Tūsī erbauen ließ. Sie beherbergte eine Bibliothek mit mehr als vierzigtausend Büchern. At-Tūsī stand einem großen Team von Astronomen und Studenten vor, das die Planetenbewegungen und die Präzession der Erde beobachtete und Berechnungen dazu anstellte. Diese waren später von grundlegender Bedeutung für die Verfechtung des neuen heliozentrischen Weltbilds durch Kopernikus und andere. Um die gleiche Zeit gründete Hülegüs Bruder Kublai Khan das älteste erhaltene chinesische Observatorium in Gaocheng. Die Astronomen der frühen Yuan-Dynastie (1279–1368) beobachteten von hier aus Sonne und Planeten, während eine riesige Sonnenuhr aus Stein der Zeitmessung und der Bestimmung der genauen Länge des Jahres diente. Da die Sternwarte in Maragha einem Erdbeben zum Opfer fiel, gründete der Timuridenfürst, Astronom und Mathematiker Ulūgh Beg 1420 im heute zu Usbekistan gehörenden Samarkand eine Universität mit Sternwarte. Zu den astronomischen Instrumenten in Ulūgh Begs Observatorium, genannt Gurkani Zidsch, gehörten Astrolabien und Armillarsphären und ein gigantischer Sextant/Meridiankreis mit einem Radius von 40 Metern, der in den Berg gehauen wurde. Er war der größte seiner Art und diente der genauen Messung der Positionen von Sonne und Sternen. Die Astronomen an Ulūgh Begs Observatorium brachten Ptolemäus' und as-Sūfis Sternkataloge unter Beachtung der Präzession auf den neuesten Stand und ermöglichten damit erneut genaue Vorhersagen von Finsternissen und anderen himmlischen Ereignissen.

SIEHE AUCH Ptolemäus und sein *Almagest* (um 150), Frühe islamische Astronomie (um 825), Die Sichtung des Andromedanebels (um 964), Kopernikus' himmlische Revolution (1543)

OBEN: *Das 1276 gegründete Gaocheng-Observatorium in China.* GEGENÜBER: *Überreste des zwei Meter breiten riesigen unterirdischen Meridiankreises im Observatorium des Ulūgh Beg in Samarkand.*

Die frühe Infinitesimalrechnung

Madhava (um 1350–1425), **Nilakantha Somayaji** (1444–1544)

Die mittelalterliche astronomische Forschung in Indien baute auf den Erkenntnissen und Schriften früherer Mathematiker und Astronomen, zuvorderst des Aryabhata, auf und erlebte mit der Gründung der Kerala-Schule für Astronomie und Mathematik durch den Mathematiker Madhava im 14. Jahrhundert sowie ähnlicher Forschungs- und Unterrichtszentren einen großen Aufschwung.

Madhava und die späteren Mathematiker der Kerala-Schule wie Nilakantha Somayaji entwickelten mathematische Methoden zur Kalkulation der Planetenbewegungen, die zunächst auf der Geometrie und Trigonometrie, später auch auf den neuen Modellen basierten, bei denen komplexe Kurven, darunter Parabeln, Hyperbeln und Ellipsen, mithilfe kombinierter Funktionen berechnet wurden. Dabei erwies sich ihre Arbeit zu den Ellipsen als besonders nützlich für die Astronomie, denn mit ihrer Hilfe konnten sie nachweisen, dass Aryabhatas Vermutung elliptischer Planetenbahnen zutraf. Die neuen, in Kerala entwickelten mathematischen Methoden, die sich auf Funktionenreihen bezogen, dürfen als frühe Vertreter der Infinitesimalrechnung gelten, die der europäischen Entwicklung durch Isaac Newton und andere um über zwei Jahrhunderte vorausgingen.

In seiner um 1500 veröffentlichten *Aryabhatiyaabhasya* (Kommentar zu Aryabhatas Hauptwerk *Aryabhatiya*) zeigte er ferner auf, dass eine rotierende Erde und ein teilweise heliozentrisches Sonnensystem besser zu den Planetenbahnen passen. Nach seinem Modell umkreisten Merkur, Venus, Mars, Jupiter und Saturn zwar die Sonne, aber zusammen mit ihr auch die Erde. Ein ähnliches Modell propagierte im 16. Jahrhundert der dänische Astronom Tycho Brahe, und in manchen Aspekten stimmt Nilakanthas Theorie auch mit dem vollständig heliozentrischen Weltbild überein, das 1543 Nikolaus Kopernikus vorschlug.

Die Beiträge der Kerala-Schule, ja überhaupt der indischen Mathematik und Astronomie, wurden bisher im Westen wohl zu Unrecht unterschätzt. Wir sollten sie bei der Aufzählung der Riesen nicht vergessen, auf deren Schultern die späteren großen Entdecker Kopernikus, Newton und andere standen.

SIEHE AUCH Die Erde ist rund (um 500 v. Chr.), Die *Aryabhatiya* (um 500), Kopernikus' himmlische Revolution (1543), Brahes Nova (1572)

Die Berechnungen von Planetenumlaufbahnen, die Mathematiker der südindischen Kerala-Schule zwischen dem 14. und 16. Jahrhundert anstellten, passen zu einem heliozentrischen Modell des Sonnensystems. Illustrationen zu ihrer Geometrie, rekonstruiert von heutigen indischen Physikern.

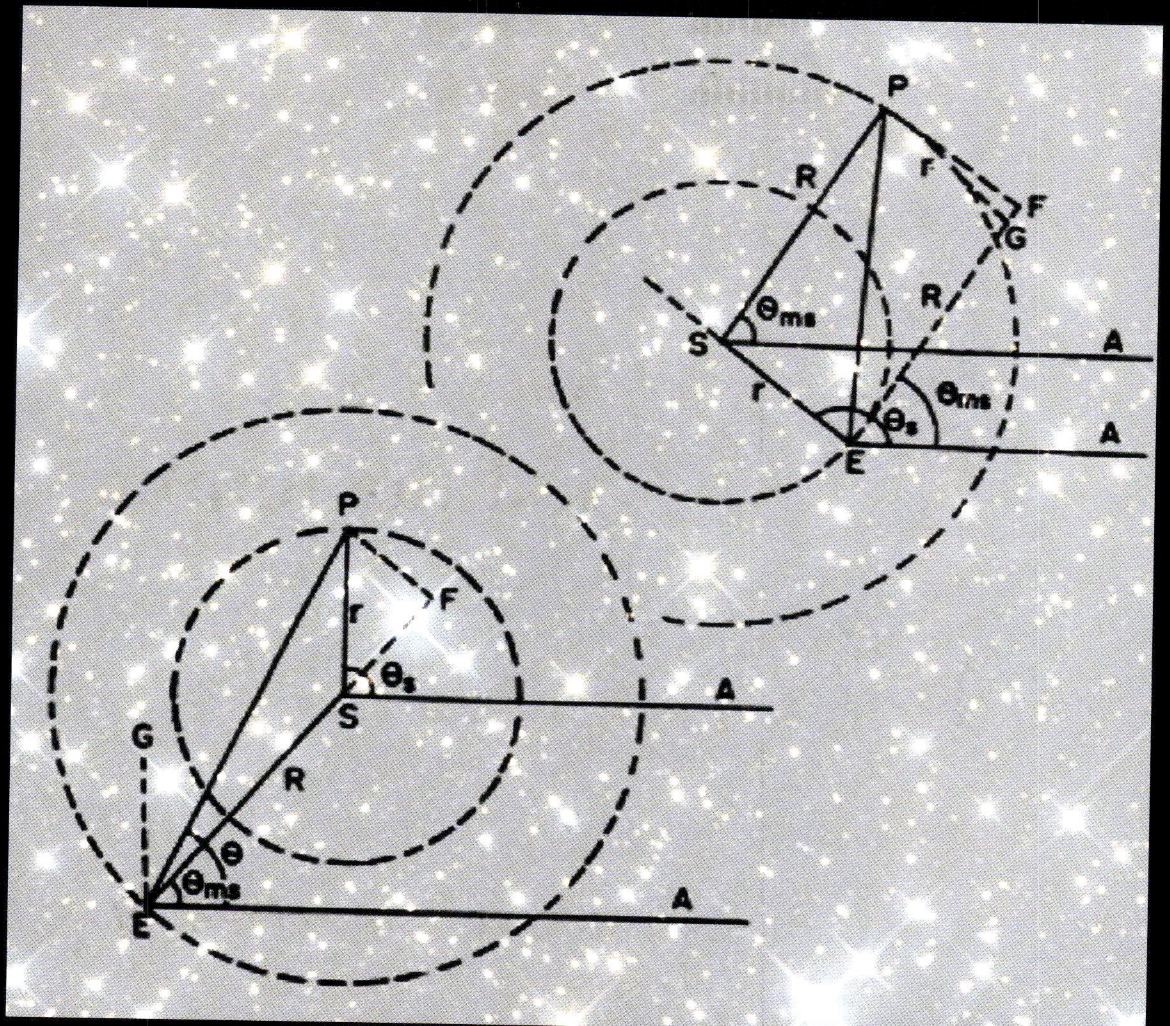
P
R
r
F
G
R
Θ_{ms}
S
A
r
Θ_{ms}
Θ_s
E
A
P
r
F
Θ_s
A
S
G
R
Θ
Θ_{ms}
E
A

1543

Kopernikus' himmlische Revolution

Nikolaus Kopernikus (1473–1543)

Nach beinahe tausendjähriger Stagnation machte die Renaissance ihrem Namen mit dem Aufblühen von Kunst, Musik, Kultur und Wissenschaft alle Ehre. Die Gründung europäischer Universitäten in Bologna, Oxford, Cambridge, Paris, Padua und anderen Städten, an denen gelehrte Kleriker wie Johannes von Sacrobosco lehrten und im Abendland die Errungenschaften der arabischen, chinesischen und indischen Astronomie während des europäischen Mittelalters vorstellten sowie die griechisch-römische Gelehrsamkeit wieder in Erinnerung riefen, bereiteten der neuzeitlichen europäischen Wissenschaft den Weg.

Der erste und in vieler Hinsicht wichtigste Renaissance-Wissenschaftler war Nikolaus Kopernikus, Domherr des Fürstbistums Ermland, Arzt, Anwalt, Ökonom und Teilzeitastronom. Sein Onkel und größter Förderer hatte dort das Amt des Fürstbischofs inne. In Frauenburg oblag Kopernikus als Administrator die Regelung der Regierungsgeschäfte, aber er nahm sich auch Zeit für astronomische Beobachtungen, das Studium der klassischen und zeitgenössischen astronomischen Literatur sowie die Erörterung von Fragen, die er seit seiner Studienzeit in Krakau und Bologna hatte.

Bereits 1514 brachte Kopernikus die Grundzüge seines alternativen Paradigmas in Umlauf. Danach steht die Sonne im Zentrum des Sonnensystems, während die Erde und die anderen Planeten um ihre eigene Achse rotieren und die Sonne umkreisen. Nur der Mond bewegt sich auf einer Bahn um die Erde. Seine Theorie veröffentlichte er aber erst 1543, kurz vor dem Tod, unter dem Titel *De Revolutionibus Orbium Coelestium* (*Über die Kreisbewegungen der Weltkörper*) in Buchform. Aus heutiger Sicht mag überraschen, dass sein heliozentrisches Weltbild zu seiner Zeit kaum Interesse und Kontroversen erregte. Es dauerte über ein halbes Jahrhundert und bedurfte der seine These stützenden Beobachtungen von Brahe, Kepler und Galilei (und dessen Teleskops), bis deutlich wurde, dass sein wichtigstes Buch die sogenannte kopernikanische Wende in der Kosmologie eingeleitet hatte.

SIEHE AUCH Das Heliozentrische Weltbild (um 280 v. Chr.), Ptolemäus und sein *Almagest* (um 150), *De Sphaera* (1230), Die frühe Infinitesimalrechnung (um 1500), Brahes Nova (1572), Galileis Nachricht von neuen Sternen (1610), Drei Gesetze der Planetenbewegung (1619), Newtons Gesetze (1687)

OBEN: *Kopernikus, Porträt eines unbekannten Künstlers* (1580). GEGENÜBER: *Abbildung des kopernikanischen Modells des Sonnensystems im Sternatlas* Harmonia Macrocosmica *von Andreas Cellarius* (1660).

SCENO
SYSTE
COPER
GRAPHIA
MATIS
NICANI.
CAN
CER
GEMI
NI
TAV
RVS
AEQVINOCTIVM
VERNVM
AEQVINOCTIVM
AVTVMNALE
SAGIT
TARIVS

Brahes »neuer Stern«

Tycho Brahe (1546–1601)

Vor dem 17. Jahrhundert beobachteten die Astronomen die Himmelskörper mit dem bloßen Auge und vertrauten ganz auf ihre Ausrüstung und ihr scharfes Sehvermögen. Außer einigen chinesischen Astronomen hatte noch kaum jemand die Bedeutung systematischer Himmelsbeobachtungen in großer Zahl für die Verlässlichkeit der Daten erkannt. Als renommiertester Vertreter des abendländischen Ansatzes der »rohen Gewalt« zur Beseitigung von Fehlern bei der Messung planetarer Bewegungen gilt der Renaissance-Astronom und dänische Adlige Tycho Brahe.

Brahes Leidenschaft für die Astronomie entbrannte, als der Vierzehnjährige 1560 eine Sonnenfinsternis beobachtete. Dank des Reichtums und der guten Verbindungen seiner Familie konnte er ihr ungestört nachgehen und eigene Observatorien bauen lassen. Er befasste sich zwar intensiv mit der Kosmologie, schloss sich aber weder Ptolemäus' geozentrischer noch Kopernikus' heliozentrischer Sichtweise an. Vielmehr kam er durch sorgfältige Beobachtungen neuer Kometen und eines 1572 aufgetauchten Sterns, für den er den Begriff »nova stella« (neuer Stern) prägte, zur Überzeugung, dass die »Fixsterne« gar nicht fix waren und sich wie auch die Planeten nicht entlang der transparenten kristallinen Sphären des ptolemäischen und kopernikanischen Modells bewegten. Sein Weltbild glich dem von Nilakantha aus der Kerala-Schule postulierten geo-heliozentrischen: Alle Planeten außer der Erde umkreisten die Sonne, Letztere zusammen mit dem Mond die Erde.

Brahe setzte mit seinen präzisen Instrumenten, beinahe lückenlosen Daten über Jahrzehnte und einer gründlichen Beschreibung der Messunsicherheiten neue Standards in der Planetenbeobachtung. Seine Messungen waren bei den Theoretikern heißbegehrt, aber er arbeitete nicht mit jedem zusammen. Als er sich für Johannes Kepler entschied, verschaffte ihm dies womöglich Unsterblichkeit, denn dank seines herausragenden Datensatzes entdeckte Kepler die Grundgesetze der Planetenbewegung. Brahe war so exzentrisch wie pingelig und verlor bei einem Duell einen Teil seiner Nase, den er durch eine Prothese aus Kupfer oder Silber ersetzte. Im Alter von 54 Jahren starb er nach einem rauschenden Fest des Kaisers wahrscheinlich an einer Blasenvergiftung.

SIEHE AUCH Das Heliozentrische Weltbild (um 280 v. Chr.), Die frühe Infinitesimalrechnung (um 1500), Kopernikus' himmlische Revolution (1543), Galileis Nachricht von neuen Sternen (1610), Drei Gesetze der Planetenbewegung (1619)

OBEN: *Falschfarben-Röntgen- und Infrarotbild der sich rasant ausdehnenden Kugelschale aus ionisiertem Gas. Sie ist das Überbleibsel der Supernova, die Brahe und andere Astronomen 1572 beobachteten.* GEGENÜBER: *Porträt von Tycho Brahe aus dem Dänischen Nationalmuseum.*

·T B·

1582

Der Gregorianische Kalender

Ein Jahr hat zwölf Monate oder 365 Tage – so denken wohl die meisten von uns. Alle vier Jahre werden wir jedoch daran erinnert, dass die Reise um die Sonne etwas länger dauert, sodass die Julianische Kalenderreform im Jahre 45 v. Chr. den alle vier Jahre einzuschaltenden 29. Februar einführte, damit Caesars Kalender mit der Bewegung der Erde um die Sonne synchron bliebe.

Später stellte sich jedoch heraus, dass die im Julianischen Kalender angenommene Zeitspanne von einer Frühjahrstagundnachtgleiche zur anderen um etwa elf Minuten zu lang ist und in Wirklichkeit nicht 365,25 sondern 365,24237 Tage beträgt. Während man bis zum Untergang des Römischen Reiches noch kaum etwas davon spürte, wich 1500 Jahre später das Kalenderdatum bereits mehr als zehn Tage vom saisonal bedingten ab. Die astronomisch bestimmte Frühjahrstagundnachtgleiche fiel nun auf einen Tag um den 11. statt auf den 21. März. Dass man deshalb das Osterfest im Winter feiern sollte, missfiel der katholischen Kirche. Julius Caesars Kalender von 45 v. Chr. verlangte nach einer Reform.

Eine vom Papst eingesetzte Kommission schlug vor, Caesars Kalender so zu ändern, dass zwar grundsätzlich jedes vierte Jahr ein Schaltjahr blieb, aber von den Jahrhunderten nur die durch 400 teilbaren. So kam man auf eine Jahreslänge von 365,2425 Tagen. 1700, 1800 und 1900 zählten somit nicht zu den Schaltjahren, 2000 dagegen sehr wohl. Nun musste noch die zehntägige Abweichung korrigiert werden: Der Julianische Kalender endete mit dem 4. Oktober 1582, und der am nächsten Tag von Papst Gregor XIII. in Kraft gesetzte neue Kalender begann mit dem 15. Oktober 1582.

Der heute weltweit am meisten verwendete Gregorianische Kalender stimmt mit einer Abweichung von einem Tag in 7600 Jahren fast exakt mit der Umlaufbahn der Erde überein, was für die absehbare Zukunft reichen sollte. Allerdings verlangsamt die Gezeitenreibung die Erddrehung minimal, sodass sich der Tagesbeginn immer mehr nach hinten verschiebt. Zur Korrektur fügt der Internationale Dienst für Erdrotation und Referenzsysteme seit 1972 auf den Atomuhren der Welt von Zeit zu Zeit eine offizielle Schaltsekunde zur koordinierten Weltzeit hinzu.

SIEHE AUCH Der Julianische Kalender (45 v. Chr.), Das Kreuz mit dem Osterdatum (um 700), *De Sphaera* (um 1230)

Der 1582 von Papst Gregor XIII. eingeführte Gregorianische Kalender, der den Julianischen ablöste und korrigierte, gilt heute in weiten Teilen der Welt.

Kalender vnd wegweiser der zeit
vnd der land

Mira-Sterne

David Fabricius (1564–1617), **Johann Fabricius** (1587–1616), **Johann Holwarda** (1618–1651)

Im 16. Jahrhundert wusste man bereits, dass die Helligkeit eines scheinbar gewöhnlichen Sterns ganz plötzlich drastisch ansteigen konnte. Tycho Brahe hatte dieses Phänomen als Nova bezeichnet. Aber niemand hatte zuvor einen Stern gesehen, dessen Helligkeit periodisch von eher schwach bis sehr stark schwankte. Der ostfriesische Pfarrer und Teilzeitastronom David Fabricius kannte genau das von seinen Beobachtungen des Sterns Omikron Ceti oder Mira in den Jahren 1596 und 1609. 1638 entdeckte der friesische Astronom Johann Holwarda, dass diese große Helligkeitsänderung über eine Periode von 330 Tagen erfolgt. Mira gehört somit zu den veränderlichen Sternen.

Bei ihrer Entdeckung durch Fabricius wies Mira eine scheinbare Helligkeit von 3 auf, die nach etwa einem Monat bereits unter die mit bloßem Auge sichtbare Stärke 6 abgesunken war. Später konnten Astronomen mit dem Teleskop beobachten, dass sich dieser Stern bis auf Stufe 2 erhellt und bis auf Stufe 10 abdunkelt – ein Helligkeitsunterschied von mehr als Faktor 1700. Heute wissen wir, dass Mira zu den Roten Riesen gehört und etwa 350-mal größer ist als die Sonne. In unserem Sonnensystem würde ihre Ausdehnung den Orbit des Mars erreichen! Ihre starken Helligkeitsschwankungen sind Teil der Sternentwicklung eher massearmer Sterne kurz vor ihrem Tod. Mittlerweile sind fast 7000 pulsationsveränderliche Mira-Sterne bekannt, mit Perioden zwischen etwa 100 und 1000 Tagen.

1923 entdeckte man, dass es sich bei Mira um einen Doppelstern mit einem zusätzlichen Weißen Zwerg, Mira B oder VZ Ceti, handelt. Jüngste Bilder des Hubble-Weltraumteleskops und des Chandra-Röntgenobservatoriums zeigen, dass Mira B gravitativ Gas von Mira A in eine solarnebelartige Scheibe abzieht, aus der sich Planeten bilden könnten – noch im Todeskampf kann ein Stern neue Planeten zum Leben erwecken.

Vater und Sohn Fabricius beobachteten als erste Astronomen systematisch Sonnenflecken und entdeckten dabei, dass sich die Sonne gemäß Johannes Keplers Voraussagen mit einer Rotationsdauer von etwa 27 Tage dreht. Eine zufällige Verbindung zu Mira besteht darin, dass auch sie Sternflecken aufweist, die wie Sonnenflecken mit starken Magnetfeldern in den äußeren Schichten des Sterns zusammenhängen könnten.

SIEHE AUCH Sonnennebel (vor 5 Mrd. Jahren), Scheinbare Helligkeit (um 150 v. Chr.), Drei Gesetze der Planetenbewegung (1619), Das Sechsgestirn von Mizar-Alkor (1650), Sonneneruptionen (1857), Die Hauptreihe (1910), Das Ende der Sonne (in 5–7 Mrd. Jahren)

Grafische Darstellung des Roten Riesen Mira A (rechts) mit seinem Begleiter Mira B, einem Weißen Zwerg, umgeben von einer Scheibe aus Gas und Staub, die vom pulsierenden Roten Riesen stammen.

Die Vielzahl der Welten

Giordano Bruno (1548–1600)

Das von Kopernikus 1543 dargelegte heliozentrische Weltbild stieß im 16. Jahrhundert noch auf wenig Anerkennung, denn die Vorstellung, dass die Erde nicht das Zentrum des Universums sei, ließ sich nicht mit den Dogmen der katholischen Kirche vereinbaren. Dennoch war der Domherr Kopernikus, wohl auch aufgrund seines baldigen Todes, kaum Gegenstand von Kontroversen – sehr wohl aber seine geistigen Erben.

Zu den frühesten und lautstärksten Verfechtern des kopernikanischen Weltbilds zählte der italienische Philosoph, Astronom und Dominikanermönch Giordano Bruno, der unverblümt unorthodoxe und kontroverse Ansichten zu Wissenschaft, Religion und Naturphilosophie vertrat. Seine Bekanntheit verdankt er nicht etwa Beobachtungsgabe, herausragenden Leistungen oder Entdeckungen, sondern vor allem seinem nicht-geozentrischen Weltbild, das weitaus radikaler als das kopernikanische war.

In seinem 1584 erschienenen Buch *De l'infinito, universo e mondi* (*Über das Unendliche, das Universum und die Welten*) postulierte Bruno, dass neben der Erde unendlich viele andere bewohnte Planeten eine ebenso große Anzahl von Sternen, sprich Sonnen, umkreisten. Allein schon mit seiner These von der Vielzahl der Welten musste er für die Kirche als Häretiker gelten, aber seine unverschämten Herabsetzungen der zentralen Lehren der christlichen Theologie, zum Beispiel mit der These, dass nicht Gott im Zentrum des unendlichen Universums stehe, machten ihn vollends zum Ketzer. Über anderthalb Jahrzehnte lang zog er auf der Flucht vor der Inquisition durch Europa, kehrte aber nach Italien zurück, wurde verhaftet und schließlich 1600 in Rom zum Tod auf dem Scheiterhaufen verurteilt.

Man könnte Bruno leicht als wissenschaftlichen Märtyrer romantisieren, der gegen dogmatische Autoritäten für die Wahrheit kämpfte – insbesondere, weil sich einige seiner kosmologischen Vorstellungen wie die Vielfalt der Welten als richtig herausstellten. Aber schon vor ihm hatten andere Ansichten vertreten, die im Widerspruch zur Kirche standen – und Zeitgenossen wie Galileo Galilei taten es noch immer –, ohne sein schlimmes Schicksal zu teilen. Im Falle von Bruno brachten neben seinem Verfechten des kopernikanischen Weltbilds wohl seine allseits bekannte Streitlust und Leidenschaft für freimütige Kritik an Autorität und gängiger Wahrheit das Fass zum Überlaufen und ihn auf den Scheiterhaufen.

SIEHE AUCH Kopernikus' himmlische Revolution (1543), Galileis Nachricht von neuen Sternen (1610), Erste Exoplaneten (1992)

Der Prozess der Inquisition gegen Giordano Bruno im Jahre 1600, Ausschnitt aus einem Bronzerelief des italienischen Bildhauers Ettore Ferrari (1845–1929).

um 1608

Erste astronomische Teleskope

Thomas Harriot (1560–1621), **Galileo Galilei** (1564–1642), **Hans Lipperhey** (1570–1619), **Jacob Metius** (1571–1628), **Zacharias Janssen** (um 1588–1631)

Der italienische Astronom Galileo Galilei wird oft fälschlicherweise für den Erfinder des Teleskops gehalten. Er baute zwar ein solches mit einer für seine Zeit unvergleichlichen Auflösungskraft und machte damit 1610 Entdeckungen, die später zur Etablierung des heliozentrischen Weltbilds führten, aber das Teleskop war als Fernrohr einige Jahre zuvor erfunden worden, und seine Grundprinzipien und Komponenten gehen gar auf die Antike zurück.

Die frühesten Teleskope beruhten auf Brechung und bestanden aus konkaven und konvexen Glaslinsen, die das Bild bogen und vergrößerten. Dass gekrümmte, durchsichtige Oberflächen Bilder vergrößern können, wussten schon die Ägypter des 5. Jahrhunderts v. Chr. und später die griechischen und römischen Gelehrten. Bereits im 11. Jahrhundert dienten in China und der arabischen Welt Linsen in Brillen der Korrektur einer Sehschwäche. In Europa wurde die Brille im ausgehenden 13. Jahrhundert eingeführt, und die Brillenmacherei gehörte im Europa des Spätmittelalters und der Frührenaissance zu den gängigen Handwerken.

In diesem Umfeld entwickelten mindestens drei niederländische Optiker und Instrumentenbauer zwischen 1604 und 1608 unabhängig voneinander Geräte, die man als Teleskope bezeichnen kann. Hans Lipperhey, Zacharias Janssen und Jacob Metius bauten einfache, ineinander verschachtelte Fernrohre mit zwei Linsen, die das Bild jeweils zwei- bis dreifach vergrößerten. Lipperhey beantragte für seine Erfindung ein niederländisches Patent, das er jedoch aufgrund der gleichzeitigen Entwicklungen seiner Landsleute nicht erhielt. Nach der 1609 erfolgten Markteinführung erfreuten sich die Fernrohre einer großen Nachfrage in ganz Europa.

Da die Fernrohre einfach aufgebaut und die Linsen leicht zu beschaffen oder fertig geschliffen zu erwerben waren, begannen Astronomen wie Galileo Galilei oder Thomas Harriot herumzutüfteln und die Erfindung zu verbessern. Galileo baute mehrere Teleskope mit zunehmender Stärke. Ende 1609 war er bei der zwanzigfachen Vergrößerung angelangt und konnte Details am Himmel erkennen, die niemand zuvor beobachtet hatte. Das veränderte die Astronomie für immer.

SIEHE AUCH Brahes Nova (1572), Kopernikus' himmlische Revolution (1543), Galileis Nachricht von neuen Sternen (1610)

Galileo Galilei, der Leonardo Donato, dem Dogen von Venedig, 1609 ein Exemplar seines kürzlich erfundenen Galileo-Fernrohrs präsentiert, Gemälde des französischen Künstlers Henry-Julien Detouche (1854–1913).

1610

Galileis Nachricht von neuen Sternen

Galileo Galilei (1564–1642)

Revolutionen werden nicht selten durch ein einziges Ereignis ausgelöst. So geht die wissenschaftliche Revolution, die bis heute fortwirkt, auf die Veröffentlichung einer kleinen Schrift des italienischen Physikers, Mathematikers und Astronomen der Renaissance Galileo Galilei unter dem Titel *Sidereus Nuncius* (*Nachricht von neuen Sternen*) im Jahre 1610 zurück. Sie stellt eine Wende in der Geschichte der Astronomie dar.

Galilei baute eines der ersten astronomischen Teleskope und benutzte das damals beste derartige Instrument zur Beobachtung des Himmels mit einer nie da gewesenen Genauigkeit. Er entdeckte die vier größten Monde des Jupiters und schloss daraus, dass nicht alle Planetenkörper die Erde umkreisen. Er beobachtete als Erster die Phasen der Venus und wusste nun, dass sie die Sonne und nicht die Erde umkreist. Er bekam als Erster die Berge, Krater und Täler auf dem Mond zu Gesicht, sodass er keine vollkommene Himmelssphäre sein konnte. Galileis Beobachtungen und ihre Deutung in *Sidereus Nuncius* widersprachen dem geozentrischen Weltbild von Aristoteles und Ptolemäus und lieferten überzeugende Belege, wenn auch nicht den endgültigen Beweis, für Kopernikus' Weltbild mit der Sonne im Zentrum unseres Sternsystems. Für Galilei waren sie jedoch stichhaltig genug.

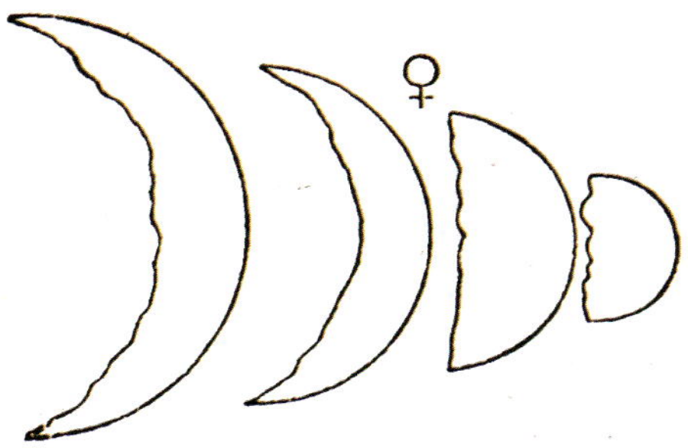

Er setzte seine Beobachtungen mit immer leistungsfähigeren Teleskopen fort, erkannte, dass man die Planeten im Gegensatz zu den Sternen als Scheiben sieht, und löste die Milchstraße zu einem dichten Haufen mit unzähligen Sternen auf. Dank der Teleskope entdeckten er und Zeitgenossen, die seine Arbeiten bestätigten und erweiterten, Sterne mit einer scheinbaren Helligkeit von 8 oder 9 – mehr als fünfzehnmal schwächer als mit bloßem Auge erkennbar.

Er hatte mächtige Gönner in der römisch-katholischen Kirche, die seine Entdeckungen zu Beginn unterstützte. Aber die Hinrichtung Giordano Brunos zeigte mit aller Deutlichkeit, dass die Kirche das kopernikanische Weltbild als Bedrohung ansah. Galilei verschonte man zwar, stellte ihn aber neun Jahre vor seinem Tod für den Rest seines Lebens unter Hausarrest.

SIEHE AUCH Scheinbare Helligkeit (um 150 v. Chr.), Kopernikus' himmlische Revolution (1543), Die Vielzahl der Welten (1600), Erste astronomische Teleskope (um 1608)

OBEN: *Venusphasen, Skizze von Galileo Galilei.* GEGENÜBER: *Einige von Galileis Skizzen von Kratern, Hügeln und anderen Merkmalen des Mondes aus dem Jahre 1610.*

Io

Galileo Galilei (1564–1642), **Simon Marius** (1573–1625)

Als Galileo Galilei am 7. Januar 1610 sein Teleskop zum ersten Mal auf den Jupiter richtete, entdeckte er dort »drei Fixsterne«, die man zuvor aufgrund ihrer Kleinheit nicht hatte sehen können. Sie befanden sich in unmittelbarer Nähe des Planeten (zwei auf einer, der dritte auf der anderen Seite), auf einer geraden Linie, die durch die Mitte der Jupiter-Scheibe führte. Man kann sich seine Verwunderung vorstellen, als er in der nächsten Nacht vier statt drei kleine Sterne auf derselben Linie erblickte und diese sich in den folgenden Wochen auch noch relativ zum Planeten bewegten. Es dauerte nicht lange, und er machte ein Muster aus: Die kleinen Himmelskörper umkreisten den Jupiter.

Galileo hatte vier neue Welten aufgespürt – die ersten bekannten Monde eines anderen Planeten. Als Entdecker gebührte ihm die Ehre der Namensgebung, der er gerne nachkam. In weiser Voraussicht nannte er die vier Jupitermonde nach seinem Gönner Cosimo II de' Medici *Sidera Medicea* (Mediceische Gestirne). Der deutsche Astronom Simon Marius, der sie vor Galileo beobachtet haben wollte und sie zu Ehren seines Markgrafen als *Sidera Brandenburgica* bezeichnete, schlug wenig später für die einzelnen Monde Namen aus der griechischen Mythologie im Zusammenhang mit Zeus (Jupiter) vor: Io, Europa, Ganymed und Kallisto. Galilei wies die Vorschläge seines Widersachers weit von sich und bezeichnete die heute zu seinen Ehren als Galileische Monde bekannten Trabanten als Jupiter I bis IV. Erst im 20. Jahrhundert setzten sich Marius' poetischere Namen durch.

Die Umlaufzeit von Io, dem innersten der vier großen Jupitermonde, beträgt etwa 42 Stunden. Sieben Raumsonden (*Pioneer 10* und *11*, *Voyager 1* und 2, *Galileo*, *Cassini-Huygens* und *New Horizons*) haben Io bisher aus der Nähe studiert. Mit seinem Durchmesser vom 3660 Kilometern ist er leicht größer als der Erdmond und mit einer Dichte von 3,5 Gramm pro Kubikzentimeter unerwartet »felsig«. Noch mehr überraschten jedoch die aktiven Vulkane, die für die Schicht aus roter, oranger und schwarzer Schwefel- und Silikatlava auf der jungen Mondoberfläche und die dünne Schwefeldioxidatmosphäre verantwortlich sind. Starke Gezeitenkräfte lassen die Eruptionen auf Io nicht abreißen, sodass der Jupitertrabant als vulkanisch aktivste Welt im Sonnensystem gilt.

SIEHE AUCH Europa (1610), Ganymed (1610), Kallisto (1610), Lichtgeschwindigkeit (1676), Aktive Vulkane auf Io (1979)

OBEN RECHTS: *Galileis Skizze der vier hellen Jupitermonde vom 8. Januar 1610. Der rote Pfeil markiert die Position von Io in dieser Nacht.* GEGENÜBER: *Der innerste Mond Io wurde erstmals 1996 von der NASA-Raumsonde* Galileo *mit den Wolken des Jupiters im Hintergrund fotografiert.*

1610

Europa

Galileo Galilei (1564–1642), **Giovanni Domenico Cassini** (1625–1712)

Ein weiterer kleiner Stern, den Galilei im Orbit des Jupiters entdeckte, hört auf den Namen »Europa«, benannt nach einer phönizischen Prinzessin und Geliebten des Zeus. Während er Io und Europa bei seiner ersten Jupiterbeobachtung am 7. Januar 1610 noch als einen einzigen »Stern« sah, hatten sie sich in der folgenden Nacht so weit bewegt, dass er sie auseinanderhalten konnte.

Europa ist der zweitinnerste Galileische Mond und benötigt für eine Umkreisung des Jupiters etwa dreieinhalb Tage. Dank fortlaufender Beobachtung konnte Galilei die Bewegungen von Io, Europa, Ganymed und Kallisto genau vorhersagen. Er schlug vor, die relativen Positionen und die Zeitpunkte der Jupitermondfinsternisse im Sinne einer natürlichen Himmelsuhr zur Bestimmung der geografischen Länge zu verwenden. Der italienisch-französische Astronom Giovanni Domenico Cassini befand 1681 seine Methode für richtig, die später unter anderem von den amerikanischen Entdeckern Lewis und Clark erfolgreich eingesetzt wurde.

Der Durchmesser Europas lässt sich aufgrund von Daten der Raumsonden, die das Jupiter-System besucht haben, auf 3140 Kilometer beziffern. Damit ist er der kleinste der vier Galileischen Monde, nicht ganz so groß wie der Erdmond. Die mittlere Dichte eines Planetenkörpers kann man bestimmen, indem man seine Masse (erkennbar aus der Veränderung der Bahn der vorbeifliegenden Raumsonde) durch sein Volumen (nach Fotos) teilt. Aus Europas Dichte von etwa drei Gramm pro Kubikzentimeter schließt man, dass der Trabant trotz eisiger Oberfläche überwiegend aus Fels besteht.

Diese Oberfläche erscheint außerordentlich glatt und jung (sehr wenige Einschlagkrater). Kreuz und quer durchzogen von rötlichen Rissen und Streifen, zerfällt sie in zahlreiche ungeordnete tektonische Platten, die sich bewegt zu haben scheinen. Aus der Nähe erinnert die Oberfläche an Meereis. In der Tat deuten mehrere Linien auf die Existenz eines Ozeans aus flüssigem Wasser unter der relativ dünnen Eiskruste hin. Mit diesem weiteren Ozean in unserem Sonnensystem, der durch Gezeitenenergie erwärmt und vor der schädlichen Strahlung des Jupiters geschützt wird, könnte Europa trotz eisiger Oberfläche Lebensraum bieten.

SIEHE AUCH Galileis Nachricht von neuen Sternen (1610), Io (1610), Ganymed (1610), Kallisto (1610), Ein Ozean auf Europa? (1979), *Europa Clipper* (um 2022)

OBEN RECHTS: *Galileis Skizze der vier hellen Jupitermonde vom 8. Januar 1610, der rote Pfeil markiert die Position von Europa in dieser Nacht.* GEGENÜBER: *Der kleinste der Galileischen Monde, Europa, Aufnahme der NASA-Raumsonde* Galileo, *1998.*

1610

Ganymed

Galileo Galilei (1564–1642), **Pierre-Simon Laplace** (1749–1827)

Der dritte Jupitermond, den Galilei 1610 entdeckte, ist nach einem trojanischen Prinzen, Mundschenk der Götter und Geliebten des Zeus und damit als einziger nach einer männlichen Gestalt benannt. Ganymed braucht etwas mehr als sieben Tage, um den Jupiter einmal zu umkreisen. Bei der genaueren Berechnung der Umlaufbahnen von Io, Europa und Ganymed stießen Galilei und andere Astronomen auf etwas sehr Interessantes: Während Ganymed den Jupiter einmal umkreist, tun es Europa genau zwei- und Io viermal – es liegt eine sogenannte Bahnresonanz vor.

Die Entdeckung der 4:2:1-Resonanzen der drei inneren Galileischen Monde spornte Mathematiker und Physiker dazu an, nach Gründen für deren Entstehung zu suchen. Da der französische Mathematiker und Astronom Pierre-Simon Laplace wesentlich zu ihrer Erklärung beitrug, werden solche Dreikörpersituationen als Laplace-Resonanzen bezeichnet. Bahnresonanzen, so fand man heraus, sind für Lücken im Haupt-Asteroidengürtel und in den Ringen des Saturns verantwortlich. Außerdem treten sie auch bei einigen neu entdeckten Exoplaneten auf.

Mehrere Sondenmissionen erkundeten Ganymed aus dem Orbit und stellten dabei fest, dass er mit 5270 Kilometern Durchmesser alle anderen Monde im bekannten Sonnensystem und den Planeten Merkur an Größe übertrifft. Aufgrund seiner Dichte von nur 1,9 Gramm pro Kubikzentimeter müsste Ganymed zu einem deutlich höheren Anteil aus Eis bestehen, als dies bei Io und Europa der Fall ist. Hellere Rillen und Grate mit mehr Eis, die auf tektonische Aktivitäten in der Vergangenheit hindeuten, scheinen jünger zu sein als die dunkleren, stärker verkraterten Teile seiner Oberfläche. Als einziger Mond im Sonnensystem besitzt er ein (schwaches) Magnetfeld und dürfte im Inneren aus Kruste, Mantel und einem geschmolzenen Eisenkern bestehen. Die magnetischen Messwerte, die salzigen Mineralien an der Oberfläche und die Spuren von Wassereruptionen in einigen Rillen und Graten weisen auf eine Schicht flüssigen Wassers im Inneren hin. Existiert womöglich auch auf Ganymed ein (unterirdischer) Ozean?

SIEHE AUCH Galileis Nachricht von neuen Sternen (1610), Io (1610), Europa (1610), Kallisto (1610), Saturnringe (1659), Die Lagrange-Punkte (1772), Kirkwoodlücken (1857), Ein Ozean auf Ganymed? (2000), *Jupiter Icy Moons Explorer* (2022)

OBEN RECHTS: *Galileis Skizze der vier hellen Jupitermonde vom 8. Januar 1610, der rote Pfeil markiert die Position von Ganymed in dieser Nacht.* GEGENÜBER: *Ganymed, der größte Mond im Sonnensystem, Fotomontage aus Bildern der Voyager 2, 1996. Die helleren Zonen sind Bereiche mit starker tektonischer Verformung.*

Kallisto

Galileo Galilei (1564–1642)

Auch der äußerste Galileische Mond Kallisto hat seinen Namen von einer Geliebten des Zeus. Wie die anderen drei großen Jupitertrabanten wurde auch er Anfang 1610 entdeckt, als Galilei sein astronomisches Teleskop erstmals auf den Gasriesen ausrichtete. Von den vieren am weitesten vom Jupiter entfernt, benötigt Kallisto fast 17 Tage für eine Umkreisung. Das könnte der Grund sein, dass sie nicht an der Bahnresonanz von Io, Europa und Ganymed teilnimmt.

Nach ihrer Entdeckung fehlte den Astronomen über 350 Jahre lang jede Möglichkeit, etwas Neues über Kallisto und die anderen Galileischen Monde herauszufinden. Erst in den 1960er-Jahren gelang durch Kombination von Teleskop und Spektroskopie die Bestimmung ihrer Oberflächenbeschaffenheit. Die Oberflächen von Kallisto, Ganymed und Europa bestehen zu einem guten Teil aus Eis, während Io als trocken gilt, mit Farben und Spektren, die auf eine hohe Schwefelkonzentration verweisen. Spektroskopische Untersuchungen neuerer Weltraummissionen wiesen auf Kallisto und Ganymed außerdem Kohlendioxid- und Schwefeldioxid-Eis sowie auf allen drei Eismonden hydratisierte Sulfatsalze nach.

Dank dieser Missionen konnten weitere Eigenschaften Kallistos bestimmt werden. Sie hat einen Durchmesser von 4820 Kilometern (25 Prozent mehr als unser Mond), ihre Dichte von 1,8 Gramm pro Kubikzentimeter weist auf Eis mit wenig Gestein hin. Außerdem konnte nun die Oberfläche kartiert werden. Kallisto ist der am stärksten verkraterte der vier Galileischen Monde, mit riesigen Einschlagbecken vom Großen Bombardement im frühen Sonnensystem. Das deutet darauf hin, dass Kallisto von den vier Galileischen Monden die geringste innere Aktivität aufweist und seine Oberfläche deutlich weniger Umwälzungen erlebte. Und doch weisen Daten aus der NASA-Jupitersonde *Galileo* auf eine Schicht aus flüssigem Wasser, eine Art Ozean, tief unter der vernarbten, eisigen Kruste hin. Kallisto unterliegt jedoch nicht der Gezeitenbeugung und -erwärmung, die die anderen Monde durch ihre resonante Orbitalwechselwirkung und die Nähe zum Jupiter erfahren. Deshalb bleibt die Wärmequelle, die Kallistos möglichen unterirdischen Ozean flüssig hält, ein Rätsel.

SIEHE AUCH Die Geburt des Mondes (vor 4,1 Mrd. Jahren), Erste astronomische Teleskope (um 1608), Io (1610), Europa (1610), Ganymed (1610), Die Geburt der Spektroskopie (1814), Ein Ozean auf Europa? (1979), *Galileo* im Orbit des Jupiters (1995), Ein Ozean auf Ganymed? (2000)

OBEN RECHTS: *Galileis Skizze der vier hellen Jupitermonde vom 8. Januar 1610, der rote Pfeil markiert die Position von Ganymed in dieser Nacht.* GEGENÜBER: *Die stark verkratzte Oberfläche von Jupiters viertem Galileischen Mond Kallisto, Aufnahme der NASA-Raumsonde* Galileo*, 2001.*

1610

Die »Entdeckung« des Orionnebels

Nicolas-Claude Fabri de Peiresc (1580–1637), **Christiaan Huygens** (1629–1695), **Charles Messier** (1730–1817)

Die zahllosen Atome und Moleküle im Universum verbinden sich hin und wieder zu wundersamen Gas-, Staub- und Gesteinsformen. Astronomen suchen beim Katalogisieren des Universums unter anderem nach Orten, an denen die Hitze und der Druck von Gasen und Staub so groß sind, dass sie im Dunkeln leuchten. Diese verdichteten, faserartigen Überreste toter und sterbender Sterne bezeichnet man als interstellare Wolken.

Bei ihrer Explosion in einer Nova oder Supernova stoßen Sterne ihre äußeren Schichten aus Wasserstoff, Helium und weiteren Stoffen in den Weltraum ab. Die Zufuhr von Energie nahe gelegener Sterne oder die Sternexplosion ionisiert diese Überreste zu einem beträchtlichen Teil. Und diese ionisierten Gase in interstellaren Wolken können von Astronomen mit Spektrometern und großen Teleskopen beobachtet und beschrieben werden, denn sie emittieren Licht und Wärme.

Die wohl berühmteste interstellare Wolke, den Orionnebel, kann man mit bloßem Auge südlich der drei Sterne des Oriongürtels als Lichtfleck am Himmel erkennen. Archäologische Hinweise legen nahe, dass schon Maya-Astronomen den Nebel bemerkt hatten. Als Entdecker gilt jedoch der französische Astronom Nicolas-Claude Fabri de Peiresc, der ihn erstmals 1610 als leuchtendes »Wölkchen« inmitten des Sternbilds des Orion beobachtete, aber nicht klar beschrieb. 1656 und 1769 »entdeckten« Christiaan Huygens beziehungsweise Charles Messier den Orionnebel erneut.

Inzwischen hat sich herausgestellt, dass der Orionnebel mit einer Entfernung von »nur« 1340 Lichtjahren zur Erde die nächstgelegene interstellare Wolke ist. Von überraschend komplexer Zusammensetzung, enthält er Wasserstoff, Kohlenmonoxid, Wasser, Ammoniak, Formaldehyd und einfache Vorläufer von Aminosäuren.

Interstellare Wolken gelten als Geburtsstätten neuer Sterne, denn Gas und Staub sammeln sich allmählich an, und ihre Schwerkraft lässt sie kollabieren. Vermutlich ist auch unser eigenes Sonnensystem wie der Orionnebel aus der Vorgängergeneration lokaler Sterne in Form einer riesigen interstellaren Molekülwolke aus Gas und Staub, dem Sonnennebel, entstanden – wie auch viele benachbarte Planetensysteme.

SIEHE AUCH Sonnennebel (vor 5 Mrd. Jahren), Die Sichtung des Andromedanebels (um 964), Beobachtungen eines »Tagessterns« (1054), Brahes Nova (1572), Die Geburt der Spektroskopie (1814)

Ausschnitt aus einer interstellaren Molekülwolke, dem Orionnebel, Fotomontage aus Aufnahmen des Hubble-Weltraumteleskops. Die Ausdehnung des Nebels beträgt 24 Lichtjahre, und er könnte die zweitausendfache Sonnenmasse enthalten – genug Gas und Staub für die Entstehung von tausend Sternen.

1619

Drei Gesetze der Planetenbewegung

Johannes Kepler (1571–1630)

Heutige Astronomen sind meist entweder Beobachter, die Daten von Teleskopen oder Weltraummissionen sammeln und systematisieren, oder Theoretiker, die Modelle oder Theorien zur Erklärung der gewonnenen Daten ausarbeiten. Von der Antike bis zum Mittelalter jedoch waren die meisten Astronomen (und Astrologen) Beobachter, die sich auch in Theoriebildung versuchten. Die theoretische Astronomie gehörte als Teilbereich zur – weit umfangreicheren – Philosophie.

Der deutsche Renaissance-Mathematiker, Astrologe und Astronom Johannes Kepler führte einen Paradigmenwechsel herbei und wurde so zum wohl ersten theoretischen Astrophysiker der Welt. Mit fremden Daten, insbesondere von Tycho Brahe und Galilei, versuchte er ein einheitliches Modell des Kosmos auszuarbeiten. Als frommer Mann glaubte Kepler, Gott habe das Universum nach einem eleganten geometrischen Entwurf geschaffen, der sich durch sorgfältige Beobachtung aufdecken und begründen ließ.

Kepler war ein Anhänger von Kopernikus' heliozentrischem Weltbild mit der Sonne im Zentrum unseres Planetensystems und hielt dieses für absolut vereinbar mit den biblischen Schriften. In seinem ersten Buch *Astronomia Nova: Neue ursächlich begründete Astronomie* (1609) beschrieb er die Umlaufbahnen des Mars und der anderen bekannten Planeten als elliptisch und nicht kreisförmig (erstes Kepler'sches Gesetz) und stellte die These auf, dass die Planeten während der Sonnenumkreisung die Geschwindigkeit so ändern, dass der Fahrstrahl Planet–Sonne in gleicher Zeit die gleiche Fläche überstreicht (zweites Gesetz). In seinem Hauptwerk *Harmonices Mundi* (*Harmonien der Welt*) von 1619 zeigte er auf, dass die Umlaufzeit eines Planeten im Quadrat sich proportional zu seiner durchschnittlichen Entfernung von der Sonne verhält ($P^2 \propto a^3$, drittes Gesetz). So fand Kepler schließlich die ersehnte Harmonie zwischen den Welten.

Die Kepler'schen Gesetze wurden lange mit Skepsis betrachtet, bis sich ihre genauen zeitlichen Vorhersagen zu Finsternissen und Planetentransiten als richtig erwiesen und Isaac Newton 1687 feststellte, dass Kepler die Wirkung eines universellen Gravitationsgesetzes in der Natur entdeckt hatte.

SIEHE AUCH Kopernikus' himmlische Revolution (1543), Brahes Nova (1572), Galileis Nachricht von neuen Sternen (1610), Newtons Gesetze (1687)

OBEN: *Porträt von Kepler, unbekannter Künstler, 1610.* GEGENÜBER: *Illustration aus Johannes Keplers Buch* Mysterium Cosmographicum *(1596), die erkennen lässt, wie er nach göttlicher Vollkommenheit in den Umlaufbahnen der bekannten Planeten suchte, indem er sie mit den Formen der vollkommenen Körper (Würfel, Tetraeder bzw. Pyramide, Oktaeder, Ikosaeder und Dodekaeder) verglich.*

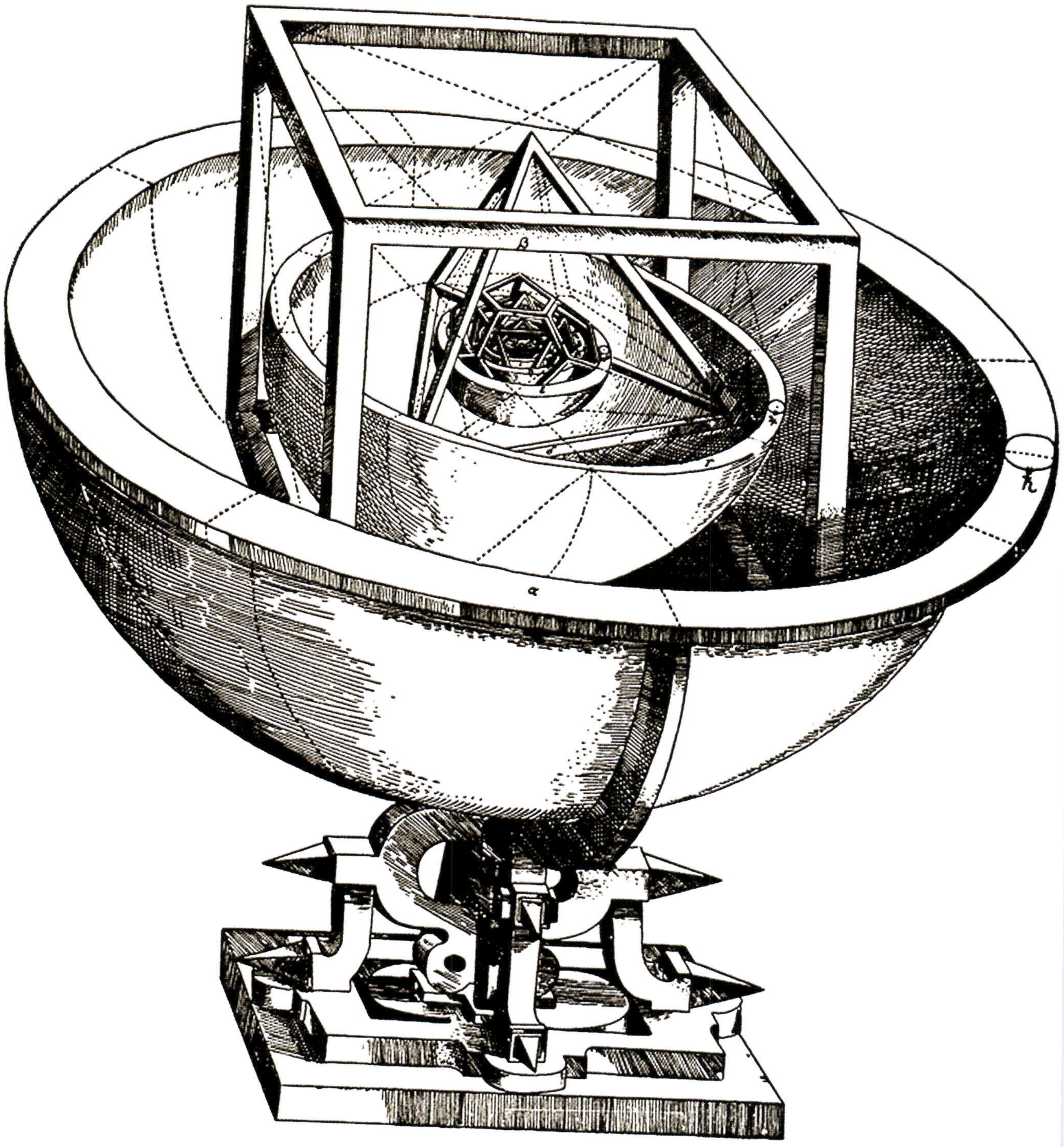

1639

Venustransite

Avicenna (Abū ʻAlī ibn Sīnā) (um 980–1037), **Johannes Kepler** (1571–1630), **Jeremiah Horrocks** (1618–1641)

Als Transit (auch Durchgang oder Passage) bezeichnen Astronomen ein Ereignis, bei dem der Beobachter einen Himmelskörper vor einem anderen vorbeiziehen sieht. So ist eine Sonnenfinsternis nichts anderes als die Passage des Mondes vor der Sonnenscheibe. Mithilfe der Durchgänge der Galileischen Monde vor der Scheibe des Jupiters verfeinerten Galilei und andere Astronomen ihre Vorhersagen zu deren Umlaufbahnen und berechneten den Längengrad, an dem sich der Beobachter auf der Erde befand.

Johannes Kepler erkannte, dass die Venus für uns hin und wieder vor der Sonne durchzieht. Würde man den Transit von verschiedenen Orten auf der Erde aus beobachten, so könnte man die Entfernung zwischen Erde und Sonne (bekannt als Astronomische Einheit) mithilfe von Parallaxe und Trigonometrie bestimmen. Aristarchos, Ptolemäus und arabische Astronomen schätzten die AE auf etwa die zwanzigfache Entfernung zum Mond (acht Millionen Kilometer). Venustransite treten infolge der gegenüber der Erdbahn um einige Grad geneigten Venusbahn in 234 Jahren nur viermal auf.

Der persische Astronom Avicenna beobachtete 1032 einen Venustransit. Kepler sagte einen Durchgang für 1631 und einen Beinahezusammenstoß für 1639 voraus. Das Ereignis von 1631 war von Europa aus nicht sichtbar, aber der englische Astronom Jeremiah Horrocks verwendete überarbeitete Berechnungen, um den Venustransit vom 4. Dezember 1639 vorherzusagen und erfolgreich aufzuzeichnen. Aufgrund seiner Daten schätzte er die AE auf etwa 96 Millionen Kilometer. Auch wenn seine Berechnung um 35 Prozent unter dem tatsächlichen Wert von beinahe 150 Millionen Kilometern lag, »vergrößerte« Horrocks das Sonnensystem um das Zweihundertfünfzigfache.

Im Rahmen einer weltweiten Kampagne zur Beobachtung des Venustransits, die eine genauere Schätzung der AE ermöglichte, segelte James Cook 1769 nach Tahiti. Und am 8. Juni 2004 sowie am 5. Juni 2012 beobachtete ein Millionenpublikum zwei kürzliche Venustransite der Sonne – der nächste findet erst 2117 statt. Die Mars-Rover der NASA beobachteten Transite der Marsmonde Phobos und Deimos von der Oberfläche aus, und Planetenjäger entdeckten Durchgänge in anderen Sonnensystemen mithilfe von bodengebundenen Teleskopen und Satelliten wie dem Kepler-Weltraumteleskop.

SIEHE AUCH Die Astronomie der Maya (um 1000), Galileis Nachricht von neuen Sternen (1610), Drei Gesetze der Planetenbewegung (1619), Lichtgeschwindigkeit (1676), Deimos (1877), Phobos (1877), Erste Exoplaneten (1992), *Kepler* sucht nach Exoplaneten (2009)

Bildsequenz des Solar Dynamics Observatory, *die den Venustransit vom 5. bis 6. Juni 2012 zeigt. Der schwache Ring um den Planeten geht auf die Streuung des Sonnenlichts durch die Venusatmosphäre zurück.*

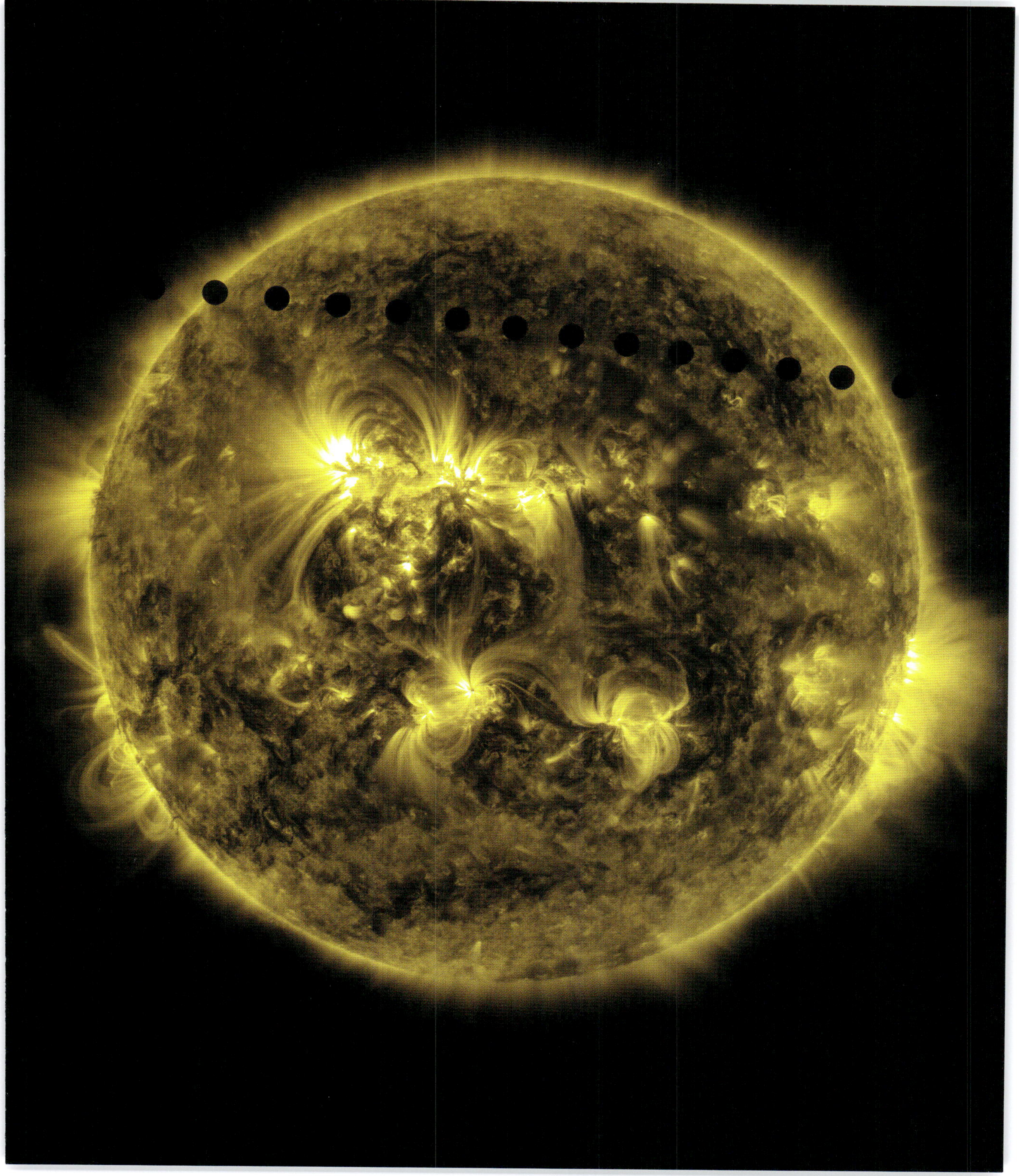

1650

Das Sechsgestirn von Mizar-Alkor

Giovanni Riccioli (1598–1671)

Die Sternkataloge von Hipparch, Ptolemäus und Azophi enthielten viele, scheinbar sehr nahe beieinanderliegende helle Sterne. Zu den bekanntesten gehört das helle bläuliche Sternenpaar am Knick der Deichsel des Großen Wagens. Von den arabischen Astronomen Mizar und Alkor genannt, wird es traditionell als »Pferd und Reiter« gedeutet. Das Paar gehört zu den sogenannten Augenprüfern, denn bei guter Sehkraft kann man die beiden Lichter mit einem Winkelabstand von 0,19 Grad auseinanderhalten.

Den Astronomen fehlten lange die technischen Möglichkeiten, um festzustellen, ob Sternenpaare wirklich ein Mehrfachsystem bilden, denn erst mit dem Aufkommen des Teleskops konnte man zufälliges Beieinandersein ausschließen. Offenbar entdeckte Galilei, dass es sich bei Mizar um einen Doppelstern handelte. Mizar B befindet sich in nur 14 Bogensekunden (1 Grad = 3600 Sekunden) Entfernung und ist deshalb, da lichtschwach, mit bloßem Auge nicht als eigener Stern zu erkennen. Galilei machte seine Entdeckung jedoch nicht öffentlich. Ein Grund hierfür könnte gewesen sein, dass die Parallaxenverschiebungen der beiden Sterne nicht der kopernikanischen, heliozentrischen Theorie entsprachen (die Astronomen verorteten die Sterne damals noch deutlich näher bei der Erde). Deshalb wird heute nicht selten Giovanni Riccioli, der seine Daten zu Mizar A und B 1650 veröffentlichte, als »Entdecker« des ersten bekannten Doppelsterns angeführt.

Aber das Mizar-System hielt noch weitere Überraschungen bereit: 1889 entdeckten Astronomen durch die Analyse des gemeinsamen Spektrums, dass Mizar A mit einem weiteren Begleiter einen spektroskopischen Doppelstern bildet. 1908 fand man heraus, dass auch Mizar B Teil eines spektroskopischen Doppelsterns ist. Somit besteht das Mizar-System aus zwei Doppelsternen. 2009 wurde vorgeschlagen, dass auch Mizar und Alkor ein Mehrfachsystem bilden, und später entdeckte man deutliche Hinweise auf eine gravitative Bindung der beiden Sterne. Das postulierte Mizar-Alkor-System besteht somit aus sechs einander umkreisenden Sternen. Das mag für uns im Ein-Stern-System der Sonne erstaunlich klingen, aber nach Schätzungen gehören etwa 60 Prozent aller Sterne in unserer Galaxie Mehrfachsystemen an.

SIEHE AUCH Scheinbare Helligkeit (um 150 v. Chr.), Ptolemäus und sein *Almagest* (um 150), Die Sichtung des Andromedanebels (um 964), Kopernikus' himmlische Revolution (1543), Galileis Nachricht von neuen Sternen (1610)

OBEN: *Der Doppelstern Mizar (heller) und Alkor am Knick der Deichsel des Großen Wagens.* GEGENÜBER: *In der Science-Fiction sind doppelte Sonnenuntergänge auf Planeten mit einem Zwillingssonnenpaar, wie hier auf Tatooine aus dem Film* Star Wars: Episode IV – Eine neue Hoffnung, *längst keine Seltenheit mehr.*

1655

Titan

Christiaan Huygens (1629–1695)

Als Galileo Galilei in seiner Schrift *Sidereus Nuntius* 1610 die Entdeckung von vier Jupitermonden, der Venusphasen und von Bergen und Tälern auf dem Mond publik machte, löste er damit einen »Weltraumwettlauf« unter den Astronomen des 17. Jahrhunderts aus. Wenn solche Entdeckungen mit Galileis relativ einfachem Fernrohr möglich waren, welche neuen Wunder würden dann erst die größeren Teleskope aufdecken, mit denen man schon bald den Himmel erkundete?

Da der Saturn die Sonne in beinahe doppelter Entfernung umkreist, ist dort das Sonnenlicht mehr als dreimal weniger intensiv als auf dem Jupiter. Daher überrascht es kaum, dass die Teleskope erst 1655 empfindlich genug waren, um das schwache Sonnenlicht zu erkennen, das ein Mond im Orbit des Saturns reflektierte. Als Entdecker ging der niederländische Astronom Christiaan Huygens in die Geschichte ein. Er nannte den Neumond *Saturni Luna*, zu Deutsch »Saturnmond«. 1847 erhielt er wie die anderen sechs damals bekannten Trabanten des Saturns einen Namen aus der griechischen Mythologie: Titan.

Die Erkundung des Titans aus dem Orbit durch die Raumsonden *Voyager 1* und 2 sowie *Cassini-Huygens* förderte Bemerkenswertes zutage. Titan ist mit 5152 Kilometern Durchmesser der zweitgrößte Mond im Sonnensystem – größer als der Merkur. Seine Dichte von 1,9 Gramm pro Kubikzentimeter verweist auf Eis und Fels. Er ist der einzige Mond mit einer dichten Atmosphäre, die unten fast ausschließlich aus Stickstoff und in den oberen Bereichen zu gut der Hälfte aus Methan besteht. Die Oberfläche schützt sie vor Blicken. Aufgrund der Temperatur von 90 Kelvin (–183 °C) und des im Vergleich zur Erde etwa anderthalbfachen Oberflächendrucks dürften Kohlenwasserstoffe, die durch die Sonneneinstrahlung in der Atmosphäre entstehen, in flüssiger Form vorliegen. Das Radar des Orbiters *Cassini* entdeckte denn auch Flüsse und Seen aus flüssigem Ethan oder Propan auf dem Mond.

Auf Titan herrscht eine sauerstofflose organische Chemie vor. Astrobiologen können anhand von Daten zu diesem Saturnmond Thesen zu den Verhältnissen auf der Erde aufstellen, bevor das Leben unsere Atmosphäre mit Sauerstoff anreicherte. Ende 2004 koppelte *Huygens* von *Cassini* ab und landete 2005 als erste Raumsonde auf einem Mond einer anderen Welt.

SIEHE AUCH Erste astronomische Teleskope (um 1608), Galileis Nachricht von neuen Sternen (1610), *Huygens* auf Titan (2005)

Die dunstige Scheibe des Titans in natürlichen Farben, Aufnahme der NASA-Raumsonde Cassini, *2009. In der Ferne hinter dem Titan ist der Eismond Tethys zu sehen.*

1659

Saturnringe

Christiaan Huygens (1629–1695), **Giovanni Domenico Cassini** (1625–1712), **James Clerk Maxwell** (1831–1879)

Zu den Wundern, die Galileo Galilei 1610 als Erster zu Gesicht bekam, gehörte auch der Saturn. Durch sein einfaches astronomisches Teleskop sah er den Planeten als runde Scheibe mit zwei hellen Flecken zu beiden Seiten. Diese von ihm als »Henkel« bezeichneten Merkmale, die über die Jahre kamen und gingen, blieben Galilei bis an sein Lebensende ein Rätsel.

1659 richtete der niederländische Astronom Christiaan Huygens sein leistungsfähigeres Teleskop auf den Saturn und erkannte als Erster in den »Henkeln« eine Scheibe, einen »dünnen, flachen Ring«, der den Saturn umgibt. 1675 entdeckte der Mathematiker und Astronom Giovanni Domenico Cassini eine dunkle, heute als Cassini-Teilung bekannte Lücke in den Ringen und schlug vor, dass der Saturn nicht nur einen, sondern viele schmale Ringe besitzt. Lange betrachteten Wissenschaftler die Ringe als feste Scheiben, bis der schottische Physiker James Clerk Maxwell postulierte, sie müssten aus unzähligen Einzelpartikeln bestehen, weil Gravitations- und Zentripetalkräfte feste Ringe zerreißen würden.

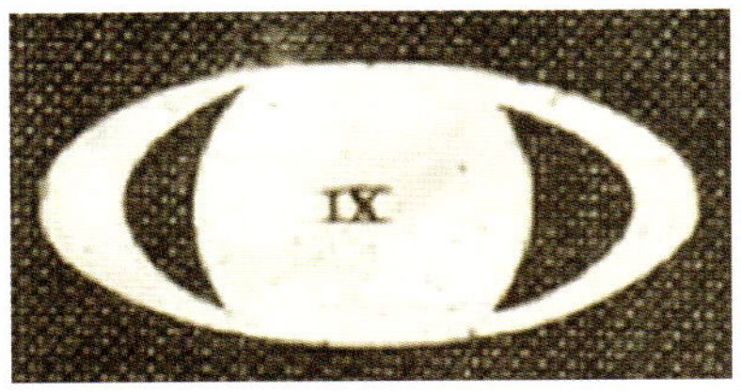

Maxwells Hypothese wurde in den 1980er-Jahren durch die Missionen der Raumsonden *Voyager 1* und 2 bestätigt, die an den Saturnringen vorbei- und durch sie hindurchflogen. Wie später *Cassini* identifizierten sie eine komplizierte Struktur aus Tausenden von Einzelringen. Sie bestehen aus staub- bis hausgroßen »Partikeln« aus nahezu reinem Eis mit Verunreinigungen aus Silikatstaub und möglicherweise einigen einfachen organischen Molekülen. Die Breite der Hauptringe beträgt etwa 280 000 Kilometer, ihre Dicke weniger als 100 Meter. Die »Lücken« sind Bereiche, in denen die Zahl der Ringteilchen durch Gravitationswechselwirkungen mit den kleinen Monden im Ringsystem stark dezimiert wurde. Planetenforscher diskutieren noch immer über Ursprung und Alter der Saturnringe. Sind sie ursprünglich oder eher »jung«, vielleicht erst vor wenigen Hundert Millionen Jahren beim Auseinanderbrechen eines sich zu sehr annähernden Eismondes entstanden?

SIEHE AUCH Saturn (vor 4,5 Mrd. Jahren), Erste astronomische Teleskope (um 1608), Galileis Nachricht von neuen Sternen (1610), Ganymed (1610), Kirkwoodlücken (1857), Die *Voyager*-Sonden erreichen den Saturn (1980, 1981), *Cassini* erforscht den Saturn (2004–2017)

OBEN: *Eine Zeichnung des Saturns und seiner Ringe aus Christiaan Huygens'* Systema Saturnia *von 1659.*
GEGENÜBER: *Fotos des Hubble-Weltraumteleskops aus den Jahren 1996 (unten) bis 2000 (oben). Der Blickwinkel veränderte sich dabei von einem beinahe geraden auf die Ringe des Planeten zu einem von unten.*

1665

Der Große Rote Fleck

Robert Hooke (1635–1703), **Giovanni Domenico Cassini** (1625–1712)

Als Robert Hooke und Giovanni Domenico Cassini im 17. Jahrhundert ihre astronomischen Fernrohre auf den Planeten Jupiter richteten, entdeckten sie auf der Südhalbkugel einen ovalen rötlichen Fleck. Sie ahnten nicht, dass sie ein gewaltiges Sturmsystem beobachteten, das mehr als doppelt so groß wie die Erde ist und sich noch für Jahrhunderte im Kreis drehen würde.

Moderne Teleskope und Weltraummissionen haben Astronomen und Planetenforschern eine detaillierte Untersuchung des Großen Roten Flecks ermöglicht. Atmosphärenforscher identifizierten ihn als atmosphärischen Wirbel, der sich gegen den Uhrzeigersinn dreht, und konnten aufgrund von Zeitrafferaufnahmen die Zeit für eine Umdrehung mit etwa sechs Erdtagen (14 Jupitertagen) bestimmen. Am Rand der Sturmzone, wo Wechselwirkungen mit anderen Gürteln und Zonen der Jupiteratmosphäre zu erwarten sind, erreichen die Windgeschwindigkeiten Spitzenwerte von etwa 430 Stundenkilometern.

Da seine Wolken diejenigen der umliegenden Atmosphäre um etwa zehn Kilometer übersteigen, herrschen im Großen Roten Fleck niedrigere Temperaturen. Wer diesen Teil der Jupiteratmosphäre durchflöge, würde eine riesige, langsam rotierende Gewitterwolke über dem Dunst aufsteigen sehen. Starke Jetstream-Winde nördlich und südlich des Großen Roten Flecks halten den Sturm offenbar mit ihrer Energie in denselben Breiten. Zwar hat die Größe des Flecks in den letzten Jahrzehnten leicht abgenommen, aber niemand kann mit Sicherheit sagen, wie lange er noch wüten wird.

Ein Rätsel bleibt die Farbe des Großen Roten Flecks. Nach gängigen Hypothesen wird sie durch atmosphärische Gase oder Aerosole verursacht, die Schwefel, Phosphor oder organische Moleküle enthalten. Astronomen beobachteten in den letzten Jahrzehnten eine Veränderung von rötlich und bräunlich über gelblich bis hin zu weißlich. Sowohl die Farbe des Großen Roten Flecks als auch diejenige anderer schöner atmosphärischer Muster des Jupiters sind Gegenstand aktiver planetarischer Forschung. Das noch immer ungelüftete Geheimnis von Herkunft und Zukunft des Flecks verstärkt nur die Faszination seiner bunten, wirbelnden Wolken, die einem Gemälde von Van Gogh zu entstammen scheinen.

SIEHE AUCH Jupiter (vor 4,5 Mrd. Jahren), Erste astronomische Teleskope (um 1608), Galileis Nachricht von neuen Sternen (1610), *Pioneer 10* erreicht den Jupiter (1973), *Galileo* im Orbit des Jupiters (1995)

Der Große Rote Fleck auf dem Jupiter, Falschfarbenaufnahme der NASA-Raumsonde Juno vom 10. Juli 2017. Der Fleck ist ein riesiges Hochdrucksturmsystem mit Windgeschwindigkeiten, die über 400 Stundenkilometer erreichen.

1665

Kugelsternhaufen

Johann Ihle (um 1627–1699)

Sterne entstehen aus dem gravitativen Kollaps riesiger Gaswolken, aufgrund deren Größe sowohl in einzelnen Wolken als auch in Ansammlungen oft in großer Zahl. Sie vereinigen sich zu Mehrfachsystemen und häufen sich in Gebieten mit verstärkter Sternbildung wie Spiralgalaxiearmen. Insbesondere im frühen Universum scheinen einige interstellare Wolken so groß gewesen zu sein, dass Hunderttausende Sterne entstanden. Sie konnten durch Gravitationswechselwirkungen zu einer kugelförmigen Ansammlung zusammengezogen werden, deren Sterne um einen gemeinsamen Schwerpunkt (nicht selten ein schwarzes Loch) kreisen – zu einem Kugelsternhaufen.

Als Erster vermeldete der deutsche Postbeamte und Amateurastronom Johann Ihle 1665 die Beobachtung eines Kugelhaufens. Ihle hatte mit seinem Fernrohr einen dichten Sternhaufen entdeckt: M22 (nach dem Katalog von Charles Messier) im Sternbild Schütze. Ihle und andere Astronomen des 17. Jahrhunderts deckten mit ihren astronomischen Fernrohren die wahre Natur von M22, der mit der scheinbaren Helligkeit 5 mit bloßem Auge nur als schwacher Fleck zu erkennen ist, als Licht eines Schwarmes mit unzähligen, eng beieinanderliegenden Sternen auf.

Mehr als 150 solcher heller Kugelsternhaufen, die das Zentrum der Milchstraße im halbkugelförmigen Halo aus Sternen und Sternhaufen umkreisen, wurden seither entdeckt. Sie sind älter als die typischen Sterne in der galaktischen Scheibe. Auch in anderen Sternsystemen entdeckte man Halos mit Kugelhaufen, die offenbar ein wichtiges Frühstadium der Galaxiebildung darstellen. Die Ränder mancher Kugelsternhaufen befinden sich in so großer Entfernung vom Zentrum der Galaxie, dass Astronomen vermuten, Galaxien könnten Sternhaufen austauschen, wenn sie aneinander vorbeiziehen oder gravitativ interagieren.

Sterne in Kugelhaufen interagieren viel häufiger mit ihren Nachbarn als Sterne im »normalen« Weltraum. Deshalb halten Astronomen Kugelhaufen nicht für geeignet, um dort nach bewohnbaren Planeten zu suchen. Diese uralten Sternenschwärme geben uns jedoch noch viele Rätsel auf.

SIEHE AUCH Erste Sterne (vor 13,5 Mrd. Jahren), Die Milchstraße (vor 13,3 Mrd. Jahren), Sonnennebel (vor 5 Mrd. Jahren), Scheinbare Helligkeit (um 150 v. Chr.)

Kugelsternhaufen NGC 6093 oder M80, Aufnahme des Hubble-Weltraumteleskops. Der Sternhaufen in etwa 28 000 Lichtjahren Entfernung enthält Hunderttausende von Sternen, die alle durch ihre gegenseitige Anziehungskraft miteinander verbunden sind.

1671–1672

Iapetus und Rhea

Giovanni Domenico Cassini (1625–1712)

Die Entdeckung von Jupitermonden 1610 und eines Saturnmondes 1655 löste bei den Astronomen im ausgehenden 17. Jahrhundert eine wahre Mondjagd aus. Der sechste und siebte neue Mond im Sonnensystem, die nach dem griechischen Titan Iapetos und seiner Schwester Rhea benannt wurden, entdeckte 1671 bzw. 1672 der italienisch-französische Mathematiker und Astronom Giovanni Domenico Cassini. Merkwürdigerweise konnte er Iapetus nur im Westen des Saturns sehen, denn er schien auf seinem Weg nach Osten zu verschwinden. Erst 1705 beobachtete er den Mond auch auf der anderen Seite – mehr als sechsmal dunkler.

Nicht nur Cassini nahm an, dass Iapetus wie unser Mond zu den gebundenen Himmelskörpern gehört. Bei der gebundenen Rotation ist stets dieselbe Seite dem Planeten zugewandt. Deshalb befindet sich die Hälfte in Bewegungsrichtung immer im Dunkeln, während die Hinterseite beleuchtet ist. Das Erspähen von Rhea fiel nicht leicht: Sie umkreist den Saturn in halber Entfernung des Titans. Ihre Entdeckung in so großer Nähe zum grellen Schein der Saturnscheibe verweist auf Cassinis Beobachterfähigkeiten und die Verbesserung der optischen Geräte im ausgehenden 17. Jahrhundert.

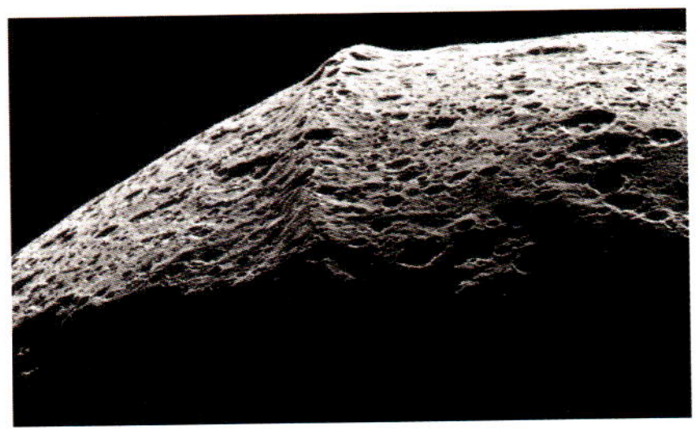

Die Existenz von zwei Oberflächenregionen mit unterschiedlicher Farbe bestätigten in den 1980er-Jahren im Vorbeiflug die *Voyager*-Raumsonden, die außerdem eine auf Eis verweisende Dichte von etwa 1,1 Gramm pro Kubikzentimeter maßen. Ausführlichere Untersuchungen im Rahmen der *Cassini*-Mission haben ergeben, dass Iapetus eine alte, stark verkraterte Oberfläche und einen äquatorialen Grat aufweist, der dem Mond seine walnussartige Form verleiht. Die *Voyager*-Sonden übermittelten auch Bilder von Rhea, die sie als sehr hellen Eismond mit einem Reflexionsgrad von mehr als 50 Prozent und stark verkratert zeigten.

Als Verursacher der zweifarbigen Oberfläche kommt der Nachbarmond Phoebe, die Partikelquelle des nach ihm benannten größten Saturnrings, infrage: Die Vorderseite des Iapetus könnte sich einst beim Passieren des Phoebe-Rings verdunkelt haben.

SIEHE AUCH Io (1610), Europa (1610), Ganymed (1610), Kallisto (1610), Titan (1665), Phoebe (1899)

OBEN: *Ein etwa 20 Kilometer hoher Grat unbekannter Herkunft verläuft beinahe rund um den Äquator des Iapetus.* GEGENÜBER OBEN: *Naturfarbenbild der Grenze zwischen hellem und dunklem Material in der Nordpolarregion des Iapetus, Aufnahme der NASA-Raumsonde* Cassini, *Dezember 2004.* GEGENÜBER UNTEN: *Rhea vor den Saturnringen,* Cassini, *März 2010.*

1676

Lichtgeschwindigkeit

Ole Christensen Røemer (1644–1710), **Christiaan Huygens** (1629–1695)

Über die Natur des Lichts wurde jahrtausendelang diskutiert. Die griechischen Philosophen Aristoteles, Euklid und Ptolemäus vertraten die Ansicht, das Licht werde von den Augen ausgestrahlt. Da wir entfernte Objekte wie Sterne sofort wahrnehmen, kaum öffnen wir die Augen, glaubten sie, das Licht reise mit unendlicher Geschwindigkeit. Im 11. Jahrhundert schlugen unter anderem der arabische Naturwissenschaftler al-Haitham und der persische Universalgelehrte al-Bīrūnī auf der Grundlage früher optischer Experimente vor, die Lichtgeschwindigkeit müsse endlich sein. Die Debatte setzte sich noch im 17. Jahrhundert fort, wobei Kepler eine unendliche und Galileo eine endliche Geschwindigkeit postulierte. Eine überprüfbare Messung musste her.

Die erste brauchbare Schätzung der Lichtgeschwindigkeit geht auf Forschungen des dänischen Astronomen Ole Christensen Røemer zurück, der Galileis Idee von den Jupitermonden als astronomische Uhren statt zur Bestimmung des Längengrads für die Messung der Lichtzeit (der Zeit, die das Licht bis zur Erde braucht) verwendete. Er beobachtete Hunderte von Finsternissen des Mondes Io und notierte sich die Zeiten seines Eintauchens in den Schatten des Jupiters und des Wiederauftauchens genau. So fand er heraus, dass die vorhergesagten Zeiten der Finsternisse in systematischer Weise von den beobachteten abwichen: Sie traten etwa elf Minuten früher ein, wenn die Erde dem Jupiter am nächsten war, und elf Minuten später bei maximaler Distanz zwischen den beiden Planeten. Diesen Unterschied führte Røemer auf die Endlichkeit der Lichtgeschwindigkeit zurück. Sein niederländischer Kollege Christiaan Huygens errechnete mithilfe von Røemers Daten eine Lichtgeschwindigkeit von 220 000 Kilometern pro Sekunde, für die später auf der Grundlage genauerer Messungen der Lichtaberration sowie des gegen Ende des 19. Jahrhunderts durchgeführten Michelson-Morely-Experiments ein um 35 Prozent höherer Wert ermittelt wurde.

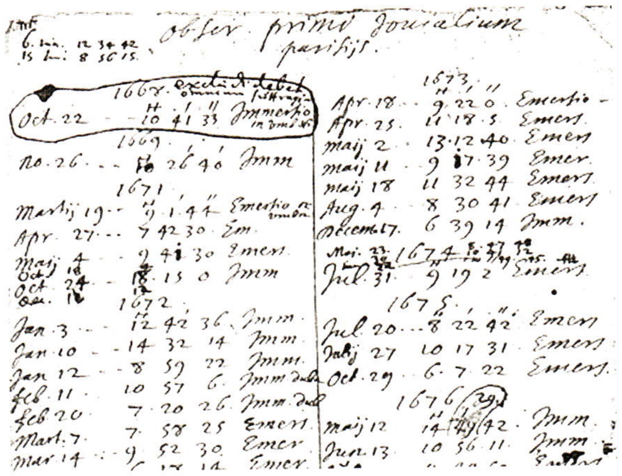

SIEHE AUCH Galileis Nachricht von neuen Sternen (1610), Das Ende des Äthers (1887)

OBEN: *Seiten aus Ole Røemers Beobachtungstagebuch mit Zeiten für einige Io-Finsternisse, die er zur Abschätzung der Lichtgeschwindigkeit verwendete.* GEGENÜBER: *Io (Mitte) und Ganymed (rechts) vor der Jupiterscheibe. Die Schatten von Ganymed und Io sind links und der Schatten von Kallisto (selbst nicht im Bild) ist rechts oben zu erkennen. Falschfarben-Infrarotbild des Hubble-Weltraumteleskops, März 2004.*

1682

Der Halley'sche Komet

Edmond Halley (1656–1742)

Kometen sind gelegentliche Störenfriede im sonst mit großer Regelmäßigkeit funktionierenden Sonnensystem. Chinesische Astronomen des Altertums sahen sie als »Besensterne« mit langem Schweif. Isaac Newton vermutete, dass zumindest einige von ihnen die Sonne umkreisen, unternahm aber keinen Versuch eines Beweises.

Doch schon bald griff ein Freund Newtons, der englische Astronom, Geophysiker und Mathematiker Edmond Halley seine These auf. Er beobachtete 1682 einen hellen Kometen und berechnete später mithilfe historischer Aufzeichnungen und der Newton'schen Gesetze dessen Umlaufbahn. In Zusammenhang damit stellte er die Behauptung auf, dass man 1531 und 1607 denselben Kometen beobachtet hatte. Da jeweils etwa 76 Jahre zwischen seinem Erscheinen lagen, sagte er die Wiederkehr des Kometen für das Jahr 1758 voraus. So trat es ein, auch wenn es Halley nicht mehr miterlebte. Der Himmelskörper erhielt zu seinen Ehren den Namen »Halley'scher Komet«.

Während seiner Periheldurchgänge von 1835 und 1910 studierte man den Kometen mithilfe von Teleskopen und Fotos näher. Die sowjetischen *Vega*- und die europäischen *Giotto*-Raumsonden flogen 1986 nahe vorbei und enthüllten, dass er überraschend klein (etwa 15 × 8 × 8 Kilometer), erdnussförmig, robust, porös (mit einer Dichte von nur 0,6 Gramm pro Kubikzentimeter) und schwarz wie Kohle war. Jets aus Wasser-, Kohlenmonoxid- und Kohlendioxideis sublimieren an der Oberfläche und im Inneren und schießen als langer Schweif aus Staub und organischen Molekülen in den Weltraum.

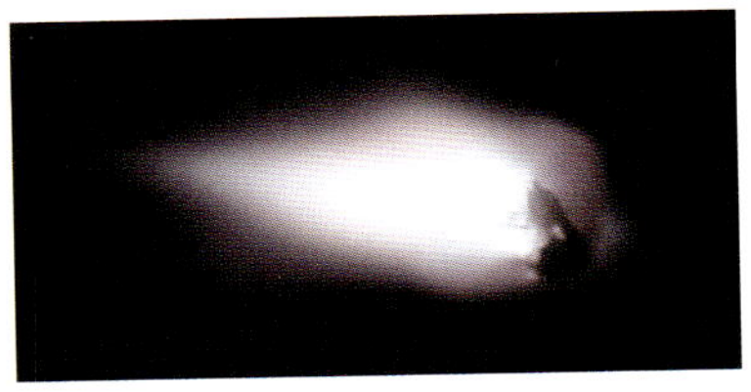

Halley entdeckte den ersten periodischen Kometen. Beinahe 500 weitere kurzperiodische Kometen, die in weniger als 200 Jahren wiederkehren, sind heute bekannt. Die meisten stammen aus dem Kuipergürtel jenseits des Neptuns, aber Halley und etliche andere gehörten anfangs vielleicht zu den langperiodischen Kometen aus der Oort'schen Wolke im äußersten Sonnensystem. Astronomen betrachten über zwei Dutzend dokumentierte helle Kometenerscheinungen zwischen 240 v. Chr. und 1682 n. Chr. als frühere Wiederkehren des Halley'schen Kometen. Die nächste wird im Sommer 2061 stattfinden.

SIEHE AUCH Ein »Gaststern« über China (185), Newtons Gesetze (1687), Die Öpik-Oort-Wolke (1932), Kuipergürtelobjekte (1992), Der Große Komet Hale-Bopp (1997)

OBEN: *Der Kern des Halley'schen Kometen, Aufnahme der Europäischen Raumsonde* Giotto *vom 13. März 1986 aus der Gas- und Staubkoma.* GEGENÜBER: *Der Halley'sche Komet, kurz nach seiner Annäherung an die Sonne auf der letzten 76-jährigen Reise, Negativfoto des Mauna-Kea-Observatoriums vom 5. März 1986.*

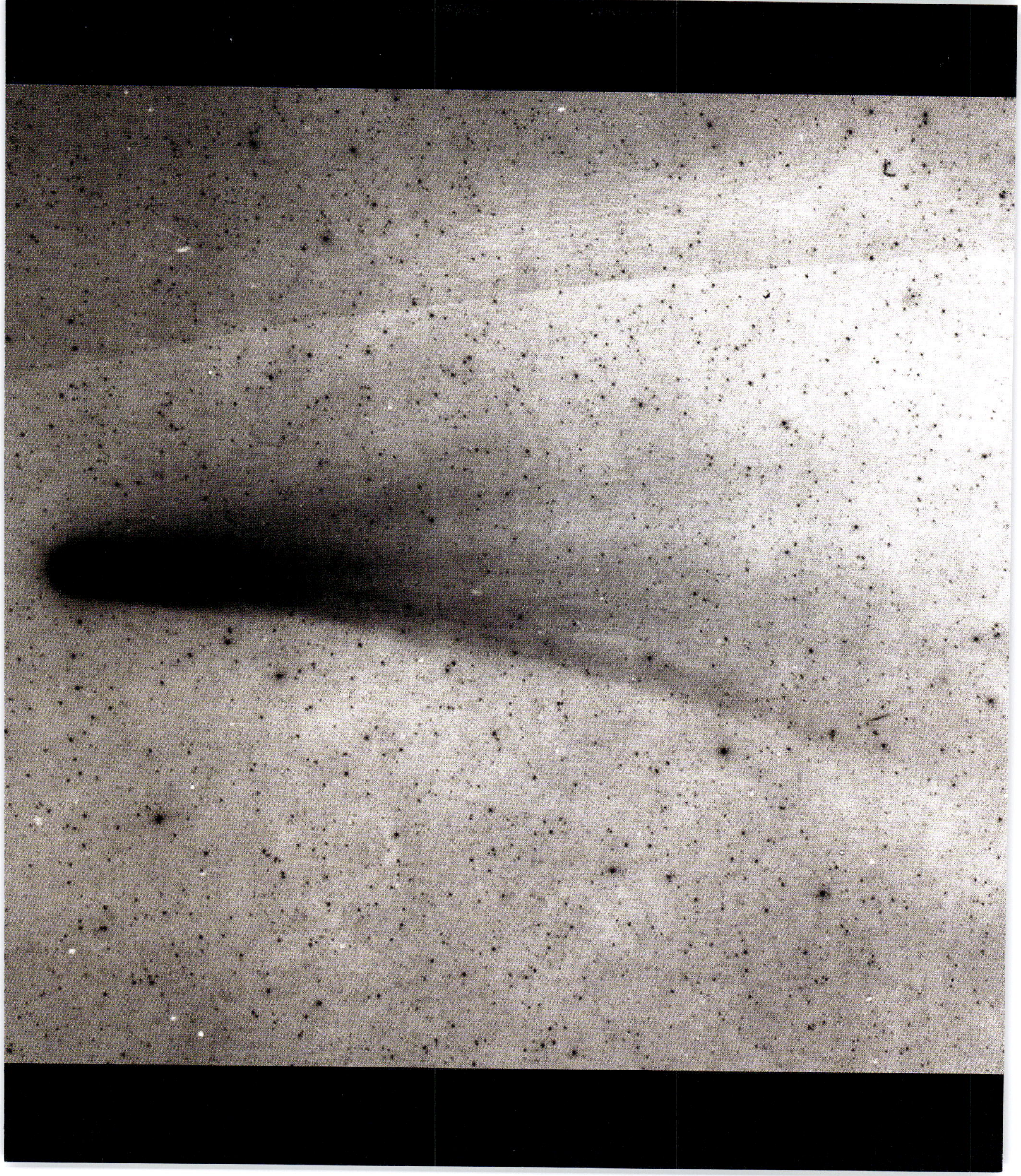

1684

Tethys und Dione

Giovanni Domenico Cassini (1625–1712), **John Herschel** (1792–1871), **Wilhelm Herschel** (1738–1822)

Nach der 1671 und 1672 erfolgten Entdeckung von Iapetus und Rhea setzte der Astronom Giovanni Domenico Cassini die Jagd nach schwächer scheinenden Saturnmonden am Pariser Observatorium mit immer besseren Teleskopen fort. 1684 gab er die Entdeckung des vierten und fünften Saturnmonds bekannt, die später beide nach Titaninnen benannt wurden: nach der Meeresgöttin Tethys beziehungsweise nach Dione, der Mutter der Aphrodite. Dafür verwendete er ein »rohrloses« Teleskop mit 30 Metern Länge.

Man wusste nur wenig über diese beiden neuen Monde, bis spektroskopische Messungen in den 1970er-Jahren die Existenz von Eis auf ihrer Oberfläche nachwiesen. Und erst Raumsonden-Missionen enthüllten ihre faszinierende Gestalt in allen Facetten.

Aus Daten und Bildern der Raumsonden *Voyager* und *Cassini* ergaben sich für Tethys ein Durchmesser von etwa 1080 Kilometern (etwa 30 Prozent der Größe des Erdmondes) und eine stark reflektierende sowie stark verkraterte Oberfläche. Sie besteht zur Hauptsache aus Eis, was gut zum hohen Rückstrahlvermögen und der Dichte von 0,97 Gramm pro Kubikzentimeter passt. Ein Einschlagbecken namens Odysseus mit einem Durchmesser von 400 Kilometern und ein 100 Kilometer breiter und 3–5 Kilometer tiefes Tal namens *Ithaca Chasma*, das etwa drei Viertel um den Mond herumläuft, gehören zu den atemberaubenden Merkmalen des Mondes. Auch Dione stellte sich als eisbedeckte Welt heraus, von ähnlicher Größe wie Tethys, mit schroffen Eisgebirgen, die Hunderte Meter emporragen. In einigen Regionen ist die Kraterdichte bedeutend niedriger. Das deutet darauf hin, dass hier die meist uralte Oberfläche schon früh erneuert worden sein könnte, vielleicht durch Eruptionen flüssigen Wassers, die aus einem einst wärmeren Inneren ausbrachen und jüngere »Eislavaströme« auf der Oberfläche ablagerten. Aufgrund seiner im Vergleich zu vielen Saturnmonden höheren Dichte von etwa 1,5 Gramm pro Kubikzentimeter dürfte Dione tief drinnen aus Fels bestehen. Eine radioaktive Erwärmung dieses felsigen Materials lieferte womöglich die Wärme für den frühen Eis-Vulkanismus.

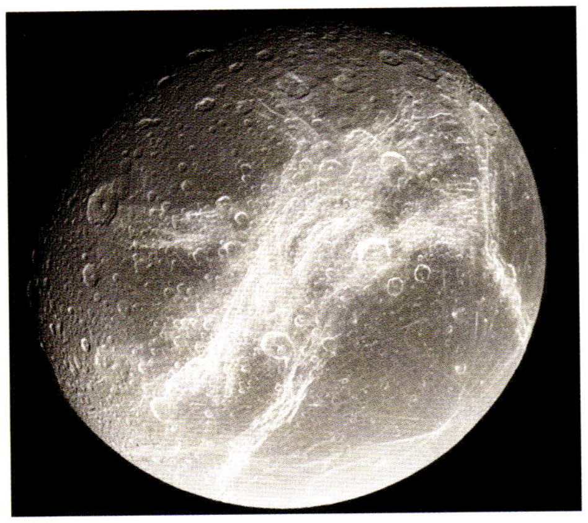

SIEHE AUCH Europa (1610), Ganymed (1610), Iapetus und Rhea (1671–1672)

OBEN: *Die weißen Streifen sind Eisgebirge auf Diones nachlaufender Hemisphäre, Foto der Raumsonde* Cassini, *Juli 2006.* GEGENÜBER: *Gut sichtbar der 3–5 Kilometer tiefe Riss in der Eiskruste auf Tethys namens* Ithaca Chasma, *Aufnahme von* Cassini, *September 2005.*

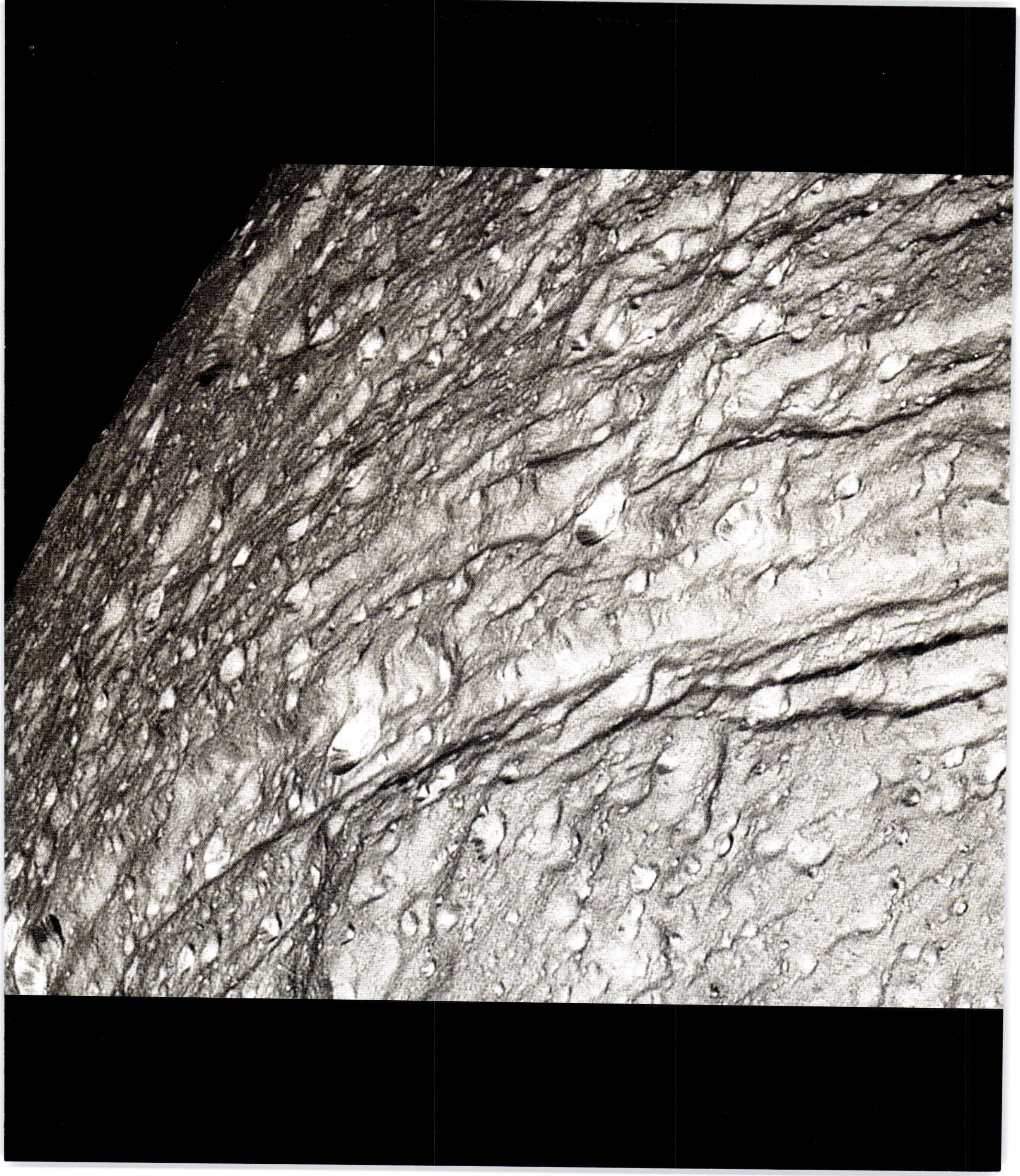

1684

Das Zodiakallicht

Giovanni Domenico Cassini (1625–1712),
Nicolas Fatio de Duillier (1664–1753)

Profi- und Hobbyastronomen wissen gleichermaßen, dass man die überwältigende Schönheit des Nachthimmels am besten in einer klaren, mondlosen Nacht an einem dunklen Ort fernab der Lichter der Stadt beobachtet. Doch selbst dort ist der Himmel nicht ganz dunkel. Neben Tausenden Sternen und dem diffusen Licht der Milchstraße sieht man oft ein schwaches Leuchten, besonders nach Sonnenuntergang im Westen und vor Sonnenaufgang im Osten. Dieses Leuchten wird als Zodiakal- oder Tierkreislicht bezeichnet, denn es erscheint als heller Streifen oder diffuser Lichtkegel, der in etwa dem scheinbaren Weg der Sonne durch die Sternbilder, der Ekliptik, folgt, über dem Horizont.

Islamische Astronomen bezeichneten das Tierkreislicht als »falsche Dämmerung«. Das Verständnis seines Verhaltens und des Zusammenhangs mit Auf- und Untergang der Sonne war für die Bestimmung der täglichen Gebetszeiten von großer Bedeutung. Giovanni Domenico Cassini, der den »leuchtenden Streifen« 1683 beschrieb, und viele andere Astronomen der Renaissance hielten das Zodiakallicht dagegen für eine Fortsetzung der Sonnenatmosphäre. Warum es nur entlang der Äquatorebene der Sonne hell schien, blieb ein Rätsel.

Die erste Erklärung, die sich als richtig herausstellte, lieferte der Schweizer Mathematiker Nicolas Fatio de Duillier, der unter Cassini am Pariser Observatorium forschte. Er nahm an, das Leuchten gehe auf Teilchen zurück, die das Licht der Sonne reflektierten. Die Spektroskopie und Raumsonden bestätigten Fatios Hypothese: Das Zodiakallicht ist nichts anderes als Sonnenlicht, das von interplanetaren, wenige Hundertstel bis einige Hundert Mikrometer großen Staubkörnern (die Breite eines menschlichen Haares beträgt etwa 100 Mikrometer) reflektiert wird. Da sich winzige Körner infolge der Absorption von Sonnenlicht allmählich auf einer Spiralbahn der Sonne annähern (Poynting-Robertson-Effekt, bekannt seit der ersten Hälfte des 20. Jahrhunderts), muss eine Quelle ständig für Nachschub sorgen. Astronomen glauben sie im Staub von Kometen und gelegentlichen Kollisionen von Asteroiden, die sich zumeist auf Bahnen in oder nahe der Ekliptik bewegen, gefunden zu haben.

SIEHE AUCH Die Milchstraße (vor 13,3 Mrd. Jahren), Der Asteroidengürtel (vor 4,5 Mrd. Jahren), Der Halley'sche Komet (1682)

Foto des Tierkreislichts vom Cerro Paranal in Chile in unmittelbarer Nähe des Very Large Telescope (VLT) *der Europäischen Südsternwarte, Dezember 2009.*

1686

Der Ursprung der Gezeiten

Isaac Newton (1643–1727)

Küstenbewohner und Seefahrerkulturen lebten seit Menschengedenken in Einklang mit dem täglich zweimaligen Wechsel von Ebbe und Flut. Schon die babylonischen und griechischen Astronomen erkannten, dass es einen Zusammenhang zwischen der Höhe des Tidenhochwassers und der Position des Mondes auf seiner Umlaufbahn gibt. Sie führten das auf dieselben beinahe spirituellen Kräfte zurück, die auch die Bewegungen der Planeten steuerten. Arabische Astronomen des Mittelalters hielten Temperaturschwankungen im Meer für die Ursache der Gezeiten. Und Galileo Galilei schlug schließlich in Übereinstimmung mit seinem heliozentrischen Weltbild vor, dass die Bewegung der Erde um die Sonne die Ozeane in Bewegung versetze.

Als Erster machte der englische Mathematiker, Physiker und Astronom Isaac Newton die wahre Quelle der Gezeiten ausfindig, die Erde, Mond und Sonne verbindet. Er hatte vor 1686 unter anderem eine allgemeine Theorie zur Erklärung der Kepler'schen Gesetze erarbeitet, die universelle Gravitation beschrieben und seine Grundgesetze der Bewegung veröffentlicht. Nach Newton übten sowohl der Mond als auch die Sonne eine starke Anziehungskraft auf die Erde aus – und umgekehrt. So kam er zum Schluss, dass die Wirkung der Gravitationskräfte auf die dünne »Ozeanschicht« der Erde für die Gezeiten verantwortlich ist und nicht etwa beinahe ausschließlich ihre Rotation oder ihre Bahn um die Sonne.

Auf dem offenen, tiefen Ozean wirkt sich die Gravitationswirkung des Mondes mit etwa einem halben Meter auf das Tidenhochwasser aus, während die Gezeitenwirkung der Sonne nur etwa halb so groß ist. Im Flachwasser kann die Flut bis zu zehnmal höher sein, und an den Küsten werden die Gezeiten nicht nur von den Positionen von Sonne und Mond, sondern auch von der örtlichen Meerestiefe und Küstenform bestimmt. Auch die feste Oberfläche von Erde und Mond wölbt sich infolge der Gezeitenkräfte nach außen, wobei die Amplitude etwa die Hälfte des Ozeanhochwassers beträgt. Feste und flüssige Verformungen verbrauchen im System Erde-Mond Energie in Form von Gezeitenreibung. Infolgedessen verlangsamt sich die Drehung der Erde um einige Millisekunden pro Jahrhundert, und der Mond entfernt sich um etwa vier Meter pro Jahrhundert von der Erde.

SIEHE AUCH Drei Gesetze der Planetenbewegung (1619), Newtons Gesetze (1687)

Isaac Newton erkannte, dass die Schwerkraft Mond, Erde und Sonne verbindet. Jeder Körper übt auf den anderen Gravitationskräfte aus, und zwar proportional zu seiner Masse und umgekehrt proportional zum Quadrat der Entfernung. Da die Ozeane der Erde flüssig sind, kommen diese Kräfte als Gezeiten zum Ausdruck.

1687

Newtons Gesetze

Isaac Newton (1643–1727)

Aristarchos von Samos hatte schon vor über 2200 Jahren die Erde aus dem Zentrum des Kosmos verbannt und damit eine wissenschaftliche Revolution losgetreten. Rebellen wie Aryabhata, al-Bīrūnī, Nilakantha, Kopernikus, Brahe, Kepler und Galilei hielten sie am Leben. Ihre Kulmination erreichte sie schließlich im Werk des Mathematikers, Physikers, Astronomen, Philosophen und Theologen Isaac Newton, der zu den einflussreichsten Wissenschaftlern der Menschheitsgeschichte zählt.

Newton betrieb herausragende experimentelle und theoretische Forschungen. In der Optik entwickelte er Konzepte und erfand Werkzeuge wie das Newton-Teleskop mit Spiegeln statt Linsen. Bei seinen theoretischen Forschungen, die auf den Grundprinzipien der zeitgenössischen Physik und Mathematik, insbesondere der Infinitesimalrechnung, beruhten, entdeckte Newton, dass hinter den Kepler'schen Gesetzen zur Planetenbewegung eine Kraft zwischen zwei beliebigen Massen steht, die proportional zum Produkt der beiden Massen ist und im Quadrat zum Abstand abnimmt (Newton'sches Gravitationsgesetz). Er benannte sie *gravitas* (lateinisch für »Schwere, Gewicht«).

Diese Erkenntnis diente Newton als Grundlage für die Ableitung seiner drei Grundgesetze der Bewegung: 1. Ein Körper verharrt im Zustand der Ruhe oder der gleichförmig geradlinigen Bewegung, sofern keine äußere Kraft auf ihn einwirkt; 2. eine Masse (m), auf die eine Kraft (F) wirkt, beschleunigt (a) mit einer Geschwindigkeit nach der Formel $F = ma$; 3. Kraft gleich Gegenkraft: Eine Kraftwirkung von Körper A auf Körper B geht stets mit einer gleich großen, aber entgegengerichteten einher. Newton veröffentlichte diese Axiome 1687 in seinem bahnbrechenden Werk *Philosophiae Naturalis Principia Mathematica*, meist abgekürzt als *Principia* bezeichnet. Newtons Gesetze zur Gravitation und Bewegung versetzten dem geozentrischen Weltbild den Todesstoß und galten für über zwei Jahrhunderte unangefochten für die Beschreibung planetarischer Umlaufbahnen, bis Albert Einstein sie als Teil einer noch umfassenderen Theorie, der allgemeinen Relativitätstheorie, darstellte.

SIEHE AUCH Das Heliozentrische Weltbild (um 280 v. Chr.), Die *Aryabhatiya* (um 500), Frühe islamische Astronomie (um 825), Die frühe Infinitesimalrechnung (um 1500), Kopernikus' himmlische Revolution (1543), Brahes Nova (1572), Erste astronomische Teleskope (um 1608), Galileis Nachricht von neuen Sternen (1610), Drei Gesetze der Planetenbewegung (1619), Einsteins Wunderjahr (1905)

OBEN: *Nachbildung eines Newton-Spiegelteleskops von 1672.* GEGENÜBER: *Isaac Newton, 1856.*

1718

Die Eigenbewegung der Sterne

Edmond Halley (1656–1742)

Den britischen Astronom Edmond Halley kennt man vor allem für die Entdeckung der periodischen Wiederkehr des nach ihm benannten Kometen. Er forschte aber auch in zahlreichen anderen Bereichen der Astronomie. So verglich er die Positionen der Sterne zu seiner Zeit mit früheren Aufzeichnungen, um die der Sonne am nächsten befindlichen zu identifizieren und womöglich ihre absoluten Entfernungen zu bestimmen.

In der Geschichte der Astronomie wurden die Sterne die längste Zeit als feste Bewohner einer kristallinen oder aus anderem Material bestehenden festen Himmelskugel aufgefasst, die sich um die Erde drehte oder sich selbst in Drehung zu befinden schien, während die Erde darunter rotierte. Die gelegentlichen Supernova- oder Kometenerscheinungen (»Gaststerne«) stellten das Konzept einer festen Himmelskugel zwar infrage, widerlegten es aber nicht.

Das tat aber Halley, indem er 1718 die Positionen der hellen Sterne sorgfältig mit den von Hipparchos im 2. Jahrhundert v. Chr. verzeichneten verglich. Drei davon, Sirius, Arktur und Aldebaran, hatten sich im Lauf von 1850 Jahren im Vergleich zu Hintergrundsternen merklich bewegt. Halley berechnete die »Eigenbewegung« dieser Sterne, die im Gegensatz zur wahrgenommenen nicht auf die Parallaxe zurückzuführen war. Eine größere Eigenbewegung verweist auf größere Nähe zur Sonne: Die drei genannten Sterne befinden sich in etwa 9, 37 beziehungsweise 65 Lichtjahren Entfernung. Die unmittelbaren Nachbarn der Sonne wie Proxima Centauri in 4,3 und Barnards Pfeilstern (1916 vom amerikanischen Astronomen Edward Emerson Barnard entdeckt) in sechs Lichtjahren Entfernung weisen noch größere Eigenbewegungen auf – Letzterer mit mehr als zehn Bogensekunden (0,003 Grad) pro Jahr die größte.

Halley und andere Wegbereiter der Stellarastrometrie (Positionsmessungen von Sternen) ließen uns begreifen, dass das Sternenzelt, das wir nachts über uns sehen, nur die Projektion eines unermesslichen dreidimensionalen Raums ist. Alles befindet sich im Verhältnis zu allem anderen in relativer Bewegung, und das Gesamtvolumen des Universums nimmt, wie Edwin Hubble im 20. Jahrhundert feststellte, mit der Zeit zu.

SIEHE AUCH Scheinbare Helligkeit (um 150 v. Chr.), Ptolemäus und sein *Almagest* (um 150), Der Halley'sche Komet (1682)

Diese beiden Teleskopaufnahmen im Abstand von 60 Jahren zeigen die große Eigenbewegung von Barnards Pfeilstern, der sich in unserer Nähe befindet. Er hat sich in dieser Zeit vor dem Hintergrund entfernterer, relativ unbeweglicher Sterne in der Milchstraße um etwa ein Drittel der Vollmondscheibe bewegt.

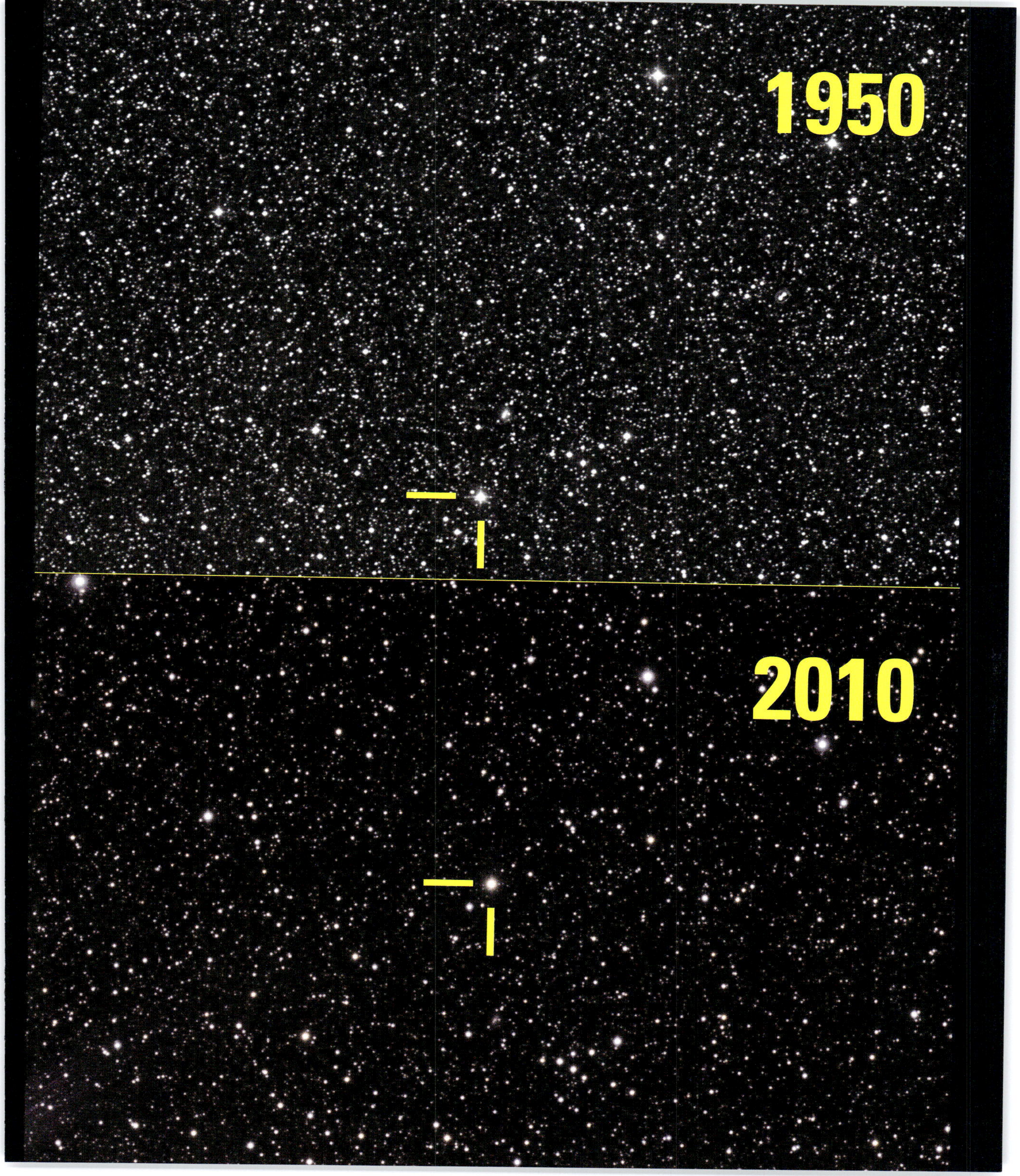
1950
2010

1757

Die astronomische Navigation

Tycho Brahe (1546–1601), **Isaac Newton** (1643–1727), **John Bird** (1709–1776)

In einer Zeit ohne Fernrohre und Teleskope bestimmten die Astronomen der Antike und des Mittelalters Höhe und Azimut von Himmelskörpern (astronomisch: Deklination bzw. Rektaszension) sowie die relativen Abstände zwischen Objekten am Himmel mit bloßem Auge mithilfe von Instrumenten wie Armillarkugeln, Himmelsgloben und Astrolabien. Im Streben nach größerer Präzision dachte man an den Bau runder Instrumente wie des Astrolabiums in beeindruckenden Größen, doch deren Handhabung wäre schwergefallen. Deshalb griffen Astronomen und Instrumentenbauer zu halbkreisförmigen Segmenten, um die Instrumentengröße bei zufriedenstellender Präzision möglichst gering zu halten.

Erste Messgeräte, die auf einem Viertelkreis beruhten, tauchten um die Mitte des 16. Jahrhunderts auf. Tycho Brahe erfand eine große, auf einem Sockel oder Rahmen montierte Version über einen Sechstelkreis – den Sextanten. Bis heute in Verwendung, ermöglicht er auch nach der Erfindung und Verbreitung des Teleskops unübertroffen präzise Messungen der Position. Den Oktanten mit einem Umfang von einem Achtelkreis gibt es seit dem 18. Jahrhundert.

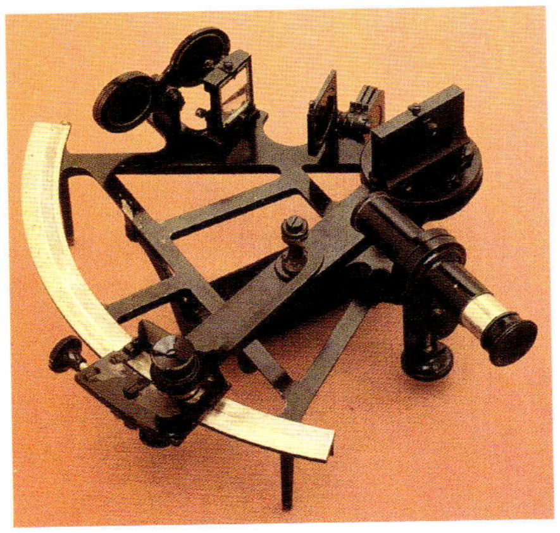

Auf Rahmen fest montierte Quadranten, Sextanten und Oktanten leisteten an Land gute Dienste, erwiesen sich aber auf See als unpraktisch. Hier waren höhere Präzision, kleine Größe, Beweglichkeit und einfache Bedienung gefragt. Nachdem der Quadrant auf Vorschlag Isaac Newtons wie sein Spiegelteleskop mit zwei Spiegeln bestückt worden war, baute John Bird 1757 einen tragbaren Sextanten. Viele heutige Nachfolger beruhen auf diesem Design aus dem 18. Jahrhundert – mit dem Unterschied der Verwendung von Hochleistungsoptik und Verbundwerkstoffen.

Auch in Zeiten von Computer und GPS gehört die astronomische Navigation mit dem Sextanten zum Rüstzeug der Seeleute.

SIEHE AUCH Astronomie im Alten China (um 2100 v. Chr.), Abendländische Astrologie (um 400 v. Chr.), Große Sternwarten des Mittelalters (um 1260), Brahes Nova (1572), Erste astronomische Teleskope (um 1608)

OBEN: *Tragbarer Sextant (um 1890), der vom* US Coast and Geodetic Survey *verwendet wurde und auf dem ersten tragbaren Sextanten von John Bird basiert.* GEGENÜBER: *Der Danziger Astronom Johannes Hevelius und seine Frau Elisabeth mit einem astronomischen Sextanten, 1673.*

1764

Planetarische Nebel

Charles Messier (1730–1817), **Wilhelm Herschel** (1738–1822)

Das Aufkommen der Teleskope im 17. und wesentliche Steigerungen bezüglich ihrer Größe und Leistung im 18. Jahrhundert führten im Zeitalter der Aufklärung zu spannenden astronomischen Entdeckungen. Man konnte nun nicht nur schwächere Sterne, sondern auch völlig neue Klassen von Himmelsobjekten sehen. Die größte davon bildeten diffuse, ausgedehnte Lichtflecken, die an schwache »Fixwolken« zwischen den Sternen erinnerten. Astronomen benannten sie als Nebel.

Zu den Nebeln, die Astronomen schon im Altertum und im Mittelalter entdeckt hatten, gehören der Orion- und der im 20. Jahrhundert als Galaxie identifizierte Andromedanebel. Edmond Halley veröffentlichte 1715 eine kurze Liste von Nebeln, doch die Krone der Nebelbeobachter des 18. Jahrhunderts gebührt dem französischen Astronomen Charles Messier, dem Autor eines damals umfassenden Katalogs mit (in seiner Endfassung) 110 Nebeln.

Als typischer Vertreter einer von Messier gelisteten Nebelart gilt der 1764 von ihm entdeckte und als M27 katalogisierte Hantelnebel. Da M27 und ähnliche Himmelsobjekte beinahe rund sind und durch die Teleskope jener Tage betrachtet den Riesenplaneten unseres Sonnensystems sehr ähnlich sahen, bezeichnete sie Wilhelm Herschel als »Planetarische Nebel«.

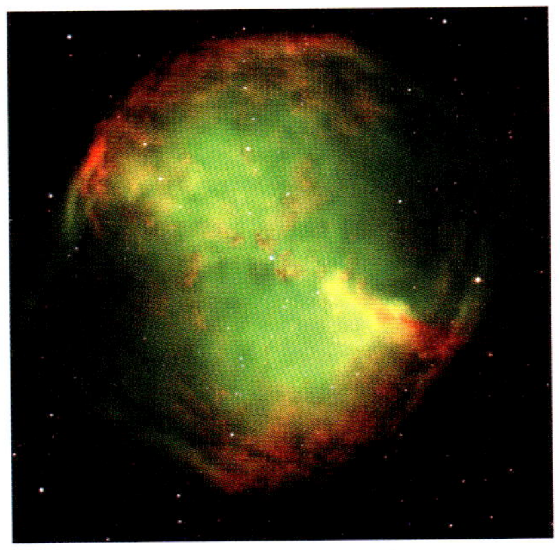

Der bis heute gültige Name, der eine Verbindung zu Planeten suggeriert, stellte sich nach spektroskopischen Untersuchungen als unglücklich heraus. Die planetarischen Nebel bestehen aus einer gewaltigen, expandierenden Hülle aus Gas und Plasma, die von Roten Riesen am Ende ihrer Lebenszeit abgestoßen wurde. Ihr Durchmesser beträgt rund ein Lichtjahr, und ihr schwaches Leuchten geht auf die Emission von Elementen wie ionisiertem Kohlenstoff, Sauerstoff und Stickstoff zurück, die schwerer als Wasserstoff und Helium sind, die beim Kollaps des Vorgängersterns entstehen. Somit gehören planetarische Nebel zum »kosmischen Recyclingprogramm«, das Wasserstoff und Helium in schwerere Elemente und manchmal in Leben verwandelt.

SIEHE AUCH Ein »Gaststern« über China (185), Die Sichtung des Andromedanebels (um 964), Beobachtungen eines »Tagessterns« (1054), Mira-Sterne (1596), Die »Entdeckung« des Orionnebels (1610), Der Messier-Katalog (1771), Das Ende der Sonne (in 5–7 Mrd. Jahren)

OBEN: *Hantelnebel (Messiers M27), Aufnahme der Europäischen Südsternwarte in Chile, 1997.* GEGENÜBER: *Katzenaugennebel (NGC 6543), ein planetarischer Nebel mit mehreren »Schalen«, der entstand, als ein sterbender Stern seine äußeren Schichten verlor, Aufnahme des Hubble-Weltraumteleskops, 1994.*

1771

Der Messier-Katalog

Charles Messier (1730–1817), **Pierre Méchain** (1744–1804)

Schon in der Kindheit entfachten aufregende himmlische Ereignisse in Charles Messier ein begeistertes, sein Leben lang anhaltendes Interesse an der Astronomie: der große Komet von 1744 und die Sonnenfinsternis von 1748. Seine Leidenschaft führte ihn nach Paris, wo er für den Astronomen der französischen Marine arbeitete.

Messier hatte reichlich Zeit zum Beobachten, und das vorindustrielle Paris war auch ein guter Ort dafür. Seine frühe Leidenschaft galt der Kometenjagd. Er gehörte zu den ersten Astronomen, die Halleys Vorhersage überprüften, dass der nach ihm benannte Komet 1758–1759 wiederkehren würde. Dabei entdeckte er einen weiteren Kometen sowie einen diffusen Lichtfleck im Stier, der sich im Gegensatz zu einem Kometen jedoch kaum relativ zu den Sternen bewegte. Das notierte er sich.

Im darauffolgenden Jahrzehnt seiner Kometenjagd stieß er auf zahlreiche wolkenartige Gebilde, die er durchnummerierte. Einige, darunter den 1665 entdeckten M22 (Messier 22), deutete er als kreisförmige Ansammlung dicht beieinanderliegender Sterne (Kugelsternhaufen), andere waren von länglicher Form wie das bereits als Andromedanebel bekannte Objekt M31. Einen Großteil der Himmelsobjekte hatte Messier selbst entdeckt und als Erster beschrieben. 1771 veröffentlichte er die bis dahin zusammengetragenen 45 Himmelsobjekte als *Catalogue des nébuleuses et des amas d'étoiles* (Katalog der Nebel und Sternhaufen) im Jahrbuch der französischen Akademie der Wissenschaften. Bis 1781 hatte er für die dritte Auflage zusammen mit Pierre Méchain, dem zukünftigen Direktor der Pariser Sternwarte, bereits insgesamt 103 Objekte katalogisiert.

Im 20. Jahrhundert ermittelten Astronomen sieben weitere Objekte, die Messier und Méchain nach 1781 beobachtet hatten. Somit sind heute insgesamt 110 Messier-Objekte – Sternhaufen, planetarische Nebel, Molekülwolken und Galaxien – im Katalog verzeichnet. Hobbyastronomen versuchen anlässlich von »Messiermarathons« im Frühling alle 110 Objekte in einer Nacht zu beobachten. Vielleicht wird ja dadurch in einem weiteren Kind die Leidenschaft für die Astronomie entfacht?

SIEHE AUCH Die Sichtung des Andromedanebels (um 964), Kugelsternhaufen (1665), Planetarische Nebel (1764)

Eine Zusammenstellung aller 110 offiziellen Messier-Objekte aus Beobachtungen der Students for the Exploration and Development of Space *(SEDS) sowie des Pariser Observatoriums in Meudon.*

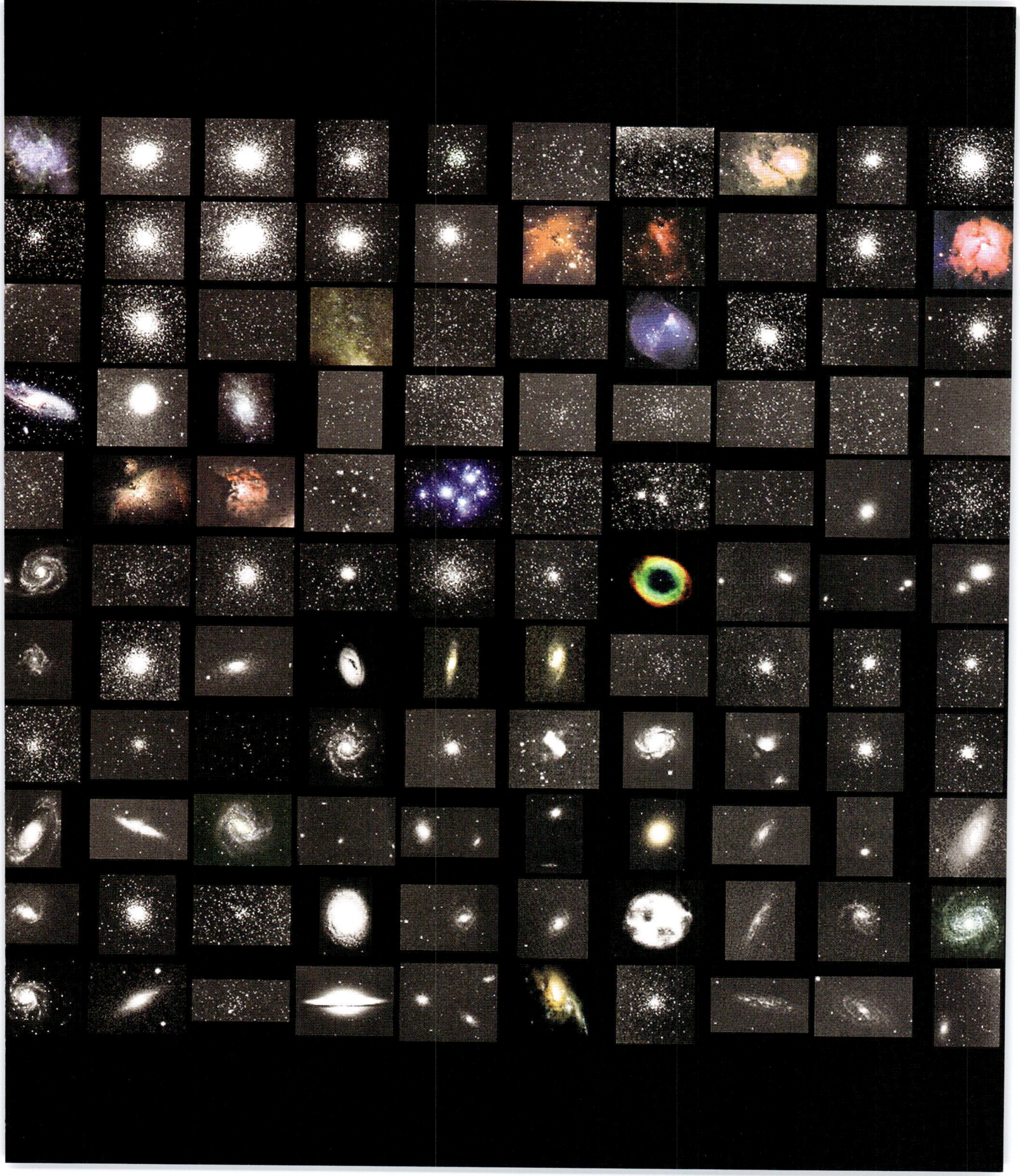

1772

Die Lagrange-Punkte

Isaac Newton (1643–1727), **Joseph-Louis Lagrange** (1736–1813), **Pierre-Simon Laplace** (1749–1827)

In seinen *Principia* erweiterte 1687 Isaac Newton die Kepler'schen Gesetze bezüglich der Planetenbewegungen zu seinen eigenen Axiomen, die Gravitation und Bewegung im Allgemeinen betrafen. Damit schuf er einen verlässlichen Rahmen für Astronomen, Physiker und Mathematiker, um nicht nur das Wie der Bewegungen von Planeten, Monden und Kometen im Detail zu verstehen, sondern auch das Warum. Zu den anspruchsvollsten Anwendungsgebieten von Newtons Gesetzen gehörte das sogenannte Dreikörperproblem. Die Auswirkungen der Gravitation, die über die Bewegungen zweier Massen, zum Beispiel von Erde und Mond oder von Sonne und Erde, entscheiden, sind mit Newtons Gleichungen einfach zu berechnen, doch die angenommene Gegenwart eines dritten Körpers stellte die Theoretiker bereits vor größere Probleme.

Joseph-Louis Lagrange stellte 1772 die These auf, dass es in Dreikörpersystemen mit zwei großen und einer verschwindend kleinen Masse fünf Stellen gebe, an denen sich die Gravitationskräfte zwischen den Körpern gegenseitig aufheben, und löste damit als Erster einen Spezialfall des Dreikörperproblems. Die betreffenden Stellen werden als Lagrange-Punkte bezeichnet. Die These bestätigte sich im 20. Jahrhundert mit der Entdeckung der Trojaner-Asteroiden, die in den Lagrange-Punkten L4 und L5 des Sonnen-Jupiter-Systems »gefangen« sind.

Pierre-Simon Laplace prägte 1799 für das Gebiet der physikalischen und mathematischen Beschreibung komplexer Sonnensystembewegungen den Begriff »Himmelsmechanik«. Lagrange hatte zuvor ein relativ »einfaches« Dreikörperproblem gelöst, da er eine Interaktion eines sehr kleinen mit zwei massereichen Objekten annahm, von denen eines das andere auf einer kreisförmigen Bahn umlief. Himmelsmechaniker erweiterten Lagranges Ansatz zu einer Theorie zur Behandlung von allgemeinen Dreikörperproblemen. Im 21. Jahrhundert lassen sich damit auch wesentlich kompliziertere N-Körper-Probleme lösen. Computer verfolgen die Newton'schen Bewegungen einer großen Anzahl von Einzelkörpern (Planeten, Monde und Asteroiden, Ringteilchen oder auch kosmische Staubkörner) mit und ermöglichen uns, sehr komplexe Bewegungen in unserem Sonnensystem zu verstehen, zu erklären und vorherzusagen.

SIEHE AUCH Ganymed (1610), Drei Gesetze der Planetenbewegung (1619), Newtons Gesetze (1687), Jupiter-Trojaner (1906)

Konturkarte der Gravitationskräfte (weiße Linien) im System Sonne-Erde-Mond und der fünf Lagrange-Punkte (L1–L5), wo sich die Kräfte aufheben. Das Bild ist nicht maßstabsgetreu (L2 ist nur etwa 1,5 Millionen Kilometer von der Erde entfernt, die Entfernung von der Sonne beträgt dagegen etwa das Hundertfache).

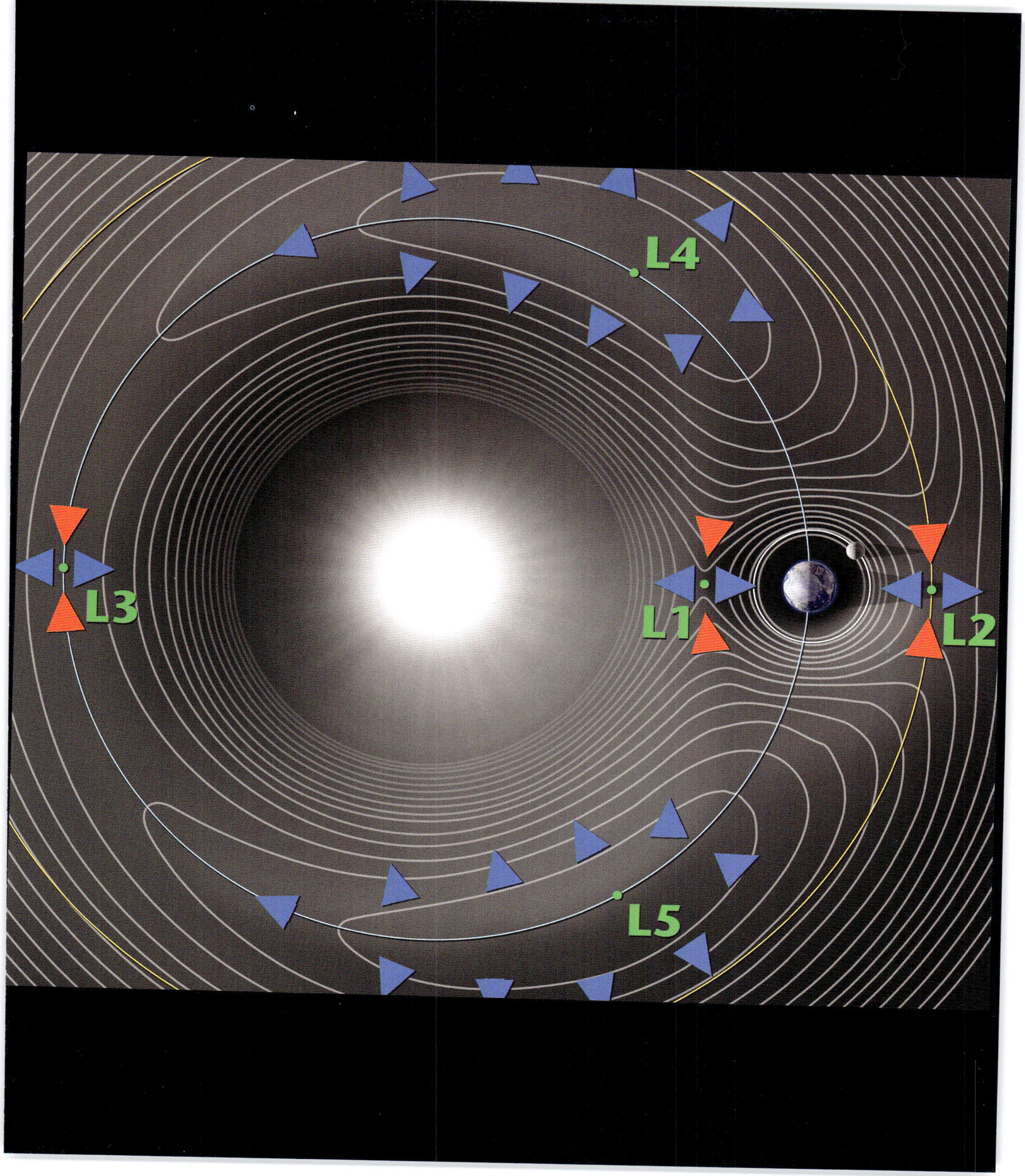
L4
L3
L1
L2
L5

1781

Die Entdeckung des Uranus

Wilhelm Herschel (1738–1822)

Bis 1781 konnte niemand von sich sagen, er habe einen Planeten entdeckt, denn die fünf mit bloßem Auge sichtbaren Planeten des Sonnensystems (außer der Erde) kannte man seit prähistorischen Zeiten. Nach der Erfindung des Teleskops entdeckten Galileo, Huygens und Cassini neue Monde, aber keine Planeten.

Als erster Planetenentdecker durfte sich Wilhelm Herschel feiern lassen. Angeregt durch die Musiktheorie wandte sich der Orchesterleiter in den 1770er-Jahren vermehrt der Astronomie und Optik zu, baute eigene Spiegelteleskope und schloss Bekanntschaft mit dem Königlichen Astronomen Nevil Maskelyne, der zu seinem Mentor wurde.

Im März 1781 beobachtete Herschel, damals noch Hobbyastronom, ein Objekt mit der scheinbaren Helligkeit 6, das kein Stern sein konnte, und dachte zuerst an einen Kometen. Er beobachtete ihn, und Maskelyne sowie weitere renommierte Astronomen bestätigten, dass es sich um einen neuen Planeten handelte, der in einer mittleren Entfernung von 19 Astronomischen Einheiten weit hinter dem Saturn um die Sonne kreiste. Herschel hatte den Planeten zwar nicht entdeckt, aber als solchen erkannt. Er nannte ihn nach König George III. *georgium sidus*, doch nach der Tradition trugen Planeten die Namen griechischer oder römischer Gottheiten. So wurde der siebte Planet des Sonnensystems später nach dem griechischen Himmelsgott in Uranus umbenannt. Heute wissen wir dank moderner Teleskope und Daten, die 1986 die Raumsonde *Voyager 2* zur Erde sendete, dass Uranus ein Eisriese mit einer Dichte von 1,3 Gramm pro Kubikzentimeter, viermal so groß und fünfzehnmal so massereich wie die Erde ist. Die im Vergleich zu Jupiter und Saturn deutlich weniger aktive Atmosphäre weist einen hohen Gehalt an Wasserstoff und Helium auf, deren blaugrüne Färbung auf das Methangas in den oberen Schichten zurückgeht. Darunter befindet sich ein erdgroßer Kern aus Eis und Fels. Uranus liegt beinahe auf der Seite und wälzt sich scheinbar vorwärts, statt zu rotieren. Zu den 27 bekannten Monden gehören fünf große Eiswelten, von denen Herschel zwei entdeckte. 1977 beobachtete man ein Flackern des Sternenlichts beim Passieren des Planeten und stieß so auf die dünnen, dunklen Ringe des Uranus. 2007 flog eine Sonde durch die Ringebene, und heute studieren Astronomen fleißig den Frühling auf dem siebten Planeten.

SIEHE AUCH Uranus (vor 4,5 Mrd. Jahren), Titania und Oberon (1787), Ariel und Umbriel (1851), Miranda (1948), Uranusringe (1977), *Voyager 2* erreicht den Uranus (1986)

OBEN: *Herschels 2,1-Meter-Teleskop, mit dem er 1781 den Uranus entdeckte.* GEGENÜBER: *Fotomontage des Uranus aus Bildern des Observatoriums Keck II, 28. Mai 2007.*

1787

Titania und Oberon

Wilhelm Herschel (1738–1822), **Caroline Herschel** (1750–1848), **John Herschel** (1792–1871), **William Lassell** (1799–1880)

Nachdem er 1781 den Uranus entdeckt hatte, nahm Wilhelm Herschel den Planeten mit immer leistungsfähigeren Teleskopen ins Visier. Die größeren Spiegel und Brennweiten ermöglichten mit ihrer größeren Lichtstärke das Erkennen dunklerer Objekte, die sich dank höherer Auflösung auch von anderen in ihrer Nähe unterscheiden ließen. Bessere Technik und sorgfältige Beobachtungen sowie die Hilfe seiner astronomisch versierten Schwester Caroline Herschel führten zur Auffindung von Uranus- und Saturnmonden.

In einer einzigen Nacht entdeckte Herschel Anfang 1787 zwei Monde, die den Uranus umkreisen. Aus der genauen Beobachtung ihrer Bewegungen und unter der Annahme, dass die Monde den Planeten auf oder in der Nähe der Äquatorebene umkreisten, schlossen Herschel und andere Astronomen schon bald, dass die Neigung seiner Rotationsachse äußerst groß sein muss. Sie beträgt beinahe 98 Grad, und der Planet liegt somit beinahe auf der Seite. Von dieser Neigung hängt die Gestalt der Jahreszeiten ab. Aufgrund der Erdneigung von 23,5 Grad kennen wir Menschen in weiten Teilen der Welt Frühling, Sommer, Herbst und Winter. Nur in den Polargebieten herrscht bis zu sechs Monate lang Tag oder Nacht. Auf dem Uranus und seinen Monden aber dauern »Polartag« und »Polarnacht« infolge seiner extremen Neigung auf der Nord- und Südhalbkugel jeweils 42 Jahre.

Wilhelm Herschels Sohn John, ebenfalls Astronom, gab den bekannten Uranusmonden Namen nach Figuren von William Shakespeare und Alexander Pope. Den helleren der beiden von seinem Vater entdeckten Monde benannte er nach Titania, der Königin der Feen im *Sommernachtstraum*, den anderen nach dem Elfenkönig Oberon. Die Bilder und Daten, die 1986 *Voyager* 2 zur Erde sandte, ergaben, dass Titania und Oberon stark verkratert und etwa halb so groß wie der Erdmond sind. Ihre ähnliche Dichte lässt für ihr Inneres auf Fels und Eis schließen. Mithilfe der Spektroskopie konnten die Existenz von Eis und gefrorenem CO^2 (Trockeneis) an der Oberfläche sowie einfacher organischer Moleküle nachgewiesen werden, wie sie bei der Bestrahlung von Eis mit Einschlüssen von Methan oder anderen Kohlenstoffverbindungen entstehen.

SIEHE AUCH Die Entdeckung des Uranus (1781), Ariel und Umbriel (1851), Die Geburt der Spektroskopie (1814), Miranda (1948)

OBEN: *Auf dem Bild der* Voyager 2 *mit der höchsten Auflösung ist die rötliche Farbe des Oberon zu erkennen.*
GEGENÜBER: *Das beste Bild der* Voyager 2 *von Titania, 24. Januar 1986. Der große Krater auf der rechten Seite heißt Gertrude, und der helle Streifen in der Mitte ist die 1500 Kilometer lange Messina Chasma.*

Enceladus

Wilhelm Herschel (1738–1822)

Der deutsch-britische Astronom Wilhelm Herschel richtete seine immer größeren Teleskope nicht nur auf den neu entdeckten Uranus, sondern suchte auch rund um den Saturn nach neuen Monden. Im August 1789 wurde er für seine Ausdauer mit der Entdeckung des sechsten Saturnmondes belohnt, den Herschels Sohn John 58 Jahre später nach dem mythischen Giganten Enkelados (in der lateinischen Namensform) benannte.

Nach beinahe zwei Jahrhunderten Teleskopbeobachtung wusste man kaum mehr von Enceladus, als dass er den Saturn in 1,4 Tagen umkreist, extrem hell leuchtet, weil seine Oberfläche das Sonnenlicht fast vollständig reflektiert, und dass seine Fontänen vermutlich den E-Ring des Saturns speisen. Die Spektroskopie verwies auf feinkörniges Eis.

Der Vorbeiflug der *Voyager*-Sonden 1980 und 1982 sowie die eingehendere Erforschung durch *Cassini* ab 2004 deckten die wahre Natur dieser merkwürdigen kleinen Welt auf. Bei einem Durchmesser von nur etwa 500 Kilometern zählen die auf dem Mond zu findenden geologischen Geländeformen zu den vielfältigsten im Sonnensystem. Einige Regionen sind stark verkratert und uralt, andere dagegen weisen fast keine Krater auf und gelten deshalb als geologisch sehr jung. Tiefe Trogtäler, steile Bergkämme oder scharfe Rinnen deuten auf die Wirkung erheblicher tektonischer Kräfte hin.

Als faszinierendste Entdeckung aber gelten aktive Wasserdampffahnen in der Südpolregion des Enceladus. Man ließ *Cassini* hindurchfliegen und erfuhr so, dass sie geringe Mengen an Stickstoff, Methan und Kohlendioxid sowie auch Propan, Ethan und Acetylen enthalten. Somit gast Enceladus Eis und organische Moleküle in den Weltraum aus, als wäre er ein riesiger Komet und kein Mond.

Was aber verursacht diese Aktivitäten auf (und in) Enceladus? Da seine Dichte von 1,6 Gramm pro Kubikzentimeter auf teilweise felsiges Material hinweist, könnte es sich um radioaktive Erwärmung handeln. Wie Io, Europa und Ganymed wird auch Enceladus durch die Bahnresonanz mit Dione stark erhitzt. Daten von *Cassini* belegen, dass sich unter der eisigen Kruste ein salziger Wasserozean verbergen könnte – für Astrobiologen äußerst interessant.

SIEHE AUCH Europa (1610), Io (1610), Ganymed (1610), Saturnringe (1659), Tethys und Dione (1684), Mimas (1789), Die *Voyager*-Sonden erreichen den Saturn (1980, 1981), *Cassini* erforscht den Saturn (2004–2017)

Fotos der Raumsonde Cassini. OBEN: *Enceladus-Sichel mit Wasserdampffahnen und -jets.* GEGENÜBER: *Auf Enceladus wechseln sich Ebenen mit vielen und nur wenigen Kratern, Täler und Bergkämme ab. Die eisblauen »Tigerstreifen« in der Nähe des Südpols stammen von Eis-Eruptionsschächten und Geysiren.*

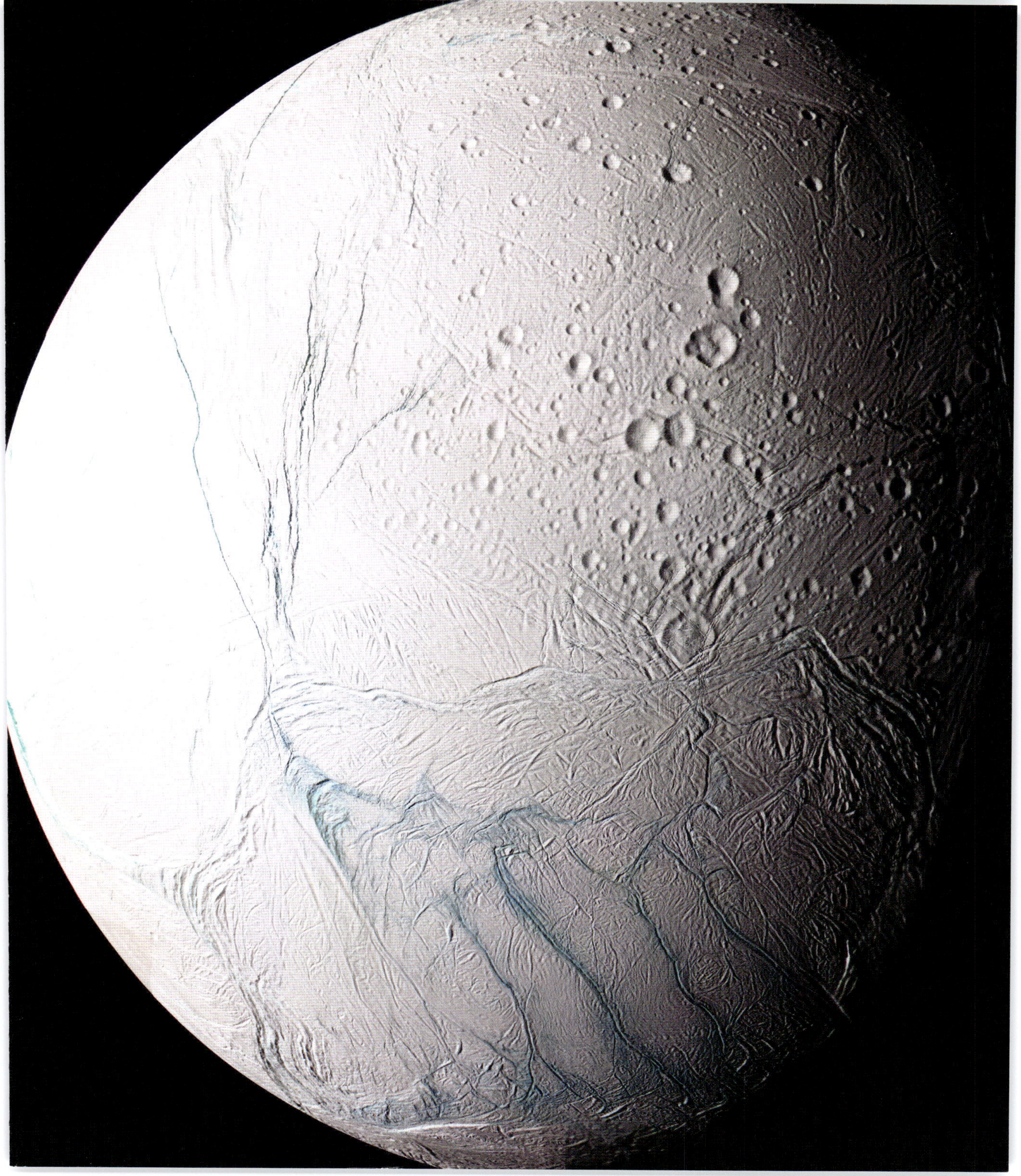

1789

Mimas

Wilhelm Herschel (1738–1822), **Caroline Herschel** (1750–1848), **John Herschel** (1792–1871)

Kurz nach der Entdeckung des Enceladus landete William Herschel einen weiteren Treffer: Im September 1789 erspähte er den siebten Saturnmond. Mit einer Umlaufzeit von weniger als einem Tag umkreiste er den Ringplaneten am nächsten. Williams Sohn John benannte ihn später nach dem Giganten Mimas aus der griechischen Mythologie.

Herschel konnte die eher schwach scheinenden Monde in der Nähe von hellen Planeten nur mithilfe seiner innovativen Teleskopkonstruktionen ausspähen, deren Fähigkeit, Photonen aus fernen Quellen zu bündeln, unübertroffen war. So entdeckte er Mimas und Enceladus mit einem 12-Meter-Spiegelteleskop mit einem Primärspiegel von 1,2 Metern Durchmesser – dem damals größten der Welt.

Spektroskopische Untersuchungen ergaben, dass bei Mimas wie bei allen Saturnmonden mit Ausnahme von Titan die Oberfläche überwiegend aus Eis besteht. Bis zu den Nahaufnahmen und Daten der Raumsonden Voyager und Cassini waren die Kenntnisse jedoch sehr spärlich. Auf den Bildern präsentierte sich Mimas als kleine Welt mit nur etwa 400 Kilometern Durchmesser (weniger als ein Achtel unseres Mondes). Seine Dichte von knapp 1,2 Gramm pro Kubikzentimeter weist darauf hin, dass er im Inneren aus Eis besteht. Der Mond gilt als der kleinstmögliche bekannte astronomische Körper, der allein aufgrund seiner eigenen Gravitation eine runde Form besitzt. Die deutlich abgeflachte Form des Mimas, dessen Durchmesser am Äquator um etwa zehn Prozent länger ist als an den Polen, führt man auf die starke Anziehungskraft des nahen Saturns zurück.

Die Oberfläche des Mimas ist stark, aber nicht gleichmäßig verkratert. Dieses Merkmal sowie Schluchten und Grabenbrüche deuten darauf hin, dass einige Gebiete in ferner Vergangenheit durch tektonische Kräfte oder Kryovulkanismus (Eisvulkane) zur Oberfläche gelangt sein könnten. Als markantestes Merkmal des Saturnmondes gilt ein riesiger Krater, dessen Durchmesser fast ein Drittel der Mimas-Längsachse ausmacht. Er verhalf ihm zur populären Bezeichnung »Todesstern«.

SIEHE AUCH Saturnringe (1659), Iapetus und Rhea (1671–1672), Tethys und Dione (1684), Enceladus (1789), Die *Voyager*-Sonden erreichen den Saturn (1980, 1981), *Cassini* erforscht den Saturn (2004–2017)

OBEN: *Herschels berühmtes 12-Meter-Teleskop, mit dem er Mimas und Enceladus entdeckte.* GEGENÜBER: *Gut sichtbar der 130 Kilometer große Einschlagkrater Herschel, der die sichtbare Hemisphäre des Saturntrabanten dominiert und nach dem Entdecker des Mondes benannt ist. Aufnahme von* Cassini, *Oktober 2010.*

1794

Meteoriten aus dem Weltraum

Ernst Chladni (1756–1827), **Jean-Baptiste Biot** (1774–1862)

Die heute übliche Vorstellung, dass manchmal Felsen vom Himmel fallen, hielten die Menschen lange für verrückt. Viele Kulturen kannten Steine mit einzigartigen magnetischen Eigenschaften oder einer hohen Eisenkonzentration. Dass es sich dabei aber um Bruchstücke von Asteroiden aus dem Hauptgürtel oder aus der Nähe der Erde handelte, zu diesem Schluss kam man erst im ausgehenden 18. und frühen 19. Jahrhundert.

Der deutsche Physiker Ernst Florens Friedrich Chladni schlug 1794 vor, dass es sich bei der großen metallreichen Gesteinsprobe, die Peter Simon Pallas 1772 in der Nähe von Krasnojarsk gefunden hatte, und ähnlichen Eisenmassen um Trümmer aus dem Weltall handelte. Seine Idee wurde zunächst als absurd abgetan, denn nach der gängigen wissenschaftlichen Meinung war das »Pallas-Eisen« vulkanischen Ursprungs oder durch Blitzschlag entstanden. Zu Beginn des 19. Jahrhunderts bestand endlich die Möglichkeit zur Durchführung eingehender Labormessungen. 1803 konnte der französische Physiker und Mathematiker Jean-Baptiste Biot den Beweis für Chladnis Hypothese erbringen: Die chemische Zusammensetzung der Bruchstücke, die nach einem Steinregen zu Tausenden in der Nähe der nordwestfranzösischen Stadt L'Aigle gefunden worden waren, unterschied sich von der aller bekannten irdischen Gesteine. Mit der Einführung des Begriffs »Meteorit« war die Meteoritenforschung geboren.

Über 30 000 Meteoriten sind bisher aufgesammelt worden, viele davon in Wüsten oder in der Antarktis, wo ein felsiger Eindringling vom Himmel sofort auffällt. In ihrer überwiegenden Mehrheit (etwa 86 Prozent) bestehen sie aus einfachen Silikatmineralien und winzigen Silikatkügelchen, den Chondren, die nach gängiger Meinung zu den ersten Stoffen gehörten, die sich aus dem Sonnennebel verdichteten und als Bausteine für Asteroiden und Planeten dienten. Etwa acht Prozent machen Meteoriten aus Silikaten ohne Chondren aus. Das sind Eruptivgesteine aus einst geologisch aktiven Krusten großer Asteroiden, des Mondes oder des Mars. Nur etwa fünf Prozent der Meteoriten bestehen wie die von Chladni und Biot untersuchten aus Eisen oder einer Eisen-Nickel-Legierung. Sie gelten als Überreste von Kernen alter, auseinandergebrochener Asteroiden und Planetesimale, die groß genug waren, um sich in Kern, Mantel und Kruste zu differenzieren, bevor sie in der Frühgeschichte des Sonnensystems zerstört wurden.

SIEHE AUCH Die stürmische Protosonne (vor 4,6 Mrd. Jahren), Der Asteroidengürtel (vor 4,5 Mrd. Jahren), Der Barringer-Krater (vor 50 000 Jahren)

Ein 400 Gramm schwerer gewöhnlicher Chondrit, der 2008 in einer harten Schotterebene der saudischen Rub-al-Chali-Wüste gefunden wurde. Die schwarze Oberfläche ist eine dünne Schmelzkruste, die sich bei der feurig heißen Durchquerung der Erdatmosphäre bildete.

1795

Der Encke'sche Komet

Caroline Herschel (1750–1848), **Johann Encke** (1791–1865)

Während in den letzten Jahrzehnten bei der Gleichstellung der Geschlechter in der wissenschaftlichen Praxis bedeutende Fortschritte erzielt wurden, dominierten Männer die Geschichte der astronomischen Beobachtungen und Entdeckungen von der Antike bis weit in die Neuzeit. Zu den ersten weiblichen Astronominnen, die in diesen Altherrenklub eindrangen, gehörte die englische Astronomin Caroline Herschel, die jüngere Schwester des Uranus-Entdeckers Wilhelm Herschel.

In jungen Jahren konzertierte Caroline, die wie ihr Bruder eine musikalische Ausbildung genossen hatte, oft mit ihm. Etwa zur selben Zeit wie Wilhelm begann sie ein ernsthaftes Interesse für die Astronomie zu entwickeln, und als er sich mehr und mehr dem Teleskopbau und astronomischen Beobachtungen hingab, schloss sie sich ihm als ständige Assistentin an. Sie war eine Meisterin der astronomischen Berechnungen und genoss auf diesem Gebiet schon bald einen Ruf, der den ihres Bruders als Spiegelpolierer und Teleskoptechniker übertraf. Auf Drängen ihres Bruders begann sie 1782 mit eigenen Beobachtungen.

Carolines Spezialgebiet war die Suche nach Kometen, von denen sie im Laufe der Jahre acht entdeckte. Einen, den sie 1795 als Erste beobachtete, identifizierte 1819 der deutsche Astronom Johann Encke als zweiten bekannten periodischen Kometen nach dem Halley'schen. Er genießt bis heute unter Astronomen Berühmtheit für seine Umlaufdauer um die Sonne von nur 3,3 Jahren – die kürzeste aller bekannten periodischen Kometen. Wegen seiner häufigen Wiederkehr gehört er auch zu den bestuntersuchten Kometen.

1798 veröffentlichte Caroline Herschel einen wichtigen Sternenkatalog. Außerdem gilt sie als Mitentdeckerin von Messier 110, einer elliptischen Galaxie im Sternbild Andromeda. Zu dieser Zeit bereits als erfolgreichste Astronomin anerkannt, gehörte sie zu den ersten weiblichen Ehrenmitgliedern der *Royal Astronomical Society* (weitere acht Jahrzehnte vergingen, bis Frauen Vollmitglieder werden konnten). In einem zuvor von Männern dominierten Bereich beeindruckte sie als scharfe Beobachterin und Vorbild für Frauen, die eine wissenschaftliche Laufbahn anstreben.

SIEHE AUCH Der Halley'sche Komet (1682), Der Messier-Katalog (1771)

OBEN: *Caroline Herschel, Porträt, 1829.* GEGENÜBER: *Encke'scher Komet und seine felsige Trümmerspur (langes, diagonales Band), Infrarotaufnahme des Spitzer-Weltraumteleskops, 2005. Das beinahe horizontale Band besteht aus Staub und Gas, die als Jets aus dem felsigen und eisigen Kern des Kometen schießen.*

1801

Ceres

Giuseppe Piazzi (1746–1826)

Die Entdeckung des Uranus und eines Dutzends neuer Monde im Sonnensystem spornten an der Schwelle zum 19. Jahrhundert die Astronomen dazu an, den Himmel noch eingehender zu katalogisieren und abzusuchen. Zu den gewissenhaftesten Himmelskartografen gehörte der Priester, Mathematiker und Astronom Giuseppe Piazzi von der Sternwarte Palermo. Zwischen 1789 und 1803 leitete er die Erstellung eines Sternkatalogs mit 7646 Einträgen, der 1814 veröffentlicht wurde.

Am 1. Januar 1801 erspähte Piazzi in der Nähe des Kopfes des Sternbildes Cetus einen schwachen Stern der Größenklasse 8, der in keinem früheren Katalog verzeichnet war. Da er in den folgenden Nächten eine Bewegung im Vergleich zu den Fixsternen feststellte, dachte er erst an einen Kometen, doch das Fehlen von Komas und Schweif ließ auf »Besseres« hoffen.

In der Tat stellte sich im Rahmen der Folgebeobachtungen Ende 1801 heraus, dass das Himmelsobjekt wie ein Planet die Sonne umkreiste, und zwar zwischen Mars und Jupiter in einer Entfernung von etwa 2,7 Astronomischen Einheiten. Piazzi nannte es nach der römischen Erdgöttin und seinem Förderer, König Ferdinand III. von Sizilien, *Ceres Ferdinandea*. Die Klassifizierung fiel schwer: Für einen Planeten zu klein und zu wenig hell, konnte sie auch kein Stern, Komet oder Mond sein. 1802 prägte Wilhelm Herschel für Ceres und die kürzlich entdeckte Pallas den Begriff Asteroid (»sternähnlich«).

Untersuchungen mit modernen Teleskopen haben ergeben, dass Ceres mit einem Durchmesser von etwa 950 Kilometern und einer Dichte von zwei Gramm pro Kubikzentimeter der größte Asteroid im Hauptgürtel ist und im Inneren möglicherweise überwiegend aus Eis besteht. Da sie allein aufgrund der durch ihre Größe bedingten Gravitation eine runde Form besitzt, klassifizieren die Astronomen sie heute wie Pluto als Zwergplaneten. Als die NASA-Raumsonde *Dawn* im März 2015 eine Umlaufbahn um Ceres erreichte, lernte man Oberfläche und Innenleben des Planetoiden besser kennen. Unter anderem wurden alte Eisvulkane und einfache organische Moleküle entdeckt.

Bis Mitte 2018 haben Astronomen die Umlaufbahnen von mehr als 750 000 Asteroiden bestimmt, eine Zahl, die in Zukunft aufgrund der technischen Möglichkeiten stark zunehmen dürfte.

SIEHE AUCH Der Asteroidengürtel (vor 4,5 Mrd. Jahren), Vesta (1807), Die Entdeckung des Pluto (1930), Die Herabstufung des Pluto (2006), *Dawn* erreicht Vesta (2011), *Dawn* erreicht Ceres (2015)

Ceres, der größte Asteroid im Sonnensystem, Echtfarbenaufnahme der Raumsonde Dawn *kurz nach ihrem Eintritt in seinen Orbit, 2015.*

1807

Vesta

Heinrich Wilhelm Olbers (1758–1840), Carl Friedrich Gauß (1777–1855)

In der Asteroidenentdeckung ging es zu Beginn des 19. Jahrhunderts Schlag auf Schlag: 1801 Ceres, 1802 Pallas und 1804 Juno. Heinrich Wilhelm Olbers war an zwei dieser Ereignisse beteiligt, indem er Ende 1801 Ceres in der Nähe der vorhergesagten Position erneut auffand und 1802 Pallas entdeckte und benannte. Der deutsche Arzt und Astronom nahm an, Kleinplaneten wie Ceres und Pallas könnten die Überreste eines zerstörten Planeten sein, der einst zwischen Mars und Jupiter die Sonne umkreiste.

Auf der Suche nach weiteren Bruchstücken des Planeten entdeckte Olbers 1807 den vierten Asteroiden. Der Mathematiker Carl Friedrich Gauß berechnete seine Umlaufbahn und benannte ihn nach Vesta, der römischen Göttin von Heim und Herd. Wie Ceres, Pallas und Juno umkreiste auch Vesta die Sonne im (später so benannten) Asteroidengürtel (Hauptgürtel), der sich in einer Entfernung von 2,1 bis 3,3 (im Mittel 2,7) Astronomischen Einheiten (AE) von unserem Stern befindet. Da Ceres, Pallas, Juno und Vesta nach heutigem Stand der Kenntnisse etwa die Hälfte der Gesamtmasse des Asteroidengürtels ausmachen, dürfte kaum überraschen, dass sie in Astronomie-Lehrbüchern des frühen 19. Jahrhunderts meist als neue Planeten bezeichnet wurden.

Vesta ist der hellste Asteroid im Hauptgürtel. Beobachtungen von Sternwarten und des Hubble-Weltraumteleskops sowie Daten der Raumsonde *Dawn* haben ergeben, dass ihr Durchmesser etwa 530 Kilometer beträgt. Ihre Dichte von 3,4 Gramm pro Kubikzentimeter lässt eine felsige Beschaffenheit erwarten, und zwei riesige Einschlagbecken am Südpol verleihen ihr eine gequetschte Form. Spektroskopische Daten deuten darauf hin, dass Vesta einst zähflüssig war und sich ähnlich den terrestrischen Planeten in Kern, Mantel und vulkanische Kruste differenziert haben dürfte. Die Meteoritenarten Howardit, Eukrit und Diogenit gelten als Überreste der Vesta und wurden womöglich durch die gigantischen Einschläge am Südpol abgesprengt.

Die Raumsonde *Dawn* lieferte 2011–2012 mit Spannung erwartete Details zu Vestas Geologie, Zusammensetzung und Geschichte, die den Asteroiden als seltenes Beispiel eines Protoplaneten, eines uralten Übergangsobjekts zwischen Asteroid und Planet, ausweisen. Damit ist Vesta von großer Bedeutung für die Entstehung terrestrischer Planeten, darunter der Erde.

SIEHE AUCH Der Asteroidengürtel (vor 4,5 Mrd. Jahren), Ceres (1801), *Dawn* erreicht Vesta (2011)

Die vielen Gesichter der Vesta im Laufe ihrer 5,3-stündigen Rotation, Aufnahmen des Hubble-Weltraumteleskops, Mai 2007. Ein großer Krater am Südpol verleiht der Vesta eine verbeulte Form.

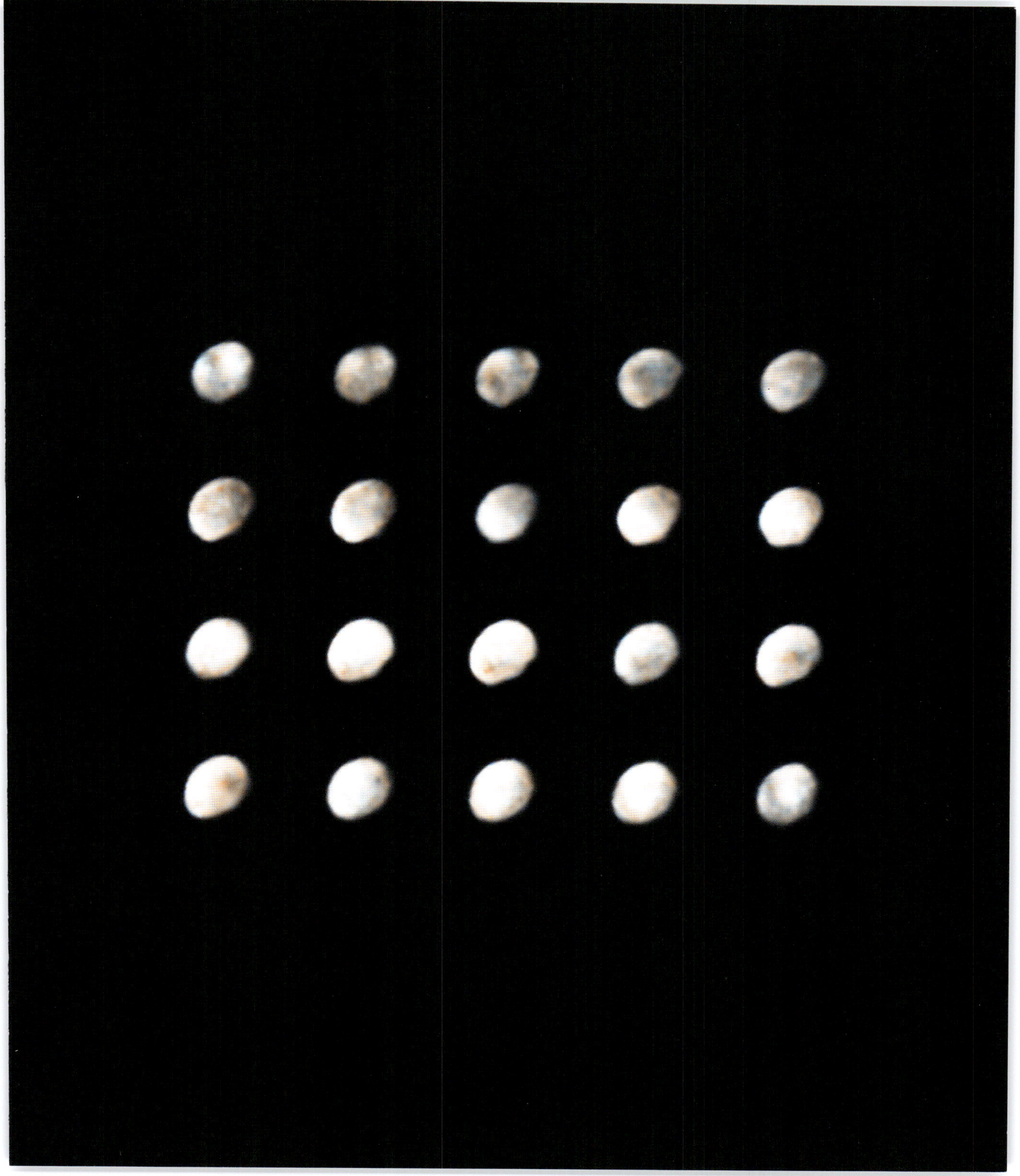

1814

Die Geburt der Spektroskopie

Isaac Newton (1643–1727), **William Hyde Wollaston** (1766–1828), **Joseph von Fraunhofer** (1787–1826)

Isaac Newton wies 1672 nach, dass Sonnenlicht weder weiß noch gelb ist, sondern aus den Farben des Lichtspektrums besteht: Prismen und ähnliche Objekte brechen sie beim Passieren in unterschiedlicher Weise. Andere Wissenschaftler führten Newtons Versuche fort und erweiterten sie. Dabei entdeckte der britische Arzt, Physiker und Chemiker William Hyde Wollaston 1802 im Spektrum der Sonne sieben dunkle Linien.

Die Naturwissenschaft brauchte ein Werkzeug, eine Methode, um die Natur dieser dunklen Linien und ihren genauen Platz im Sonnenspektrum zu verstehen. 1814 erfand der deutsche Optiker und Physiker Joseph von Fraunhofer das Spektroskop, ein besonderes Prisma, mit dem man die Wellenlängen der dunklen Linien ermitteln konnte. Mit seinem neuen Gerät entdeckte und untersuchte er über 500 solcher Linien im Sonnenspektrum, die Astronomen bis heute als Fraunhofer-Linien bezeichnen. 1821 baute er sein erstes hochauflösendes Spektroskop mit einem Beugungsgitter anstelle des Prismas. Damit wies er auch bei hellen Sternen wie dem Sirius Spektrallinien nach, die sich allerdings von denjenigen der Sonne unterscheiden, und wurde zum Begründer der Stellarspektroskopie.

Um die Mitte des 19. Jahrhunderts konnten Physiker und Astronomen diese Linien bereits im Labor reproduzieren, indem sie das Licht mit verschiedenen Gasen filterten. Dabei stellte sich heraus, dass chemische Elemente die Wellenlängen des Lichts in einer spezifischen und sehr schmalen Bandbreite des Spektrums absorbierten und die Spektrallinien verursachten. Die Spektroskopie entwickelte sich schlagartig zur Hauptmethode, um die atomare und molekulare Zusammensetzung der Sonne, der Atmosphäre eines Planeten, der Sterne, Nebel und anderer entfernter Lichtquellen zu messen. Alles, was dazu benötigt wurde, waren ein Teleskop und ein Spektrallinienmessgerät (Spektrometer). Die Spektroskopie mit boden- und weltraumgestützten Teleskopen sowie Raumsonden – Orbitern und Landern – gehört auch heute noch zu den zentralen Methoden der modernen Astronomie und Weltraumforschung.

SIEHE AUCH Newtons Gesetze (1687), Lichtgeschwindigkeit (1676), Helium (1868), Spektralklassen (1900)

Hochauflösende Lichtspektren der Sonne mit Fraunhofer-Linien, McMath-Pierce-Solarteleskop am Kitt-Peak-Nationalobservatorium in Arizona. Die Wellenlängen steigen von links nach rechts und Reihe zu Reihe an – von Violett unten links bis zu Rot oben rechts.

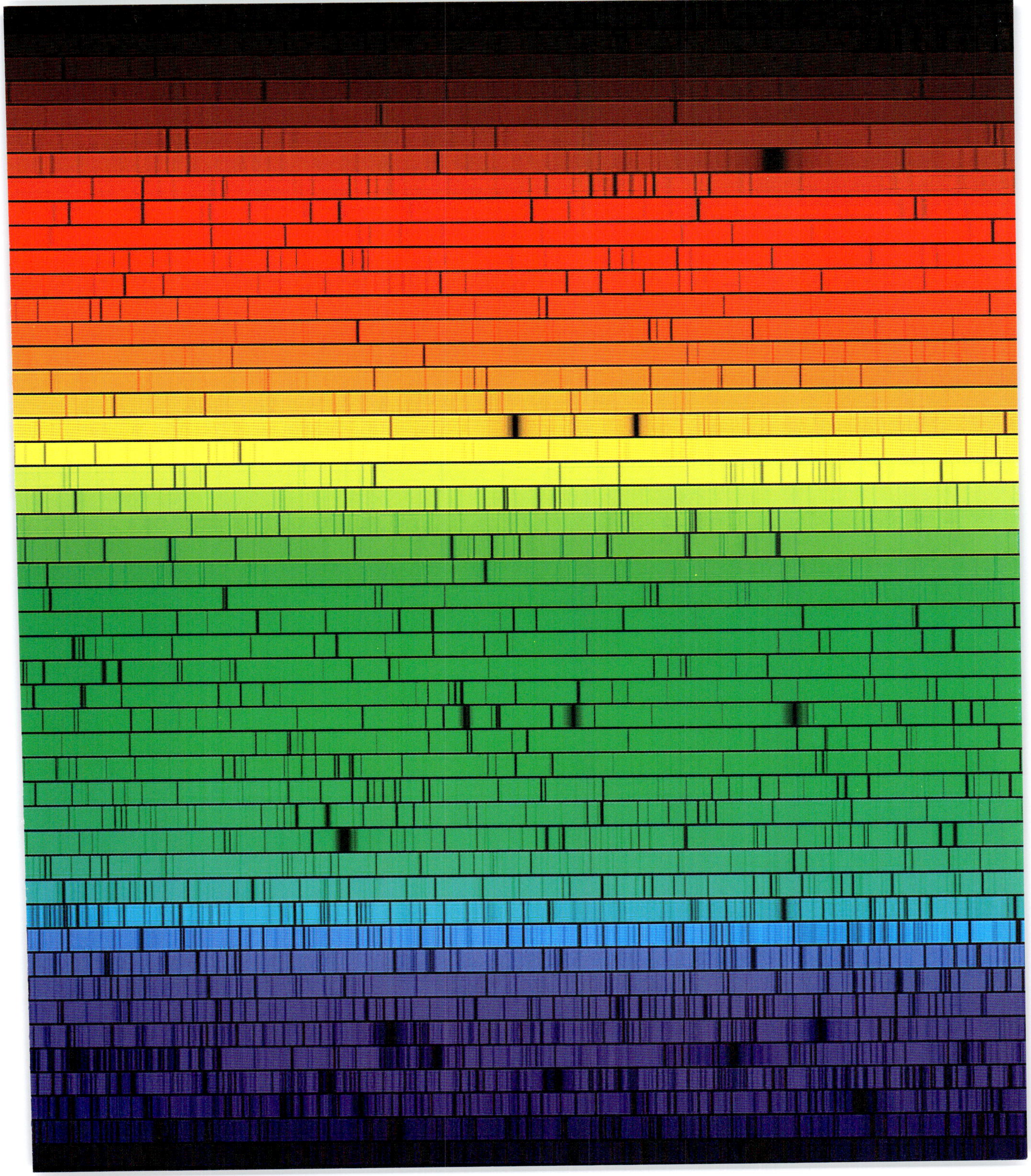

1838

Die Sternparallaxe

Friedrich Wilhelm Bessel (1784–1846), **Georg Wilhelm Struve** (1793–1864), **Thomas Henderson** (1798–1844)

Als Parallaxe bezeichnet man die scheinbare Bewegung eines Objekts, wenn der Beobachter seine Position verschiebt. So scheint sich ein Finger den man sich vor das Gesicht hält, zu bewegen, wenn man abwechselnd das linke und rechte Auge schließt.

Wenn der Unterschied im Betrachtungswinkel viel größer ist und der Beobachter seine Position beispielsweise um den Durchmesser der Erdumlaufbahn verschiebt, kann er nach Sternparallaxen suchen und die Abstände der Gestirne zur Erde ermitteln. Von Aristarchos' bis zu Tycho Brahes Zeiten diente die Tatsache, dass Astronomen keinerlei Sternparallaxe feststellen konnten, als Beweis für die ruhende Position der Erde im Zentrum des Universums. Später, nachdem sich Kopernikus' heliozentrisches Weltbild durchgesetzt hatte, belegte die noch immer nicht messbare Parallaxe die enorme Distanz von der Erde zu den Sternen. Es blieb zu klären, wie groß sie war.

1838 obsiegte der deutsche Mathematiker und Sternkartograf Friedrich Wilhelm Bessel im Wettlauf um die Sternparallaxenmessung. Er beobachtete den Stern 61 Cygni im Abstand von sechs Monaten, das heißt von gegenüberliegenden Positionen auf der Erdbahn um die Sonne aus, und stellte für ihn eine Parallaxe von 0,314 Bogensekunden (0,000087 Grad) fest. Im Wissen, dass die beiden Punkte zwei Astronomische Einheiten (300 Millionen Kilometer) auseinanderliegen, schätzte Bessel die Entfernung zu 61 Cygni auf rund 93 Billionen Kilometer, für die das Licht beinahe zehn Jahre braucht.

Damit lag er sehr nahe beim heutigen Wert von 11,4 Lichtjahren. Weitere Parallaxen bestimmten 1838 Friedrich Georg Wilhelm Struve für die Wega und Thomas Henderson für Alpha, die auf geschätzte Entfernungen von 25 beziehungsweise 4,3 Lichtjahren kamen. Alpha Centauri weist eine der größten beobachteten Eigenbewegungen am Himmel auf und gilt mit einer Entfernung von beinahe 272 000 Astronomischen Einheiten als sonnennächstes Sternsystem. Selbst zum Nachbarstern ist es ein weiter Weg.

SIEHE AUCH Das Heliozentrische Weltbild (um 280 v. Chr.), Das Sechsgestirn von Mizar-Alkor (1650), Die Eigenbewegung der Sterne (1718), Weiße Zwerge (1862)

OBEN: *Der Astronom Friedrich Bessel, Kupferstich, 1898.* GEGENÜBER: *3-D-Karte der 50 Sternensysteme in bis zu 16 Lichtjahren Entfernung von der Sonne (Mitte) mit Gitterlinien im Abstand von einem Lichtjahr. 61 Cygni ist der gelbe Stern beinahe senkrecht über der Sonne. Alpha Centauri, das nächste Sternsystem, befindet sich links unterhalb der Sonne.*

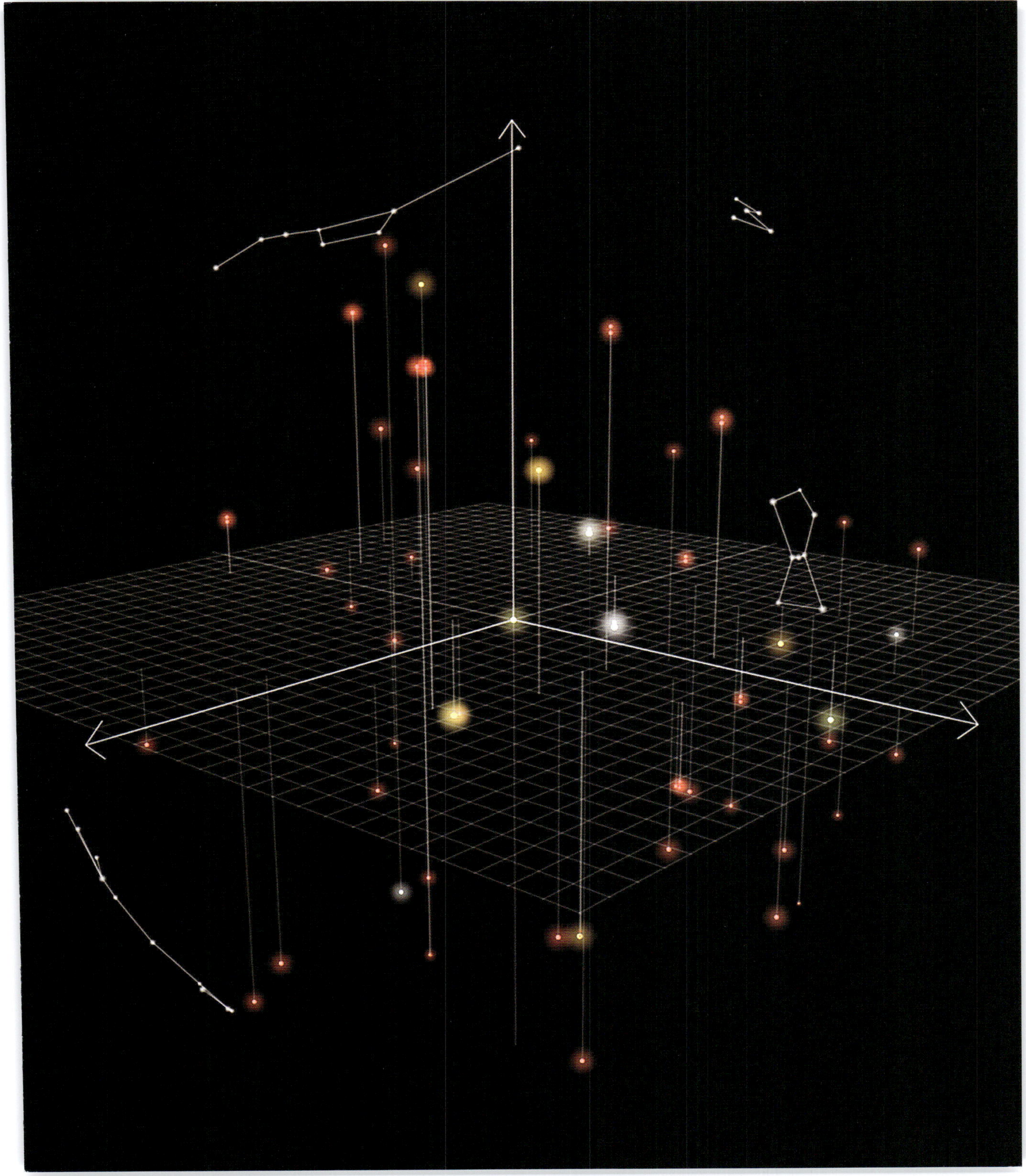

1839

Erste Astrofotografien

John William Draper (1811–1882), **Henry Draper** (1837–1882)

Bis ins 19. Jahrhundert waren die erfolgreichsten Astronomen zugleich auch talentierte Künstler, denn sie konnten das, was sie mit ihren Augen sahen, nur zeichnerisch oder malerisch festhalten. Mit der Erfindung der Fotografie änderte sich dies ab 1839 jedoch schnell, und später revolutionierten neue und bessere fotografische Methoden die Astronomie in unregelmäßigen Abständen von Neuem.

Die frühe Fotografie war mühselig, primitiv und gefährlich. Die von Louis Daguerre und Joseph Niépce erfundene Daguerreotypie konnte relativ scharfe Bilder auf nassen, mit Silber beschichteten Kupferplatten erzeugen, aber die Entwicklung erfolgte mit giftigen Quecksilber-, Jod- oder Bromdämpfen. Die Ergebnisse konnten sich sehen lassen, und die französische Regierung erwarb kurz nach seiner Erfindung die Rechte an dem Verfahren und stellte es der Welt kostenlos zur Verfügung.

Der Arzt, Chemiker und Fotograf John William Draper verbesserte Daguerres Verfahren. Als Naturwissenschaftler mit breiten Interessen richtete er seine Kamera auch zum Himmel. Ihm gelangen zwischen 1839 und 1843 einige, immer hochwertigere Daguerreotypien des Mondes – die ersten Fotos eines astronomischen Objekts. Deshalb wird er als Erfinder der Astrofotografie gefeiert.

Die Erfindung des Trockenen Gelatineverfahrens in den 1870er-Jahren machte die Astrofotografie mit Bildern von Objekten und Spektren zu einem wichtigen Forschungsinstrument. John Drapers Sohn Henry Draper führte die Arbeit seines Vaters fort und brachte Kameras an großen Teleskopen an. 1872 gelang ihm die erste Aufnahme des Lichtspektrums der Wega und 1880 die erste Fotografie des Orionnebels.

Später trat der Film an die Stelle der Platten, doch die analoge Fototechnik stieß zur Mitte des 20. Jahrhunderts an ihre Grenzen, was die Empfindlichkeit betraf. Die in den 1970er-Jahren entwickelten CCD-Sensoren und andere Verfahren der elektronischen Bildgebung sind bis heute das bevorzugte fotografische Medium für wissenschaftliche wie auch für private Zwecke.

SIEHE AUCH Die »Entdeckung« des Orionnebels (1610), Die Geburt der Spektroskopie (1814), Die Digitalisierung der Astronomie (1969)

Diese Daguerreotypie des beinahe vollen Mondes, die John William Draper im Winter 1839/1840 von New York aus gelang, gilt als erste bekannte astronomische Aufnahme überhaupt. Draper warf das Bild des Mondes mit einem 7,6-Zentimeter-Objektiv auf die versilberte Kupferplatte und musste es fast 20 Minuten lang auf dem gleichen Teil der Platte stabil halten.

Die Entdeckung des Neptuns

Urbain Le Verrier (1811–1877), **Johann Galle** (1812–1910),
John Couch Adams (1819–1892)

In den Jahrzehnten nach der Entdeckung des Uranus im Jahre 1781 verfolgte man seinen langsamen Kurs und passte den Verlauf seiner Bahn um die Sonne laufend an. Dabei stellten einige Astronomen leichte Abweichungen von der nach dem Newton'schen Gesetz zu erwartenden Route fest. Der englische Astronom John Couch Adams und der französische Mathematiker Urbain Le Verrier vermuteten als findige Theoretiker den Grund dafür in der Anziehungskraft eines noch unentdeckten Planeten.

1845–1846 arbeiteten Le Verrier und Adams unabhängig an Voraussagen, wo man diesen »Störer« des Uranus am Himmel finden könnte. Adams überzeugte Cambridger Kollegen, nach dem Planeten zu suchen, aber sie mussten seinen Angaben folgend ein gutes Stück Himmel absuchen und erkannten den achten Planeten nicht als solchen.

Le Verriers Vorhersage war genauer und vermutete ihn in einer begrenzteren Himmelsgegend. So dauerte es in der Nacht vom 24. auf den 25. September 1846 nur wenige Stunden, bis sein deutscher Kollege von der Berliner Sternwarte, Johann Gottfried Galle, den Himmelskörper ausfindig machte und mehrere Nächte später bestätigte, dass es sich um den achten Planeten handelte. Dies wurde als Triumph der Newton'schen Physik gefeiert, und der französische Astronom, Physiker und Politiker François Arago verkündete, Le Verrier habe »mit der Spitze seiner Feder« einen Planeten aufgespürt. Le Verrier und Galle gelten – selbst von Adams anerkannt – gemeinsam als Entdecker des neuen Planeten. Später taufte ihn Le Verrier nach dem römischen Meeresgott auf den Namen Neptun. Seine Entdeckung verdoppelte die Größe des Sonnensystems erneut.

Neptuns durchschnittliche Entfernung zur Sonne beträgt 30 Astronomische Einheiten und seine Umlaufzeit fast 165 Jahre. Da er von der Erde aus sehr klein erscheint und sich äußerst langsam bewegt, hatten Galileo und andere Astronomen den Neptun zwar zuvor schon beobachtet, ihn aber wie Adams' Cambridger Kollegen nur für einen weiteren bläulichen Stern gehalten. Aus der Nähe untersucht wurde er während des Vorbeiflugs der *Voyager 2* im August 1989, die Wissenschaftlern einen flüchtigen Blick auf eine wunderschöne, aber extrem stürmische blaue Welt in den Weiten unseres Sonnensystems gewährte.

SIEHE AUCH Neptun (vor 4,5 Mrd. Jahren), Newtons Gesetze (1687), Die Entdeckung des Uranus (1781), Triton (1846), *Voyager 2* erreicht den Neptun (1989)

Beinahe »voller« Neptun, Aufnahme von Voyager 2. *Der Große Dunkle Fleck in der Nähe des Zentrums der Planetenscheibe wird als riesiges Wirbelsturmsystem ähnlich dem Großen Roten Fleck des Jupiters betrachtet.*

1846

Triton

John Herschel (1792–1871), **William Lassell** (1799–1880)

Mit der Entdeckung des Neptuns im Herbst 1846 bot sich den Mondjägern ein neues Ziel – bei seiner großen Entfernung von der Sonne eine echte Herausforderung. Seinen ersten Trabanten entdeckte der britische Kaufmann und Hobby-Astronom William Lassell nur 17 Tage nach der Entdeckung des Planeten. Er hatte als Bierbrauer gutes Geld verdient und im Alleingang das damals größte funktionierende Teleskop der Welt gebaut: eine Halterung gefertigt, die Spiegel geschliffen und einen Newton'schen Reflektor mit einem Durchmesser von 61 Zentimetern montiert. Als John Herschel von der Entdeckung des Neptuns erfuhr, schlug er Lassell vor, mit seinem Teleskop nach Monden rund um den neuen Planeten zu suchen.

Schon nach acht Tagen hatte Lassell einen Trabanten erspäht, der sich als merkwürdiger Mond herausstellte. Er umkreiste den Neptun anders als die bekannten Monde des Sonnensystems retrograd, entgegen der Rotationsrichtung seines Planeten. Außerdem ist seine Umlaufbahn so stark gegenüber dem Äquator des Neptuns geneigt, dass jeweils einer seiner Pole wie beim Uranus auf die Sonne ausgerichtet ist. Lassell gab seiner Entdeckung keinen Namen. Erst später einigte man sich auf Triton, einen Meeresgott und Sohn von Poseidon (dem griechischen Pendant zu Neptun).

Erst 1989, mit dem Vorbeiflug der *Voyager 2*, erfuhr man mehr über Triton: Sein Durchmesser beträgt 2700 Kilometer, er ist hell, denn seine Oberfläche reflektiert 70–80 Prozent des Sonnenlichts, und mit einer Dichte von 2,1 Gramm pro Kubikzentimeter ein Eismond. Am meisten überraschten seine dünne Stickstoffatmosphäre, die Stickstoffgeysire sowie die geologisch junge Oberfläche mit nur wenigen Kratern, die vermutlich durch eisigen Kryovulkanismus immer wieder erneuert wurde.

Später wurde bekannt, dass Stickstoff-, Wasser- und Kohlendioxid-Eis mit einer Oberflächentemperatur von gerade einmal 30–40 Grad über dem absoluten Nullpunkt Tritons seltsames Relief formten. Im Inneren könnte das Eis durch radioaktive Wärme geschmolzen werden. Triton erscheint wie ein Zwilling des Pluto, und viele Astronomen vermuten deshalb, er stamme aus dem Kuipergürtel und sei von Neptun angezogen und in seine gekippte, retrograde Umlaufbahn gebracht worden.

SIEHE AUCH Pluto und der Kuipergürtel (vor 4,5 Mrd. Jahren), Mimas (1789), Die Entdeckung des Neptuns (1846), Die Entdeckung des Pluto (1930), *Voyager 2* erreicht den Neptun (1989)

Die helle Polkappe des Neptunmondes Triton aus gefrorenem Stickstoff und Methan sowie Höhenrücken, Canyons und eingesprenkelten Streifen, die auf aktive Stickstoffgeysire verweisen. Falschfarbenbild der Voyager 2*, 25. August 1989.*

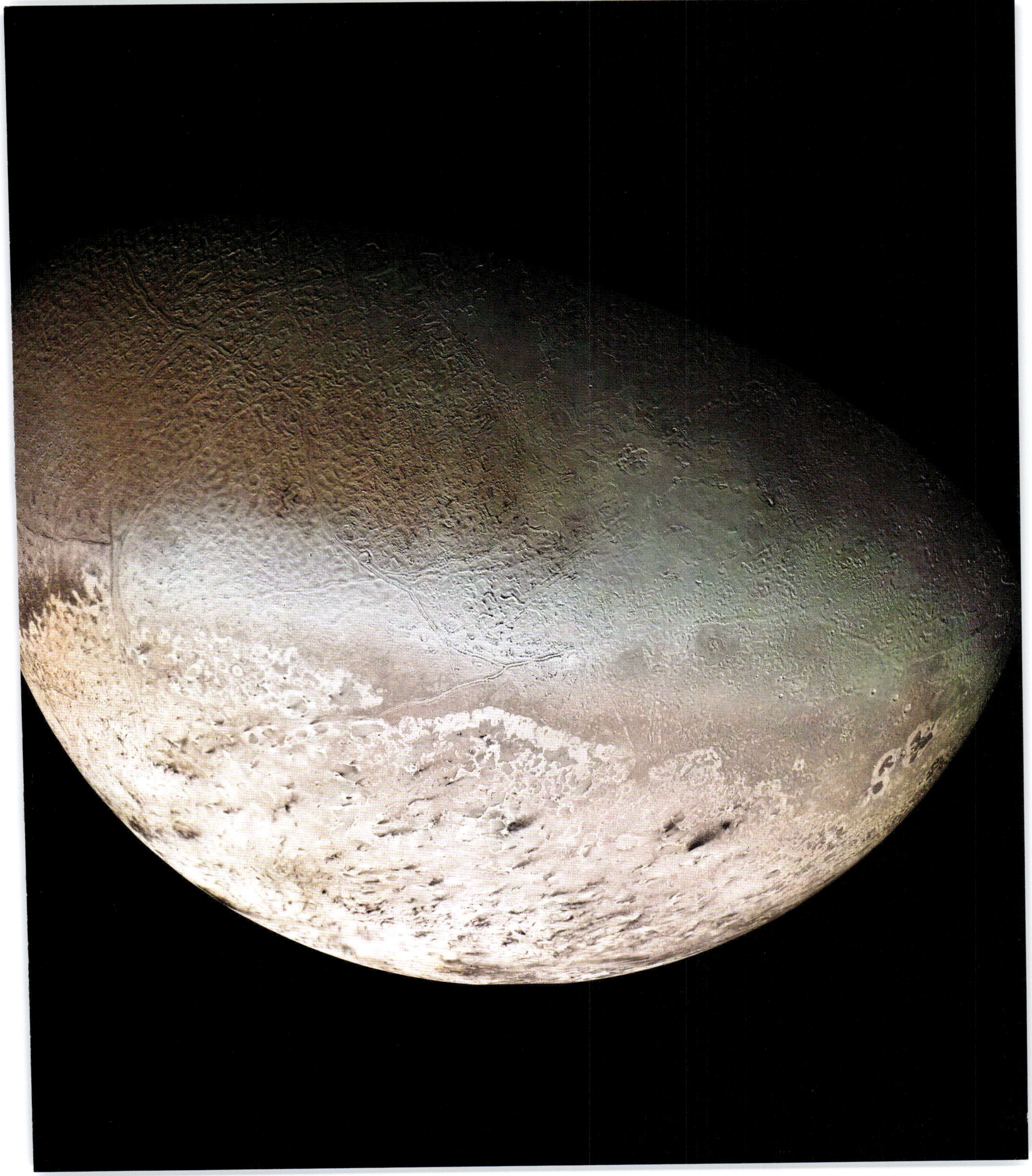

1847

»Miss Mitchells Komet«

Maria Mitchell (1818–1889)

Obwohl die englische Astronomin Caroline Herschel vor dem Anbruch des 19. Jahrhunderts eine Bresche für naturwissenschaftlich interessierte Frauen geschlagen hatte, war die Zahl der weiblichen Forscherinnen noch äußerst gering. Es dauerte mehr als ein halbes Jahrhundert, bevor die erste Astronomin eine akademische Karriere machte.

Das gelang der Astronomin und Pädagogin Maria Mitchell von der Insel Nantucket im US-Bundesstaat Massachusetts. Sie unterrichtete an einer von ihrem Vater gegründeten Schule und arbeitete später als Bibliothekarin. In dieser Position konnte sie die wissenschaftlichen und literarischen Werke der damaligen Zeit studieren und zugleich ihre Fertigkeit im Beobachten des Nachthimmels perfektionieren. 1847 entdeckte sie vom kleinen Observatorium ihres Vaters aus einen schwachen Kometen, der informell als »Miss Mitchells Komet« bezeichnet wurde.

Als Astronomin war Mitchell weit über die USA hinaus bekannt. Sie reiste nach Europa, um mit Kollegen zu diskutieren oder Auszeichnungen in Empfang zu nehmen. Schließlich erhielt sie eine Stelle beim *Nautical Almanac Office*, wo sie das Jahrbuch der US-Navy erarbeitete und die Positionen der Venus berechnete. Sie wurde als erste Frau in die *American Academy of Arts and Sciences* und in die *American Association for the Advancement of Science* aufgenommen.

Doch ihre Leidenschaft galt nicht nur der astronomischen Forschung, sondern in gleichem Maße auch der Lehre, für die sie sich schon auf Nantucket begeistert hatte. Der New Yorker Geschäftsmann Matthew Vassar bot ihr 1865 eine Professur an seiner vor Kurzem gegründeten Hochschule für Frauen an, und sie nahm an. Damit war sie nicht nur die erste Hochschullehrerin des Vassar College, sondern die weltweit erste Professorin für Astronomie. Als dessen Direktorin unterwies sie ihre Studentinnen im College-Observatorium in der Kunst der Astronomie und betrieb hier eigene Forschungen zu den Sonnenflecken sowie der wechselnden Erscheinung der Planeten Jupiter und Saturn samt ihren Monden. In ihren 23 Jahren am Vassar-College bildete sie zahlreiche Frauen aus, die eine wissenschaftliche Laufbahn einschlugen. Die nach ihrem Tod zur Bewahrung ihres Erbes gegründete Maria Mitchell Association eröffnete 1908 das Maria-Mitchell-Observatorium auf Nantucket, das sich bis heute ganz der astronomischen Lehre und Forschung verpflichtet fühlt.

SIEHE AUCH Der Encke'sche Komet (1795)

Foto der Kometenjägerin Maria Mitchell, um 1865, als sie zur weltweit ersten Professorin für Astronomie berufen wurde, Nantucket Historical Association.

1848

Der Dopplereffekt bei Lichtwellen

Christian Doppler (1803–1853), **Armand Hippolyte Fizeau** (1819–1896), **Vesto Slipher** (1875–1969), **Edwin Hubble** (1889–1953)

Wir haben sicher schon alle gehört, wie sich der Klang des Martinshorns eines vorbeifahrenden Krankenwagens stark verändert. Während er näher kommt, scheint die Frequenz des Horns immer mehr anzusteigen, wogegen sie mit zunehmender Entfernung immer tiefer wird. Dieses Phänomen wird nach seinem Entdecker, dem österreichischen Physiker Christian Doppler, als Dopplereffekt bezeichnet. Er postulierte 1842, dass die wahrgenommene Frequenz jeder Art von Welle in Zusammenhang mit der Geschwindigkeitsdifferenz zwischen Quelle und Beobachter steht.

1845 erbrachte der niederländische Meteorologe Christoph Buys Ballot den Nachweis für Dopplers Hypothese, was Schallwellen betrifft: Er ließ einige Trompeter auf einem fahrenden Zug ein G spielen und andere, die neben der Bahnstrecke standen, die Tonhöhe bestimmen, während der Zug sich näherte und wieder entfernte. Der französische Physiker Armand Hippolyte Fizeau wandte 1848 die Doppler-Hypothese auf Lichtwellen an und erklärte damit leichte Frequenzänderungen oder Verschiebungen von Absorptionslinien in den Spektren der Sterne.

Mithilfe der Größe und Richtung dieser Frequenzänderungen, die von den Astronomen als Dopplerverschiebung bezeichnet werden, lässt sich die Geschwindigkeit berechnen, mit der sich astronomische Körper einander nähern oder voneinander entfernen. Höhere Lichtfrequenzen sind mit kürzeren Wellenlängen, sprich einer Blauverschiebung, verbunden und verweisen auf ein Näherkommen des Objekts, während man im gegenteiligen Fall eine Rotverschiebung des Spektrums feststellen kann. In den 1860er-Jahren wurden die ersten wissenschaftlich fundierten Sterngeschwindigkeiten gemessen, und im folgenden Jahrzehnt erkannte man erstmals die durch die Bewegung der Erde um die Sonne verursachte Dopplerverschiebung der Sterne. Im frühen 20. Jahrhundert entdeckte der amerikanische Astronom Vesto Slipher, dass die meisten bekannten Nebel, darunter diejenigen im Messier-Katalog, eine Rotverschiebung aufwiesen und sich somit von uns entfernten. Bald darauf zeigte Edwin Hubble auf, dass es sich bei vielen dieser Nebel in Wirklichkeit um weit von der Milchstraße entfernte Galaxien handelte. Hubbles Arbeiten resultierten in der Vorstellung eines sich ausdehnenden Universums und in der Urknalltheorie.

SIEHE AUCH Der Urknall (vor 13,7 Mrd. Jahren), Der Messier-Katalog (1771), Die Geburt der Spektroskopie (1814), Die Hubble-Konstante (1929)

Grafische Darstellung des Dopplereffekts: Eine Quelle, die sich von rechts nach links bewegt, sendet Wellen aus. Für den Betrachter haben Wellen vor der Quelle eine höhere Frequenz (kürzere Wellenlänge, bläuliche Färbung), Wellen dahinter dagegen eine längere Wellenlänge (rötliche Färbung).

1848

Hyperion

William Bond (1789–1859), **William Lassell** (1799–1880),
George Bond (1825–1865)

Nachdem Wilhelm Herschel 1789 den Saturnmond Mimas entdeckt hatte, erspähte man für über ein halbes Jahrhundert keine neuen Jupiter-, Saturn- oder Uranustrabanten mehr. Der achte Satellit des Saturns wurde 1848 jedoch innerhalb von Tagen gleich von zwei Gruppen unabhängig voneinander gesichtet. Das amerikanische Vater-Sohn-Team William und George Bond beobachtete den neuen Mond offenbar zuerst, aber William Lassell in England gab die Entdeckung als Erster bekannt, die heute allen drei Astronomen zugeschrieben wird. Im Jahr zuvor hatte John Herschel ein Kompendium neuer Beobachtungen veröffentlicht, in dem er eine Benennung der Saturnmonde nach den Titanen der griechischen Mythologie vorschlug. In Übereinstimmung damit nannte Lassell den gerade entdeckten Mond Hyperion, nach dem Bruder von Kronos, dem bei den Römern Saturnus entspricht.

Über Hyperion war lange nur bekannt, dass er den Saturn auf einer eher elliptischen Umlaufbahn in einer Entfernung von etwa 25 Durchmessern des Planeten weit außerhalb des Ringsystems umkreiste. Die *Voyager*-Sonden in den 1980er-Jahren und die *Cassini-Huygens*-Mission zum Saturn und seinen Monden 2004–2005 lieferten ausführlichere Daten. Wie sich herausstellte, ist Hyperion der erste und größte unregelmäßige (nicht runde) Mond, der mit dem Teleskop entdeckt wurde. Nach Aufnahmen der Raummissionen handelt es sich dabei um einen länglichen Körper, der etwa 328 x 260 x 214 Kilometer misst. Neuere spektroskopische Untersuchungen ergaben, dass seine Außenschicht aus dunklem, rötlichem, »verunreinigtem« Eis besteht, der dunklen Seite des Iapetus nicht unähnlich. Hyperions merkwürdige, schwammartige Oberfläche geht auf die unzähligen Einschlagkrater sowie die scharfkantigen Einschnitte und die Kämme zurück. Eine 120 Kilometer breite und zehn Kilometer tiefe Narbe auf einer Seite stammt von einem gewaltigen Einschlag. Womöglich ist Hyperion nur ein Bruchstück eines größeren Satelliten, der beim Zusammenprall auseinanderbrach. Aufgrund seiner Dichte von nur etwa 0,56 Gramm pro Kubikzentimeter dürfte Hyperion hauptsächlich aus porösem Eis bestehen. Astronomen vermuten, dass der Leerraum zwischen dem Eis im Inneren 40–50 Prozent ausmacht.

SIEHE AUCH Iapetus und Rhea (1671–1672), Mimas (1789), Phoebe (1899), *Cassini* erforscht den Saturn (2004–2017)

Die unregelmäßige, schwammähnliche Oberfläche Hyperions, Farbfoto der Raumsonde Cassini, *September 2005. Die Längsachse des Satelliten misst etwa 330 Kilometer, der Einschlagkrater Helios dominiert mit einem Durchmesser von 120 Kilometern diese Hemisphäre.*

1851

Das Foucault'sche Pendel

Jean Bernard Léon Foucault (1819–1868)

Im Raumzeitalter steht außer Frage, dass sich die Erde dreht, aber in einer Zeit ohne Satelliten, Raumsonden und ausgefallene computergestützte Planetensimulationen muss es einem schwergefallen sein, andere davon zu überzeugen. Die Rotation der Erde widerspricht der Intuition: Sonne und Himmel bewegen sich, nicht die Erde! Und wenn sich unser Planet tatsächlich mit der erforderlichen Geschwindigkeit (am Äquator etwa 1600 Stundenkilometer) dreht, sodass wir nach einem Tag wieder dieselbe Stelle erreichen, müssten wir dann nicht alle in den Weltraum hinausgeschleudert werden? Und doch lässt sich die Erdrotation auch ohne Beobachtungen von oben durch ein einfaches und wiederholbares Experiment physikalisch nachweisen.

Von einer ganzen Anzahl – auch erfolgreicher – Versuche erlangte nur derjenige große Berühmtheit, den der französische Physiker Léon Foucault 1851 erstmals durchführte. Wie alle ernsthaften Physiker kannte er die Newton'schen Gesetze und berief sich bei seinem Versuch auf das erste: Ein Körper verharrt im Zustand der Ruhe oder der gleichförmig geradlinigen Bewegung, sofern er nicht durch einwirkende Kräfte zur Änderung seines Zustands gezwungen wird. Er konstruierte ein 67 Meter langes Pendel mit einem 28 Kilogramm schweren Körper aus bleihaltigem Messing, das an der Decke des Pariser Panthéon aufgehängt war und bis zum Boden reichte. Foucault wusste, dass das Pendel, wenn er es anstieß, ohne Einwirkung weiterer Kräfte in derselben Weise immer weiter schwingen würde – es verblieb im selben Inertialsystem, zusammen mit den »Fixsternen« und nicht mit der Erde. Indem man wie bei einer Sonnenuhr Stundenmarkierungen anbringt oder kleine Hindernisse für den Pendelkörper aufstellt, kann man mühelos aufzeigen, dass sich der Raum (und damit die Erde) in Bezug zur Ebene des Pendelschwungs langsam dreht. Dabei ist jedoch zu beachten, dass im Draht, an dem der Pendelkörper hängt, und infolge von dessen Bewegung durch die Luft Reibung entsteht, die kompensiert werden muss. Im folgenden Jahr stellte Foucault ein nach ähnlichen Prinzipien funktionierendes Gyroskop fertig.

Das Foucault'sche Pendel wurde wegen seiner Einfachheit im 19. Jahrhundert zur Sensation. Noch heute findet man Hunderte weltweit in Universitäten, Forschungszentren und Museen.

SIEHE AUCH Newtons Gesetze (1687)

Ein großes Foucault'sches Pendel im Wissenschaftsmuseum Príncipe Felipe *in der* Ciutat de les Arts i les Ciències *in Valencia. In diesem Fall wird etwa jede halbe Stunde ein kleines Kugel- und Stabmodell umgekippt, weil sich die Erde unter der Trägheitsebene des Pendels dreht.*

1851

Ariel und Umbriel

William Lassell (1799–1880)

Der britische Brauereibesitzer und Amateurastronom William Lassell entdeckte 1846 den großen Neptunmond Triton sowie 1848 den kleinen Saturnmond Hyperion (unabhängig von zwei anderen) und gelangte deshalb zu einiger Berühmtheit. Diese astronomischen Durchbrüche gelangen ihm in seiner einfachen Sternwarte Starfield in der Nähe seines Hauses in Liverpool, dessen Himmel oft wolkenverhangen war. Ermöglicht wurden sie durch eigene neue Teleskop-Montierungen – er perfektionierte die noch heute für viele große Teleskope verwendete parallaktische (äquatoriale) Montierung – sowie neue Spiegelherstellungs- und Poliertechniken.

Sein deutschstämmiger Landsmann Wilhelm Herschel hatte bei der Entdeckung der Uranusmonde Titania und Oberon 1787 eine Linse mit 47 Zentimetern Durchmesser verwendet. In den folgenden sechs Jahrzehnten fand man keine neuen Trabanten des Uranus. Als Lassell 1851 sein Newton-Teleskop, das mit seinen 61 Zentimetern Durchmesser noch immer das größte der Welt war, auf die Region des Uranus richtete, hoffte er sogar, dunkle Monde, auch näher am Uranus, aufzuspüren. Seine Geduld zahlte sich aus, denn er entdeckte zwei neue Monde des siebten Planeten. Sein Kollege John Herschel taufte sie 1852 nach Figuren aus den Werken von Shakespeare und Pope Ariel und Umbriel.

Als die Raumsonde *Voyager* 2 im Januar 1986 das Uranus-System durchflog, schoss sie hochauflösende Aufnahmen der sonnenbeschienenen Südhalbkugeln dieser Welten. Ariel ist danach etwa ein Drittel so groß wie der Erdmond und besitzt eine Dichte, die auf Eis und Fels schließen lässt. Lange Netzwerke komplexer Dehnungsgebirge und breiter, flacher Schluchten deuten auf eine signifikante geologische Aktivität auf Ariel hin, die vielleicht durch Gezeitenkräfte des Uranus oder seiner großen Monde hervorgerufen wurde. Der ähnlich große Umbriel ist der dunkelste Uranusmond und reflektiert nur etwa ein Zehntel des einfallenden Sonnenlichts (Ariel etwa ein Viertel). Eine Ausnahme bilden hellere, möglicherweise frischere Flächen in Kratern. Auf Umbriel konnte die *Voyager* nur eine stark verkraterte Oberfläche ausmachen und keine komplexeren geologischen Gebilde.

SIEHE AUCH Titania und Oberon (1787), Triton (1846), Hyperion (1848)

OBEN: *Umbriel, Aufnahme der* Voyager 2. GEGENÜBER: *Fotomontage aus Nahaufnahmen von Ariel,* Voyager 2, *24. Januar 1986. Gebirgskämme und tiefe Schluchten weisen auf eine einst aktive geologische Oberfläche auf dieser kleinen, eisigen Welt hin.*

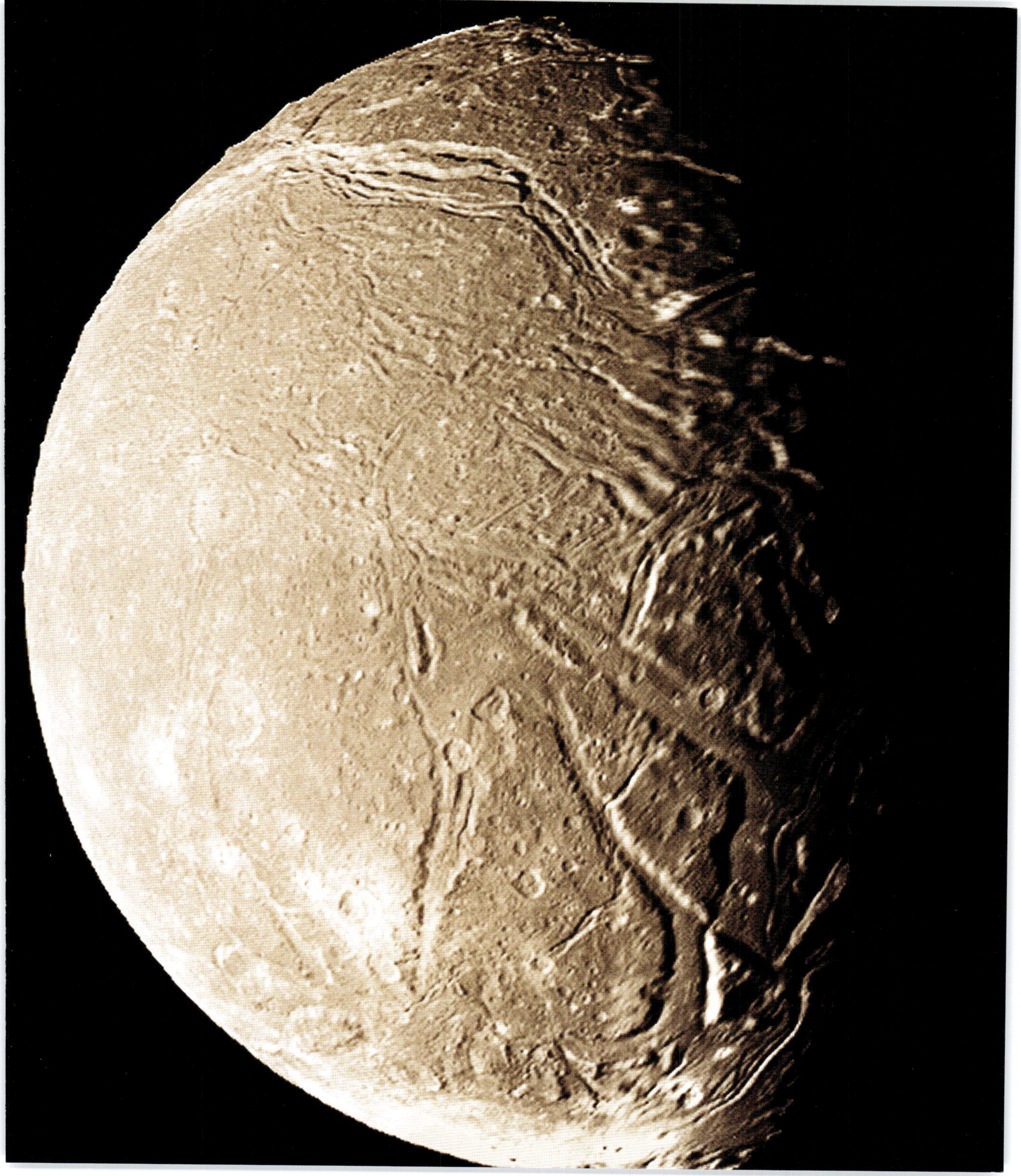

Kirkwoodlücken

1857

Daniel Kirkwood (1814–1895)

Die Entdeckung der Asteroiden Ceres, Pallas, Juno und Vesta zwischen 1801 und 1807 schlug ein neues Kapitel in der Erforschung des Sonnensystems auf: die Kleinplanetenforschung. Danach vergingen über 35 Jahre bis zur Auffindung neuer Asteroiden. Deutlich höher auflösende Teleskope ließen aber in den 1850er-Jahren die Asteroidenpopulation schlagartig ansteigen, und so kannte man 1857 bereits 50 Asteroiden samt Sonnenumlaufbahnen im Hauptgürtel zwischen Mars und Jupiter.

Der stärker bevölkerte Asteroidengürtel erweckte die Aufmerksamkeit des amerikanischen Mathematikers Daniel Kirkwood, der 1846 mit einer Art Kepler'schem Gesetz Bekanntheit erlangt hatte, das die Eigenrotation der Planeten in Zusammenhang mit ihrer Entfernung von der Sonne brachte. Diese Theorie musste er zwar, als genauere Daten zur Verfügung standen, verwerfen, aber er setzte seine Studien zur Dynamik des Sonnensystems fort. Bei Untersuchungen zu den Bahneigenschaften der Asteroiden ab 1857 stieß er auf Erstaunliches: Die Entfernungen, in denen sie die Sonne umkreisten, ließen weder eine gleichmäßige noch eine zufällige und auch keine Gauß-Verteilung erkennen. In einigen Abstandsregionen schienen die Asteroiden sich zu häufen, während in anderen gar keine vorhanden waren: Es lag eine Clusterbildung vor.

Kirkwood fand heraus, dass hypothetische Objekte an Leerstellen im Hauptgürtel die Sonne in einer Zeit umkreisen würden, die ein ganzzahliges Mehrfaches der Umlaufzeit des Jupiters betrüge. So fand man keine Asteroiden in einer Sonnenentfernung von etwa 2,5 Astronomischen Einheiten, wo ein Objekt für eine Umkreisung der Sonne genau so lange wie der Jupiter bräuchte. Kirkwoods fundierte Begründung für dieses Phänomen lautete, dass Objekte aufgrund von Bahnresonanzen an später auftauchenden Lücken die große Schwerkraft des Jupiters in stärkerem Ausmaß zu spüren bekommen und aus ihrer Bahn oder sogar aus dem Hauptgürtel hinausbefördert werden.

Die Forschungsdaten der letzten anderthalb Jahrhunderte haben seine Theorie bestätigt, sodass Astronomen die Leerstellen im Hauptgürtel zu Ehren ihres Entdeckers als Kirkwood-Lücken bezeichnen. Auffällige Lücken im Hauptgürtel sind unter anderem auch bei den Resonanzen 5:2 und 7:3 sowie in den Ringen des Saturns zu finden, wo Resonanzen zwischen Monden als Ursache gelten.

SIEHE AUCH Der Asteroidengürtel (vor 4,5 Mrd. Jahren), Ganymed (1610), Saturnringe (1659), Ceres (1801), Vesta (1807)

Grafische Darstellung der Kirkwoodlücken im Asteroidengürtel zwischen Mars und Jupiter. Die Lücken sind Regionen, in denen Asteroiden aufgrund von Bahnresonanzen mit dem Jupiter von der Schwerkraft des Gasriesen aus der Bahn geworfen wurden.

1859

Sonneneruptionen

Richard Carrington (1826–1875)

Viele Astronomen des 19. Jahrhunderts richteten ihre immer leistungsfähigeren Teleskope auf die Sonne als Objekt mit der größten Masse, Energie und Bedeutung in unserem System und studierten ihr Innenleben. Mit den passenden Filtern oder durch Projektion der Sonnenscheibe an die Wand oder auf einen Schirm hatten die Astronomen schon zuvor Sonnenflecken und weitere Merkmale der »Oberfläche« der Sonne, der Fotosphäre, beobachtet. Die systematische Beobachtung der Sonnenflecken seit dem frühen 17. Jahrhundert – weniger gezielt bereits seit viel früherer Zeit – hatte für die Sonnenaktivität einen elfjährigen Zyklus ergeben.

Zu den bekanntesten und produktivsten Sonnenflecken-Beobachtern gehörte der englische Amateurastronom Richard Christopher Carrington. Am 1. September 1859 sah er in der Nähe einer besonders dichten Gruppe von Sonnenflecken ein weißes Licht aufleuchten. Das Schauspiel dauerte nur wenige Minuten, doch tags darauf hörte man von weltweiten intensiven Polarlichtern und größeren Störungen des Telegrafenverkehrs sowie anderer elektrischer Systeme.

Carrington hatte als Erster eine Sonneneruption beobachtet und auch dokumentiert. Die Rede ist von einer gewaltigen Explosion in der Sonnenatmosphäre, bei der hochenergetische Teilchen mit enormer Geschwindigkeit ins Sonnensystem hinausgeschleudert werden. Der als Sonnenwind bezeichnete Teilchenstrom dringt bis ins schützende Magnetfeld der Erde vor und verursacht dort einen magnetischen Sturm. Die Auswertung der zahlreichen Beobachtungen von Sonneneruptionen sowie von Eisbohrkernen hat ergeben, dass es sich beim Carrington-Ereignis von 1859 nicht nur um den ersten, sondern auch um den größten dokumentierten Sonnensturm handelt – vielleicht gar eine Jahrtausenderuption.

Nachdem Carrington die Sonnenaktivität mit den Verhältnissen auf der Erde in Verbindung gebracht hatte, widmete man sich intensiv der Erforschung des Weltraumwetters, der Wechselwirkung des Sonnenwindes mit den Planeten. Die Satellitenarmada, die heute um die Erde kreist und in der milliardenschwere Technologie und Infrastruktur verbaut sind, reagiert sehr empfindlich auf Sonnenwind. Deshalb führen die Raumfahrtagenturen Carringtons Arbeit mit großem Elan fort, um das Weltraumwetter und seine Auswirkungen noch besser vorhersagen zu können.

SIEHE AUCH Die Geburt der Sonne (vor 4,6 Mrd. Jahren), Astronomie im Alten China (um 2100 v. Chr.), Mira-Sterne (1596)

Spektakuläre Sonneneruption am 30. März 2010, Aufnahme des Solar Dynamics Observatory *in extrem ultraviolettem ionisiertem Heliumlicht. In die Schleife im oberen Bild würden mehrere Hundert Erden passen.*

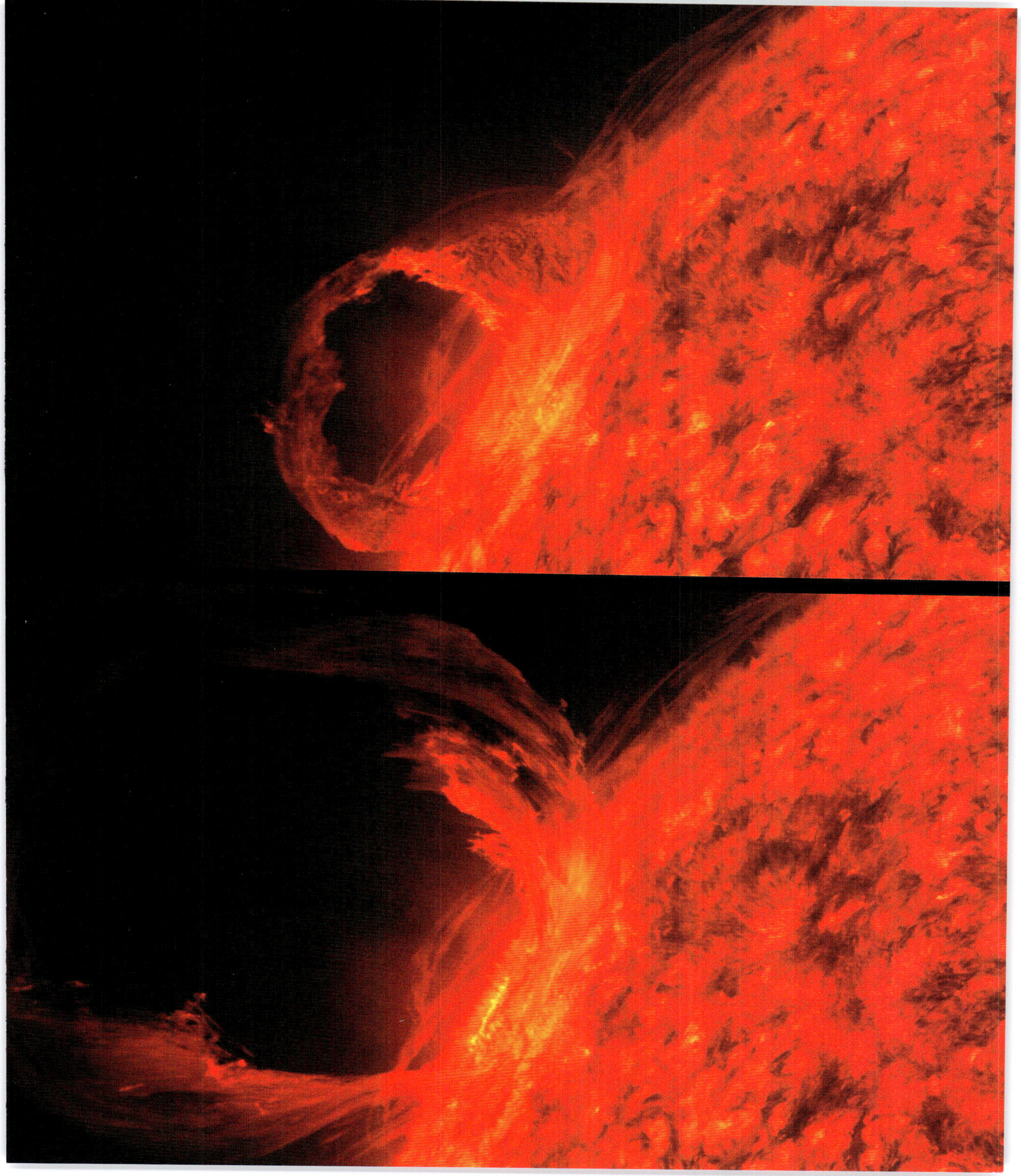

1859

Die Suche nach Vulkan

Urbain Le Verrier (1811–1877)

Der französische Mathematiker Urbain Le Verrier hätte sich noch lange im Glanz seiner mathematischen »Entdeckung« des Neptuns von 1846 sonnen können, aber er stellte sich schon bald seiner nächsten Herausforderung: den ungenauen Vorhersagen in Bezug auf die Sonnentransite und weiteren Verhaltensauffälligkeiten des Merkurs. Jahrzehntelange Beobachtungen des Planeten, der die Sonne in nur 88 Tagen umkreist, hatten Inkonsistenzen in seiner Bewegung offenbart. Während die übrigen Planeten sowie die Monde und Asteroiden des Sonnensystems den Kepler'schen und Newton'schen Gesetzen gehorchten, schienen sie für Merkur nicht uneingeschränkt zu gelten.

Le Verrier vermutete für die Bahnabweichungen des Merkurs dieselbe Quelle wie bei Uranus ein gutes Jahrzehnt zuvor: die Störung durch den gravitativen Einfluss eines anderen Planeten, der auf seine Entdeckung wartete. Deshalb stellte er einige Berechnungen an und traf eine Voraussage bezüglich der Position des hypothetischen Himmelskörpers. Er musste die Sonne in großer Nähe in etwa 20 Tagen umkreisen. Nach dem römischen Gott des Feuers taufte Le Verrier den Planeten sogar schon auf den Namen Vulkan. Nachdem er 1859 der französischen Akademie der Wissenschaften seine »Entdeckung« gemeldet hatte, entbrannte ein Wettrennen um seine Auffindung.

Die Beobachtung des Merkurs mit dem Teleskop fällt nicht einfach, da sein Winkelabstand (Elongation) zur stark blendenden Sonne am Himmel nie mehr als etwa 20 Grad beträgt. Somit stellte die Suche nach Vulkan bei einem Winkelabstand von weniger als acht Grad eine noch größere Herausforderung dar. Dennoch beteiligten sich sowohl Profi- als auch Hobbyastronomen mit viel Eifer daran. Le Verrier ging den wenigen Berichten über kleine Objekte nach, die an etwa der richtigen Stelle die Sonne passierten oder während Sonnenfinsternissen beobachtet wurden, aber keiner ließ sich durch weitere Beobachtung verifizieren. Er starb 1877 im Glauben, dass Vulkan da draußen war und nur darauf wartete, gefunden zu werden.

Die Astronomen konnten Vulkan nicht finden, denn die abweichende Bahn des Merkurs stellte sich als Auswirkung von Einsteins allgemeiner Relativitätstheorie und der Raumzeitkrümmung in Sonnennähe heraus. Dennoch lebt Le Verriers Suche in gewisser Weise fort: Heutige Astronomen suchen nach einer hypothetischen Population kleiner Asteroiden zwischen Sonne und Merkurumlaufbahn, die sie als Vulkanoide bezeichnen.

SIEHE AUCH Drei Gesetze der Planetenbewegung (1619), Newtons Gesetze (1687), Die Entdeckung des Neptuns (1846), Einsteins Wunderjahr (1905)

Grafische Darstellung eines hypothetischen Vulkanoiden, der die Sonne nah umkreist.

1862

Weiße Zwerge

Friedrich Wilhelm Bessel (1784–1846), **Alvan Clark** (1804–1887), **Alvan Graham Clark** (1832–1897)

In der zweiten Hälfte des 19. Jahrhunderts konstruierten erfahrene Astronomen und Teleskopbauer wie William Lassell in England und Alvan Clark in den USA größere und hochwertigere Geräte. Clark stellte große Linsen her, die so sich kombinieren ließen, dass die damit bestückten Fernrohre ohne die farbigen Regenbogen- und Halo-Effekte vieler früherer Modelle eine hohe Winkelauflösung und hervorragende achromatische Eigenschaften aufwiesen. *Alvan Clark & Sons* aus Massachusetts genießt als Teleskophersteller Weltruf, und viele seiner hochwertigen Instrumente sind noch heute in Betrieb.

Einer der Clark-Söhne, Alvan Graham Clark, testete die neuen Objektive des Unternehmens gern mit eigenen astronomischen Beobachtungen. Am 31. Januar 1862 richtete er dabei seinen neuen 47-Zentimeter-Refraktor am Stadtrand von Boston auf den nahen und hellen Sirius. Schon 1844 hatte der deutsche Mathematiker Friedrich Wilhelm Bessel vorausgesagt, dass die Veränderung der Eigenbewegung der hellen Sterne Sirius und Prokyon durch unentdeckte Begleiter verursacht werde. Und nun konnte Clark dank des klaren Himmels und der hervorragenden Qualität seiner Linsen den heute als Sirius B bekannten schwachen Begleiter entdecken.

Zu Beginn des 20. Jahrhunderts stellte man fest, dass das Spektrum von Sirius B dem von Sirius (A) ähnelt – nur dass er viel schwächer leuchtet. Aus Sirius B und anderen dunkel erscheinenden Sternen wurde schon bald die neue Klasse der heißen Weißen Zwerge gebildet. Später fand man heraus, dass sie das Endstadium massearmer, sonnenähnlicher Sterne darstellen, die allen Wasserstoff aufgebraucht haben, aber zu klein für eine Supernova sind.

Als man ihre Umlaufbahnen mithilfe der Kepler'schen Gesetze analysierte, entdeckte man die extrem hohe Dichte der Weißen Zwerge: etwa eine Tonne pro Kubikzentimeter, das entspricht 0,5 bis 1,3 auf Erdgröße komprimierten Sonnenmassen! Somit gehören die Weißen Zwerge wie die Neutronensterne und die schwarzen Löcher mit der höchsten bekannten Dichte im Universum einem exklusiven Club äußerst komprimierter Himmelsobjekte an.

SIEHE AUCH Drei Gesetze der Planetenbewegung (1619), Das Sechsgestirn von Mizar-Alkor (1650), Die Eigenbewegung der Sterne (1718), Die Sternparallaxe (1838), Neutronensterne (1933), Schwarze Löcher (1965)

Der nahe Sirius und sein Weißer Zwerg Sirius B, Aufnahme des Röntgenobservatoriums Chandra. Sirius B ist der hellere Stern; mit einer Oberflächentemperatur von 25 000 Kelvin ist er ein starker Röntgenstrahler. Im Frequenzbereich des sichtbaren Lichts ist Sirius B dagegen zehntausendmal dunkler als Sirius (A).

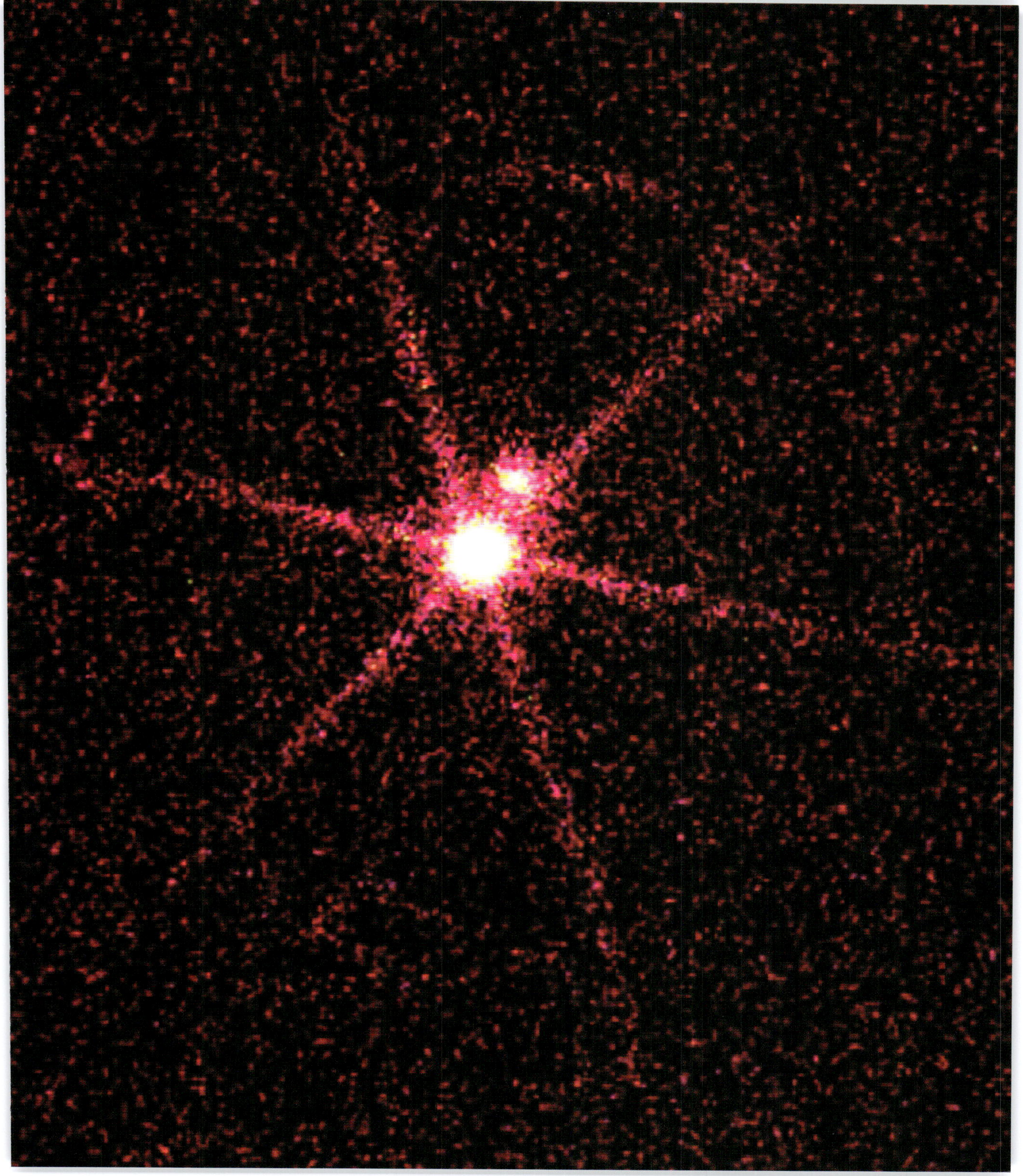

1866

Der Ursprung der Leoniden-Meteore

Urbain Le Verrier (1811–1877)

Man fahre in einer klaren Neumondnacht aus der Stadt hinaus, lege sich auf eine Decke oder auf einen Liegestuhl und schaue empor. Sobald sich die Augen an das trübe Licht der Sterne gewöhnt haben, dauert es nicht lange, und ein heller Lichtstreifen erscheint am Himmel. Das ist ein Meteor, ein winziges Stück Fels oder Eis aus dem All, das in die Erdatmosphäre eindringt und infolge der dabei entstehenden Reibung umgehend verbrennt. In einer klaren Nacht können pro Stunde nämlich meist mehrere dieser »Sternschnuppen« beobachtet werden. Hin und wieder, meist um die gleiche Zeit im Jahr, sind es bei einem Meteorstrom, auch Meteorschauer oder Sternschnuppenschwarm, Dutzende, vielleicht gar Hunderte Meteore pro Stunde. Und in ganz seltenen Fällen wird der Nachthimmel durch Tausende und Abertausende Meteore pro Stunde, sprich einen Meteorsturm, erhellt – ein kosmisches Feuerwerk, das es mit jeder Neujahrsfeier aufnehmen kann.

Über Jahrtausende glaubte man, Meteorströme oder -stürme verhießen Unheil. Erst gegen Ende der 1860er-Jahre gelang es den Astronomen, den Ursprung dieses kosmischen Spektakels zu klären: Meteorströme haben mit Kometen zu tun.

Den Schlüssel zur Lösung des Rätsels lieferte 1866 die gleichzeitige Sichtung eines neuen kurzperiodischen Kometen in Frankreich und in den USA. Er kehrt alle 33 Jahre wieder und hört nach seinen Entdeckern auf den Namen Tempel-Tuttle. Der französische Mathematiker und Neptun-Entdecker Urbain Le Verrier sowie andere Weltraumforscher stellten fest, dass seine Umlaufbahn bemerkenswerte Ähnlichkeit mit den Bahnen der als Leoniden bekannten Meteore aufweist, die Mitte November einen Meteorstrom bilden. So konnte der nächste große Leonidenstrom um die Jahrhundertwende genau vorhergesagt werden. Und schließlich kannte man nun den Ursprung der Meteoritenströme: Eisige und felsige Trümmer eines Kometen, der denselben Bereich des Weltraums wie die Erde durchquert hat, dringen in unsere Atmosphäre ein.

Neben den Leoniden Mitte November sorgen auch die Perseiden (Swift-Tuttle) Mitte August, die Orioniden (Halley) Ende Oktober und ein gutes Dutzend weiterer Meteorströme pro Jahr für das feurige Schauspiel des Verglühens winziger Stücke eines Kometen.

SIEHE AUCH Der Halley'sche Komet (1682), Die Entdeckung des Neptuns (1846)

Grafische Darstellung eines spektakulären Leoniden-Meteorstroms von Zehn- bis Hunderttausenden Bruchstücken pro Stunde, 1888. Das besondere Ereignis hatte man am 12. und 13. November 1833 in ganz Nordamerika beobachten können. Ähnlich große Meteorströme wurden 1866 und 1966 gemeldet.

1868

Helium

Jules Janssen (1824–1907), **Norman Lockyer** (1836–1920)

Eine totale Sonnenfinsternis, bei der der Neumond die Sonnenscheibe vollständig verdeckt und seinen Schatten auf einen kleinen Teil der Erde wirft, ist ein beeindruckendes Schauspiel. Die Menschen sahen in ihr bis weit in die Neuzeit einen Vorboten von Angst, Verhängnis und Veränderung. Ab dem 19. Jahrhundert dienten die inzwischen mit großer Genauigkeit vorhersagbaren Ereignisse jedoch vor allem den Wissenschaftlern zur Untersuchung der Sonnenatmosphäre.

So begab sich der französische Astronom Jules Janssen nach Indien, um die totale Sonnenfinsternis vom 18. August 1868 zu beobachten und spektroskopische Untersuchungen der Sonnenkorona durchzuführen. Dabei entdeckte er eine Emissionslinie im Spektrum der Sonne, die eine gewisse Ähnlichkeit mit den Fraunhofer-Linien aufwies. Nur wenige Monate später konnte der britische Astronom Norman Lockyer mit seiner eigenen Methode Spektren der Sonnenatmosphäre auch außerhalb einer Sonnenfinsternis messen und beobachtete dieselbe Spektrallinie. Lockyer nannte das so aufgespürte Element nach dem griechischen Wort für Sonne »Helium«. Seine Entdeckung wird heute beiden Wissenschaftlern zugeschrieben.

Im ausgehenden 19. Jahrhundert fand man Helium (He) auch auf der Erde: als Gas im Verbund mit radioaktiven Uranerzen. Wissenschaftler studierten das neue Gas ausführlich und entdeckten seine außergewöhnlichen Eigenschaften. Beispielsweise verflüssigt sich Helium bei vier Grad über dem absoluten Nullpunkt und verwandelt sich bei Temperaturen nahe dem absoluten Nullpunkt in eine nahezu reibungsfreie Supraflüssigkeit ohne Viskosität.

Helium hat eine einfache und stabile Struktur mit einem Kern aus zwei Protonen und zwei Neutronen (He-4), erheblich seltener aus zwei Protonen und nur einem Neutron (das Isotop He-3). Helium gilt mit seinem schlichten Aufbau als zweithäufigstes Element im Universum und entstand wahrscheinlich größtenteils schon beim Urknall. Es bildet sich aber auch heute noch beim Zerfall radioaktiver Elemente wie Uran.

Dass Janssen und Lockyer sich die Zeit nahmen, nach dem Unerwarteten zu suchen, und dabei ein farbloses, geruchloses, ungiftiges und inertes Material entdeckten, dessen Masse fast ein Viertel derjenigen unserer Galaxie ausmacht, soll uns eine wohltuende wissenschaftliche Lektion sein.

SIEHE AUCH Der Urknall (vor 13,7 Mrd. Jahren), Erste Sterne (vor 13,5 Mrd. Jahren), Die Geburt der Sonne (vor 4,6 Mrd. Jahren), Die Geburt der Spektroskopie (1814), Die Nordamerikanische Sonnenfinsternis (2017)

Digital bearbeitete Aufnahme der totalen Sonnenfinsternis über Zentralasien am 1. August 2008 mit atemberaubenden Details der Sonnenkorona.

1877

Deimos

Asaph Hall (1829–1907)

Um 1870 hatten Astronomen mithilfe von immer besseren Teleskopen zwei neue Planeten und mehr als ein Dutzend neue Monde im äußeren Sonnensystem entdeckt, jedoch abgesehen von wenigen Asteroiden im Hauptgürtel nur wenige Funde im inneren Sonnensystem gemacht.

Asaph Hall, Astronom und Mathematikprofessor am *United States Naval Observatory*, stellte zu seiner eigenen Überraschung fest, dass zuvor nur wenige Astronomen ernsthaft nach Marsmonden gesucht hatten. Dabei stand ihm zwar ein nicht unerhebliches Hindernis in Form des intensiven Lichts des Roten Planeten im Weg, aber Hall hatte an seinem Observatorium Zugang zu einem einzigartigen Teleskop: dem 66-Zentimeter-Refraktor von *Alvan Clark & Sons*, dem damals größten der Welt.

Die Erde »überholt« den Mars etwa alle 26 Monate, wobei der Mars von der Erde aus gesehen in Opposition zur Sonne steht. Aufgrund seiner Nähe ist er zu dieser Zeit besonders gut zu beobachten. Hall suchte mit seinem hochauflösenden Clark-Refraktor während der Opposition von 1877 nach Satelliten des Roten Planeten und wurde am 11. August fündig. Er entdeckte ein lichtschwaches Objekt in der Nähe des Planeten, das sich bewegte. Seine Beobachtungen in den folgenden Nächten bestätigten, dass es sich um einen Mond in einer Umlaufbahn um den Planeten handelte und dass außerdem ein zweiter Mond den Planeten in noch größerer Nähe umkreiste. Ein Kollege schlug vor, die Monde nach Deimos (Schrecken) und Phobos (Furcht), den beiden Söhnen des griechischen Kriegsgottes Ares, zu benennen, mit dem der römische Mars gleichgesetzt wurde.

Schon Hall erkannte, dass Deimos sehr klein sein muss, aber bis zu den Weltraummissionen zum Mars brachte man nur wenig mehr in Erfahrung. Heute wissen wir, dass Deimos in der Tat nur etwa 15 x 12 x 10 Kilometer groß ist, eine unregelmäßige, einem Asteroiden ähnliche Form und eine merkwürdig glatte Oberfläche mit Kratern aufweist. Aufgrund seiner Dichte von 1,5 Gramm pro Kubikzentimeter und fehlender Anzeichen für Eis an der Oberfläche vermuten Astronomen in Deimos ein relativ poröses, felsiges Objekt mit einer ähnlichen Zusammensetzung wie bei einigen Chondriten, die als Bausteine der Erde und anderer Planeten gelten. Eine Weltraummission zu Deimos könnte klären, ob es sich bei diesem Mond um einen eingefangenen Asteroiden handelt.

SIEHE AUCH Mars (vor 4,5 Mrd. Jahren), Meteoriten aus dem Weltraum (1794), Die Suche nach Vulkan (1859), Weiße Zwerge (1862), Phobos (1877)

Die merkwürdig glatte Oberfläche des Marsmondes Deimos, Aufnahme der Raumsonde Mars Reconnaissance Orbiter, *21. Februar 2009. Die längste Ausdehnung des Mondes beträgt nur etwa 15 Kilometer.*

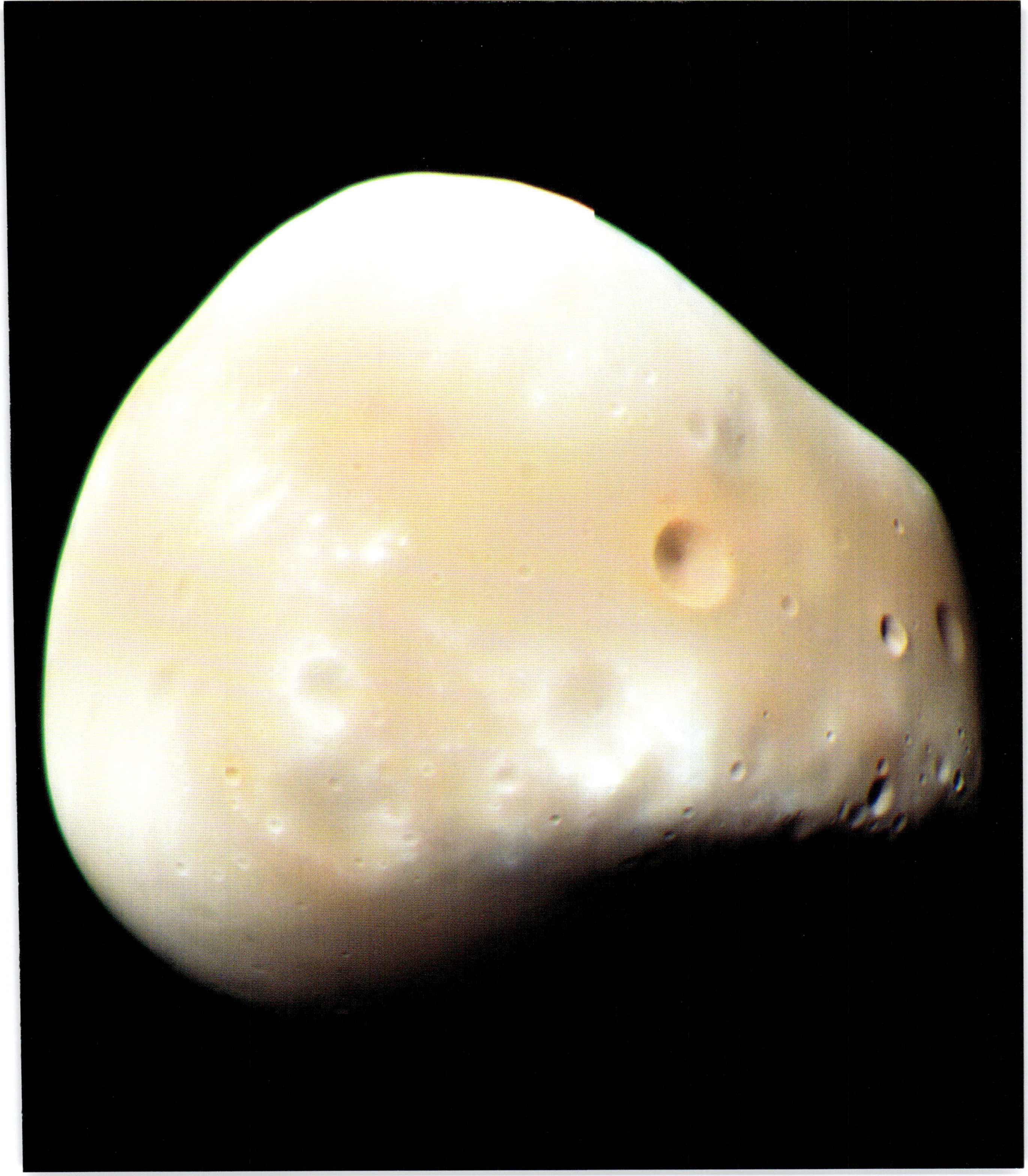

1877

Phobos

Asaph Hall (1829–1907)

Nach seiner Entdeckung des ersten Marsmondes Deimos am 11. August 1877 suchte Asaph Hall weiterhin mit dem 66-Zentimeter-Refraktor von *Alvan Clark & Sons* im United States Naval Observatory in Washington den Himmel um den Mars ab. Immer wieder zwangen Nebel oder schlechtes Wetter ihn zu einer Pause, aber Beharrlichkeit zahlt sich bekanntlich aus. So konnte er schließlich nicht nur bestätigen, dass Deimos den Mars wirklich auf einer Umlaufbahn umkreiste, sondern entdeckte am 17. August bei Topbedingungen auch einen zweiten kleinen Mond, der später den Namen Phobos erhielt.

Hall und andere Astronomen erkannten schnell, dass Phobos den Mars in größerer Nähe umkreist als jeder andere bekannte Mond im Sonnensystem seinen Planeten – so nah, dass seine Umlaufzeit nur wenig mehr als siebeneinhalb Stunden, nicht einmal ein Drittel der Marsrotationsperiode, beträgt. Somit würde man von der Marsoberfläche aus Phobos im Westen aufgehen und im Osten untergehen sehen, obwohl er den Mars in derselben Richtung umkreist wie der Planet die Sonne.

Raumfahrtmissionen ermöglichten die Lösung vieler Rätsel in Bezug auf diese winzige, rotbraune, asteroidenartige Welt, aber manche bleiben ungeklärt. Phobos ist von unregelmäßiger Form, misst 27 × 22 × 18 Kilometer und hat eine Dichte von beinahe 1,9 Gramm pro Kubikzentimeter, die – ähnlich wie bei Deimos – auf eine poröse, felsige Zusammensetzung wie bei einem Chondriten schließen lässt. Der größte der zahlreichen Krater, Stickney, ist nach dem Geburtsnamen von Halls Frau Angeline benannt und von zahlreichen tiefen Rillen umgeben, die einen Großteil der Mondoberfläche bedecken.

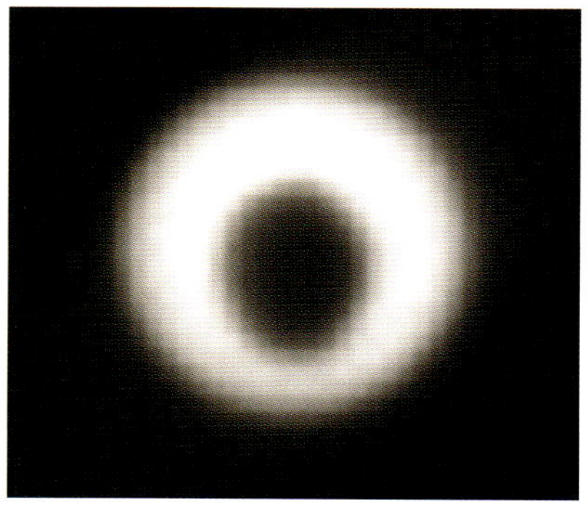

Handelt es sich bei Phobos um einen Asteroiden, den der Mars aus dem nahe gelegenen Hauptgürtel einfing? Oder ist er vielleicht aus Bruchstücken entstanden, die bei einem gewaltigen Einschlag auf dem Roten Planeten ins All geschleudert wurden? Die 1988 gestarteten sowjetischen Raumsonden *Fobos 1* und 2 sollten 1989 auf Phobos landen, gingen jedoch unterwegs beziehungsweise in der Marsumlaufbahn verloren. Eine unbemannte russische Mission scheiterte 2011 schon kurz nach dem Start. Neue Missionen sind angedacht, aber vorläufig scheint Phobos seine Geheimnisse noch hüten zu wollen.

SIEHE AUCH Mars (vor 4,5 Mrd. Jahren), Meteoriten aus dem Weltraum (1794), Deimos (1877)

OBEN: *Silhouette des Phobos beim Durchgang vor der Sonne, Aufnahme der NASA-Raumsonde* Opportunity, *21. Januar 2006.* GEGENÜBER: *Der 27 Kilometer lange Marsmond Phobos, Aufnahme des* Mars Reconnaissance Orbiter, *23. März 2008.*

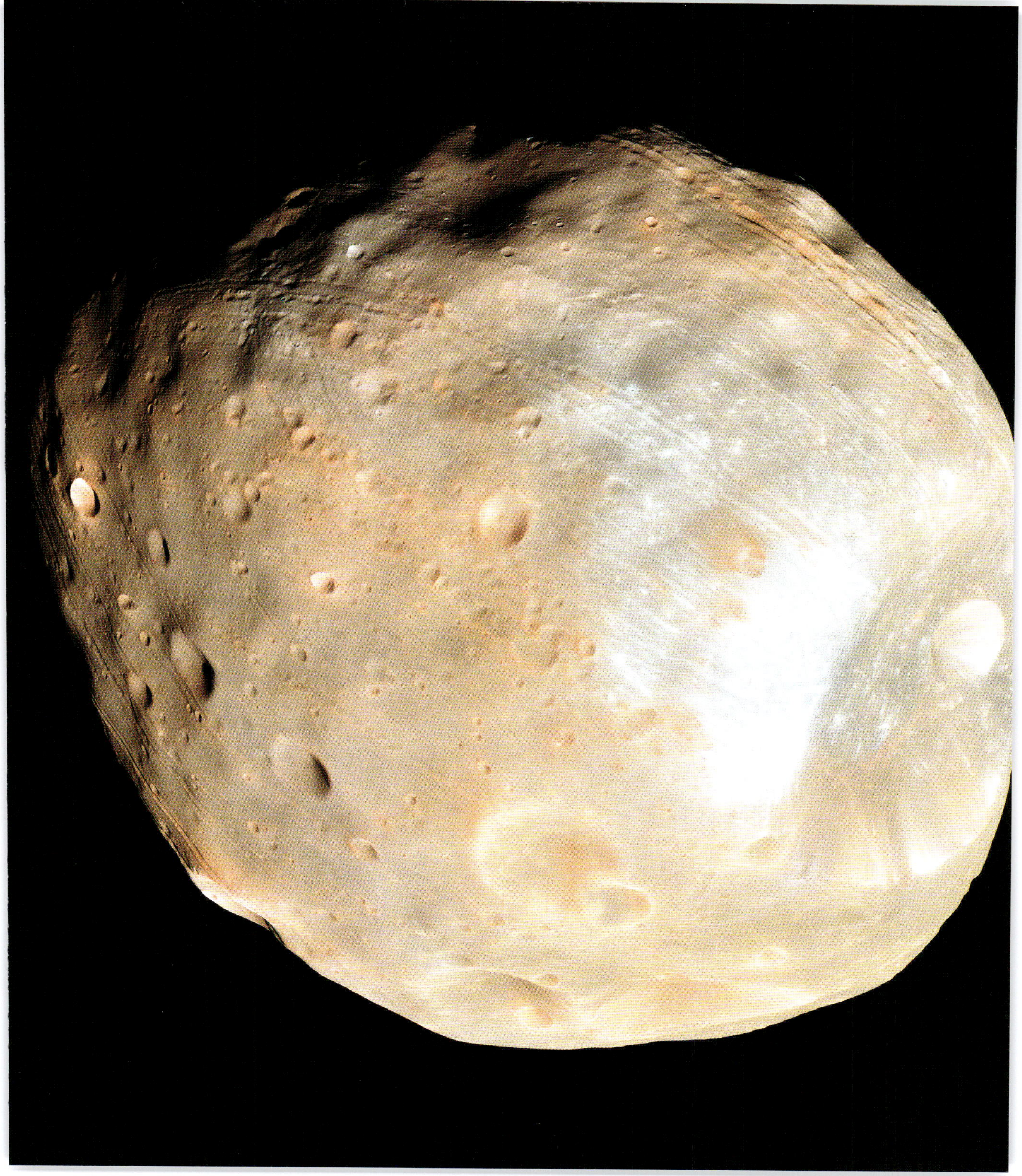

1887

Das Ende des Äthers

James Clerk Maxwell (1831–1879), **Albert Michelson** (1852–1931),
Edward Morley (1838–1923)

Der dänische Astronom Ole Christensen Røemer und sein niederländischer Kollege Christiaan Huygens erbrachten nach gängiger Meinung 1676 als Erste den Nachweis für die endliche Geschwindigkeit des Lichts. Während sie die Lichtgeschwindigkeit noch deutlich zu niedrig schätzten, kamen in den 1860er-Jahren Physiker wie Jean Foucault dem heutigen Wert von 299 792 Kilometern pro Sekunde schon sehr nahe.

Eine ungeklärte Frage blieb für die Wissenschaftler des 19. Jahrhunderts, ob das Licht ein Medium zur Ausbreitung benötigte. Isaac Newton hatte sich in Berufung auf Aristoteles dafür ausgesprochen, dass sich die Lichtteilchen in einem »leuchtenden Äther« (oder einfach »Äther«) fortbewegten. In den späten 1870er-Jahren beschrieb der schottische Physiker James Clerk Maxwell eine Methode, mit der Physiker die Existenz des Äthers überprüfen konnten: Man solle untersuchen, ob die Lichtgeschwindigkeit leichten Schwankungen unterlag, je nachdem, ob sich die Erde auf den Äther zu- oder von ihm wegbewegte.

1887 entwarfen die amerikanischen Physiker Albert Michelson und Edward Morley auf dieser Grundlage einen eleganten Test für die Existenz des Äthers. Bei ihrem Experiment wurde ein Lichtstrahl zweigeteilt, mit Spiegeln mehrfach reflektiert und mit einem kleinen Teleskop wieder vereinigt. Indem sie den Abstand zwischen den Spiegeln variierten, konnten die beiden das Verhalten der Lichtstrahlen so verändern, dass sie sich addierten beziehungsweise voneinander subtrahierten. Das taten sie so lange, bis im Teleskop ein charakteristisches Lichtwellen-Interferenzmuster erschien – wie die Wellen auf einem Teich, die zusammenlaufen.

Wenn sie die im Quecksilberbad schwimmende Versuchsanordnung in Drehung versetzten, hätten die Lichtstrahlen aufgrund ihrer Wechselwirkung mit dem Äther die Geschwindigkeit und das sehr empfindlich reagierende Streifenmuster seine Gestalt ändern müssen. Da dies nicht der Fall war, hatten die beiden Wissenschaftler den konstanten Wert der Lichtgeschwindigkeit und die Nichtexistenz eines »leuchtenden Äthers« bewiesen. Das Michelson-Morley-Experiment schuf die Voraussetzungen für die enormen Fortschritte in Physik und Astronomie im 20. Jahrhundert wie Einsteins allgemeine und spezielle Relativitätstheorie.

SIEHE AUCH Lichtgeschwindigkeit (1676), Das Foucault'sche Pendel (1851), Einsteins Wunderjahr (1905)

GEGENÜBER OBEN: *Zeichnung des 1887 von Michelson und Moreley durchgeführten maßgeblichen Experiments zur Messung der Lichtgeschwindigkeit in verschiedenen Richtungen.* UNTEN: *Lichtwellen-Muster, das durch die Wechselwirkung der beiden Strahlen eines Helium-Neon-Lasers in einer modernen Version erzeugt wird.*

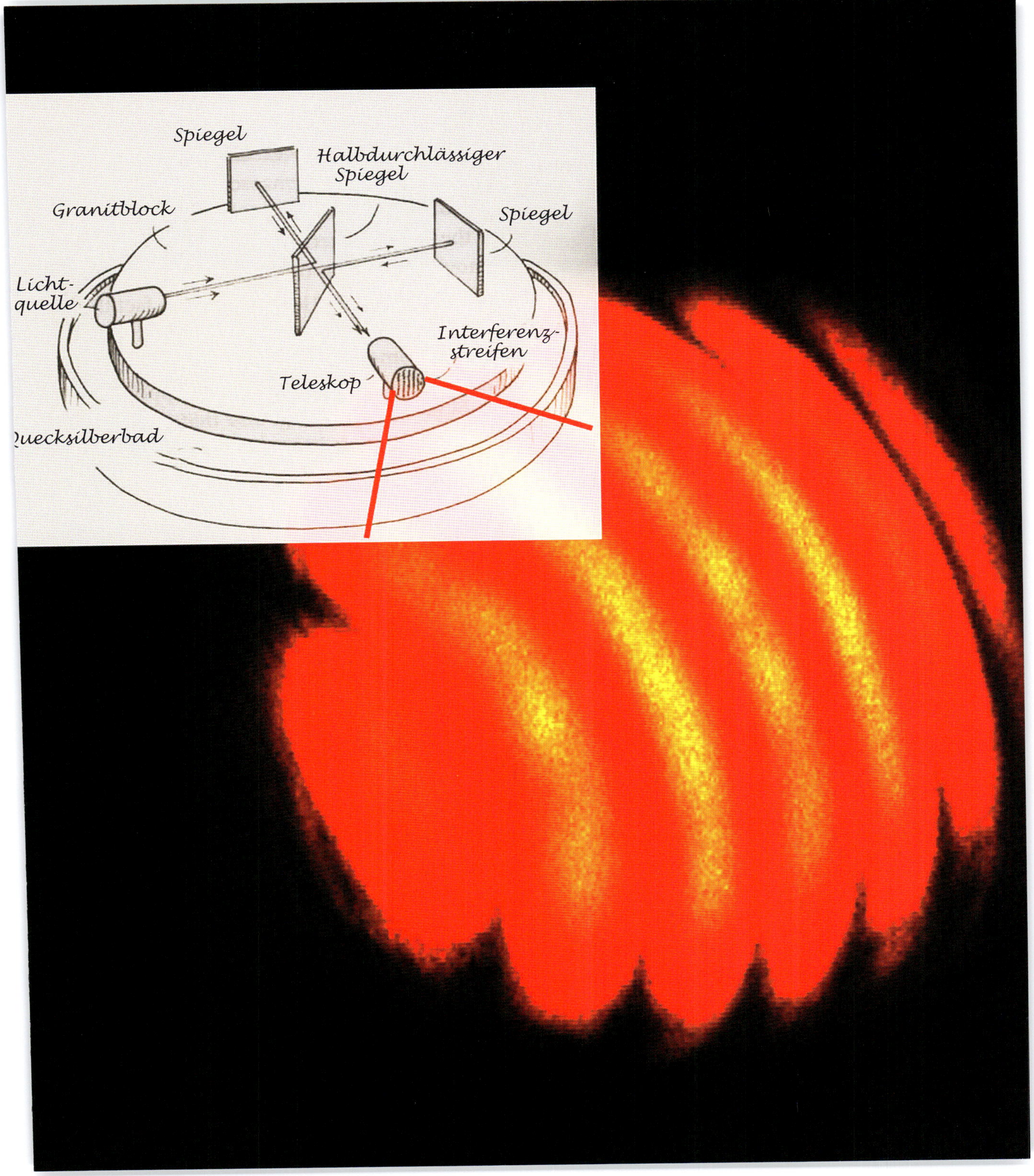

Spiegel
Halbdurchlässiger Spiegel
Granitblock
Spiegel
Licht-quelle
Interferenz-streifen
Teleskop
Quecksilberbad

1893

Sternfarbe und Sterntemperatur

Gustav Kirchhoff (1824–1887), **Max Planck** (1858–1947), **Wilhelm Wien** (1864–1928)

In der zweiten Hälfte des 19. Jahrhunderts machten die Physiker beim Verständnis von Licht und Energie große Fortschritte. So beschrieb der deutsche Physiker Gustav Kirchhoff die Abgabe von Energie in Form von elektromagnetischer Strahlung durch einen idealisierten, jegliches Licht absorbierenden schwarzen Körper bei einer bestimmten Temperatur mit Gleichungen. Er fand heraus, dass dieser bei den auf der Erde üblichen Bedingungen Energie in einem kontinuierlichen Energiespektrum ausstrahlt – von Funk- und Infrarotwellen bis hin zu energiereicherem, kurzwelligem sichtbarem Licht und Ultraviolettstrahlung.

Der deutsche Physiker Wilhelm Wien leitete in Erweiterung dieser Erkenntnisse 1893 eine einfache Beziehung, das Wien'sche Strahlungsgesetz, ab, nach dem die maximale Wellenlänge der von einem Objekt freigesetzten Energie umgekehrt proportional zu seiner Temperatur ist. Wärmere Objekte emittieren somit Energie meist in Form von UV-Strahlung und sichtbarem Licht, kühlere dagegen überwiegend im Infrarotbereich. Auf dieser Theorie über Schwarzkörper und Licht aufbauend, begründete Max Planck später die Quantenphysik.

Dank dieser neuen Auffassung von Licht und Energie konnten Astronomen die beobachteten Himmelsobjekte besser verstehen. So ließen sich mithilfe des Wien'schen Gesetzes die relativen Temperaturen der Sterne ableiten: Heißere Sterne emittieren vornehmlich Strahlung mit kürzerer Wellenlänge und sind deshalb von bläulicher Färbung, während kühlere aufgrund ihrer längeren Strahlung Spektralfarben vom anderen Ende – aufsteigend gelb, orange oder rot – aufweisen. Da unsere Sonne gelb leuchtet, liegt ihre Temperatur im mittleren Bereich oder leicht darunter.

Die Farbe der Sterne wurde zu einem wichtigen Beobachtungsparameter. Dank der Einteilung in Temperatur-Klassen konnten die Wissenschaftler im 20. Jahrhundert ein systematisches Bild von Ursprung, Evolution, Innenleben und Schicksal der Sterne ausarbeiten.

SIEHE AUCH Die Geburt der Spektroskopie (1814), Quantenphysik (1900), Spektralklassen (1900), Die Hauptreihe (1910), Die Masse-Leuchtkraft-Beziehung (1924)

Ausschnitt des Kugelsternhaufens Omega Centauri (NGC 5139) mit mehr als zehn Millionen Sternen, die alle gravitativ miteinander verbunden sind, Aufnahme des Hubble-Weltraumteleskops. Die große Bandbreite der Sternfarben verweist auf sehr unterschiedliche Temperaturen – von äußerst hoch (blau/weiß) bis deutlich niedriger (orange/rot).

1895

Dunkelwolken

Edward Emerson Barnard (1857–1923), **Max Wolf** (1863–1932)

Wer das Glück hat, in einer Gegend ohne Lichtverschmutzung zu leben oder sie gerade zu besuchen, und in mondlosen Nächten zum dunklen Nachthimmel aufsieht, wird mit einer atemberaubenden Aussicht belohnt: Die Milchstraße mit ihren hellen Sternenbändern und tiefschwarzen Streifen erstreckt sich von Horizont zu Horizont. In solch wunderbaren Nächten erscheinen die Verehrung, die unsere Vorfahren dem Nachthimmel entgegenbrachten, und ihr Streben nach einem besseren Verständnis der himmlischen Sphären naheliegend.

Noch bis ins 20. Jahrhundert konnte man von den meisten großen Städten der Welt aus den dunklen Himmel ungetrübt betrachten, denn die flächendeckende Elektrifizierung des Nachthimmels erfolgte erst nach dem Zweiten Weltkrieg. Also folgte der amerikanische Astronom Edward Barnard 1895 dem Ruf an die Universität Chicago, in deren Nähe sich am Yerkes-Observatorium der damals größte Refraktor der Welt mit einem 102-Zentimeter-Objektiv befand. Hier konnte er seiner Leidenschaft für die noch junge Astrofotografie frönen. Mit diesem Top-Teleskop gelangen Barnard die besten Aufnahmen, die bis dahin von hellen Sternenfeldern und dunklen, scheinbar leeren Lücken in der riesigen Spirale der Milchstraße geschossen wurden.

Ein wichtiger Partner bei seinen Milchstraßenstudien war für Barnard der deutsche Astronom und Astrofotograf Max Wolf. Dieser wusste, dass die dunklen Streifen in der Milchstraße, die der deutsch-britische Astronom Wilhelm Herschel zuvor als Löcher im Himmel bezeichnet hatte, bei den Astronomen für Verwirrung sorgten. Barnards Aufnahmen und Wolfs Analyse bewiesen, dass es sich keineswegs um Löcher handelte, denn bei sorgfältiger Betrachtung konnte man schwache eingebettete Sterne und auch Hintergrundsterne erkennen, aus denen sich die Natur der dunklen Bereiche in der Milchstraße ableiten ließ.

Wolf identifizierte sie richtigerweise als riesige Wolken (Nebel) aus Staub, die das helle Licht der Hintergrundsterne kaum durchließen. Er bemerkte, dass die Dunkelwolken oft mit helleren, nebligen, taschenartigen Gebilden einhergingen, die möglicherweise von neu entstandenen Sternen stammten. Er schloss daraus, dass die dunklen Regionen kosmische Kokons sein könnten, in denen Staub und Gas komprimiert und verdichtet werden, »im Begriff, neue Sonnen zu bilden«. Die frühen Spekulationen Wolfs und Barnards zum Ursprung der Dunkelwolken stellten sich später als richtig heraus.

SIEHE AUCH Die Milchstraße (vor 13,3 Mrd. Jahren), Sonnennebel (vor 5 Mrd. Jahren), Erste Astrofotografien (1839)

Das herrliche Schauspiel der Milchstraße mit den staubigen Dunkelwolken über dem 4346 Meter hohen Long's Peak im Rocky-Mountain-Nationalpark im US-Bundesstaat Colorado.

1896

Der Treibhauseffekt

Joseph Fourier (1768–1830), **Svante Arrhenius** (1859–1927)

Wir denken nicht selten, dass wir in einer natürlichen »Goldlöckchen-Welt« leben, die sich so gar nicht mit der sonnennäheren Venus und ihrem höllischen Inferno oder der gefrorenen Eiswelt des ferneren Mars vergleichen lässt. Erst im ausgehenden 19. Jahrhundert stellten Wissenschaftler fest, dass die Erde ihre Lebensfreundlichkeit allein zwei eher leichten, aber äußerst wichtigen atmosphärischen Gasen verdankt: Wasserdampf (H_2O) und Kohlendioxid (CO_2). Ohne sie würden die Ozeane auf der Erde gefrieren, und das Leben auf unserem Planeten, wenn es denn existierte, sähe ganz anders aus.

In den 1820er-Jahren errechnete der französische Mathematiker Joseph Fourier, dass die Gleichgewichtstemperatur der Erde unter dem Gefrierpunkt läge, wenn sie allein mit der Sonneneinstrahlung erreicht würde. Warum also sind die Ozeane auf unserem Planeten flüssig? Fourier vermutete, dass die Atmosphäre als guter Wärmeisolator wirkte – vielleicht wie die Glasscheiben in einem Gewächshaus. Aber sicher war er sich keineswegs.

Der schwedische Physiker und Chemiker Svante Arrhenius lieferte 1895 eine genauere Erklärung. An der um etwa 30 Grad zu hohen Temperatur an der Erdoberfläche waren tatsächlich atmosphärische Gase schuld. Als Hauptverantwortliche machte er Wasserdampf und Kohlendioxid aus, die beide das Sonnenlicht zur Oberfläche durchlassen. Dagegen absorbieren sie einen großen Teil der von der Erde abgegebenen Infrarot-Wärme, die unsere Atmosphäre aufheizt. Auch wenn diese Art der Erwärmung sich von der in einem geschlossenen Glashaus unterscheidet, wird sie nicht zuletzt wegen Fouriers grundlegender Ideen und Experimente bis heute als Treibhauseffekt bezeichnet.

Da Arrhenius wusste, dass der Treibhauseffekt auf der Erde nur eine glückliche Folge ihres natürlichen Reichtums an Wasser und Kohlendioxid ist, vermutete er den Grund für die Eiszeiten in einem Rückgang des CO_2-Gehalts der Atmosphäre. Als Erster stellte er vorausdenkend den Zusammenhang zwischen der Verbrennung fossiler Brennstoffe und einem Anstieg des CO_2-Gehalts sowie einer globalen Erwärmung her. Das Klima der Erde ist komplexer, als Arrhenius es sich vorstellte, aber seine Besorgnis über die Rolle des Menschen bei seiner Veränderung hat sich als begründet herausgestellt.

SIEHE AUCH Venus (vor 4,5 Mrd. Jahren), Leben auf der Erde (vor 3,8 Mrd. Jahren), Die Kambrische Explosion (vor 550 Mio. Jahren), Der Dinosaurier-Killer-Asteroid (vor 65 Mio. Jahren), Leben auf dem Mars? (1996)

In Gewächshäusern bleibt es auch bei kühlem Wetter warm, da die Glaswände den Wind auf- und einen Teil der Infrarot-Wärme zurückhalten. In ähnlicher Weise verhindern Gase wie Wasserdampf und CO_2 in der Erdatmosphäre das Entweichen von Infrarot-Wärme, was die Temperatur an der Oberfläche unseres Planeten erhöht.

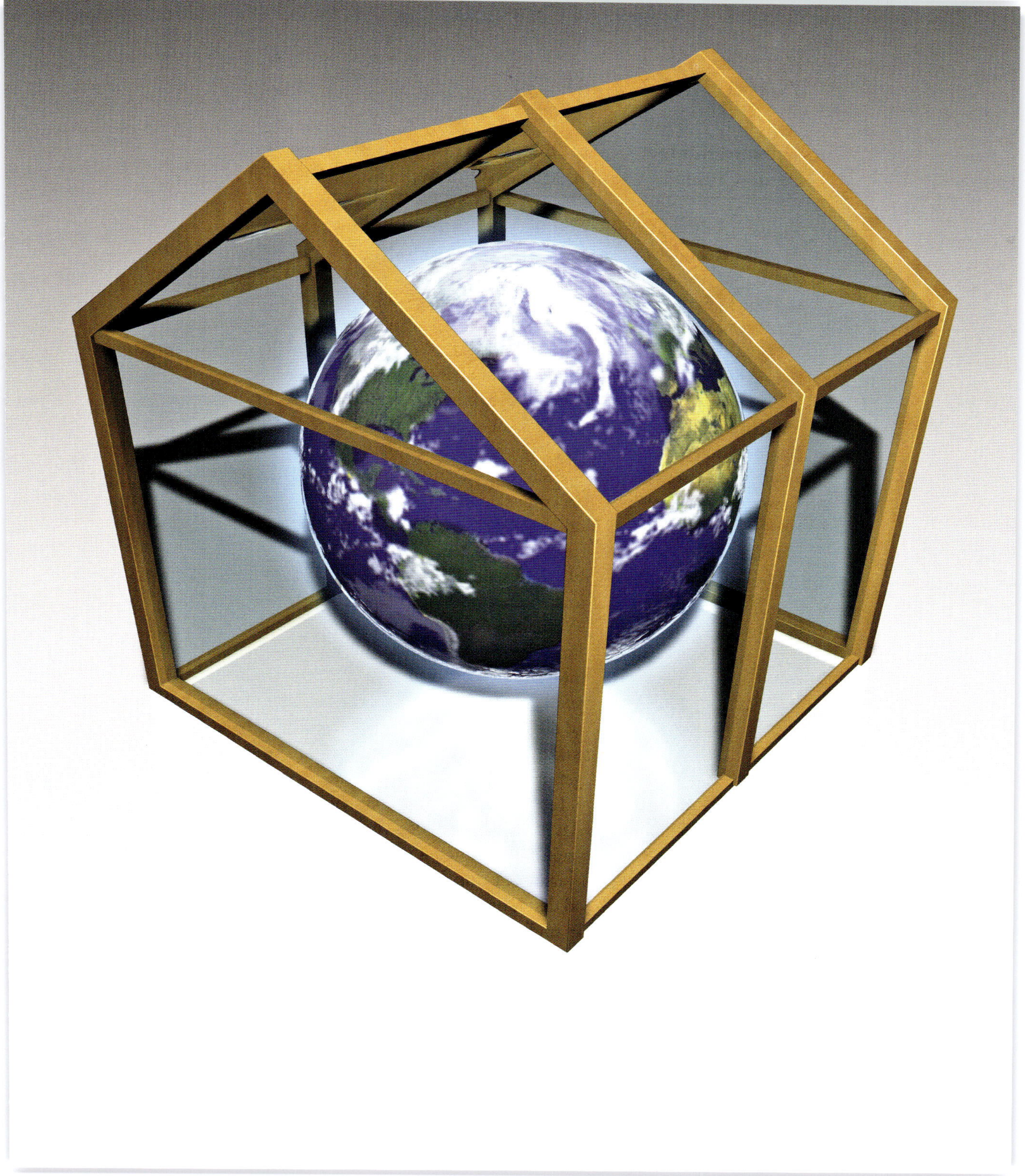

1896

Radioaktivität

Wilhelm Röntgen (1845–1923), **Henri Becquerel** (1852–1908), **Pierre Curie** (1859–1906), **Marie Skłodowska Curie** (1867–1934)

Kurz vor Anbruch des 20. Jahrhunderts übertrumpften die Physiklabore in Europa und Amerika einander auf den Feldern der Elektrizität und des Magnetismus in kurzen Abständen mit neuen Entdeckungen. Dass ihnen seit Kurzem starke elektrische Ströme mit hohen Spannungen zur Verfügung standen, führte nicht selten zu Überraschungen. Dazu gehört die mysteriöse, neuartige Form der Strahlung, die der deutsche Physiker Wilhelm Röntgen bei Experimenten mit Hochspannungs-Kathodenstrahlröhren erzeugte und die er selbst als *X-Strahlen* bezeichnete.

Der französische Physiker Henri Becquerel vermutete, dass ein Zusammenhang zwischen dem Phosphoreszieren (Glühen im Dunkeln) gewisser natürlicher Materialien und den Röntgenstrahlen bestand. Mit einer Reihe von Experimenten versuchte er 1896 festzustellen, ob diese Stoffe Röntgenstrahlung emittierten, wenn man sie dem Sonnenlicht aussetzte. Dabei entdeckte er zufällig, dass einer davon, nämlich Uransalze, ohne Anregung strahlte. Er hatte die Radioaktivität entdeckt, die sich wesentlich von der Röntgenstrahlung unterscheidet.

Becquerel führte seine Forschungen in Zusammenarbeit mit dem Forscherehepaar Pierre und Marie Curie fort, das sich gleichfalls für das merkwürdige Verhalten der neu entdeckten spontanen Strahlung interessierte. Marie Curie entdeckte bei ihren Uranstudien zwei neue radioaktive Elemente: Polonium (benannt nach ihrem Heimatland Polen) und Radium. In Anerkennung ihrer grundlegenden Erkenntnisse erhielten Becquerel und die Curies 1903 den Nobelpreis für Physik.

Die Radioaktivität wird seit etwa einem Jahrhundert als natürliche »Uhr« genutzt, denn radioaktive Elemente setzen in einem feststehenden Tempo beim Zerfall in andere Elemente Energie frei. So konnte man das Alter der Erde, des Mondes, von Meteoriten und damit des Sonnensystems bestimmen – und mit der Sonne als Richtschnur auch des Universums. Dank der Pionierarbeit von Wissenschaftlern wie Becquerel und den Curies wissen wir heute mit erstaunlicher Genauigkeit, dass die Erde vor 4,54 und das Sonnensystem vor 4,567 Milliarden Jahren entstanden ist.

SIEHE AUCH Die Geburt der Sonne (vor 4,6 Mrd. Jahren), Erde (vor 4,5 Mrd. Jahren), Die Geburt des Mondes (vor 4,5 Mrd. Jahren), Die Messung der Hintergrundstrahlung (1992), Das Alter des Universums (2001)

OBEN: *Foto von Henri Becquerel, dem Entdecker der Radioaktivität.* GEGENÜBER: *Pierre und Marie Curie studieren in ihrem Labor in Paris die Radioaktivität, vor 1907.*

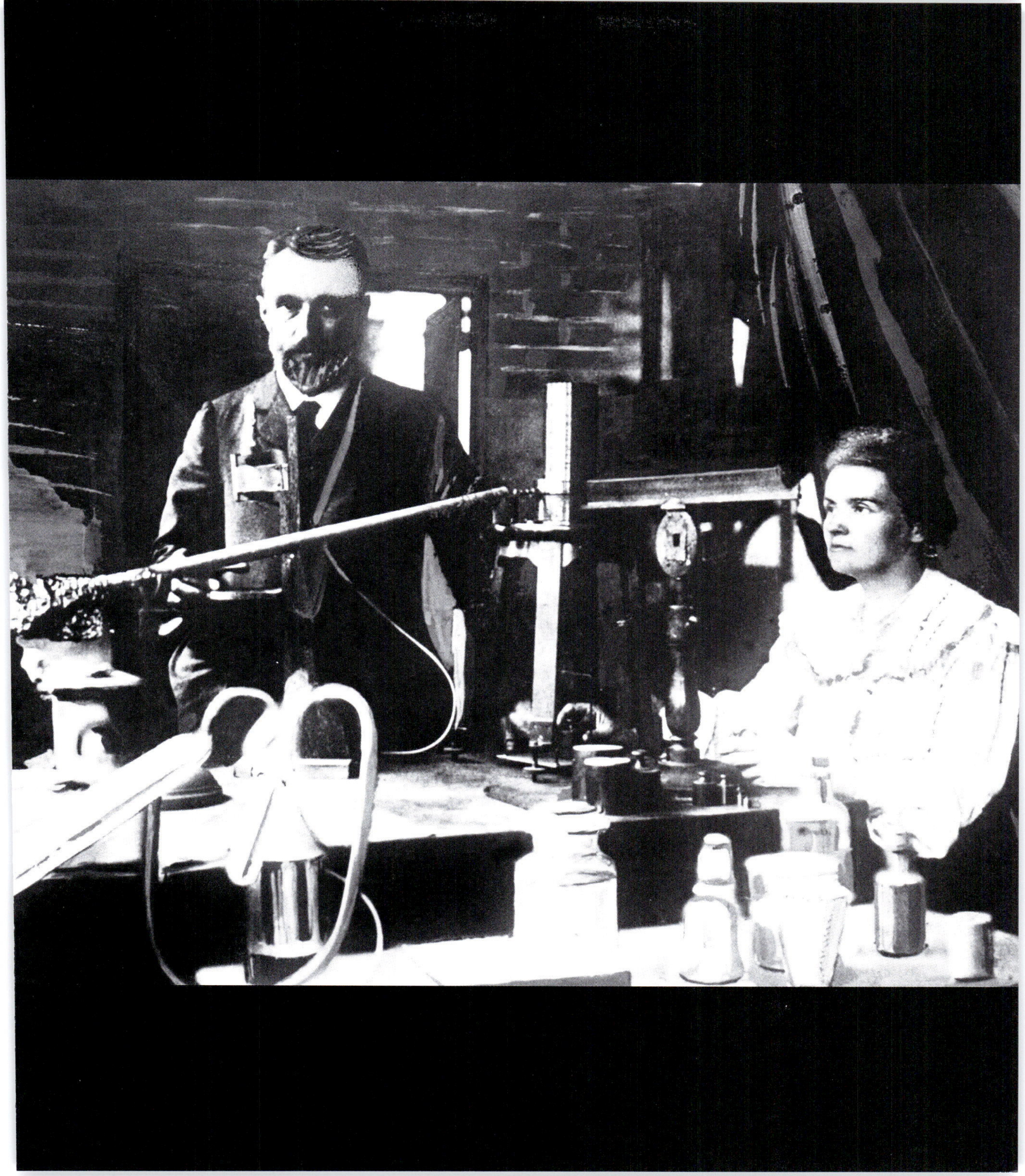

1899

Phoebe

Edward Charles Pickering (1846–1919),
William Henry Pickering (1858–1938), **DeLisle Stewart** (1870–1941)

Im ausgehenden 19. Jahrhundert erkannten die meisten Astronomen, dass es außer dem Bau immer größerer Teleskope noch eine Möglichkeit gab, lichtschwache Objekte zu untersuchen: eine höhere Empfindlichkeit des Licht-»Empfängers«. So ersetzte in immer mehr Observatorien die fotografische Platte das menschliche Auge als Detektor.

Das Harvard-College-Observatorium (HCO) gehörte zu den ersten Sternwarten, die diesen Wandel vollzogen, und sein Direktor Edward Charles Pickering zu den Pionieren der Astrofotografie. Auch Pickerings Bruder William Henry arbeitete als Astronom am HCO. 1899 analysierte er fotografische Platten mit Aufnahmen des Saturnhimmels, die der HCO-Mitarbeiter DeLisle Stewart im Jahr zuvor aufgenommen hatte. Darauf entdeckte er einen schwachen Mond, der den Ringplaneten umkreiste und merkwürdige Eigenschaften besaß: Er bewegte sich in der den anderen Monden entgegengesetzten Richtung auf einer stark elliptischen und geneigten Umlaufbahn viermal weiter vom Saturn entfernt als der nächstgelegene Mond Iapetus. Pickering benannte den neuen Mond wie bei Saturntrabanten üblich nach einer Titanin aus der griechischen Mythologie: Phoibe. Phoebe wurde als erster Mond in unserem Sonnensystem nicht mit bloßem Auge, sondern mit Unterstützung der Fotografie entdeckt.

Erst der Vorbeiflug der Raumsonde *Voyager 2* im Jahre 1981 und ab 2004 der Orbiter *Cassini* verhalfen den Astronomen zu näheren Informationen über Phoebe. Es handelt sich um einen relativ großen und runden Mond mit einem Durchmesser von etwa 220 Kilometern, einem geringen Reflexionsgrad von etwa sechs Prozent und einer Dichte von 1,6 Gramm pro Kubikzentimeter. Unter einer dünnen schwarzen Oberflächenschicht befindet sich eine beinahe weiße, die an Kraterwänden und -rändern zutage tritt. Spektroskopische Messungen haben ergeben, dass es sich dabei zumindest teilweise um gefrorenes Kohlenstoffdioxid handelt. Aufgrund ihrer Zusammensetzung und seltsamen Umlaufbahn könnte Phoebe ein gefangener Zentaur sein – ein Eindringling aus dem Kuipergürtel, den der Saturn eingefangen hat. Der breite, geneigte, dunkle Phoebe-Ring aus eisigem, felsigem Material geht auf die unzähligen Einschläge auf dem Mond zurück und scheint auch für die Verdunkelung der vorderen Hemisphäre des zweifarbigen Iapetus verantwortlich zu sein.

SIEHE AUCH Saturnringe (1659), Iapetus (1671), Erste Astrofotografien (1839), Hyperion (1848), Zentauren (1920), Spektralklassen (1900), Die *Voyager*-Sonden erreichen den Saturn (1980, 1981), *Cassini* erforscht den Saturn (2004–2017)

Die dunkle, stark verkraterte Oberfläche des äußeren Saturnmondes Phoebe mit beinahe weißen Eisablagerungen an den Kraterwänden, Aufnahme der NASA-Raumsonde Cassini.

1900

Quantenphysik

Max Planck (1858–1947), **Albert Einstein** (1879–1955)

Die Frage, was das Licht ist, beschäftigte Philosophen und Physiker über Jahrtausende. Aristoteles hielt es für eine wellenförmige Störung, die sich durch die Luft ausbreitet, während Demokrit eine atomistische Theorie vertrat, die Licht als Teilchen begriff. Selbst im 17. Jahrhundert führten Physiker noch hitzige Debatten über den Wellen-Teilchen-Dualismus des Lichts. So war Isaac Newton der Überzeugung, nur Licht-Korpuskel könnten dessen optisches Verhalten erklären, während Christiaan Huygens dagegenhielt, das Licht müsse wellenförmig sein, denn es benötige ein Medium, das es transportiere und breche. An der Wende zum 20. Jahrhundert begannen Physiker Licht in dieses verwirrende Dunkel zu bringen, indem sie einen grundlegenden Paradigmenwechsel im wissenschaftlichen Verständnis von der Natur der Materie vorschlugen.

Die Revolution brachte ein mathematisches Bravourstück des deutschen Physikers Max Planck ins Rollen. Er wollte verstehen, warum Objekte, ob Atome, Moleküle oder Sterne, bei bestimmten Temperaturen Energie abstrahlen oder absorbieren und dabei helle Emissionslinien beziehungsweise dunkle Absorptionslinien erzeugen. Plancks Jahrhundertwendestreich war die Annahme, dass Materie Licht (Strahlung, Energie) nur in Form von Einzelpaketen, den Quanten, emittiert oder absorbiert, deren Energie allein von der Frequenz oder Wellenlänge des Lichts abhängt.

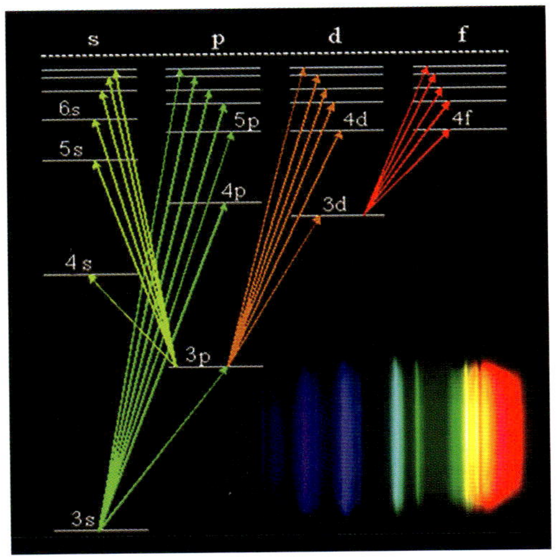

Für Planck war die Quantisierung der Energie nur eine mathematische Annahme, die er zur Lösung einer Gleichung brauchte, und nicht etwa Ausdruck physikalischer Wirklichkeit. Seine jüngeren Zeitgenossen wie Albert Einstein entdeckten in seiner These jedoch eine tiefere Wahrheit und postulierten, dass Licht aus Energiequanten, sogenannten Photonen, besteht, deren Wechselwirkungen mit Materie sich mit wellenförmigen Gleichungen beschreiben lassen. So wurde die Welle-Teilchen-Dualität des Lichts zu einem Grundsatz einer völlig neuen Physik – der Quantenphysik.

SIEHE AUCH Lichtgeschwindigkeit (1676), Die Geburt der Spektroskopie (1814), Das Ende des Äthers (1887), Sternfarbe und Sterntemperatur (1893), Einsteins Wunderjahr (1905)

OBEN: *Niels Bohr (1885–1962) u. a. erarbeiteten auf der Grundlage von Plancks Quantisierung der Energie eine Theorie zu den Energieniveaus von Elektronen, die den Atomkern umkreisen. Im Bohr'schen Modell (hier eines Natriumatoms) lassen sich helle und dunkle Linien in Atomspektren (unten rechts) bei bestimmten Wellenlängen durch den Wechsel der Elektronen zwischen den Energieniveaus erklären.* GEGENÜBER: *Max Planck (undatiert).*

DR. MAX PLANECK

1901

Spektralklassen

Annie Jump Cannon (1863–1941), **Edward Charles Pickering** (1846–1919)

Astronomen unterteilen wie die meisten Wissenschaftler ihre Studienobjekte gern in handliche Gruppen, die einen Vergleich ihrer Eigenschaften und Geschichte erleichtern. Bei den Sternen war eine geeignete Klassifizierung von besonderer Dringlichkeit, denn schon mit bloßem Auge können wir Tausende sehen, mit Teleskopen sind es gar Abermillionen.

In ihren frühen Sternkatalogen verzeichneten Hipparchos, Ptolemäus und as-Sūfī die scheinbare Helligkeit der helleren Sterne, manchmal auch ihre Farben, von bläulich bis rötlich. In den 1860er-Jahren erfasste der italienische Astronom Pater Angelo Secchi spektroskopische Daten für Tausende Sterne und teilte sie in seiner erstmaligen Sternenklassifikation anhand ihrer Spektralmuster in fünf Hauptklassen ein.

Zahlreiche Astronomen verfeinerten und erweiterten Secchis Schema später, um Millionen von Sternen zu klassifizieren. Dazu gehörte Edward Charles Pickering, dem als Direktor des Harvard-College-Observatoriums hervorragende Teleskope zur Verfügung standen. Wie andere damalige Sternwartenleiter stellte er menschliche »Computer« an, um die umfangreichen Daten zu durchsuchen und zu analysieren, die aus Tausenden von Fotoplatten bestanden.

Viele dieser »Computer« waren Frauen, die für ein geringes Gehalt oder umsonst stellare Spektrallinien maßen – eine Arbeit, die ihre männlichen Arbeitgeber als eher niedrig und mühsam empfanden. Einige davon leisteten wichtige Beiträge auf dem Gebiet der Sternspektroskopie. Unter ihnen ragt als leuchtendes Beispiel die Astronomin Annie Jump Cannon heraus, die über eine detaillierte Kenntnis der Stärken von Absorptionslinien verfügte und ein Wirrwarr komplexer und konkurrierender Systeme entflocht. Cannons Spektralklassen O, B, A, F, G, K und M von 1901, von blauen, schwachen hin zu roten, starken Linien, werden noch heute von Astronomen verwendet. Später stellte sich heraus, dass ihre Klassen direkt mit der Sterntemperatur und der Sternentwicklung korrelieren.

SIEHE AUCH Scheinbare Helligkeit (um 150 v. Chr.), Die Geburt der Spektroskopie (1814), Sternfarbe und Sterntemperatur (1893), Die Hauptreihe (1910)

OBEN: *Annie Jump Cannon, Foto, 1922.* GEGENÜBER: *Schematische Darstellung des von Annie Jump Cannon 1901 entwickelten Harvard-Systems, das die Sterne anhand ihrer Spektren von den schwächsten (O) bis zu den stärksten (M) Linien gruppiert.*

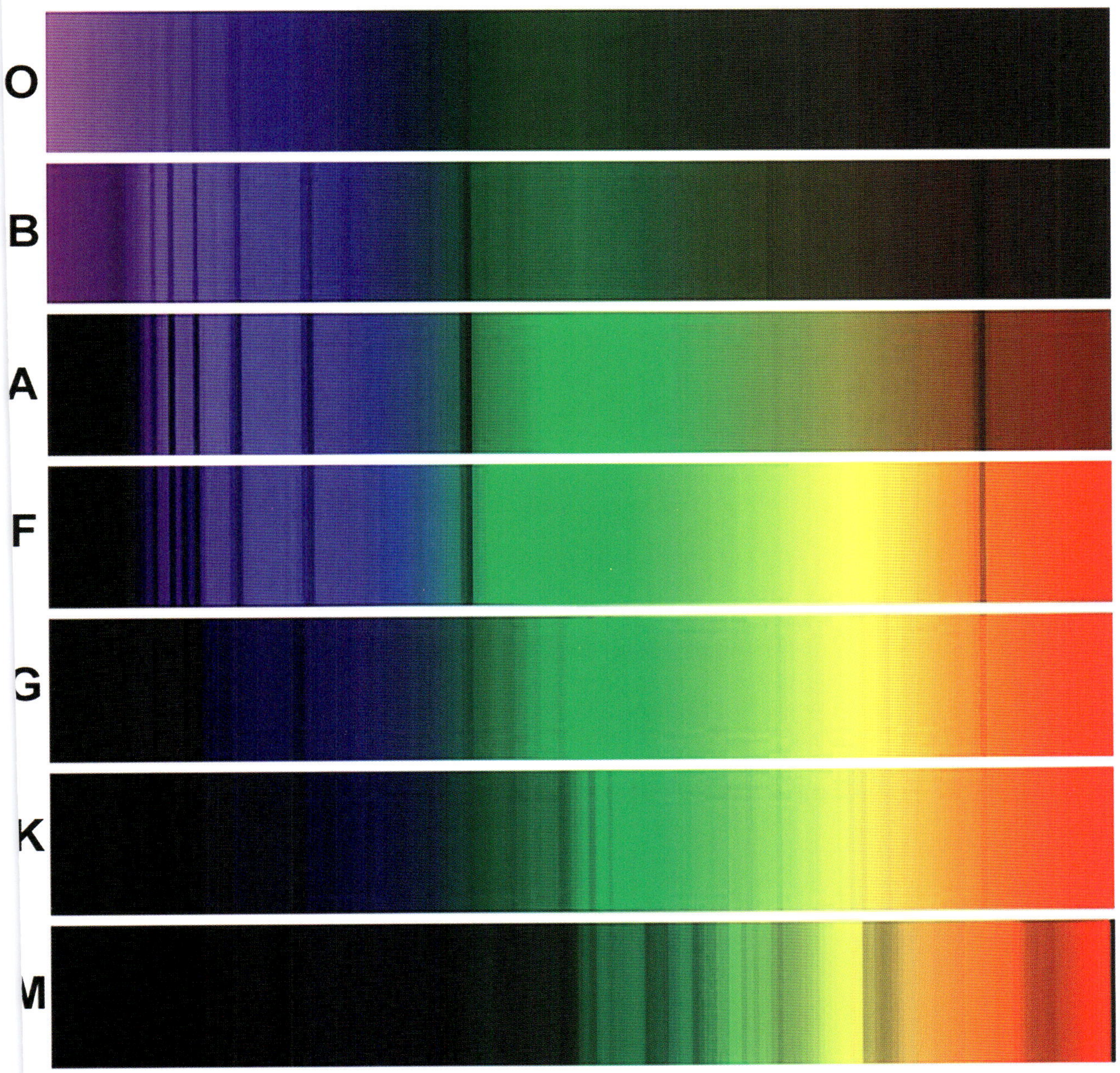
O
B
A
F
G
K
M

1904

Himalia

Joseph-Louis Lagrange (1736–1813), **Édouard Roche** (1820–1883), **George William Hill** (1838–1914), **Charles Perrine** (1867–1951)

Dass 1898 der weit vom Saturn entfernte Mond Phoebe entdeckt wurde, weist darauf hin, dass man immer größere Bereiche des Weltraums um die Gasriesen herum nach Trabanten absuchte. Im 19. Jahrhundert erweiterten Astronomen wie Édouard Roche und George William Hill die Theorien zur Himmelsmechanik von Joseph-Louis Lagrange, um schätzen zu können, wie weit ein Mond von seinem Planeten entfernt sein kann, sodass er sich noch in einer stabilen Umlaufbahn befindet. Dieser Bereich wird heute als Hill-Sphäre bezeichnet.

1904 entdeckte Charles Dillon Perrine am Lick-Observatorium einen lichtschwachen Trabanten des Jupiters, der in viermal größerer Entfernung als Kallisto, der äußerste Galileische Mond, um den Planeten kreiste. Zuvor als »Jupiter VI« bekannt, wurde er 1975 nach der Nymphe Himalia aus der griechischen Mythologie benannt, die Zeus drei Söhne gebar.

Aufgrund der großen Entfernung zwischen Himalia und Jupiter schossen die Kameras der Raumsonden *Voyager 1* und *2* sowie *Galileo* keine Bilder von diesem Mond. Erst die Aufnahmen, die *Cassini* auf dem Weg zum Saturn aus der Ferne machte, enthüllten die Größe von Himalia: Sie misst im Durchmesser etwa 150 Kilometer in der einen und 120 in der anderen Richtung. Heute wissen wir, dass sie der größte und hellste der bisher 50 bekannten kleinen, unregelmäßigen Satelliten ist, die den Jupiter auf fernen Umlaufbahnen umkreisen. Auch andere Planeten haben unregelmäßige Satelliten: Saturn 38, Uranus neun und Neptun sechs.

Viele unregelmäßige Monde umkreisen ihren Planeten gegenläufig und auf zum Äquator stark geneigten Umlaufbahnen. Im Gegensatz zu den Hauptmonden und dem Erdmond scheint bei keinem von ihnen eine gebundene Rotation vorzuliegen, bei der ein Trabant seinem Planeten stets dieselbe Seite zuwendet. Aufgrund dieser abweichenden Eigenschaften vermuten Astronomen in den äußeren, unregelmäßigen Satelliten eingefangene Körper. Möglicherweise entstanden sie in geringer Entfernung, näherten sich dem Planeten und blieben in seiner Hill-Sphäre hängen. Oder es handelt sich um Objekte aus dem Asteroiden- oder Kuipergürtel, die gravitativ abgelenkt und dann eingefangen wurden. Raumfahrtmissionen könnten die winzigen Welten gründlicher untersuchen.

SIEHE AUCH Die Lagrange-Punkte (1772), Phoebe (1899), Kuipergürtelobjekte (1992)

Die Umlaufbahnen der bekannten Jupitermonde: von innen nach außen die inneren Galilei'schen Monde (lila Kreise), etwa ein halbes Dutzend gegenläufig rotierender kleiner unregelmäßiger Monde (dunkelblau), gefolgt von Himalia (hellblau) und Dutzenden unregelmäßiger Monde (rote Umlaufbahnen), die im Uhrzeigersinn rotieren.

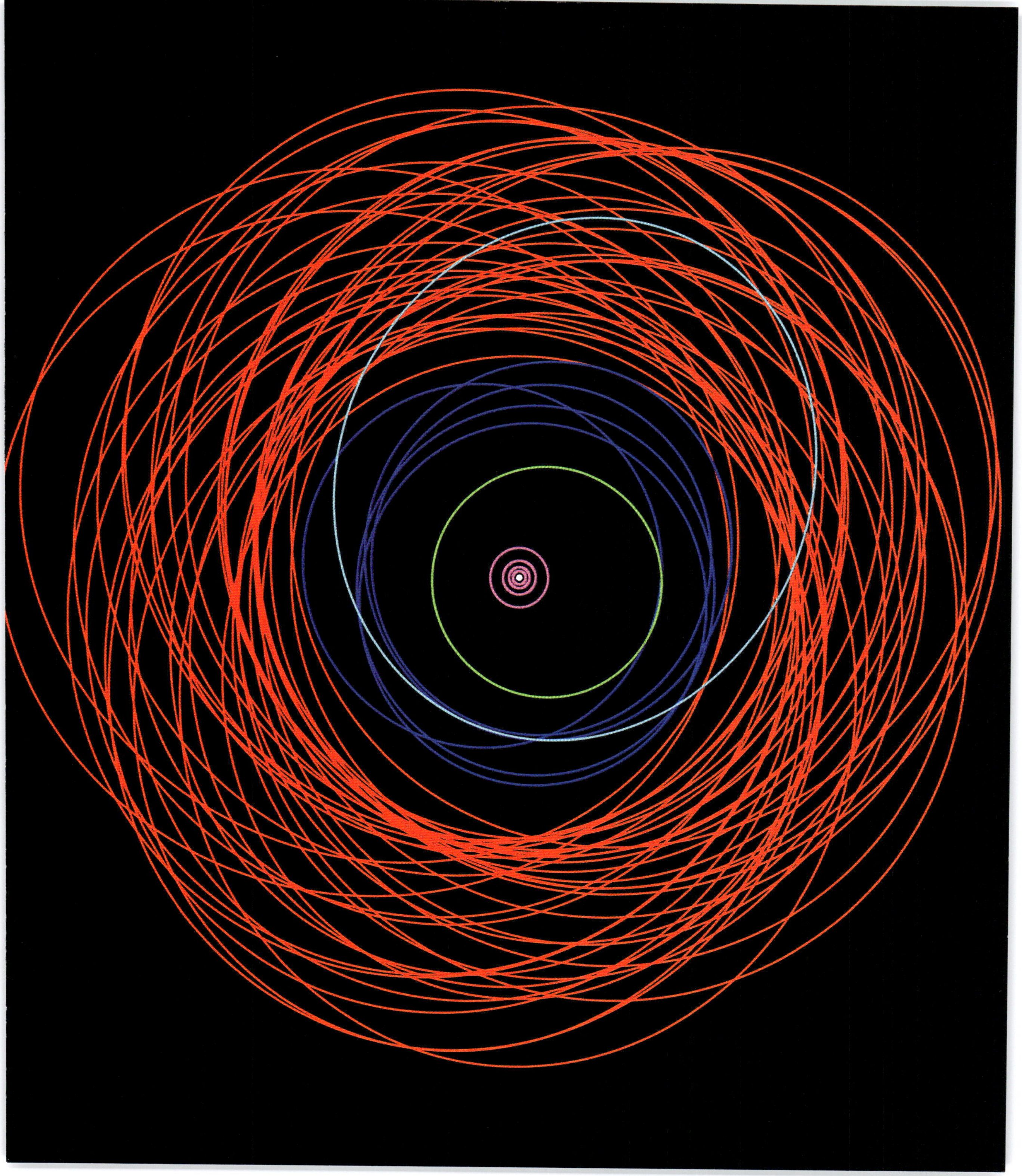

Einsteins Wunderjahr

Albert Einstein (1879–1955)

Man stelle sich vor: Jemand sieht die Natur des Universums, von Raum und Zeit, in völlig neuem Licht, und niemand glaubt ihm oder versucht ihn auch nur zu verstehen. Behält die enorme Frustration, der Zeit voraus zu sein, oder die ungezügelte Freude über eine der wichtigsten Entdeckungen in der Geschichte der Wissenschaft die Oberhand? Das war das Dilemma, in dem der Physiker und Visionär Albert Einstein steckte.

Einstein wurde in Deutschland in ein gutbürgerliches jüdisches Elternhaus hineingeboren und zeigte in der Schule schon früh eine Begabung für Mathematik und Physik, aber auch einen Hang zu unkonventionellem Denken und Auseinandersetzungen mit Autoritäten. Nach der Matura (Abitur) in Aarau studierte er am Polytechnikum in Zürich (heute ETH), das er 1900 mit einem Diplom als Fachlehrer für Mathematik und Physik abschloss. 1902 trat er eine Stelle als technischer Experte beim Schweizer Patentamt in Bern an.

Diese Tätigkeit ließ ihm genug Zeit für die Beschäftigung mit Problemen der Physik, die er voll ausnutzte. 1905, in seinem *Annus Mirabilis* (Wunderjahr), veröffentlichte Einstein einige seiner wichtigsten Werke. So wies er den Teilchencharakter des Lichts nach und untersuchte den photoelektrischen Effekt (Wechselwirkungen der Photonen), auf dem die CCD-Sensoren in unseren Digitalkameras basieren. Eine weitere Arbeit befasste sich mit der Brown'schen Bewegung, der unregelmäßigen, ruckartigen Wärmebewegung von Molekülen. Des Weiteren legte er in zwei kurz nacheinander erschienenen Arbeiten seine spezielle Relativitätstheorie dar, nach der sich die Raumzeit infolge der konstanten Lichtgeschwindigkeit bei ihr nahe kommenden Tempi verzerrt und ein Zusammenhang zwischen Energie und Masse besteht. Letzterer lässt sich in die berühmte Gleichung $E = mc^2$ fassen, deren Folgen gut zwei Jahrzehnte später das Atomzeitalter einläuteten. Die Universität Zürich verlieh Einstein im Januar 1906 die Doktorwürde, und 1921 erhielt er den Nobelpreis für Physik.

Sein ganzes Leben lang ersann Einstein neue Theorien und erweiterte seine bisherigen. Unter den berühmtesten, die er später veröffentlichte, nimmt die allgemeine Relativitätstheorie, die die Gravitation als eine Veränderung der Form des vierdimensionalen Raum-Zeit-Kontinuums auffasst, einen Ehrenplatz ein. Astronomen und Physiker haben in den Jahrzehnten seit ihrer Veröffentlichung Einsteins Theorien auf Herz und Nieren getestet und erweitert, wobei sich fast alle als richtig erwiesen.

SIEHE AUCH Lichtgeschwindigkeit (1676), Quantenphysik (1900), Die Digitalisierung der Astronomie (1969), Der Gravitationslinseneffekt (1979)

Albert Einstein bei einem Vortrag in Wien, 1921.

1906

Jupiter-Trojaner

Max Wolf (1863–1932), **Johann Palisa** (1848–1925), **Joseph-Louis Lagrange** (1736–1813)

Das Aufkommen der Fotografie in der Astronomie zog mit der im Vergleich zum menschlichen Auge deutlich höheren Detailgetreue der Fotoplatten die Entdeckung lichtschwacher Objekte, aber auch von Himmelskörpern wie Asteroiden nach sich, die sich mit wesentlich höherer Geschwindigkeit als die Sterne über den Himmel bewegen. Pionier und führende Figur der Astrofotografie im ausgehenden 19. und frühen 20. Jahrhundert war der deutsche Astronom Max Wolf.

Mit seinen astrofotografischen Methoden entdeckte Wolf fast 250 Asteroiden. Einer seiner wichtigsten Funde war am 22. Februar 1906 der 588. »Kleinplanet«. Anders als die meisten umkreiste er die Sonne weit hinter dem Asteroidengürtel, in einer Entfernung von etwa 5,2 Astronomischen Einheiten und damit etwa auf gleicher Höhe mit dem Jupiter. Der österreichische Astronom und produktive Asteroidenentdecker Johann Palisa fand heraus, dass das von Wolf entdeckte Himmelsobjekt die Sonne tatsächlich ungefähr auf der Umlaufbahn des Jupiters umkreiste, nur etwa 60 Grad vor dem Planeten. Unweit davon und außerdem 60 Grad hinter dem Jupiter wurden weitere Asteroiden ausgemacht. Damit hatte sich die 1772 die vom französischen Mathematiker Joseph-Louis Lagrange vorgeschlagene These der Lagrange-Punkte, an denen sich die Gravitationskräfte gegenseitig aufheben, als richtig erwiesen. Palisa bezeichnete die Himmelskörper, deren ersten Vertreter Wolf entdeckt hatte, zu Ehren der Helden des Trojanischen Krieges als Trojaner. Wolfs Asteroid Nr. 588, der auf einer Umlaufbahn in der Nähe des Lagrange-Punktes L4 des Jupiter-Sonne-Systems kreist, wurde später nach dem griechischen Helden Achilles benannt. In der Region L4 erhielten weitere Asteroiden ebenfalls Namen von griechischen, in der Region L5 dagegen von trojanischen Helden.

Über 4000 Jupiter-Trojaner wurden inzwischen in beiden Lagern entdeckt, und Astronomen schätzen, dass die Anzahl der über einen Kilometer großen Asteroiden an den L4- und L5-Punkten des Jupiters eine Million übersteigt. Bei den meist dunklen, rötlich scheinenden Trojanern könnte es sich womöglich um inaktive Kometen handeln, doch die Kenntnisse dieser gewaltigen Kleinkörper-Population sind für weitergehende Vermutungen zu beschränkt.

SIEHE AUCH Der Asteroidengürtel (vor 4,5 Mrd. Jahren), Die Lagrange-Punkte (1772), Dunkelwolken (1895), Himalia (1904)

Grafische Darstellung der Positionen der 4079 Jupiter-Trojaner (gelbe Punkte), deren Umlaufbahn 2011 bekannt war. Die vorauseilenden »Griechen« bilden die obere »Wolke«, die nachfolgenden »Trojaner« bei (L5) die untere. Der Jupiter befindet sich in der Mitte. Erstellt mit dem offenen 3-D-Astronomieprogramm Celestia.

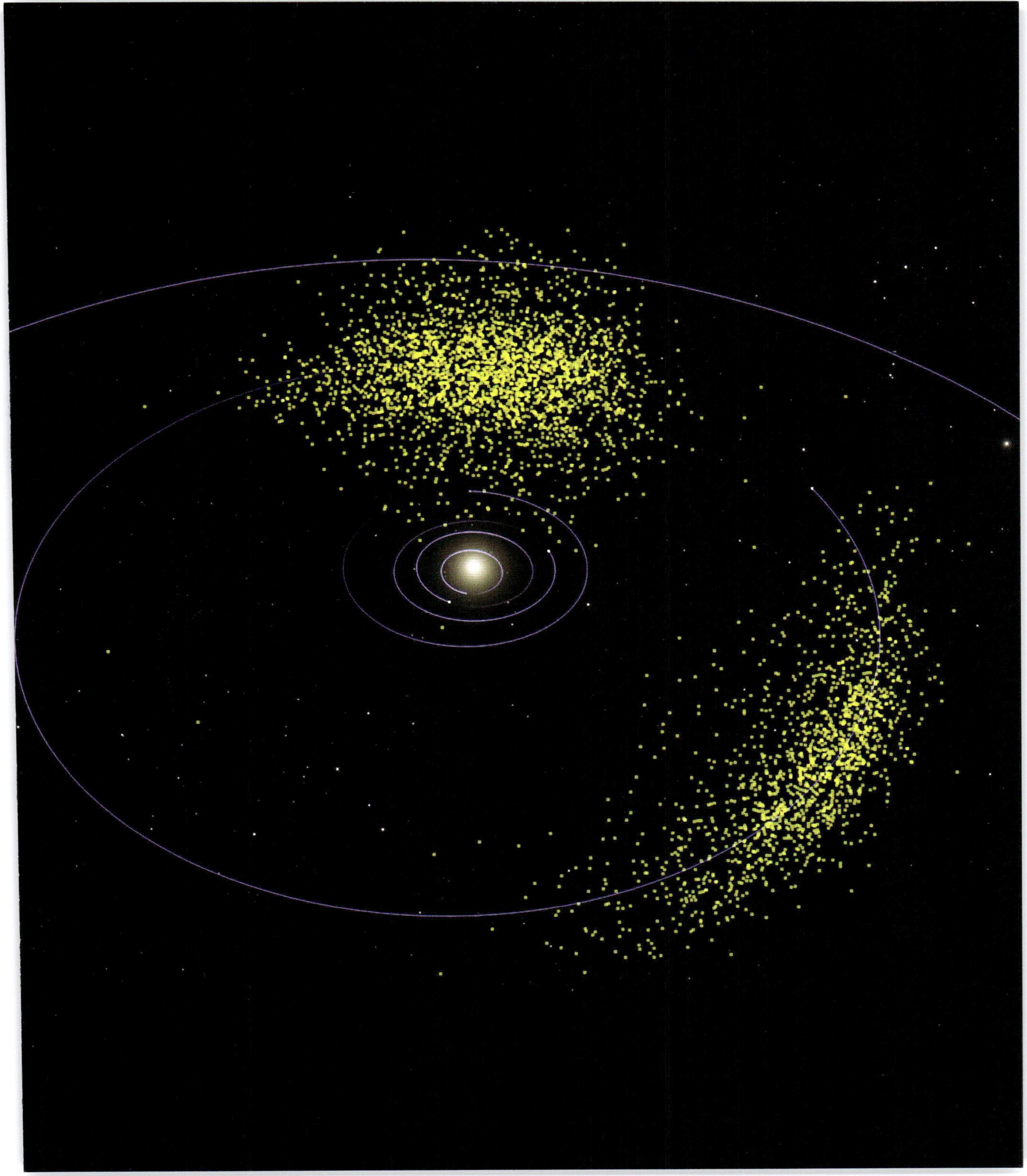

Marskanäle

Giovanni Schiaparelli (1835–1910), **Percival Lowell** (1855–1916)

Die Marsmonde Phobos und Deimos wurden während der Opposition von 1877 entdeckt, einer der eher seltenen Gelegenheiten, bei der die Entfernung zwischen Erde und Mars deutlich geringer ist. Der italienische Astronom Giovanni Schiaparelli und andere nutzten die Gunst der Stunde, um den Mars besser auszukundschaften. Er erstellte zahlreiche Karten, auf denen die »Meere« (dunklere) und »Kontinente« (hellere Gebiete) des Planeten historische lateinische und mediterrane Namen trugen. Außerdem beobachtete er feine, dunkle Linien auf dem Planeten, die er als *Canali* (Rinnen) deutete – was später nicht ganz zutreffend als »Kanäle« ins Deutsche gelangte.

Der Industrielle, Autor und Astronom Percival Lowell aus dem US-Bundesstaat Massachusetts nahm die Beschreibungen linearer Strukturen auf dem Mars durch Schiaparelli und andere mit Begeisterung auf und entschloss sich zu ihrer genaueren Untersuchung mithilfe präziserer Technik. 1894 investierte er einen Teil seines persönlichen Vermögens in den Bau eines Höhenobservatoriums in Flagstaff, Arizona, das er mit einem 61-Zentimeter-Refraktor von *Alvan Clark & Sons* ausstatten ließ. Das Lowell-Observatorium mauserte sich schon bald zu einem der führenden Zentren für astronomische Forschung. Lowell selbst verwendete einen großen Teil seiner der Astronomie gewidmeten Zeit für detaillierte Beobachtungen und das Anfertigen von Zeichnungen des Mars.

Lowell war davon überzeugt, dass ein ausgeklügeltes Netz dunkler Linien den Mars überzog, das nur das Werk einer intelligenten Spezies sein konnte. In seinem Buch *Mars and Its Canals* (1906) schilderte er sie als Wasserstraßen, die das Schmelzwasser von den Polkappen in die großen äquatorialen Städte des Roten Planeten leiteten. Die Vorstellung von den fachkundigen »Mars-Ingenieuren« verbreitete sich in aller Welt.

Neuere Bilder und Weltraummissionen haben erkennen lassen, dass Schiaparellis und Lowells Kanäle mit größter Wahrscheinlichkeit nur eine optische Täuschung waren. Dies tat jedoch der öffentlichen (und wissenschaftlichen) Faszination, die der Mars auch als potenzieller Lebensraum ausübt, keinen Abbruch.

SIEHE AUCH Mars (vor 4,5 Mrd. Jahren), Phobos (1877), Deimos (1877), Erste Marsorbiter (1971), Die *Viking*-Sonden auf dem Mars (1976), Der erste erfolgreiche Mars-Rover (1997), *Mars Global Surveyor* (1997), *Spirit* und *Opportunity* auf dem Mars (2004), Erste Menschen auf dem Mars? (um 2035–2050)

OBEN: *Percival Lowell um 1895.* GEGENÜBER: *Eine von Percival Lowells Mars-Skizzen (um 1900). Darauf sind die feinen Linien gut zu erkennen, die er und andere als Beweis für ein großes Netz von Bewässerungskanälen auf dem Mars sahen. Lowell hat viel zur Verbreitung der Idee von Leben auf dem Roten Planeten beigetragen.*

P. L.

1908

Die Tunguska-Explosion

Leonid Kulik (1883–1942)

Am Morgen des 30. Juni 1908 rüttelte ein spektakuläres Ereignis die Bewohner der heutigen zentralsibirischen Region Krasnojarsk in der Nähe des Flusses Tunguska wach. Gegen 7:15 Uhr ging der Himmel in Flammen auf – Augenzeugen berichteten von einem gleißenden Lichtblitz, gefolgt von ohrenbetäubendem Grollen. Der Boden bebte mit mittlerer Stärke, es regnete Feuer, und ein heftiger, sengender Wind entwurzelte auf über 2000 Quadratkilometern 80 Millionen Bäume. Seismografen in ganz Asien und Europa registrierten die Erschütterung der Erdrinde, und der Nachthimmel leuchtete weltweit noch tagelang unheimlich hell.

Wissenschaftler vermuteten einen Meteoriteneinschlag als Ursache. Die erste wissenschaftliche Gruppe kam jedoch erst 1927 in der abgelegenen Region an, als der russische Mineraloge Leonid Kulik dort vergeblich nach dem Einschlagkrater und wertvollen Eisen-Nickel-Meteoritenbruchstücken suchte. Anscheinend war beim Tunguska-Ereignis etwas in der Luft explodiert und hatte durch Druckwellen, Hitze und Feuer Oberflächenschäden, aber keinen Krater verursacht.

Planetenforscher diskutieren seit mehr als einem Jahrhundert über die Natur des Explosionskörpers. Manche sind der Ansicht, es habe sich dabei um ein Bruchstück eines eisigen Kometen gehandelt, das sich beim Eintritt in die Atmosphäre löste, andere vermuten darin einen »Brocken« eines Rubble Piles, eines locker zusammengehaltenen Asteroiden, zu klein, um die Oberfläche zu erreichen. Jedenfalls explodierte ein Objekt mit einem Durchmesser von etwa zehn Metern, das mit einer Geschwindigkeit von etwa zehn Kilometern pro Sekunde unterwegs war, fünf bis vierzehn Kilometer über dem Boden. Dabei wurde eine Energiemenge von etwa zehn Megatonnen TNT oder etwa 750 Hiroshimabomben freigesetzt.

Erstaunlicherweise fand bei der Tunguska-Explosion niemand den Tod. Allerdings rüttelte sie die Wissenschaftler wach, die sich angesichts der katastrophalen Auswirkungen, die selbst der Einschlag kleiner Objekte auf der Erde haben kann, intensiver mit Impakt-Ereignissen zu beschäftigen begannen.

SIEHE AUCH Die Kambrische Explosion (vor 550 Mio. Jahren), Der Dinosaurier-Killer-Asteroid (vor 65 Mio.. Jahren), Der Barringer-Krater (vor 50 000 Jahren)

OBEN: *Foto der Kulik-Expedition, 1927.* GEGENÜBER: *Grafische Darstellung des Waldes an der Tunguska eine Minute nach der Explosion, William K. Hartmann. Das Gemälde entstand am Vulkan Mount St. Helens, dessen explosiver Ausbruch 1980 ähnliche Bilder erzeugte.*

1908

Cepheiden und Standardkerzen

Henrietta Swan Leavitt (1868–1921), **Edward Charles Pickering** (1846–1919), **Ejnar Hertzsprung** (1873–1967)

Zu Beginn des 20. Jahrhunderts wussten die Astronomen schon seit längerer Zeit, dass man die Entfernungen zu den nächsten Sternen anhand ihrer Parallaxe (scheinbaren Änderung der Position) aufgrund der jährlichen Sonnenumkreisung der Erde berechnen konnte. Aber wie sollte das bei fernen Sternen geschehen, bei denen selbst die größten Teleskope der Welt keine Parallaxe zutage förderten?

Die Antwort auf diese Frage gab die Astronomin Henrietta Swan Leavitt, eine von Edward Pickerings »Computern« am Harvard-College-Observatorium, die Tausende Fotoplatten mit Millionen von Sternen darauf auswerteten. Leavitt konzentrierte sich bei ihrer Analyse vor allem auf die Helligkeitsänderungen bei pulsationsveränderlichen Sternen. Sie überprüfte Tausende von Variablen und machte bei der Gruppe der Cepheiden (benannt nach Delta Cephei) interessante Muster aus. 1908 entdeckte sie, dass bei ihnen die Periode umso länger ist, je heller sie leuchten. 1912 veröffentlichte sie diese Periode-Leuchtkraft-Beziehung. Cepheiden mit gleicher Periode, aber unterschiedlicher Helligkeit mussten sich danach in unterschiedlicher Entfernung von der Erde befinden. Lässt sich die Distanz zu einigen von ihnen mit anderen Methoden bestimmen, können Cepheiden als Maßstab für die Entfernung dienen, als sogenannte Standardkerzen.

1913 ermittelte der dänische Astronom Ejnar Hertzsprung mithilfe sehr genauer Parallaxenmessungen die Abstände zu mehreren Standardkerzen und hielt damit den Schlüssel zur Abschätzung der Entfernungen zu weiteren Cepheiden in der Hand. Leavitts leider kaum beachtete Entdeckung und die anschließende Untersuchung zahlreicher Cepheiden unter anderem im Andromedanebel lieferten den Beweis, dass Andromeda und ähnliche Nebel in Wirklichkeit eigenständige Galaxien Millionen Lichtjahre jenseits der Milchstraße waren.

SIEHE AUCH Scheinbare Helligkeit (um 150 v. Chr.), Die Sternparallaxe (1838), Mira-Sterne (1596), Spektralklassen (1901), Die Hauptreihe (1910), Die Hubble-Konstante (1929)

OBEN: *Porträt von Henrietta Swan Leavitt.* GEGENÜBER: *Ein Cepheid (kleinere Bilder) in der Spiralgalaxie Messier 100, der seine Helligkeit verändert. Indem man den Cepheiden als Standardkerze benutzte, konnte man die Entfernung zu M100 auf 56±6 Millionen Lichtjahre schätzen.*

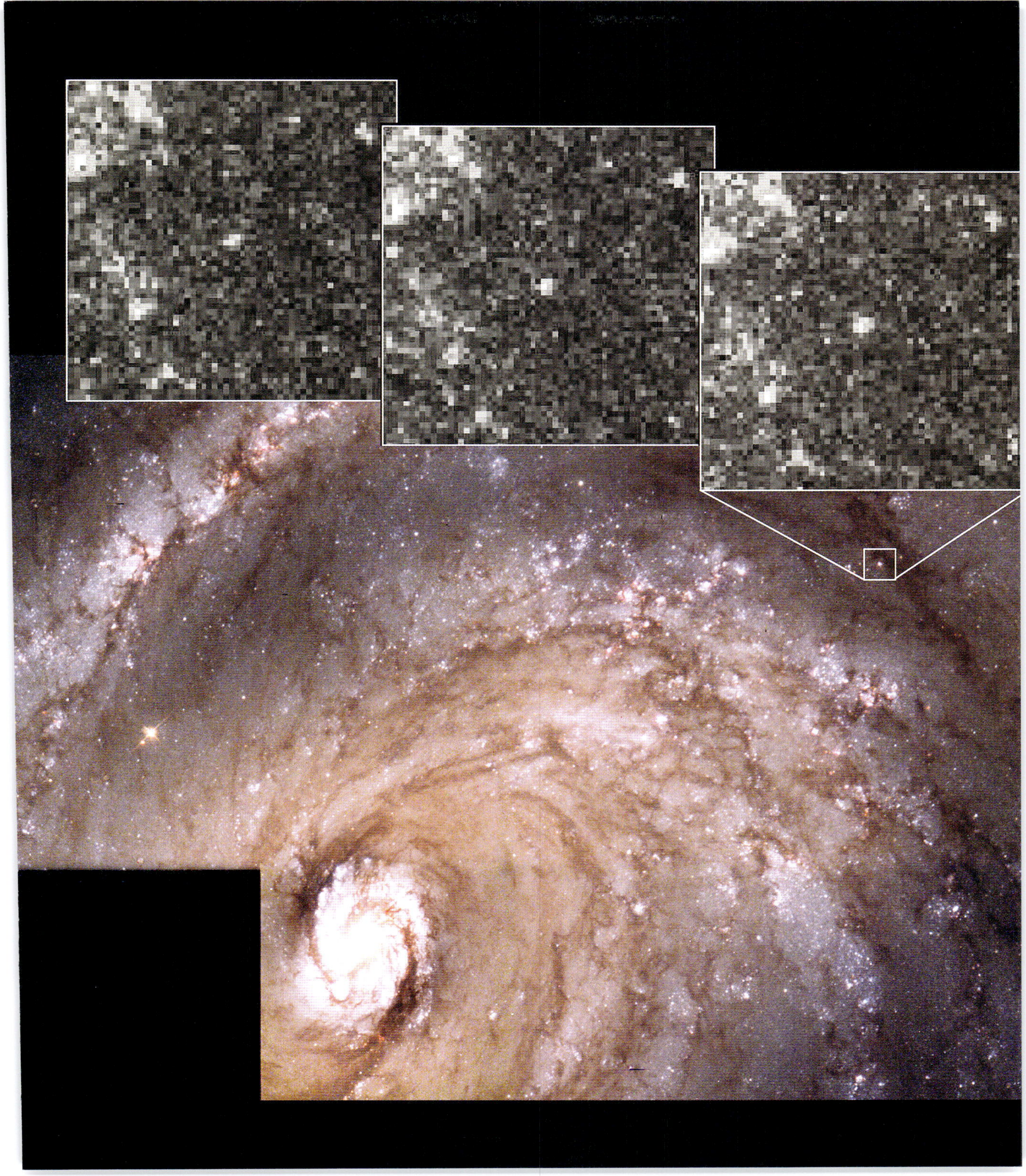

1910

Die Hauptreihe

Ejnar Hertzsprung (1873–1967), **Henry Norris Russell** (1877–1957)

Im ersten Jahrzehnt des 20. Jahrhunderts beschrieben und klassifizierten Astronomen in aller Welt auf der Grundlage der von Edward Pickerings Gruppe in Harvard entwickelten Methoden fleißig Sterne nach Farbe und spektroskopischen Linien. Zu den wichtigsten Fortschritten gehörte die unabhängige Beobachtung von Ejnar Hertzsprung in Dänemark und Henry Norris Russell in den USA, dass in einem Diagramm mit ihren Spektralklassen (Temperaturen) als einer und ihrer absoluten Helligkeit (scheinbare Helligkeit am Himmel, berichtigt nach der Entfernung) als anderer Achse das Gros der Sterne eine breite Reihe von rechts oben nach links unten bildet. Hertzsprung prägte dafür den Begriff »Hauptreihe«. Die Hertzsprung-Russell-Diagramme (HRD) sind seit etwa 1910 in Gebrauch.

In den darauffolgenden Jahrzehnten begriffen die Astronomen allmählich, dass die Hauptreihe den evolutionären Weg der Sterne abbildete und damit ihr Alter und zukünftiges Schicksal zu ermitteln erlaubte. Die meisten Sterne entstehen, wenn Druck und Temperatur in ihrem Zentrum für die Aufrechterhaltung der Kernfusion von Wasserstoffprotonen zu Helium ausreichen. In dieser Phase nimmt ein normaler Stern eine von seiner Masse abhängende Position auf der Hauptreihe ein: sehr leuchtstarke Sterne mit bis zu zehnfacher Sonnenmasse (Blaue Riesen) gegen oben links; und leuchtschwache Sterne mit einem Zehntel bis halber Sonnenmasse (Rote Zwerge) gegen unten rechts. Wenn Sterne altern und ihnen der Wasserstoff ausgeht, weichen sie von der Hauptreihe ab und »sterben« schließlich in jeweils charakteristischer (und oft spektakulärer) Weise, die gleichfalls von ihrer Masse abhängt.

Als später Astrophysiker wie Arthur Stanley Eddington und Hans Bethe die Prozesse im Inneren von Sternen aufdeckten, konnte man vorhersagen, wie Sterne bestimmter Massen leben und sterben würden. So entpuppte sich unsere Sonne als Stern mittleren Alters mit durchschnittlicher Masse, der sich in etwa fünf Milliarden Jahren zu einem Roten Riesen aufblähen und seine äußeren Schichten in einen planetarischen Nebel abstoßen würde, um schließlich als blasser Weißer Zwerg zu enden.

SIEHE AUCH Scheinbare Helligkeit (um 150 v. Chr.), Beobachtungen eines »Tagessterns« (1054), Mira-Sterne (1596), Planetarische Nebel (1764), Weiße Zwerge (1862), Sternfarbe und Sterntemperatur (1893), Spektralklassen (1900), Cepheiden und Standardkerzen (1908), Die Masse-Leuchtkraft-Beziehung (1924), Die Kernfusion (1939), Das Ende der Sonne (in 5–7 Mrd. Jahren)

Diagramm zur Illustration der Beziehung von Leuchtkraft (auf der y-Achse, Sonne = 1) und Farbe/Temperatur (auf der x-Achse) der Sterne. Das auffällige diagonale Band in der Mitte wird als Hauptreihe bezeichnet und von helleren Blauen und Roten Riesen sowie dunkleren Weißen Zwergen eingerahmt.

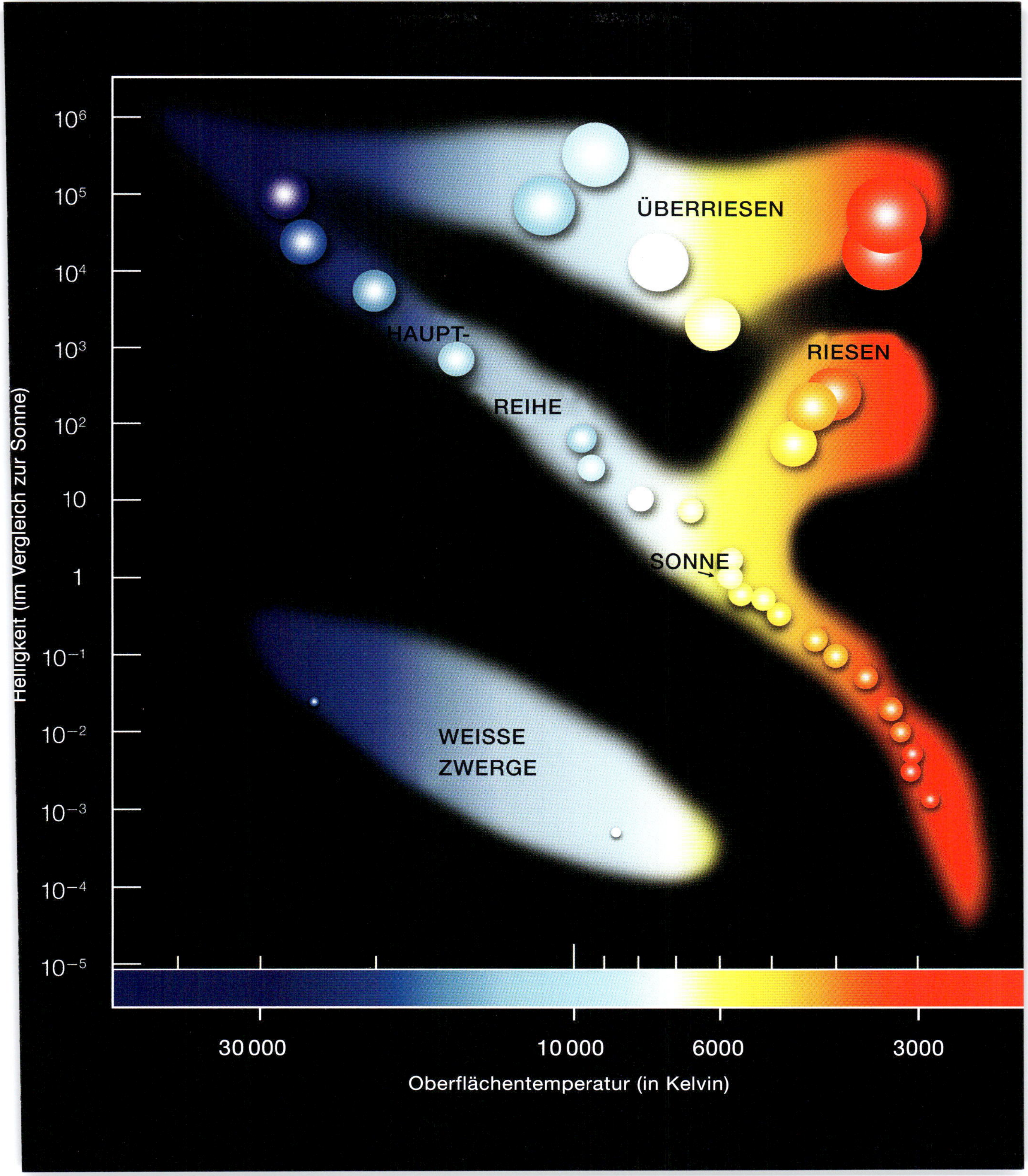

ÜBERRIESEN
RIESEN
HAUPT-
REIHE
SONNE
WEISSE
ZWERGE
10^6
10^5
10^4
10^3
10^2
10
1
10^{-1}
10^{-2}
10^{-3}
10^{-4}
10^{-5}
Helligkeit (im Vergleich zur Sonne)
30 000
10 000
6000
3000
Oberflächentemperatur (in Kelvin)

1918

Die Größe der Milchstraße

Harlow Shapley (1885–1972), **Edwin Hubble** (1889–1953)

Nach der 1908 erfolgten Entdeckung, dass man mithilfe der Cepheiden kosmische Entfernungen messen konnte, bestimmten im darauffolgenden Jahrzehnt Astronomen die Entfernung von der Erde zu Spiralnebeln, Kugelsternhaufen und anderen Himmelsobjekten, um herauszufinden, ob sie sich innerhalb oder außerhalb der Milchstraße befanden. Die Größe der Milchstraße war damals noch Gegenstand heftiger Diskussionen, wobei manche Astronomen die Überzeugung vertraten, sie sei mit dem Universum gleichzusetzen, während andere glaubten, sie sei nur eines von vielen »Inseluniversen«, wie Immanuel Kant die fernen Nebel im 18. Jahrhundert bezeichnet hatte.

Eine erste experimentelle Schätzung der Größe unserer Galaxie legte der US-Astronom Harlow Shapley vor, der die Verteilung von Kugelsternhaufen studierte. Dank der Messung mithilfe der Cepheiden kannte man die Entfernung zu einem nahe gelegenen Kugelsternhaufen. Shapley nahm an, dass die Haufen gleich groß sind, und konnte so ihre Entfernung aufgrund ihres unterschiedlichen scheinbaren Durchmessers schätzen. 1918 hatte er bereits festgestellt, dass die Kugelhaufen einen Halo um die Scheibe unserer Galaxie bilden, und konnte die Größe der Milchstraße mit etwa 300 000 Lichtjahren beziffern. Die Sonne befindet sich nicht etwa im Zentrum unserer Galaxie, sondern rund 50 000 Lichtjahre davon entfernt (so viel zum heliozentrischen Weltbild …). Damit war sie deutlich größer als meist vermutet. Shapley hatte sich außerdem davon überzeugen können, dass es keine Inseluniversen gab, denn die Kugelhaufen und Spiralnebel grenzen alle an die Milchstraße oder liegen gar innerhalb.

Shapleys Schätzung der Milchstraßengröße erwies sich später als etwa dreimal zu hoch. Das lag vor allem an der – falschen – Annahme einer konstanten Größe von Kugelsternhaufen. Heute geht man von einem Durchmesser unserer galaktischen Scheibe von etwa 100 000 und einer Dicke von etwa 1000 Lichtjahren aus (im Bereich der zentralen Wölbung etwas mehr). Die Entfernung der Sonne vom Zentrum beträgt etwa 27 000 Lichtjahre. Mit seiner These, dass sich die Kugelsternhaufen im Halo am Rand der Milchstraße und in ihrer Nähe befinden, behielt Shapley recht, nicht aber, was die Spiralnebel betraf. Edwin Hubble und andere wiesen in den folgenden Jahrzehnten nach, dass Nebel in Spiralform und anderer Gestalt eigene Galaxien sind, von denen einige unserer ähneln, alle jedoch Millionen bis Milliarden Lichtjahre entfernt sind.

SIEHE AUCH Die Milchstraße (vor 13,3 Mrd. Jahren), Die Sichtung des Andromedanebels (um 964), Kugelsternhaufen (1664), Cepheiden und Standardkerzen (1908), Die Hubble-Konstante (1929)

Blick auf die Spiralgalaxie NGC 1309, Aufnahme des Hubble-Weltraumteleskops. In den blau gefärbten Spiralarmen entstehen neue Sterne, während sich im Zentrum ältere gelbliche Sterne befinden. So sähe wahrscheinlich unsere Milchstraße aus, wenn wir sie von weit oben betrachten könnten.

1920

Zentauren

Walter Baade (1893–1960)

Auch als sich im frühen 20. Jahrhundert die Zahl der entdeckten Asteroiden langsam der Tausendermarke näherte, zeigten sich die Astronomen mitunter noch von der Entdeckung rätselhafter Objekte überrascht. Ein Beispiel ist der Asteroid 944, den der deutsche Astronom Walter Baade 1920 aufspürte. Der später nach dem mexikanischen Priester und Unabhängigkeitsführer Miguel Hidalgo benannte Himmelskörper kreiste auf einer stark geneigten und elliptischen Umlaufbahn (Exzentrizität von 0,66), die eher der eines Kometen glich und ihn vom inneren Rand des Asteroidengürtels (1,95 Astronomische Einheiten von der Sonne) bis in die Regionen des Saturns (9,5 AE) trug.

1977 wurde mit (2060) Chiron ein weiterer Asteroid auf einer kometenähnlichen Umlaufbahn im Bereich zwischen Saturn und Uranus entdeckt. Es folgten mehrere Hundert weitere Asteroiden mit elliptischen Umlaufbahnen zwischen Jupiter und Neptun. Die Mitglieder dieser Gruppe von Himmelskörpern mit teils asteroiden-, teils kometenhaften Eigenschaften werden als Zentauren bezeichnet – nach dem Mischwesen aus Mensch und Pferd der griechischen Mythologie.

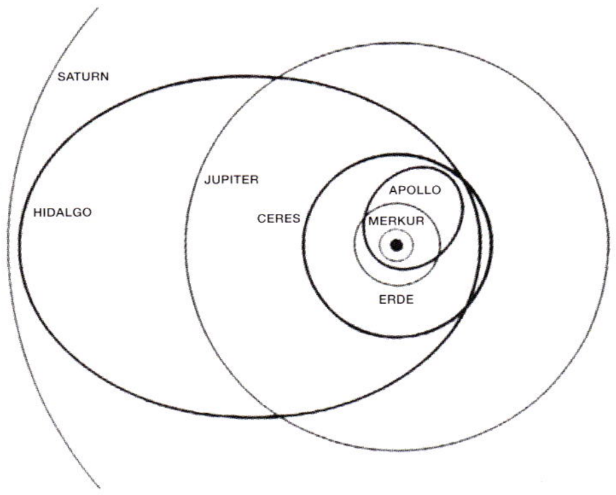

Die unterschiedliche Färbung der Zentauren gründet in ihrer Zusammensetzung. So verweisen Teleskopspektren bei einigen von ihnen auf Eis, gefrorenes Methanol und Tholine oder auch organische Rückstände von gefrorenem Methan oder Ethan, das der UV-Strahlung der Sonne ausgesetzt war. Viele dieser Komponenten sind auch auf Kometen zu finden. Chiron und zwei weitere Zentauren besitzen eine schwache Koma (einen »Kopf« mit unklaren Rändern), die auf kometenhafte Aktivität hindeutet.

Raumfahrzeuge haben zwar bis heute noch keinen Zentauren näher beobachten können, aber viele Astronomen halten den unregelmäßigen Mond Phoebe für einen vom Saturn eingefangenen Zentauren. Vielleicht sollten wir schnell handeln, wenn wir die Zentauren studieren wollen: Da sie die Bahnen der Riesenplaneten queren, werden sie schon nach wenigen Millionen Jahren in einen neuen Orbit geschleudert.

SIEHE AUCH Der Asteroidengürtel (vor 4,5 Mrd. Jahren), Phoebe (1899), Jupiter-Trojaner (1906), Kuipergürtelobjekte (1992)

OBEN: *Die Umlaufbahn von (944) Hidalgo im Vergleich zu der des Jupiters.* GEGENÜBER: *Vorbeiflug des Zentaurs (5145) Pholus, Grafische Darstellung von William K. Hartmann. Wie bei anderen Zentauren ähneln seine physikalischen Eigenschaften und seine Umlaufbahn teils denen von Asteroiden, teils denen von Kometen.*

1924

Die Masse-Leuchtkraft-Beziehung

Arthur Stanley Eddington (1882–1944)

Astronomen konnten die Sterne anhand von Eigenschaften wie Farbe, Temperatur und absoluter Helligkeit klassifizieren, nicht aber ihre Funktionsweise erklären: warum sie leuchteten, woher sie ihre Energie nahmen oder was im Inneren vor sich ging. Einer der wichtigsten Wissenschaftler, die zur Klärung dieser Fragen beitrugen, war der britische Astrophysiker Arthur Stanley Eddington.

Er wollte unbedingt verstehen, wie aus dem Gas und Staub eines Nebels ein Stern entsteht. Bekannt war, dass die Gravitation das Gas zu einer Kugelform zusammenzog. Aber was hinderte sie daran, die Sterne zum Kollabieren zu bringen? 1924 veröffentlichte Eddington ein detailliertes Modell, wie der Strahlungsdruck, eine Kraft, die durch die extremen Temperaturen und Drucke in einem Stern erzeugt wird, die Gravitation ausgleicht und die Sterne ihre Gleichgewichtsgröße erreichen lässt.

Eddingtons stellare Innenmodelle erlaubten ihm auch festzustellen, dass es eine einfache Beziehung zwischen der Leuchtkraft eines Hauptreihensterns und seiner Masse gibt: Ein doppelt so heller Stern kann eine über zehnmal größere Masse aufweisen. Seine Arbeit machte es möglich, die Masse eines Sterns durch Messung seiner scheinbaren Helligkeit und seiner Entfernung zu schätzen. Astronomen zeigten auf, dass die Hauptreihe die von der Masse abhängige »Lebensader« ist, der Weg der Evolution, dem etwa 90 Prozent der Sterne folgen.

Weder Eddington selbst noch einer seiner Zeitgenossen wusste, warum die Masse-Leuchtkraft-Beziehung funktioniert oder wie und weshalb sich in einem Stern Strahlungsdruck aufbaut. Nach einer gängigen Theorie liefert die Gravitationskontraktion die Energie. Eddington spekulierte, die Kernfusion könnte die erforderliche Energie erzeugen, aber diesem Gedanken begegnete man bis in die späten Dreißigerjahre mit Skepsis.

SIEHE AUCH Die Geburt der Sonne (vor 4,6 Mrd. Jahren), Sternfarbe und Sterntemperatur (1893), Die Hauptreihe (1910), Die Kernfusion (1939)

OBEN: *Arthur Stanley Eddington.* GEGENÜBER: *UV-Fotografie eines dunklen koronalen Lochs in der Sonnenatmosphäre, wo Sonnenwindteilchen in den Weltraum schießen, die später in der Erdatmosphäre Polarlichter erzeugen.*

1926

Flüssigkeitsraketen

Konstantin Eduardowitsch Ziolkowski (1857–1935),
Robert Goddard (1882–1945), **Wernher von Braun** (1912–1977)

Raketen, die durch das Verbrennen von Schießpulver angetrieben werden, existieren seit über einem Jahrtausend. Ihr erster Einsatz auf dem Schlachtfeld und als Feuerwerk zur Unterhaltung wird den Chinesen zugeschrieben. Erst 1903 aber beschrieb der russische Raketenpionier Konstantin Ziolkowski ihre Verwendung auch für die Raumfahrt erstmals wissenschaftlich fundiert. Der Vater der Kosmonautik erkannte, dass Feststofftriebwerke nicht genügend Schub für Weltraumflüge entwickelten, und schlug die Verwendung flüssiger Treibstoffe vor, um den Wirkungsgrad sowie das Schub-Gewichts-Verhältnis zu maximieren.

Der amerikanische Raketenforscher Robert Goddard testete später Ziolkowskis und seine eigene Theorien und erbrachte den Nachweis, dass man Flüssigkeitsraketen bauen konnte und dass sie den nötigen Schub liefern würden, um eine größere Masse in extreme Höhen zu befördern. Er entwickelte eine mit Benzin, eine mit flüssigem Lachgas betriebene sowie eine zwei- oder dreistufige Rakete und ließ sie patentieren, wobei er behauptete, mit Letzteren könne man »extreme Höhen erreichen«. Auch wenn man die Flüge der Raketen, die er selbst baute, heute als eher bescheiden bezeichnen müsste, dienten Goddards solide Methoden später anderen, darunter einer Gruppe von Raumfahrtingenieuren der Nachkriegszeit unter der Führung des Raketenpioniers Wernher von Braun als Grundlage, um immer längere und höhere Flüge und schließlich Raumflüge in den Orbit der Erde und darüber hinaus durchzuführen.

Wie viele Erfinder gehörte auch Goddard zu den Visionären, die bevorzugt allein arbeiteten und dabei von anderen übersehene Möglichkeiten entdeckten. Mit anderen verfocht er die Verwendung der Raketentechnik für atmosphärische wissenschaftliche Experimente und wie Ziolkowski für Weltraumflüge. Es war schließlich der Zweite Weltkrieg, der die Raketenentwicklung entscheidend vorantrieb, sodass in den Nachkriegsjahrzehnten Goddards Traum von der Raumfahrt posthum wahr werden konnte.

SIEHE AUCH Newtons Gesetze (1687), *Sputnik 1* (1957), Die ersten Menschen auf dem Mond (1969), Spaceshuttles (1981), Erste Menschen auf dem Mars? (um 2035–2050)

Robert Goddard neben seiner ersten Flüssigkeitsrakete, die er am 16. März 1926 in Auburn, Massachusetts, startete. Bei diesem Modell befanden sich, anders als bei heute üblichen Raketen, die Brennkammer und die Düse oben und der Treibstofftank unten. Sie flog 2,5 Sekunden lang und stieg 12,5 Meter hoch.

1927

Die Rotation der Milchstraße

Bertil Lindblad (1895–1965), **Jan Oort** (1900–1992)

Nachdem er die Entfernungen zum Halo voller Kugelsternhaufen, der die Scheibe der Galaxie umgibt, samt ihrer Richtungen gemessen hatte, veröffentlichte der amerikanische Astronom Harlow Shapley 1918 als Erster eine Schätzung der Größe der Milchstraße. Dabei konnte er auch die ungefähre Position des Zentrums der Galaxie in ihrem hellsten Teil, in Richtung des Sternbilds des Schützen, feststellen.

Als immer mehr Himmelsobjekte mithilfe der Astrofotografie und Spektroskopie im Detail untersucht wurden, stellte sich heraus, dass sich die Erde in einer Spiralgalaxie befindet. Somit konnte es wie bei diesem Galaxietypus üblich sein, dass sich die Sterne auch in der Milchstraße um ein galaktisches Gravitationszentrum drehen – eine Hypothese, die der schwedische Astronom Bertil Lindblad in den 1920er-Jahren als Erster im Detail ausarbeitete.

Der niederländische Astronom Jan Hendrik Oort lieferte 1927 den Beweis für Lindblads Hypothese, indem er die Bewegungen Hunderter Sterne sorgfältig protokollierte. So konnte er bestätigen, dass sich die Milchstraße dreht. Dabei handelt es sich um eine Differentielle Rotation (Superrotation), bei der Sterne je nach Entfernung von der Rotationsachse das Zentrum mit unterschiedlicher Geschwindigkeit umkreisen: weiter entfernte Sterne langsamer als nähere. Die Reise unserer Sonne um das Zentrum, etwa auf halbem Weg zum Rand der Galaxie, dauert etwa 250 Millionen Jahre.

Dank Oorts und Lindblads Forschungen konnte das Rotationszentrum der Milchstraße, basierend auf Shapleys früherer Schätzung, genauer lokalisiert werden. Mit den zur Verfügung stehenden optischen Instrumenten brachten die Astronomen allerdings kaum mehr in Erfahrung, denn das galaktische Zentrum befand sich zu großen Teilen hinter den von Edward Barnard und Max Wolf entdeckten Dunkelwolken. Spätere Astronomen untersuchten die betreffende Himmelsregion mit Röntgen-, Infrarot- und Radioteleskopen und fanden schließlich heraus, dass sich im Zentrum unserer Galaxie eine gigantische Energiequelle namens Sagittarius A* (gesprochen: »Sagittarius A Stern«) befindet, wahrscheinlich angetrieben von einem vier Millionen Sonnenmassen großen schwarzen Loch.

SIEHE AUCH Die Milchstraße (vor 13,3 Mrd. Jahren), Kugelsternhaufen (1665), Dunkelwolken (1895), Die Größe der Milchstraße (1918), Dunkle Materie (1933), Spiralgalaxien (1959), Schwarze Löcher (1965)

Ansammlung von Sternen, Gas und Staub, die das Zentrum unserer Milchstraße umgeben. Montage aus Infrarotbildern des bodengestützten Two Micron All Sky Survey *(2MASS). Dank solcher Infrarotbilder können Astronomen tiefer in die staubige Region hineinblicken.*

1929

Die Hubble-Konstante

Edwin Hubble (1889–1953), **Vesto Slipher** (1875–1969)

Seit den 1840er-Jahren konnten Astronomen dank der Entdeckung des Dopplereffekts die Geschwindigkeit der relativen Bewegung eines astronomischen Objekts in Bezug auf die Erde bestimmen. Man musste dazu nur die Verschiebung einer oder mehrerer geeigneter Absorptionslinien spektroskopisch erfassen. 1912 gelang Vesto Slipher am Lowell-Observatorium die Messung der ersten Spektren von Spiralnebeln und weiteren Objekten, die man später als eigenständige Galaxien erkannte. Die meisten davon zeigten eine Rotverschiebung in Richtung größerer Wellenlängen, sodass sich die betreffenden Objekte von der Erde entfernen.

Auch der US-amerikanische Astronom Edwin Hubble hatte ein besonderes Interesse an Spiralnebeln, dem er ab 1919 am Mount-Wilson-Observatorium in Südkalifornien mit seinem brandneuen 2,54-Meter-Hooker-Spiegelteleskop, dem damals größten und empfindlichsten Teleskop der Welt, nachgehen konnte. Hubble studierte Sliphers Daten zur Rotverschiebung von Galaxien und sammelte ein Jahrzehnt lang eigene.

1929 veröffentlichte Hubble in einem richtungsweisenden Artikel erste Resultate. Er hatte festgestellt, dass die Rotverschiebung mit zunehmender Entfernung einer Galaxie von der Erde immer stärker wird. Offenbar bewegte sich alles im Universum von uns weg – die entferntesten Objekte am schnellsten. Die (gegenwärtige) Geschwindigkeit der daraus folgenden Expansion unseres Universums beschreibt die in der Kosmologie fundamentale Größe der Hubble-Konstante. Hubbles erstaunliche Erkenntnisse bestätigten frühere theoretische Vorhersagen des russischen Kosmologen Alexander Friedmann über die Ausdehnung der Raumzeit, die auf Albert Einsteins allgemeiner Relativitätstheorie beruhen.

Folglich war sie in der Vergangenheit kleiner. Nach Schätzungen heutiger Kosmologen entstanden die Raumzeit und damit unser Universum vor etwa 13,7 Milliarden Jahren bei einer gewaltigen Explosion – dem Urknall. Mit dem Nachweis seiner ständigen Ausdehnung veränderte Hubble unser Verständnis des Universums grundlegend.

SIEHE AUCH Der Urknall (vor 13,7 Mrd. Jahren), Die Geburt der Spektroskopie (1814), Der Dopplereffekt bei Lichtwellen (1848), Einsteins Wunderjahr (1905), Das Alter des Universums (2001)

OBEN: *Edwin Hubble beobachtet den Himmel mit dem 2,54-Meter-Teleskop am Mount-Wilson-Observatorium.*
GEGENÜBER: *Hochauflösendes, elf Tage lang belichtetes Foto einer winzigen Himmelsregion, aufgenommen mit dem Hubble-Weltraumteleskop, das nach dem Entdecker der kontinuierlichen Ausdehnung des Universums benannt ist. Beinahe jeder Punkt oder Fleck ist eine Galaxie!*

1930

Die Entdeckung des Pluto

Clyde Tombaugh (1906–1997), **Percival Lowell** (1855–1916), **William Henry Pickering** (1858–1938)

Der französische Mathematiker Urbain Le Verrier berechnete die Position eines hypothetischen Planeten, der Abweichungen in der Uranus-Umlaufbahn hervorrief. So wurde 1846 mit dem Neptun der achte Planet unseres Sonnensystems entdeckt. Die nachfolgenden Beobachtungen der beiden äußersten Planeten ergaben, dass der Neptun möglicherweise nicht für alle Diskrepanzen in der Uranus-Umlaufbahn verantwortlich war und ein weiterer, etwa erdgroßer Planet weit draußen auf seine Entdeckung wartete.

Percival Lowell, der begüterte Geschäftsmann, der 1894 das Lowell-Observatorium in Flagstaff, Arizona, gegründet hatte, glaubte an die Existenz des »Transneptuns« und machte wie sein Kollege und Konkurrent William Henry Pickering Vorhersagen zu seiner Position. Lowell suchte mit seinem Team von 1909 bis zu seinem Tod im Jahre 1916 erfolglos nach dem Planeten. Auch Pickering fand den Planeten 1919 nicht.

1929 wurde nach längeren Erbstreitigkeiten der 23-jährige Clyde Tombaugh am Lowell-Observatorium mit der weiteren Suche betraut. Seine Jugendbeobachtungen und -skizzen aus Kansas hatten Direktor Vesto Slipher tief beeindruckt. Tombaugh durchforschte mit dem 33-Zentimeter-Astrografen, einem Teleskop für die Arbeit mit großen Fotoplatten, die vermuteten Himmelsbereiche nach Objekten mit der richtigen Geschwindigkeit. Nach fast einem Jahr Arbeit entdeckte er am 18. Februar 1930 eine kleine, neue Welt. Ein britisches Mädchen, das für den neuen Planeten den Namen des römischen Gottes der Unterwelt – Pluto – vorschlug, gewann den öffentlichen Namenswettbewerb. Bei einer späteren Neuanalyse der Uranus-Umlaufbahn stellte sich heraus, dass sich alle Abweichungen mit dem Neptun erklären ließen. Tombaughs Entdeckung des »Transneptuns« beruhte somit allein auf Geschicklichkeit und falschen Annahmen.

75 Jahre lang genoss der Pluto seinen Status als neunter Planet des Sonnensystems, dessen Stern er in einer Entfernung von beinahe 40 Astronomischen Einheiten umkreiste. Der relativ große Charon und vier weitere Monde wurden entdeckt. In den 1990er-Jahren kamen die Astronomen jedoch allmählich zur Auffassung, dass Pluto lediglich zu den kleinen, eisigen Kuipergürtelobjekten gehört, auch wenn er eines der größten ist. 2006 schlug man ihn deshalb der neu geschaffenen Kategorie der Zwergplaneten zu.

SIEHE AUCH Pluto und der Kuipergürtel (vor 4,5 Mrd. Jahren), Die Entdeckung des Neptuns (1846), Triton (1846), Charon (1978), Kuipergürtelobjekte (1992), Die Herabstufung des Pluto (2006), Die Erforschung des Pluto (2015)

Fotoplatten vom 23. (oben) und 29. Januar (unten) 1930, auf denen Clyde Tombaugh den Pluto entdeckte. Der weiße Pfeil zeigt seine Position.

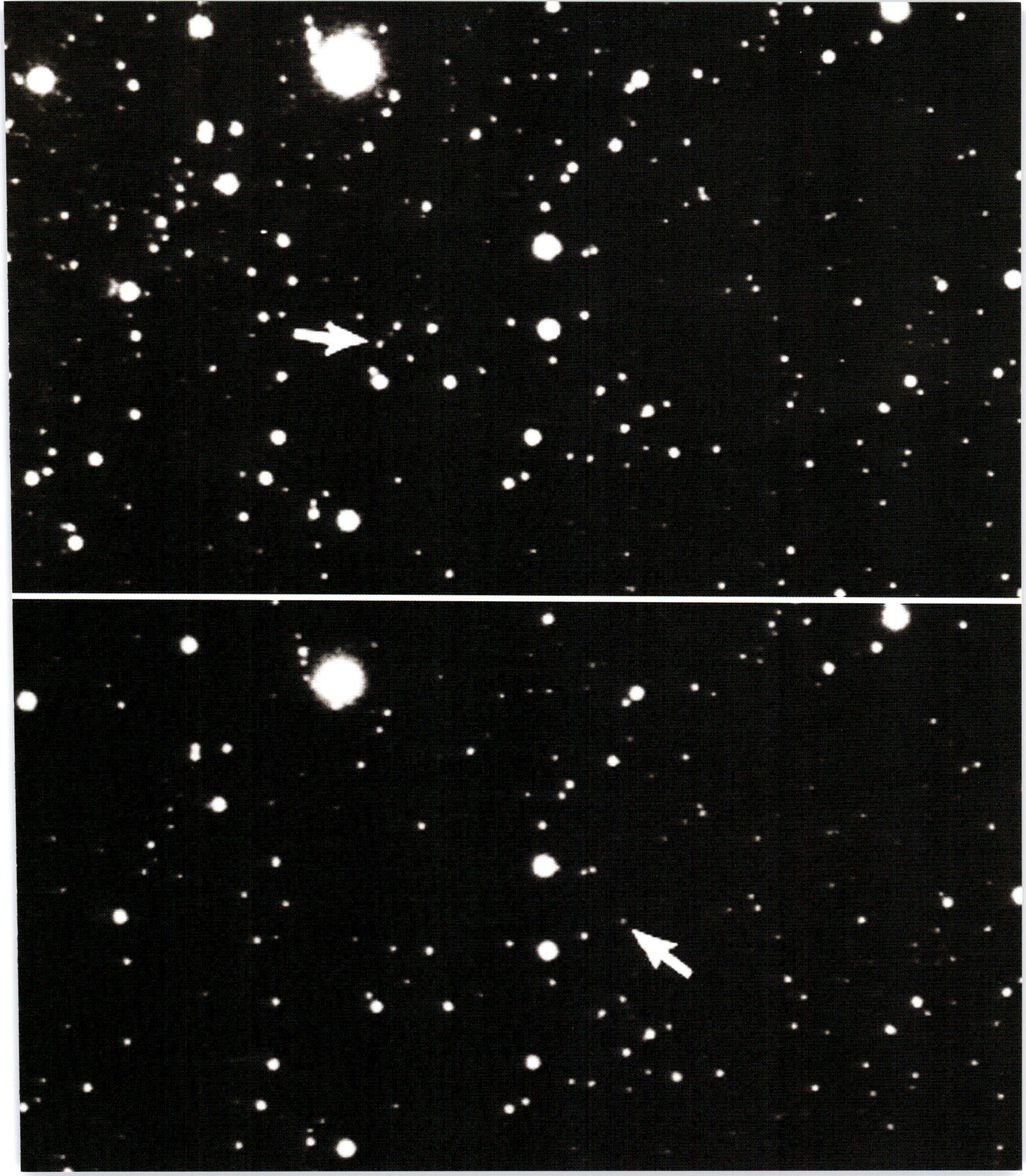

1931

Radioastrononomie

Karl Guthe Jansky (1905–1950)

Karl Guthe Jansky wuchs umgeben von Physik und Radiotechnik im US-Bundesstaat Oklahoma auf: Sein Vater war Professor für Elektrotechnik und Dekan der Fakultät für Ingenieurswissenschaften der University of Oklahoma in Norman, sein älterer Bruder Radiotechniker. So dürfte es kaum überraschen, dass er an vorgenannter Universität Physik studierte und 1928 eine Stelle bei den kurz zuvor gegründeten Bell Telephone Laboratories annahm, der Forschungsabteilung von AT&T.

In den Bell Labs ging Jansky der Frage nach, inwiefern Störgeräusche den geplanten transatlantischen Ferngesprächsdienst stören könnten. Zur Überwachung von Intensität und Richtung der Störquellen baute er ein 30 Meter langes mobiles Radioteleskop mit vier Ford-Model-T-Reifen. Damit konnte er Funksignale mit einer Wellenlänge von 15 Metern, das heißt einer Frequenz von rund 20 Megahertz (MHz), erfassen.

Im Sommer 1931 begann Jansky seine Beobachtungen mit dem Radioteleskop. Er machte Quellen für Hintergrundgeräusche, Funksignale von nahen und fernen Gewittern sowie ein schwaches und ziemlich gleichmäßiges Rauschen aus, das er anfangs nicht einordnen konnte. Mit der Zeit stellte er fest, dass sich die Signalstärke alle 23 Stunden und 56 Minuten, das heißt jeden siderischen Tag (die Zeit, in der sich die Erde relativ zu den Fixsternen einmal um ihre Achse dreht), ändert. Er fand heraus, dass das Rauschen bei Ausrichtung des Teleskops auf das Sternbild des Schützen, genauer auf die Region, die Astronomen als Zentrum der Milchstraße bezeichneten, am intensivsten war.

So erfand Karl Jansky die Radioastronomie. Er hatte etwas entdeckt, was vier Jahrzehnte später als die intensive Emission von Radiowellen sowie Röntgen- und Infrarot-Strahlung der Region Sagittarius A* im Zentrum unserer Galaxie identifiziert wurde. Man nimmt an, dass sich in ihrer Mitte ein schwarzes Loch von etwa vier Millionen Sonnenmassen befindet. Jansky war selbst kein Astronom, aber er gab mit seiner Initiative sowie seinem gekonnten und kreativen Umgang mit dem weltweit ersten Radioteleskop den Startschuss zu einer neuen Disziplin der Astronomie.

SIEHE AUCH Beobachtungen eines »Tagessterns« (1054), Die Größe der Milchstraße (1918), Schwarze Löcher (1965)

Die große Radioantenne, die der Radioingenieur Karl Jansky bei Bell Labs *in New Jersey baute, um nach Störgeräuschen im Radiowellenbereich zu suchen. Die 30 Meter lange und sechs Meter hohe Antenne ließ sich um 360 Grad drehen, was ihr den Spitznamen »Janskys Karussell« eintrug.*

1932

Die Öpik-Oort-Wolke

Ernst Öpik (1893–1985), **Jan Oort** (1900–1992)

Zu Beginn des 20. Jahrhunderts hatte man dank jahrhundertelanger Beobachtungen für Dutzende heller Kometen genaue Umlaufbahnen berechnet und festgestellt, dass sie in zwei Gruppen zerfielen: kurzperiodische mit Umlaufbahnen, auf denen sie alle 20–200 Jahre ins innere Sonnensystem gelangen, sowie langperiodische mit stark elliptischen Umlaufbahnen und Umlaufzeiten von Hunderten bis Tausenden Jahren. Zu letzterer Gruppe gehören auch nichtperiodische Kometen, die nur einmal erscheinen.

Die Kometen mit der längsten Periodizität gelangen auf ihren Umlaufbahnen in entlegene Regionen des Sonnensystems. Bei einigen beträgt die Entfernung im Aphel, dem sonnenfernsten Punkt, 50 000 bis 100 000 Astronomischen Einheiten oder fast ein Drittel des Weges zum nächsten Stern. Mehrere Forscher stellten unabhängig voneinander eine Häufung von Kometen mit ähnlichem Aphel in weit entfernten Regionen fest. Da langperiodische Kometen aus allen Richtungen kamen und nicht wie die Planeten sowie die meisten kurzperiodischen Kometen auf der Ekliptik-Ebene kreisten, musste dieses Kometenreservoir als kugelförmige Wolke das Sonnensystem umgeben.

1932 schlug der estnische Astrophysiker Ernst Öpik in einem Aufsatz zur Rolle vorbeiziehender Himmelskörper bei der Beförderung von Kometen einer fernen Wolke auf eine neue Umlaufbahn als Erster die Existenz eines gewaltigen Kometenreservoirs vor. 1950 veröffentlichte der niederländische Astronom Jan Oort eine ähnliche These, behandelte darin aber auch, wie der Jupiter und die anderen Riesenplaneten Kometen des inneren Sonnensystems aus ihrer Bahn in die ferne Wolke hinausschleuderten.

Nachfolgende Untersuchungen zu langperiodischen Kometen, von denen pro Jahr etwa einer entdeckt wird, bestätigen die These der beiden Astronomen: Obwohl bis heute nie direkt beobachtet, scheint im äußersten Sonnensystem eine gewaltige Kometenwolke zu existieren: die Oort'sche oder Öpik-Oort-Wolke. Nach Schätzungen könnte die Zahl der dortigen Objekte mit einer Größe von über einem Kilometer bis zu einer Billion betragen. Ihre Gesamtmasse dürfte die der Erde um das Mehrfache übersteigen. Einige entstanden womöglich in größerer Sonnennähe, wurden aber in diese Regionen mit Temperaturen nahe dem absoluten Nullpunkt hinausgeschleudert, während andere sich hier herausbildeten, wo die Gravitationswirkung der Sonne endet, und nun auf ihren ersten Stoß in die Wärme warten.

SIEHE AUCH Der Halley'sche Komet (1682), Kuipergürtelobjekte (1992), Der Große Komet Hale-Bopp (1997)

Das innere Sonnensystem (oben) reicht bis zum Haupt-Asteroidengürtel, das äußere (Mitte) bis zum Kuipergürtel. Von der Oort'schen Wolke (unten) wird angenommen, dass sie sich in noch viel ferneren Regionen befindet, etwa auf einem Drittel des Weges zum nächsten Stern.

1933

Neutronensterne

James Chadwick (1891–1974), **Walter Baade** (1893–1960), **Fritz Zwicky** (1898–1974)

Die Riesenfortschritte in der Astronomie im frühen 20. Jahrhundert gingen mit ebensolchen in Physik und Chemie auf molekularer, atomarer und subatomarer Ebene einher. Die Atomphysik war für die Astronomen von großem Nutzen bei der Ausformulierung von Theorien und Vorhersagen von schwer zu beobachtenden Prozessen.

Anschaulich illustriert diese Synergie zwischen makro- und mikroskopischem Universum die tief greifenden Auswirkungen, die 1932 die Entdeckung des Neutrons durch James Chadwick hatte. Neutronen gehören zu den subatomaren Teilchen und haben in etwa die gleiche Masse wie Protonen, tragen aber anders als Protonen und Elektronen keine elektrische Ladung. Ohne die starke Wechselwirkung, zu der die Neutronen im Atomkern wesentlich beitragen, würden die positiv geladenen Protonen einander abstoßen und die Atome infolge von Instabilität auseinanderfliegen.

Im folgenden Jahr befassten sich die Astronomen Walter Baade und Fritz Zwicky intensiv mit den Prozessen, die zum Zusammenbruch und zur von Zwicky erstmals so bezeichneten Supernova-Explosion eines Sterns führte. Die beiden Wissenschaftler spekulierten, dass die gigantischen Drucke und Temperaturen im Zentrum solcher Explosionen Atomkerne aufsprengen und äußerst kompakte, meist aus nackten Neutronen bestehende Restobjekte zurücklassen könnten. Diese hypothetischen Objekte nannten Baade und Zwicky Neutronensterne.

Bei ihren Berechnungen fanden sie heraus, dass die Neutronensterne sehr schnell rotieren und eine extreme Dichte besitzen: ein bis zwei Sonnenmassen in eine Kugel mit nur 10–12 Kilometern Durchmesser zusammengepresst. Die Oberflächengravitation müsste über 100 Milliarden Mal größer sein als auf der Erde! Ihre Theorie bestätigte sich, als man 1968 im Herzen des Krebsnebels, der aus der 1054 beobachteten Supernova entstanden war, einen winzigen, massereichen Sternrest entdeckte, der mit etwa 30 Umdrehungen pro Sekunde rotierte. Tausende weiterer heißer, sich um ihre Achse drehender Neutronensterne (Pulsare) wurden seither entdeckt und dienen den Astronomen als äußerst präzise »kosmische Uhren«, mit deren Hilfe sie die extreme Astrophysik kompakter Objekte untersuchen können.

SIEHE AUCH Beobachtungen eines »Tagessterns« (1054), Weiße Zwerge (1862), Die Masse-Leuchtkraft-Beziehung (1924), Pulsare (1967)

Aufnahme des Hubble-Weltraumteleskops von einem zuvor in Röntgenteleskopdaten als hochenergetische Quelle identifizierten schwachen Neutronenstern. Um sowohl die fotografischen als auch die röntgenspektroskopischen Daten zu erklären, muss der Stern extrem heiß und klein sein – der perfekte Kandidat für einen Neutronenstern.

1933

Dunkle Materie

Fritz Zwicky (1898–1974)

Wir haben es andauernd mit unsichtbaren Kräften zu tun: Der Wind weht durchs Haar, die Schwerkraft zieht uns nach unten und vieles mehr. Wir können jedoch durch Beobachtungen und Experimente ihre Existenz nachweisen und schließlich ihre Quelle aufdecken. 1933 stieß der schweizerisch-amerikanische Astronom Fritz Zwicky jedoch auf neue Hinweise auf die Wirkung unsichtbarer kosmischer Kräfte, für die es keine auf der Hand liegende oder auch nur messbare Erklärung gab. Eine hohe Wand, die er nur mit einem Paradigmenwechsel beseitigten konnte, versperrte ihm die Sicht.

Zwicky studierte Galaxienhaufen, die zu den größten bekannten Strukturen im Universum gehören. Mithilfe der Spektroskopie maß er die Rotverschiebungen und Relativgeschwindigkeiten der etwa tausend Galaxien im Coma-Haufen, der sich circa 320 Millionen Lichtjahre von der Erde befindet. Er entdeckte, dass sich die Galaxien in einer Weise relativ zueinander bewegen, die mit ihren errechneten Massen unvereinbar ist. Er zählte alle Massen zusammen, die man auf seinen Aufnahmen erkennen konnte und die den Spektralbereich des sichtbaren Lichts abdeckten. Schließlich stellte sich heraus, dass eine vierhundertmal größere Masse erforderlich gewesen wäre, um die Gravitationsbewegungen der einzelnen Galaxien zu erklären. Zwicky konnte nur annehmen, dass eine Form von Materie, die man mit den damals verfügbaren Methoden nicht nachweisen konnte, für die betreffenden Bewegungen verantwortlich war.

Selbst die neuen nach und nach erfundenen Methoden der Radio-, Infrarot-, Röntgen- und Gammaastronomie konnten in Galaxienhaufen diese fehlende Masse, wie sie den Bewegungen benachbarter Kugelhaufen nach zu urteilen offenbar auch in unserer Galaxie existiert, nicht für uns sichtbar machen. Astronomen bezeichnen die unsichtbare, aber allgegenwärtige Materie als Dunkle Materie.

Die Existenz von Dunkler Materie, deren Existenz sich visuell nicht nachweisen lässt, die aber einen gravitativen Einfluss auf »normale« Materie ausübt, ist für zahlreiche Forschungsgebiete erforderlich. Kosmologen glauben, dass sie etwa vier Fünftel aller Materie ausmacht. Wir scheinen nur eine kleine Nebensache in einem Universum zu sein, das aus Dingen besteht, die wir noch nicht verstehen.

SIEHE AUCH Kugelsternhaufen (1665), Newtons Gesetze (1687), Die Geburt der Spektroskopie (1814), Die Hubble-Konstante (1929), Spiralgalaxien (1959)

Der als Bullet-Cluster bekannte Galaxienhaufen 1E 0657-558, Fotomontage aus Aufnahmen des Magellan-Teleskops, des Hubble-Weltraumteleskops (orange Sterne) und des Chandra-Röntgenobservatoriums (rosa Gas), ergänzt um die blau erscheinenden Regionen, in denen sich nach Computerberechnungen der Gravitationslinseneffekte der größte Teil der Masse konzentriert. Die blauen Bereiche sind theoretischer Natur und ihre Massen eigentlich unsichtbar (dunkel).

1936

Elliptische Galaxien

Edwin Hubble (1889–1953)

Nachdem in den ersten Jahrzehnten des 20. Jahrhunderts Astronomen wie Harlow Shapley, Vesto Slipher und Edwin Hubble die Bestimmung der Größe der Milchstraße ermöglicht und spektroskopische Daten zu immer mehr Spiralnebeln gesammelt hatten, gelangte man zur Erkenntnis, dass sie andere Galaxien (Milchstraßen) mit jeweils Hunderten Milliarden von Sternen sein mussten. Als man immer mehr Galaxien ausmachte und untersuchte, stellte man schon bald fest, dass sie sich nicht alle ähnlich sahen. Deshalb teilten die Astronomen sie wie zuvor die Sterne in Kategorien ein.

Führend dabei war Hubble, ein erfahrener Galaxien-Beobachter, der Zugang zu einigen der besten Sternwarten der Welt hatte. In einer ganzen Reihe von Aufsätzen und Vorträgen, die schließlich 1936 unter dem Titel *The Realm of the Nebulae* in Buchform erschienen, erläuterte Hubble sein morphologisches Ordnungsschema für extragalaktische Nebel nach Form, Größe und Helligkeit: die Hubble-Sequenz.

Das eine Ende des Gabeldiagramms mit drei Hauptklassen bilden die elliptischen Nebel, heute als elliptische Galaxien bezeichnet. In der Mitte finden wir die linsenförmigen Galaxien und am anderen Ende schließlich die Spiralgalaxien wie die Milchstraße.

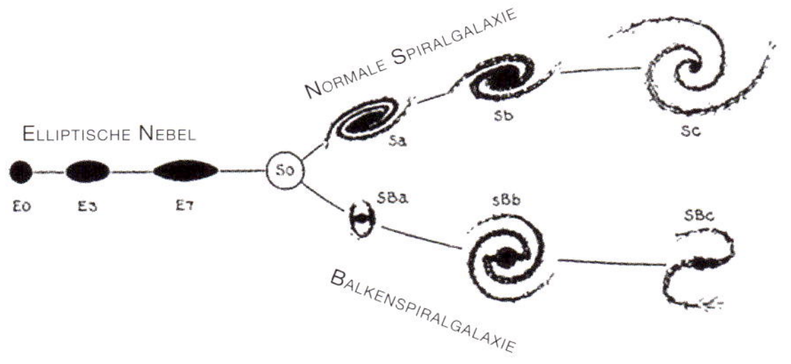

Wie ihr Name vermuten lässt, sind die elliptischen Galaxien ellipsen- bis kugelförmig. Ihre Leuchtkraft reicht von stark im Kern bis hin zu eher schwach an den verschwommenen Rändern. Moderne Untersuchungen haben ergeben, dass in unserer Nachbarschaft etwa 10–15 Prozent zu dieser Klasse gehören, während ihr Anteil im frühen Universum geringer war. Elliptische Galaxien bestehen meist aus älteren, massearmeren Sternen und kaum aus Gas und Staub, die für die Bildung neuer Sterne benötigt werden. Über ihren Ursprung wird diskutiert, einige Astronomen vermuten, sie könnten das Endergebnis alter Fusionen und Kollisionen zwischen ehemaligen Spiralgalaxien sein.

SIEHE AUCH Cepheiden und Standardkerzen (1908), Die Größe der Milchstraße (1918), Die Hubble-Konstante (1929), Spiralgalaxien (1959)

OBEN: *Edwin Hubbles Stimmgabeldiagramm zur Klassifizierung von Galaxien aus* The Realm of the Nebulae.
GEGENÜBER: *Die massereiche elliptische Galaxie M87 mit Billionen von Sternen, 15 000 Kugelsternhaufen und einem gewaltigen schwarzen Loch im Zentrum, Aufnahme des Hubble-Weltraumteleskops.*

Die Kernfusion

Hans Bethe (1906–2005), **Carl Friedrich von Weizsäcker** (1912–2007)

In den 1920er-Jahren vermochten Astrophysiker wie Arthur Stanley Eddington die Geheimnisse um das Sterninnere in vieler Hinsicht zu lüften. So fanden sie heraus, dass dort extrem hohe Drucke und Temperaturen herrschten, konnten aber noch immer nicht mit Gewissheit sagen, wie die Sterne ihre Energie erzeugten. Eddington hatte in Erwägung gezogen, dass die Kernfusion, die Verschmelzung von leichteren zu schwereren Elementen unter Freisetzung von Energie, Sterne wie die Sonne antreiben könnte. Dies blieb allerdings vorerst nichts weiter als Spekulation, auch wenn sie teilweise auf frühen Transmutationsexperimenten zur Umwandlung von Elementen durch Ernest Rutherford und weitere Forscher beruhte.

Es dauerte nicht lange, und die Physiker konnten ihre Theorien zur Energiegewinnung in Sternen ausformulieren und testen. Um 1937–1939 erarbeiteten Hans Bethe (in den USA) und Carl Friedrich von Weizsäcker (in Deutschland) als Pioniere auf diesem Gebiet die Details zur Fusion von Wasserstoffprotonen zu einem Heliumatom unter den extremen Bedingungen, die im Zentrum von Sternen herrschen. In seinem Aufsatz *Energy Production in Stars* beschrieb Bethe 1939 die nuklearen Kettenreaktionen, die vermutlich im Inneren von Sternen mit mittlerer Masse wie der Sonne und in massereichen ablaufen.

Weizsäcker, Bethe und weitere Physiker waren sich durchaus bewusst, dass sie mit ihren auch im Sinne der reinen Wissenschaft hochspannenden Entdeckungen den nuklearen Geist aus der Flasche gelassen hatten. Fusionskettenreaktionen, wie sie im Sterninneren stattfinden, konnte man auch künstlich in Gang bringen und damit enorme Energiemengen freisetzen. Nach dem Ausbruch des Zweiten Weltkriegs wurden die Physiker sowohl in den USA als auch in Deutschland mit der Entwicklung einer Kernfusionswaffe beauftragt. In den USA arbeitete Bethe als führender Theoretiker am zu diesem Zweck eingerichteten geheimen Manhattan-Projekt mit, das schließlich die ersten Atombomben entwickelte, deren Abwurf in Japan das Ende des Zweiten Weltkriegs markierte, sowie die Wasserstoffbomben, die den Kalten Krieg symbolisierten.

SIEHE AUCH Radioaktivität (1896), Die Masse-Leuchtkraft-Beziehung (1924), Neutrino-Astronomie (1956)

OBEN: *UV-Bildmontage der Sonne, Sonnen- und Heliosphärenobservatorium SOHO der NASA und ESA. Als man die Details der Energieerzeugung durch Kernfusion in Sternen wie der Sonne kannte, entwickelte man als erste praktische Anwendung Kernfusionswaffen.* GEGENÜBER: *Feuerball etwa eine Millisekunde nach der Detonation einer Atombombe bei einem Test in der Wüste von Nevada, 1952.*

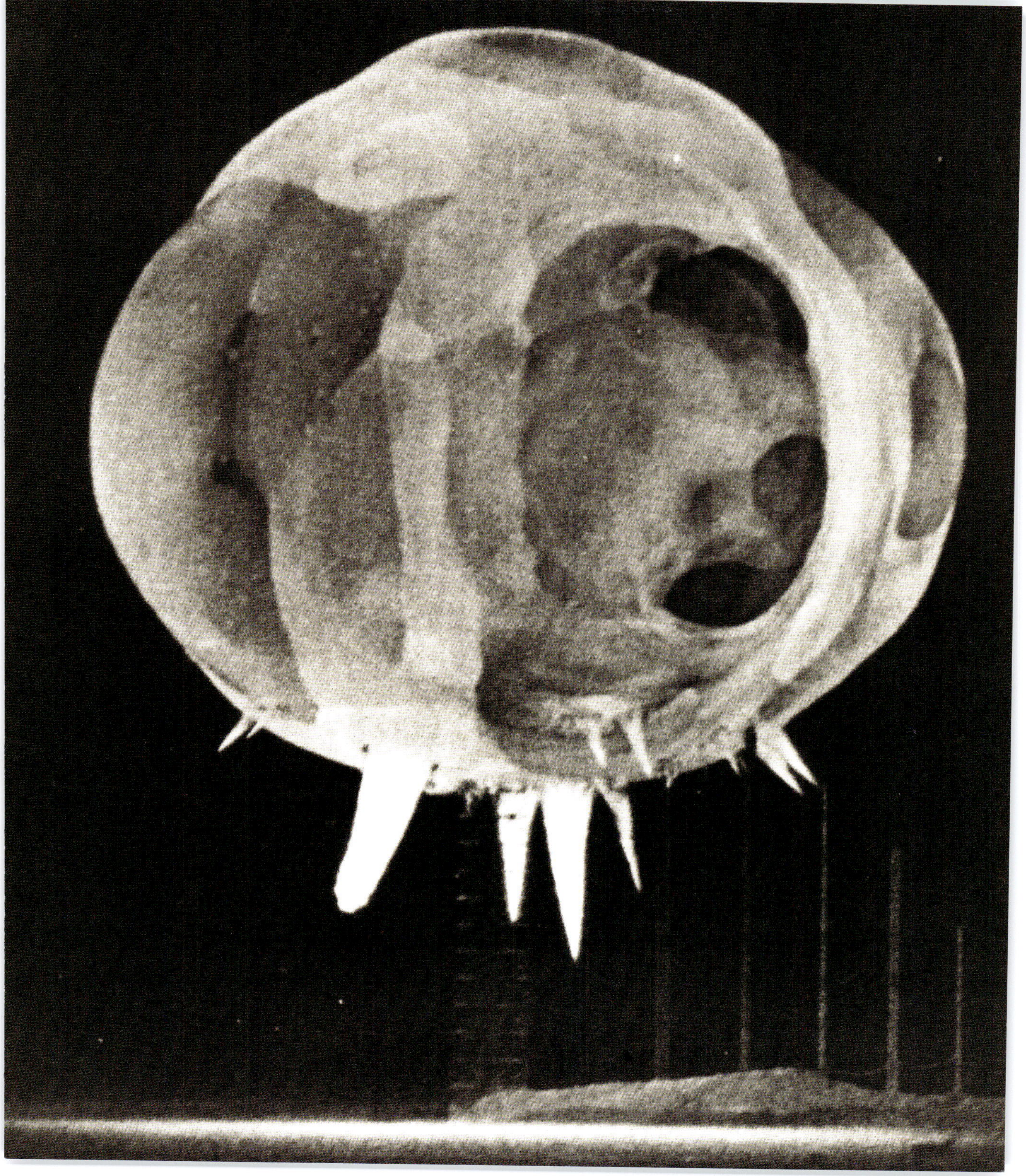

1945

Geostationäre Satelliten

Hermann Oberth (1894–1989), **Herman Potočnik** (1892–1929), **Arthur C. Clarke** (1917–2008)

Die Gesetze der klassischen Mechanik von Newton (zur Gravitation und Bewegung) und Kepler (zu den Planetenbewegungen) gelten für künstliche Satelliten genauso wie für Planeten auf einer Umlaufbahn um einen Stern oder Monde um einen Planeten. Dies war von besonderer Bedeutung, als Robert Goddard in den 1920er-Jahren die ersten flüssigkeitsbetriebenen Raketen entwickelte, die große Höhen erreichen konnten, und Raketentechnologie und Astronautik darauf schnell große Fortschritte machten.

Schon Goddards Zeitgenossen stellten Überlegungen zur Mechanik und Dynamik von Raumflügen in die Erdumlaufbahn und darüber hinaus an. Dazu gehörten insbesondere der siebenbürgische Physiker Hermann Oberth und der österreichisch-ungarische Raketeningenieur Herman Potočnik, die vom russischen Raumfahrtpionier Konstantin Ziolkowski beschriebene Ideen, darunter die einer geosynchronen (oft auch geostationären) Umlaufbahn, im Detail ausarbeiteten.

Auf einer geosynchronen Umlaufbahn umkreist ein Satellit die Erde in der Zeit, in der sie sich einmal um ihre Achse dreht. Ein geostationärer Satellit tut dies in östlicher Richtung und mit einer Bahnneigung von 0 Grad, sodass er für einen Beobachter auf der Erde immer an derselben Stelle am Himmel steht. Aus Masse und Rotationsgeschwindigkeit der Erde lässt sich mithilfe des zweiten Newton'schen Gesetzes seine Umlaufhöhe ableiten: 36 000 Kilometer über der Erdoberfläche.

Der britische Science-Fiction-Autor und Futurologe Arthur C. Clarke erahnte als einer der Ersten eine der wohl praktischsten Anwendungen solcher Satellitenbahnen: die globale Telekommunikation. Er beschrieb sie 1945 in einem Artikel mit dem (übersetzten) Titel »Außerirdische Relais – ermöglichen Raketenstationen weltweite Radio-Berichterstattung?«. 1964 erlebte Clark mit dem Kommunikationssatelliten *Syncom* 3 die Umsetzung seiner Idee. Heute erfüllen geostationäre Satelliten zahlreiche weitere Funktionen und übertragen auch TV-, Internet- sowie GPS-Signale, helfen uns bei der Überwachung von Wetter und Klima auf der Erde.

SIEHE AUCH Drei Gesetze der Planetenbewegung (1619), Newtons Gesetze (1687), Flüssigkeitsraketen (1926)

OBEN: *Das Spaceshuttle* Discovery *bringt 1985 den Kommunikationssatelliten* AUSSAT *auf seine Umlaufbahn.*
GEGENÜBER: *Momentaufnahme im Rahmen des Programms zur Überwachung von Weltraummüll der NASA, auf der man den Ring der geostationären Erdsatelliten deutlich erkennen kann.*

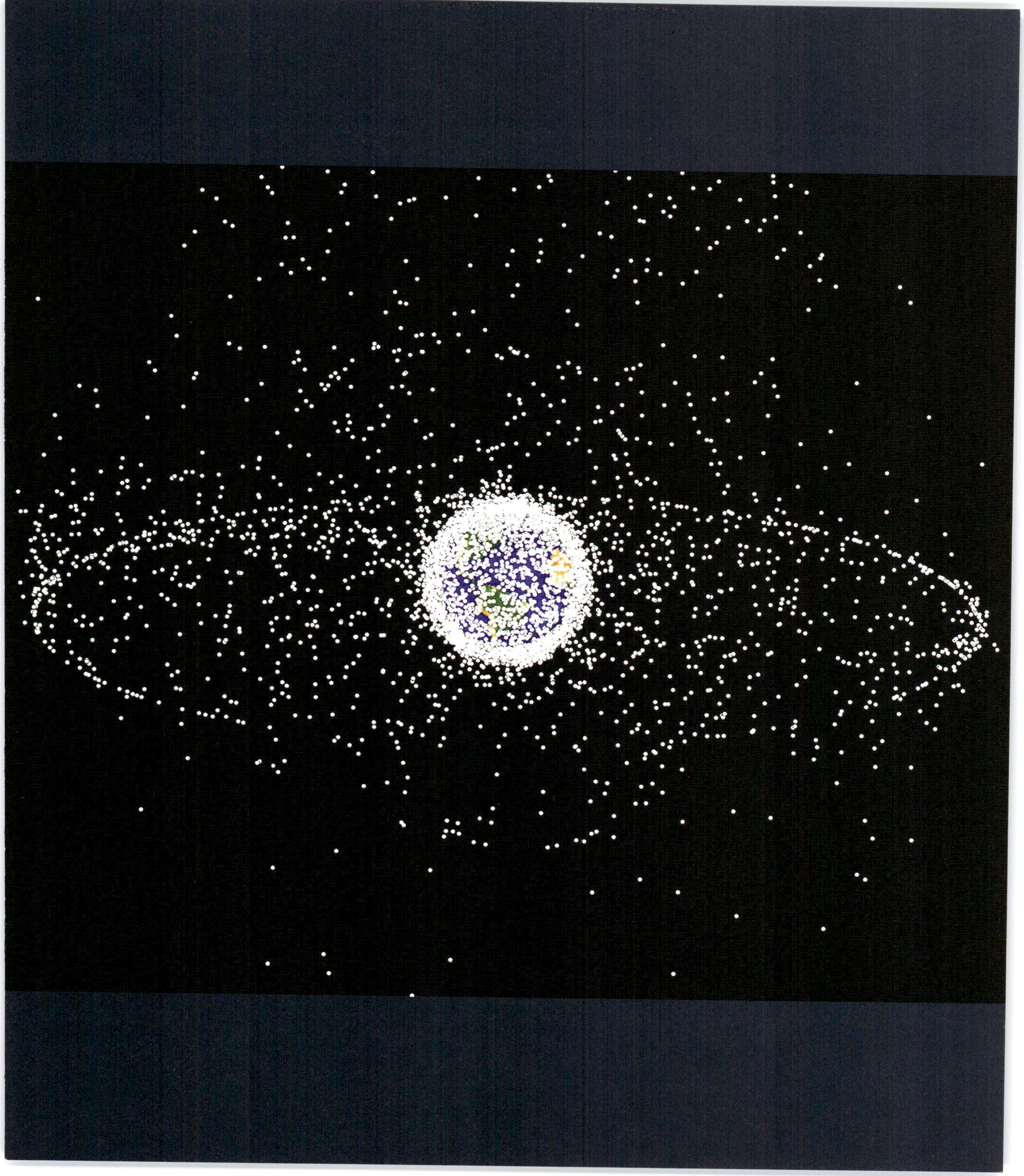

1948

Miranda

Gerard P. Kuiper (1905–1973)

Nach dem Saturnmond Phoebe (1898) entdeckten die Astronomen jahrzehntelang keine neuen Planetentrabanten mit mehreren Hundert Kilometern Durchmesser. In der Folge wandten sich viele Forscher von der Erforschung des Sonnensystems ab, denn sie waren der Meinung, die Erfassung der Haupthimmelskörper des Sonnensystems sei mehr oder weniger vollständig.

Zu den Forschern, die weiterhin Planeten beobachteten und studierten, gehörte der niederländisch-amerikanische Astronom Gerard Peter Kuiper. Ab 1937 am Yerkes-Observatorium der Universität von Chicago mit dem damals weltgrößten Refraktor beschäftigt, hatte Kuiper seit etwa derselben Zeit am McDonald-Observatorium in Texas auch Zugang zu einem Teleskop, dessen Größe und Auflösung ihm die Suche nach schwachen Planetentrabanten ermöglichte. 1948 entdeckte er den fünften und innersten Uranusmond, den er der Tradition folgend nach Miranda, einer Figur aus Shakespeares Komödie *Der Sturm*, benannte.

Bis 1986, als die Raumsonde *Voyager 2* am Uranus vorbeiflog, wusste man nur wenig über Miranda. Mit einem Durchmesser von 470 Kilometern eher klein, ist sie beinahe rund. Ihre Oberfläche besteht aus einem Flickenteppich mit Bereichen, die von hellen und dunklen Gebirgskämmen und schroffen Felsen durchzogen sind, und anderen mit ödem, stark verkratertem, eisigem Gelände. Es sieht fast so aus, als hätte eine ungeschickte Hand Miranda auseinandergenommen und wieder zusammengesetzt. Einige Astronomen vermuten, dass ein Einschlag in früher Zeit genau das getan haben könnte.

1949 entdeckte Kuiper, Mitbegründer der modernen Planetenforschung und Pionier der spektroskopischen Erforschung von Planeten und Monden, einen zweiten Neptunmond, den er Nereid taufte. In der Atmosphäre des Mars machte Kuiper Kohlendioxid aus und in der des Saturnmonds Titan Methan. In den 1960er-Jahren beriet er die Verantwortlichen bei der Auswahl der Apollo-Landeplätze.

SIEHE AUCH Die Entdeckung des Uranus (1781), Titania und Oberon (1787), Die Geburt der Spektroskopie (1814), Ariel und Umbriel (1851), *Voyager 2* erreicht den Uranus (1986)

OBEN: *Die scheinbar aus zwei Teilen bestehende Oberfläche des Uranusmondes Miranda, Aufnahme der Raumsonde* Voyager 2. GEGENÜBER: *Nahaufnahme vom eisbedeckten Teil der Oberfläche,* Voyager 2, *Uranus-Vorbeiflug 1986. Die steile Felswand rechts unten ist möglicherweise über 20 Kilometer hoch.*

1955

Das Magnetfeld des Jupiters

Wie in einem herkömmlichen Elektromotor mit Drahtwicklungen werden auch im rotierenden, elektrisch leitfähigen (metallischen) Inneren von Planeten und Monden Magnetfelder erzeugt – im Fall von Erde und Merkur vermutlich durch elektrische Ströme im teilweise geschmolzenen, eisenreichen Kern. Und auch beim Jupitermond Ganymed erklärt die hohe elektrische Leitfähigkeit in seinem metallischen Kern das Vorhandensein eines Magnetfelds.

Die Gas- und Eisriesen unseres Sonnensystems weisen noch weit stärkere Magnetfelder auf. Das wurde erstmals 1955 festgestellt, als Radioastronomen des Carnegie Institution of Washington starke Hochfrequenzemissionen des Jupiters maßen. Seit Karl Guthe Janskys Entdeckung der starken Radioquelle im Zentrum der Milchstraße im Jahre 1931 hatten Radioastronomen den Himmel systematisch nach anderen natürlichen Radiowellenquellen abgesucht und unter anderem den Krebsnebel als solche identifiziert. Dass auch der Jupiter Radiowellen emittierte, für die man ein starkes Magnetfeld verantwortlich machte, entdeckte man rein zufällig bei Beobachtungen des Krebsnebels mit dem Radioteleskop.

Ein detailliertes Bild von Jupiters Magnetfeld vermittelten die Raummissionen der Siebziger- (*Pioneer 10* und *11*), Achtziger- (*Voyager 1* und 2), Neunziger- (Galileo) sowie frühen Nullerjahre (*Cassini*). Die Stärke des Magnetfelds, das die an Bord der Sonden mitgeführten empfindlichen Magnetometer maßen, übertrifft diejenige unseres Feldes um das Zehnfache, bezüglich der emittierten Strahlungsleistung (etwa 100 Terawatt) über eine Million Mal. Das Jupitermagnetfeld wird durch elektrische Ströme erzeugt, die durch metallischen Wasserstoff im äußeren Kern des Planeten fließen. Wie das Erdmagnetfeld interagiert es mit dem Sonnenwind, aber zusätzlich auch mit den Monden. So speisen die Vulkanausbrüche auf Io Schwefeldioxid in einen »Plasmatorus« rund um den Mond ein, der durch das Magnetfeld des Jupiters ionisiert wird.

Die Magnetosphäre des Jupiters, in der sein Magnetfeld dominiert, ist nach derjenigen der Sonne das zweitgrößte zusammenhängende Gebilde in unserem System. Könnten wir sie mit bloßem Auge sehen, so wäre sie fünfmal größer als der Vollmond!

SIEHE AUCH Die stürmische Protosonne (vor 4,6 Mrd. Jahren), Merkur (vor 4,5 Mrd. Jahren), Jupiter (vor 4,5 Mrd. Jahren), Beobachtungen eines »Tagessterns« (1054), Io (1610), Ganymed (1610), Sonneneruptionen (1857), Radioastronomie (1931), *Pioneer 10* erreicht den Jupiter (1973), *Galileo* im Orbit des Jupiters (1995)

Schematische Darstellung des Jupiter-Magnetfeldes. Die Feldlinien des tief im Inneren des Jupiters erzeugten Feldes erstrecken sich weit nach außen, wo es mit den Monden und Ringen interagiert. So steht es über einen Strom hochenergetischer Teilchen mit Io und seinem Plasmatorus in Verbindung.

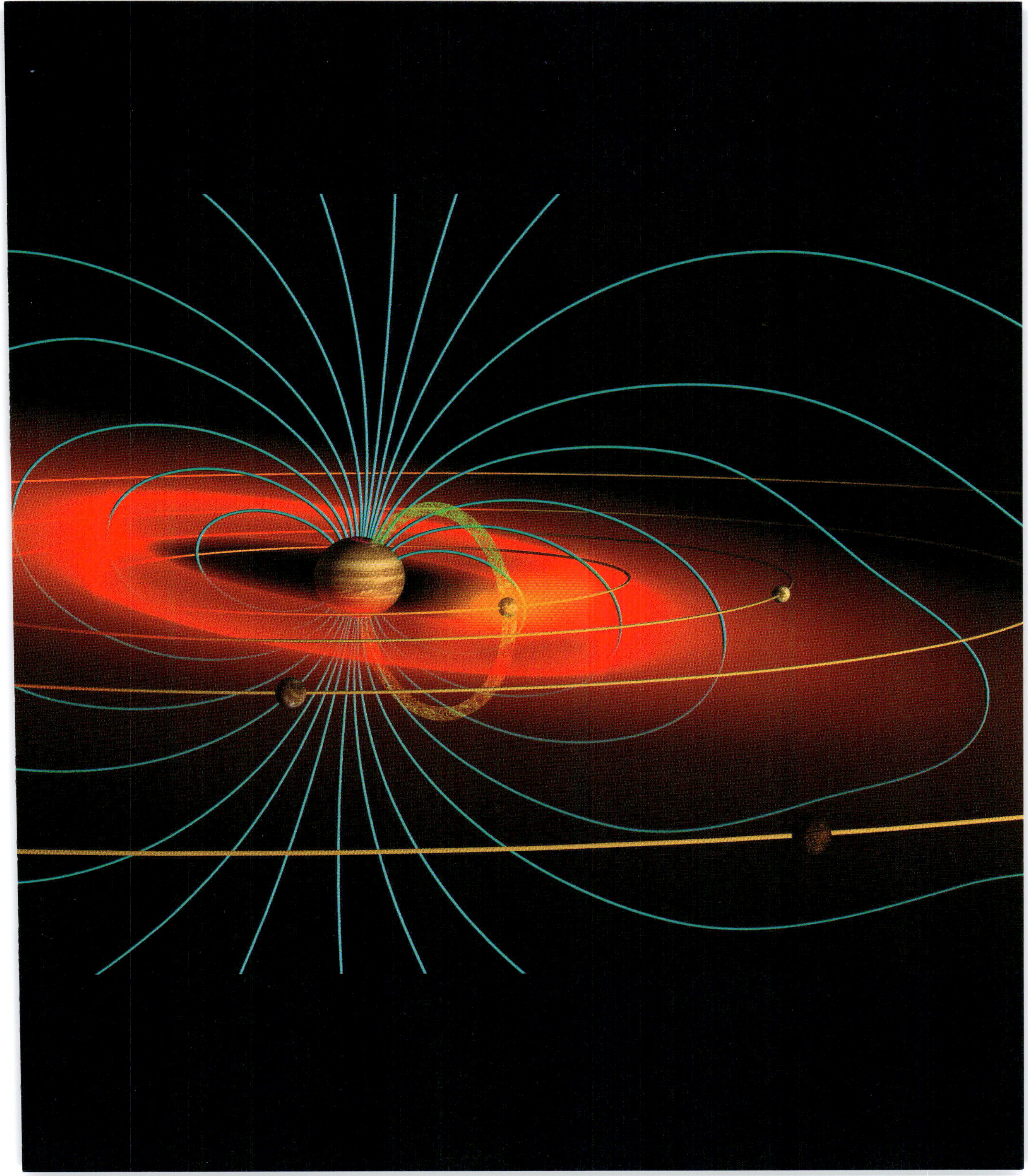

1956

Neutrino-Astronomie

Wolfgang Pauli (1900–1958)

In den ersten Jahrzehnten des 20. Jahrhunderts wussten Wolfgang Pauli und andere Physiker, die den radioaktiven Zerfall bestimmter Elemente zu verstehen suchten, dass ihr Verständnis des Atoms große Lücken aufwies. So ließ sich die beim radioaktiven Zerfall freigesetzte Energie nicht allein mithilfe der dabei entstehenden Protonen und Elektronen erklären. Auch als 1933 das Neutron entdeckt wurde, konnte man keine Entwarnung geben: Es war zu groß. Ein weiteres elektrisch neutrales, aber massearmes Elementarteilchen musste beteiligt sein. Pauli hatte schon 1930 in einsem Brief die Existenz eines solchen subatomaren Teilchens vorgeschlagen, das er als »Neutron« bezeichnete und das Enrico Fermi später in Neutrino (»Neutrönchen«) umbenannte.

Den Nachweis für die Existenz des Neutrinos brachten 1956 hochenergetische Kollisionsexperimente in Teilchenbeschleunigern. Bei weiteren Versuchen stellte sich in den 1960er-Jahren heraus, dass Neutrinos in drei jeweils mit anderen Teilchen (unter anderem Elektronen, Quarks) assoziierten Arten (Flavours) vorkommen und dass jeder Neutrino-Flavour sein Antiteilchen hat.

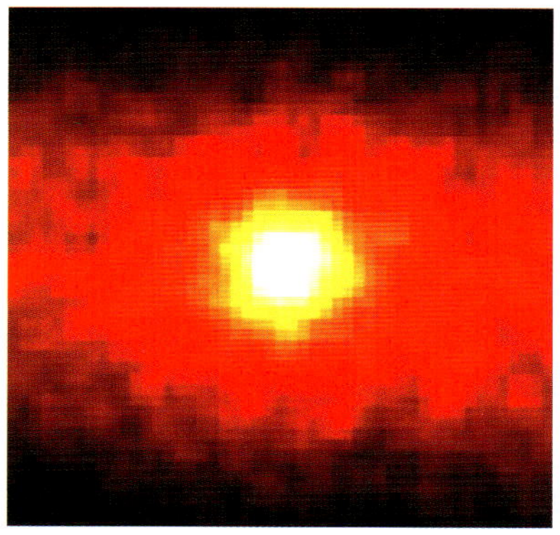

Die Entdeckung des Neutrinos machte den Weg frei für das neue Feld der Neutrinoastronomie. Ohne Ladung und mit beinahe vernachlässigbarer Masse durchdringen Neutrinos selbst immense Mengen gewöhnlicher Materie nahezu mit Lichtgeschwindigkeit. Somit gelangen Neutrinos, die bei den Kernfusionsreaktionen tief im Inneren der Sonne und anderer Sterne entstehen, fast sofort und beinahe ungebremst in den Weltraum und können auf der Erde nachgewiesen werden. Ganz im Gegensatz dazu entweichen die daselbst erzeugten Photonen (Sonnenlicht) oft erst nach über 40 000 Jahren aus dieser dichten, lichtundurchlässigen Umgebung.

Heute können wir mithilfe von Neutrinodetektoren mehr über die Fusionsreaktionen im Zentrum der Sonne, Supernovae, schwarze Löcher und sogar den Urknall in Erfahrung bringen.

SIEHE AUCH Der Urknall (vor 13,7 Mrd. Jahren), Radioaktivität (1896), Die Masse-Leuchtkraft-Beziehung (1924), Neutronensterne (1933), Die Kernfusion (1939), Schwarze Löcher (1965)

OBEN: *Ein Bild der Sonne aus Daten von 500 Tagen Neutrino-Messungen mit dem japanischen Super-Kamiokande-Neutrinodetektor.* GEGENÜBER: *Das Innere der Super-Kamiokande-Kammer mit 11 200 Photomultiplierröhren, die in 50 000 Tonnen reines Wasser getaucht sind und Neutrinos von der Sonne und anderen kosmischen Quellen detektieren und messen.*

1957

Sputnik 1

Sergei Pawlowisch Koroljow (1907–1966)

Zu den geschichtsträchtigen Ereignissen, die neben den USA auch Westeuropa den Stempel aufdrückten, zählen die Ermordung John F. Kennedys, der Prager Frühling und der Fall der Berliner Mauer. Auch im Herbst 1957 ereignete sich etwas, das eine ganze Generation prägte.

Am 4. Oktober schoss die Sowjetunion als erstes Land der Erde einen künstlichen Satelliten ins All. Das Team des führenden sowjetischen Raketeningenieurs Sergei Koroljow hatte mit der R-7 die erste Interkontinentalrakete der Welt konstruiert und sich dafür eingesetzt, die Genehmigung für ihre leichte Modifikation zur Trägerrakete zu bekommen, mit der kleine wissenschaftliche Nutzlasten in die Erdumlaufbahn befördert werden konnten. Seinem Ansuchen wurde entsprochen – in der Hoffnung, so die Amerikaner beim Wettlauf ins All schlagen zu können. Die im Oktober 1957 ins All beförderte Nutzlast nannte sich *Sputnik* (russisch für »Begleiter, Satellit«). Sie läutete das Weltraumzeitalter ein.

Sputnik 1 umkreiste die Erde drei Monate lang alle 96 Minuten und gab einen Piepston auf seinem Ein-Watt-Radio ab, der von Amateurfunkern auf der ganzen Welt empfangen werden konnte. Im Westen, wo man wusste, dass die sowjetischen Interkontinentalraketen mit Nuklearsprengköpfen jedes Ziel auf dem Planeten erreichen konnten, verursachte der Satellitenstart den sogenannten Sputnikschock. Deshalb verstärkten die USA ihre eigenen Bemühungen und beförderten etwa zwei Wochen nach dem Verglühen des *Sputniks* ihren ersten Satelliten *Explorer 1* erfolgreich ins All.

Der gelungene Start des *Sputniks* löste in den USA auch eine beispiellose Mini-Revolution in der Wissenschafts- und Technologiefinanzierung und -ausbildung aus, deren Auswirkungen bis heute anhalten. Die oft als Apollo-Generation bezeichneten Amerikaner, die der *Sputnik* am meisten prägte, durften später mitverfolgen, wie ihr Land das Wettrennen zum Mond gewann und zwischen 1969 und 1972 zwölf Menschen auf dem Mond herumspazieren ließ.

SIEHE AUCH Flüssigkeitsraketen (1926), Geostationäre Satelliten (1945), Der Van-Allen-Strahlungsgürtel (1958), Die ersten Menschen im Weltall (1961)

Eine Nachbildung von Sputnik 1, *dem ersten künstlichen Weltraumsatelliten im* National Air & Space Museum *in Washington. Die metallische Kugel hat einen Durchmesser von etwa 58 Zentimetern und die Antennen eine Länge von 2,85 Metern.*

1958

Der Van-Allen-Strahlungsgürtel

James Van Allen (1914–2006)

Nachdem die Sowjetunion im Herbst 1957 die Welt mit dem erfolgreichen Start des *Sputniks 1* überrascht hatte, mussten die USA unbedingt nachziehen. Man beauftragte ein Team aus Forschern und Ingenieuren damit, einen kleinen Satelliten mit einer kleinen wissenschaftlichen Nutzlast in eine Erdumlaufbahn zu bringen. Dabei waren Experten der *Army Ballistic Missile Agency* für den Start des Satelliten auf einer modifizierten Jupiter-Redstone-Mittelstrecken-Rakete und Forscher des *Jet Propulsion Laboratory* (JPL), einer gemeinsamen Einrichtung der Armee und des *California Institute of Technology* bei Pasadena, für den Bau des Satelliten *Explorer 1* und die wissenschaftlichen Experimente verantwortlich.

Die wissenschaftliche Nutzlast, die aus einem kosmischen Strahlungszähler, einem Mikrometeoritenaufpralldetektor und einigen Temperatursensoren bestand, entwickelte der Weltraumwissenschaftler James Van Allen. Sie war komplexer als der einfache Funksender des *Sputniks*, aber bezüglich Masse, Volumen und Energieverbrauch klein genug, um von der Jupiter-Rakete in die Umlaufbahn gebracht zu werden.

Nach *Sputnik* 2 im November 1957 wurde der erste künstliche US-Satellit als dritter überhaupt am 31. Januar 1958 erfolgreich von Cape Canaveral in Florida gestartet. *Explorer 1* umkreiste die Erde auf einer 115-minütigen elliptischen Umlaufbahn, und seine wissenschaftlichen Instrumente sandten über dreieinhalb Monate Daten in Echtzeit an das JPL-Wissenschaftsteam auf der Erde, bevor seine Batterien erschöpft waren.

Die Daten von *Explorer 1* erschienen den Forschern zunächst merkwürdig, denn sie zeigten eine abrupte Zunahme der Anzahl geladener Teilchen in gewissen Höhen und über bestimmten Breiten der Erde. Van Allen und sein Team schlossen aus den Daten auf die Existenz einer Zone (eines Gürtels) aus energiereichen Teilchen oder Plasma, die durch das Erdmagnetfeld begrenzt ist. Die Ergebnisse wurden einige Monate später von *Explorer* 3 bestätigt. So hatte erstmals ein Satellit eine große weltraumwissenschaftliche Entdeckung ermöglicht. Zu Ehren des Leiters des Wissenschaftsteams wird der Bereich mit energiereichen Teilchen im erdnahen Weltraum als Van-Allen-Gürtel bezeichnet.

SIEHE AUCH Die stürmische Protosonne (vor 4,6 Mrd. Jahren), Sonneneruptionen (1857), Das Magnetfeld des Jupiters (1955), *Sputnik 1* (1957)

Nordlicht über dem Bear Lake in Alaska im Januar 2005. Das atemberaubende Schauspiel wird durch hochenergetische Solarwind-Teilchen verursacht, die mit dem Erdmagnetfeld und den energiereichen Partikeln im Van-Allen-Gürtel interagieren.

1958

Die NASA und das *Deep Space Network*

Der Erfolg des sowjetischen Satelliten *Sputnik 1* brachte die US-Regierung in einige Verlegenheit. Ein Grund für diese Misere war, dass die Bemühungen um rasche Fortschritte in der Weltraumerforschung nicht gebündelt stattfanden, sondern auf zahlreiche Bundesbehörden und Abteilungen des Militärs verteilt werden mussten, deren Tätigkeit sich oft auch noch überschnitt. Deshalb beschlossen der Kongress und Präsident Dwight D. Eisenhower 1958 die Gründung der *National Aeronautics and Space Administration* (NASA), einer Bundesbehörde zur Überwachung der zivilen Raumfahrt- und Luftfahrtprogramme. Zugleich wurde mit der *Advanced Research Projects Agency* (heute vorne plus *Defense*: DARPA) auch ein militärisches Pendant gegründet.

Von besonderer Bedeutung für die (zivile) Raumfahrt war die Schaffung einer Kommunikationsinfrastruktur, mit der man den Kontakt mit den Raumsonden aufrechterhalten und sie steuern konnte. Das *Jet Propulsion Laboratory* (JPL) der US-Armee am *California Institute of Technology* (Caltech) richtete 1958 in Kalifornien, Singapur und Nigeria mobile Funkverfolgungsbodenstationen ein, um eine ständige Kommunikation mit den Satelliten auf ihrem Weg um die Erde zu gewährleisten. Anfang Dezember übernahm die neu gegründete NASA das JPL vom Militär und beauftragte es mit der Planung eines ambitionierten Programms unbemannter Weltraummissionen. Eine dauerhafte Kommunikationslösung musste her.

Diese bestand im *Deep Space Network* (DSN), einem Netz aus kleinen, mittleren und großen Radioteleskopen, die etwa gleichmäßig über die Welt verteilt sind, um ständigen Kontakt zu den NASA-Raumfahrtmissionen zu gewährleisten. Jeweils mit einem großen Radioteleskop (70 Meter Antennendurchmesser), mehreren kleineren 34-Meter-Antennen, Sendern und weiteren Geräten ausgestattete DSN-Stationen befinden sich im kalifornischen Goldstone, in der Nähe von Madrid und im australischen Canberra.

Vierundzwanzig Stunden am Tag, sieben Tage die Woche, sammeln die Stationen des DSN und ihre engagierten Mitarbeiter unermüdlich die Daten von zivilen Raumfahrzeugen, die zur Armada von mehr als 60 (bald über 90) aktiven Missionen der NASA und anderer internationaler Raumfahrtagenturen gehören.

SIEHE AUCH *Sputnik 1* (1957), Die *Voyager*-Sonden erreichen den Saturn (1980, 1981), *Voyager 2* erreicht den Uranus (1986), *Voyager 2* erreicht den Neptun (1989), Erforschung des Pluto (2015)

Die 70-Meter-Parabolantenne des Deep Space Network *(DSN) im kalifornischen Goldstone. Ähnliche DSN-Radioteleskope befinden sich in Spanien und Australien, um eine ständige Überwachung der interplanetaren Raumsondenflotte zu gewährleisten.*

1959

Die Mondrückseite

Der Mond dreht sich auf seinem Weg um die Erde genau einmal um seine Achse (gebundene Rotation). Für den Beobachter auf der Erde scheint er sich aber gar nicht zu drehen, denn bei der gebundenen Rotation wendet der Trabant seinem Planeten stets dieselbe Hemisphäre (Seite) zu. Was wir bei Vollmond sehen, ist somit die von den Astronomen so bezeichnete, stets der Erde zugewandte Mondvorderseite.

Vor Anbruch des Weltraumzeitalters konnte noch niemand einen Blick auf die erdabgewandte Rückseite des Mondes werfen, denn dazu musste ein Raumfahrzeug hinter den Mond fliegen und ein Bild schießen. Erstmals gelang dies 1959 der Sowjetunion mit der Mondsonde *Lunik* 3 – ein weiterer Punkt für das sowjetische Raumfahrtprogramm. Die Sonde startete am 4. Oktober 1959 (nur zwei Jahre nach *Sputnik 1*). Nach drei Tagen passierte sie den Mond-Südpol und schoss auf Anweisung der Bodenkontrolle Fotos von der Mondrückseite. Damit war *Lunik* 3 das erste dreiachsenstabilisierte Raumfahrzeug, das seine Mission erfolgreich ausführte. Die Bordkamera machte 29 Aufnahmen, die anschließend gescannt, digitalisiert und zur Erde gesendet wurden.

Auch wenn die Qualität der *Lunik* 3-Fotos weit hinter derjenigen moderner Weltraumbilder zurückblieb, reichte sie aus, damit sowjetische Weltraumwissenschaftler Merkmale der Mondrückseite kartieren und benennen konnten. Auch stellten sie fest, dass sich Vorder- und Rückseite des Mondes wie Tag und Nacht unterscheiden. Aufgrund der geringeren Anzahl dunkler Maria (Meere; Aufprallbecken mit erkalteter Lava) weist die Rückseite des Mondes eine viel gleichmäßigere, hellere Färbung auf. 1965 gelangen der sowjetischen Mondsonde *Zond* 3 deutlich schärfere Bilder, auf denen zu erkennen war, dass es sich bei den hellen Gebieten um stark verkraterte und zerklüftete Hochlandregionen handelte.

Die gebundene Rotation gilt für alle großen Planetenmonde in unserem Sonnensystem. Astronomen führen dies auf die Wirkung der Gezeitenkräfte zwischen einem Planeten und seinem Mond zurück. Sie verlangsamen die Drehung des Mondes so lange, bis er eine stabile Umlaufbahn erreicht, auf der er stets eine Seite dem Planeten zu- und die andere von ihm abwendet.

SIEHE AUCH Io (1610), Europa (1610), Ganymed (1610), Iapetus (1671), Der Ursprung der Gezeiten (1686), Enceladus (1789)

OBEN: *Neueres digitales Astrofoto der vertrauten Seite des Mondes.* GEGENÜBER: *Die Rückseite des Mondes, wie sie die sowjetische Mondsonde* Lunik 3 *im Oktober 1959 zum ersten Mal fotografierte.*

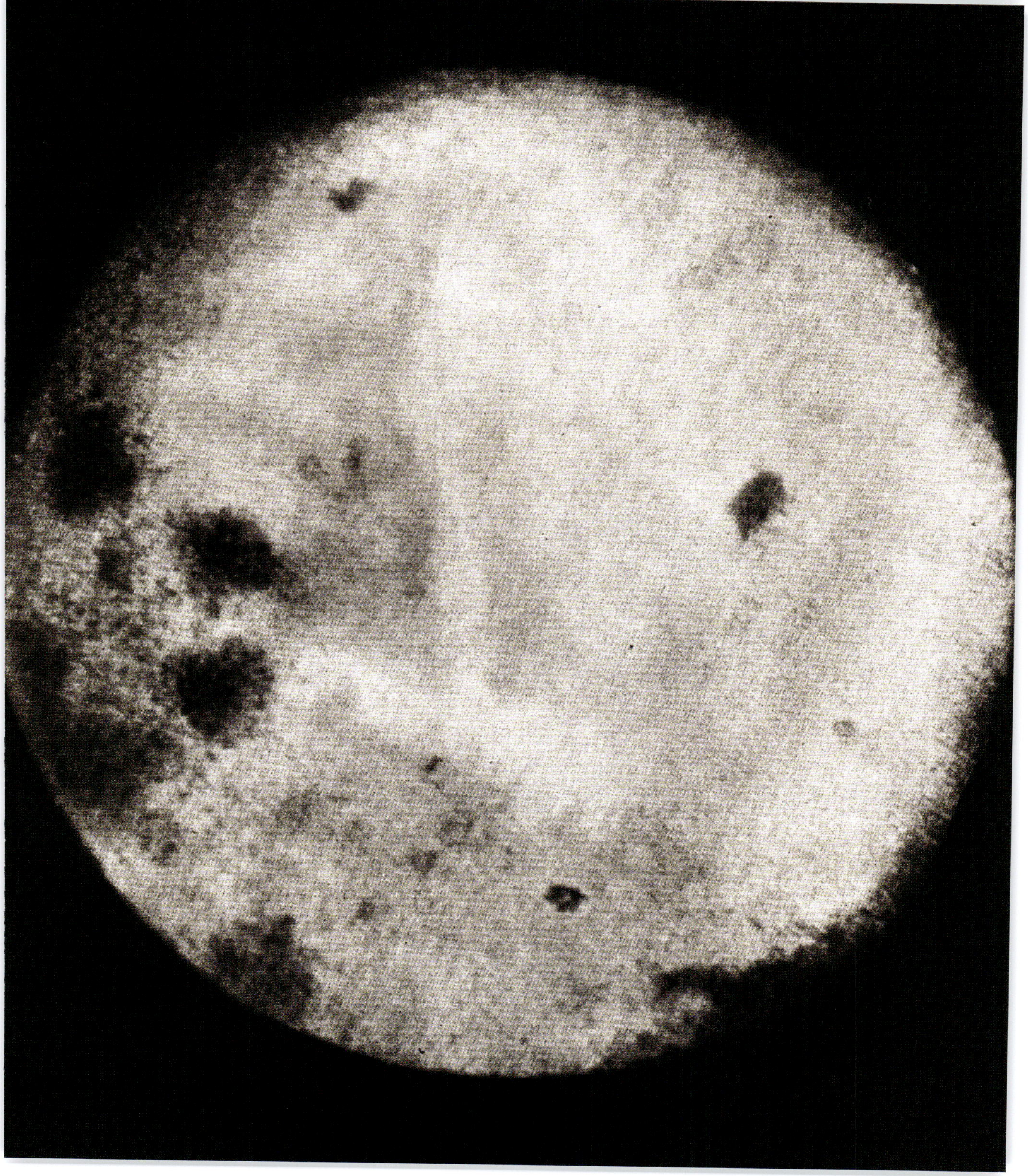

1959

Spiralgalaxien

Harlow Shapley (1885–1972), **Edwin Hubble** (1889–1953),
Fritz Zwicky (1898–1974), **Vera Rubin** (1928–2016)

In Spiralgalaxien sind die Sterne durch die Schwerkraft zu einer Struktur verbunden, deren zwei oder mehr Arme sich langsam um ein gemeinsames Massenzentrum drehen. In der Hubble-Sequenz zur Klassifizierung von Galaxien, die Edwin Hubble in den 1920er- und 1930er-Jahren ausarbeitete, stehen sie neben elliptischen und linsenförmigen (lentikulären) Galaxien. Man sieht entweder frontal auf eine Spiralgalaxie oder auf ihre Kante. Im letzteren Fall ist zu erkennen, dass die Arme eine breite, flache Scheibe bilden, die den Bulge im Zentrum umschließt. Alles ist eingebettet in einen Halo aus weit entfernten Sternen und Kugelhaufen. Die ersten Berechnungen der Milchstraßengröße durch Harlow Shapley wurden später auf den heute üblicherweise angenommenen Wert von 100 000 Lichtjahren nach unten korrigiert.

Um 1959 entwickelten Radioastronomen Techniken, um anhand der Spektrallinie von Wasserstoff (HI-Linie, 21-cm-Linie) die Rotationsgeschwindigkeit der Scheibe von frontal zu sehenden Spiralgalaxien zu bestimmen. Nach dem Kepler'schen Gesetz erwartete man dabei, dass die Umlaufgeschwindigkeit der Sterne wie bei Planeten, die einen Stern umlaufen, ab einem gewissen Punkt mit zunehmender Entfernung vom galaktischen Zentrum abnimmt. Die Beobachtungen suggerierten jedoch, dass sie bis zum Rand in etwa konstant blieb. Bei der Untersuchung zahlreicher weiterer Spiralgalaxien bestätigte sich dieses »Galaxienrotationsproblem«.

Um die Mitte der 1970er-Jahre schlug die amerikanische Astronomin Vera Rubin eine Lösung vor: Die Annahme, dass Spiralgalaxien in Bezug auf ihre Masse größtenteils nicht etwa aus Materie bestehen, die wir durch Teleskope sehen können, sondern aus unsichtbarer Dunkler Materie, deren Existenz Fritz Zwicky 1933 vorgeschlagen hatte, würde die beobachteten »gesetzwidrigen« Bewegungen erklären. Die meisten heutigen Astrophysiker akzeptieren die Existenz Dunkler Materie.

SIEHE AUCH Die Sichtung des Andromedanebels (um 964), Der Dopplereffekt bei Lichtwellen (1848), Die Rotation der Milchstraße (1927), Dunkle Materie (1933), Elliptische Galaxien (1936), Schwarze Löcher (1965)

Die Whirlpool-Galaxie (M51) mit leuchtenden Wasserstoffemissionen (rot) in den Bereichen mit der intensivsten Sternbildung, Aufnahme des Hubble-Weltraumteleskops.

1960

Das SETI-Programm

Giuseppe Cocconi (1914–2008), **Philip Morrison** (1915–2005), **Frank Drake** (geb. 1930)

Sind wir im Sonnensystem, in der Milchstraße oder im Universum allein? Das haben wir Menschen uns schon immer gefragt, aber erst seit wenigen Generationen verfügen wir über die technischen Möglichkeiten, nach einer Antwort zu suchen. Als 1931 das Zentrum von Galaxien und später auch Neutronensterne sowie weitere energiereiche Himmelsobjekte als natürliche Quellen außerirdischer Radiowellen identifiziert wurden, wusste man, dass Funksignale im interstellaren und intergalaktischen Raum riesige Entfernungen zurücklegen können.

1959 veröffentlichten Giuseppe Cocconi und Philip Morrison, beide Physiker am CERN, einen Aufsatz mit dem Titel *Searching for Interstellar Communications*. Darin beschrieben sie, wie man nach Funksignalen außerirdischer Zivilisationen suchen könnte. Damit etablierten sie die Funkkommunikation über galaktische Entfernungen als ernsthaftes Forschungsthema. Der Radioastronom Frank Drake nahm ihre Anregung umgehend auf und suchte 1960 mit dem 26-Meter-Radioteleskop am *National Radio Astronomy Observatory* in Green Bank, West Virginia, als Erster systematisch nach nicht natürlichen Radiosignalen aus dem Bereich naher, sonnenähnlicher Sterne. Ihm war zwar kein Erfolg vergönnt, aber er beflügelte andere Forscher zur seit über einem halben Jahrhundert anhaltenden Suche nach außerirdischen Zivilisationen, bekannt unter dem Kürzel SETI (für *Search for Extraterrestrial Intelligence*). Drake nahm auch eine grobe Schätzung der möglichen Anzahl von Zivilisationen in unserer Galaxie (NC) vor: Anzahl der Sterne (N*) × Anteil an Sternen mit Planeten (fP) × Anzahl der bewohnbaren Planeten (nHZ) × Anteil an Planeten mit Leben (fL) × Anteil an Planeten mit intelligentem Leben (fI) × Anteil an Planeten mit technologischen Zivilisationen (fC) × Lebensdauer dieser Zivilisationen (L). Aus der Drake-Gleichung ergeben sich Schätzungen von einer (Erde) bis zu Millionen intelligenter Zivilisationen in der Milchstraße.

Angesichts der jüngsten Entdeckungen extremophiler Lebensformen, die unter unwirtlichsten Bedingungen existieren, auf der Erde sowie bewohnbarer Planeten, die um andere nahe gelegene Sterne kreisen, zeigen sich viele Teilnehmer des SETI-Projekts (und dank dem Internet auch die breite Öffentlichkeit) optimistisch, was die langfristige Möglichkeit eines Erstkontakts angeht. Wir müssen nur zuhören.

SIEHE AUCH Marskanäle (1906), Radioastronomie (1931), Extremophile (1967), Erste Exoplaneten (1992), Bewohnbare Supererden? (2007)

Die Entstehung von Sternen in riesigen Molekülwolken im Adlernebel, aufgenommen durch das Hubble-Weltraumteleskop, dient als passender Hintergrund für die berühmte Drake-Gleichung.

$N_C = N_* \times f_P \times n_{HZ} \times f_L \times f_I \times f_C \times L$

1961

Die ersten Menschen im Weltall

Juri Gagarin (1934–1968), **Alan Shepard** (1923–1998)

Der erfolgreiche Start von *Sputnik 1* durch die Sowjetunion läutete 1957 das Weltraumzeitalter und den Beginn des Wettlaufs um die technologische, militärische und moralische Überlegenheit mit den Vereinigten Staaten ein. Die Sowjets hatten mit dem Hund Laika an Bord von *Sputnik 2* auch das erste Tier in den Orbit gebracht, die USA schickten Affen dorthin, aber die Konkurrenten wussten, dass der nächste große Sieg im Weltraumrennen darin bestand, den ersten Menschen ins All und auch heil wieder zurück zu befördern.

Das sowjetische bemannte Raumflugprogramm hieß *Wostok* (»Osten«) und beruhte wie die Sputnik-Raumsonden auf der Modifikation von Interkontinentalraketen für die Beförderung einer kleinen Passagierkapsel. Aus geheimen Tests mit 20 Piloten der sowjetischen Luftwaffe zur Auswahl des ersten Kosmonauten ging Oberleutnant Juri Gagarin als Sieger hervor. Zur gleichen Zeit wurde in den USA im Rahmen ihres *Mercury*-Programms die *Redstone*-Rakete zur Bestückung mit einer Ein-Personen-Kapsel modifiziert. Die sieben auserlesenen Armee-Testpiloten wurden schon vor ihren Flügen zu Berühmtheiten. Schließlich kam Navy-Testpilot Alan B. Shepard die Ehre zu, als erster Amerikaner ins All zu fliegen.

Sowohl das *Wostok*- als auch das *Mercury*-Programm hatten (unbemannte) Fehlstarts zu verzeichnen, und beide mussten zuerst den Nachweis erbringen, dass ihre Raketen mit einer leeren Kapsel funktionierten, bevor die Regierungschefs einem bemannten Flug zustimmten. Im Kopf-an-Kopf-Rennen, wer im Frühling 1961 den ersten Menschen in den Weltraum brachte, trugen die Sowjets den international gefeierten Sieg davon: Gagarin erreichte am 12. April 1961 in *Wostok 1* die Erdumlaufbahn und kehrte zur Erde zurück. Shepard, der in der *Freedom-7*-Kapsel einen suborbitalen Flug absolvierte, gilt als zweiter Mensch und erster Amerikaner im Weltall.

Die Sowjets hatten ihre Führung verteidigt. Die USA erhöhten den Einsatz kurz nach Shepards Flug, als Präsident John F. Kennedy in einer Rede vor dem Kongress die NASA aufforderte, vor dem Ende des Jahrzehnts einen Menschen auf den Mond zu bringen.

SIEHE AUCH Flüssigkeitsraketen (1926), *Sputnik 1* (1957), Der Van-Allen-Strahlungsgürtel (1958), Die ersten Menschen auf dem Mond (1969)

Der Kosmonaut Juri Gagarin bereitet sich am Morgen des 12. April 1961 darauf vor, an Bord seines Wostok-*Raumschiffs zu gehen. Hinter ihm German Titow, der im August 1961 mit* Wostok 2 *als zweiter Mensch die Erde umkreiste.*

1963

Das Arecibo-Radioteleskop

Seit den Zeiten des Galilei-Fernrohrs und anderer früher astronomischer Teleskope im beginnenden 17. Jahrhundert, wussten Astronomen, dass sie ihr Instrument für eine höhere Empfindlichkeit und Auflösung nur größer bauen mussten. Aber aufgrund physikalischer Einschränkungen bei der Materialstärke und beim Schleifen und Polieren von Glaslinsen oder versilberten Spiegeln beträgt der maximale Durchmesser bei Teleskopen mit nur einer Linse einen und bei solchen mit nur einem Spiegel fünf Meter.

In der Radioastronomie dagegen können »Spiegel«, die Radiowellen reflektieren oder senden, wie Antennen aus Metall bestehen und deshalb deutlich größer sein. Radioastronomen und Atmosphärenforscher der Cornell University erkannten in den späten 1950er- und frühen 1960er-Jahren, dass man ein riesiges stationäres Radioteleskop aus Drahtgitter in natürlichen, beckenförmigen Vertiefungen aufstellen könnte. In den Bergen in der Nähe der puerto-ricanischen Stadt Arecibo, für radioastronomische Beobachtungen in günstiger Nähe zum Äquator, fand man einen geeigneten »funkstillen« Platz mit freiem Blick auf den größten Teil des Himmels. Unter der Ägide der *Advanced Research Projects Agency*, der militärischen Schwesteragentur der NASA, begann man 1960 mit dem Bau einer riesigen Schüssel und von Masten mit lenkbaren Armen für Funksender und -empfänger über dem Hauptspiegel. Das Arecibo-Radioteleskop wurde im Herbst 1963 in Betrieb genommen.

Das Arecibo-Observatorium kann viele wichtige astronomische Entdeckungen für sich verbuchen. Zu den frühen gehören die Rotationsgeschwindigkeit des Merkurs und die Topografie der unter einer dichten Wolkenschicht verborgenen Venusoberfläche mit Radarbeobachtungen. Außerdem entdeckten die Astronomen des Observatoriums einen der ersten Pulsare (schnell drehende Neutronensterne) im Herzen des Krebsnebels und den ersten Millisekunden-Pulsar mit einer Rotationsgeschwindigkeit von 500–1000 Umdrehungen pro Sekunde. Mit diesem Radioteleskop wurden die ersten Radarwellen zu erdnahen Asteroiden gesandt, um ihre Größe und Form zu bestimmen, und es zählt immer noch zu den führenden Observatorien, wenn es gilt, die Bahnen von Asteroiden zu bestimmen, die unserem Planeten gefährlich werden könnten.

SIEHE AUCH Radioastronomie (1931), Das SETI-Programm (1960), Pulsare (1967)

Die 305-Meter-Schüssel des Arecibo-Observatoriums in einer Mulde im gebirgigen Nordwesten Puerto Ricos. Die seiltragende Plattform über der Schüssel mit Sendern, Empfängern und Trägern wiegt 900 Tonnen.

1963

Quasare

Maarten Schmidt (geb. 1929)

Wie die (optischen) Astronomen, deren Forschung sich auf Wellenlängen im Bereich des sichtbaren Lichts bezieht, beobachteten auch die frühen Radioastronomen den Himmel – nur mit neu entwickelten Radioteleskopen statt herkömmlichen. Auf ihrer Suche nach den interessantesten natürlichen Quellen von Radiowellen entdeckten sie in den Fünfzigerjahren neben starken Funkquellen, die auch von optischen Beobachtungen her gut bekannt waren – wie dem Zentrum der Milchstraße oder Überresten der Supernova im Jahre 1054 –, Hunderte starker Funkquellen ohne bekannte optische Entsprechungen. Viele erschienen am Himmel als winzig, beinahe sternförmig, konnten aber eindeutig keine Sterne sein. Die Bezeichnung »Quasar« für solche Objekte ist eine Kurzform von *quasi-stellar radio source*.

1962 passierte der hellste bekannte Quasar 3C 273 mehrfach den Rand der Mondscheibe, sodass Radioastronomen seine Position mit hoher Genauigkeit bestimmen konnten. Der niederländisch-amerikanische Astronom Maarten Schmidt verwendete die präzisen Standortdaten für die Suche nach dem Quasar mit dem Fünf-Meter-Hale-Teleskop des Palomar-Observatoriums, das seit seiner 1948 erfolgten Inbetriebnahme als größtes Spiegelteleskop der Welt galt. Schmidt machte Spektralaufnahmen von 3C 273 und entdeckte 1963, dass es sich dabei keineswegs um ein sternförmiges Objekt handelte. Es befand sich gemäß der Hubble-Konstante in großer Entfernung und bestand außerdem zu guten Teilen aus extrem schnellem (etwa ein Sechstel der Lichtgeschwindigkeit!) ionisiertem Gas.

Die Quasare haben sich als hellste Objekte im beobachtbaren Universum entpuppt, und 3C 273 gilt mit einer Entfernung von 2,4 Milliarden Lichtjahren zur Erde als einer der nächsten. Somit stammen Quasare aus der frühen Geschichte des Universums und dürften damals viel häufiger anzutreffen gewesen sein. Nach heutiger Ansicht der Astronomen bilden Quasare den aktiven Galaxiekern (AGN), in dem enorme Mengen an Gravitationsenergie freigesetzt werden, während Materie im Mittelpunkt der Wirtsgalaxie in ein aktives schwarzes Loch stürzt. Aus einer spiralförmigen, rotierenden Materie-Scheibe um das Loch schießen immer wieder senkrecht dazu Jets hervor. Bei den hellsten Quasaren scheinen diese Lichtenergiestrahlen fast direkt auf uns gerichtet zu sein.

SIEHE AUCH Neutronensterne (1933), Schwarze Löcher (1965), Pulsare (1967)

Zwei kollidierende Spiralgalaxien speisen Materie in ihr zentrales schwarzes Loch, um eine intensive, jetartige Strahlenemission – den Quasar – im aktiven Galaxiekern zu erzeugen. Grafische Darstellung von Don Dixon.

1964

Die Hintergrundstrahlung

Arno Penzias (geb. 1933), **Robert Wilson** (geb. 1936)

Edwin Hubbles Entdeckung von 1929, dass sich das Universum ausdehnt und somit früher kleiner gewesen sein musste, diente Kosmologen als Beweis für ihre Entstehungstheorie. Auf einer hypothetischen Reise in die Vergangenheit würde man an einen Punkt gelangen (nach heutigen Schätzungen vor etwa 13,7 Milliarden Jahren), an dem man die Entstehung des Universums beim Urknall aus einem extrem heißen, dichten und kleinen Punkt beobachten könnte.

Aber nicht alle Astronomen schlossen sich der Urknalltheorie an. So wurde 1948 ein alternatives Modell vorgeschlagen, nach dem das Universum zwar expandiert, aber auch ständig neue Materie (vor allem Wasserstoff) erzeugt wird, um die Materiedichte über die Zeit konstant zu halten. Dieses als Steady-State-Theorie (Gleichgewichtstheorie) bekannte Modell ging von einem endlosen Universum aus und stimmte, so merkwürdig das auch klingen mag, mit den verfügbaren astronomischen Daten der Zeit überein.

Kosmologen fanden einen Weg, die beiden entgegengesetzten Theorien und ihre Abwandlungen zu überprüfen. Nach dem Urknallmodell sollte noch heute ein schwaches »Restglühen« mit charakteristischem Muster aus der frühen Rekombinationsära vorhanden sein, als Elektronen deionisiert und der Raum für Photonen durchlässig wurde. Die Temperatur dieses Glühens sollte nur knapp über dem absoluten Nullpunkt liegen. Dagegen war die Gleichgewichtstheorie nicht zu vereinbaren mit einer Hintergrundstrahlung, die in Menge und Muster den Vorhersagen entsprach.

Radioastronomen wussten, dass man diese Strahlung am besten im Mikrowellenbereich des Spektrums (Wellenlängen von 1–2 Millimetern) aufspüren konnte. Das Wettrennen um ihre Entdeckung gewannen die Astronomen Arno Penzias und Robert Wilson von den *Bell Labs*, deren Mitarbeiter Karl Jansky 1931 die Radioastronomie begründet hatte, als sie 1964 auf eine unerklärliche und nahezu gleichmäßige Hintergrundstrahlung mit einer Temperatur um 3,5 Kelvin stießen. Für ihre Entdeckung wurden sie 1978 mit dem Nobelpreis für Physik ausgezeichnet.

Satellitenmessungen ergaben später für die kosmische Mikrowellenhintergrundstrahlung eine Temperatur von 2,725 Kelvin, mit winzigen Schwankungen in kleineren Bereichen, die als »Samen« gelten, die zu Sternen und Galaxien heranwachsen.

SIEHE AUCH Der Urknall (vor 13,7 Mrd. Jahren), Die Rekombinationsära (vor 13,7 Mrd. Jahren), Erste Sterne (vor 13,5 Mrd. Jahren), Radioastronomie (1931)

Foto der Hornantenne bei Bell Labs *in Holmdel, New Jersey, die von Arno Penzias und Robert Wilson bei der erfolgreichen Suche nach dem schwachen Leuchten der Hintergrundstrahlung benutzt wurde, deren Existenz das Urknall-Modell als Zeuge vom Ursprung des Universums vorhergesagt hatte.*

HORN ANTENNA
HAS BEEN DESIGNATED A
NATIONAL HISTORIC LANDMARK
THIS SITE POSSESSES NATIONAL SIGNIFICANCE
IN COMMEMORATING THE HISTORY OF THE UNITED
STATES OF AMERICA. SCIENTISTS ARNO PENZIAS
AND BOB WILSON WITH THE ANTENNA FOUND THE
EVIDENCE CONFIRMING THE "BIG BANG" THEORY
OF THE CREATION OF THE UNIVERSE FOREVER

1965

Schwarze Löcher

Roger Penrose (geb. 1931)

Schwarze Löcher gehören zu den merkwürdigsten und am häufigsten missverstandenen Objekten im Universum, aber man kann sie sich einfach als implodierte Sterne vorstellen. Ihre magische Anziehungskraft verdanken sie unter anderem der Tatsache, dass sie sich nicht direkt beobachten und nur näher erforschen lassen, wenn man ihre seltsamen und schönen Wandlungen und ihre Wechselwirkung mit der Umgebung mitverfolgt.

Wenn ein Stern mit etwa fünf- bis zehnfacher Sonnenmasse sämtlichen Wasserstoff in Helium und schwerere Elemente umgewandelt hat, findet keine Kernfusion mehr statt, die Gravitationskräfte ausgleicht, und der Stern bricht zusammen. Der Kollaps verursacht eine Supernova-Explosion, bei der ein Großteil der Sternmaterie ins All geschleudert wird. Ein Teil der Explosionsenergie verdichtet den verbleibenden Kern des Sterns weiter, sodass er sich zusammenzieht und Energie ausstrahlt. Wächst die Masse des kollabierten Sterns beispielsweise durch »Materiediebstahl« von einem Begleiter immer weiter an, überwindet an einem gewissen Punkt nicht einmal mehr das Licht seine Schwerkraft. Sein Kernbereich erscheint dann von außen als schwarzes Loch. Physiker kennen keine Naturkraft, die den Zusammenbruch aufhalten könnte. 1965 erbrachte der britische Astrophysiker Roger Penrose den mathematischen Beweis, dass aus kollabierenden Sternen schwarze Löcher entstehen können und dass massereiche Sterne zu einem unendlich kleinen Punkt zusammenschrumpfen sollten: der Singularität.

Aber da die Schwerkraft hinter der als Ereignishorizont bezeichneten Grenze mit zunehmender Entfernung vom schwarzen Loch wieder stetig abfällt, können Licht oder andere Strahlung von dort, die mit dem schwarzen Loch in Verbindung stehen, sich fortbewegen und beobachtet werden. Ein großer Teil der entsprechenden Strahlung besteht aus Gas oder Staub, die durch die gewaltigen Gravitations- und Magnetfelder des schwarzen Lochs auf extreme Geschwindigkeiten beschleunigt wurden. Man nimmt an, dass sich in solchen Bereichen Quasare bilden.

Nach Einsteins Relativitätstheorie geschieht in der Nähe des Ereignishorizonts eines schwarzen Lochs viel Merkwürdiges. Zum Beispiel scheint dort für einen Beobachter die Zeit stillzustehen. Leider gibt das schwarze Loch keine Informationen preis, und so wissen wir nicht, wie es in der Nähe so ist.

SIEHE AUCH Beobachtungen eines »Tagessterns« (1054), Neutronensterne (1933), Quasare (1963), Der Gravitationslinseneffekt (1979)

Grafische Darstellung eines supermassereichen schwarzen Lochs, das Gas von seinem Begleiter »stiehlt«. Das Gas bildet eine Akkretionsscheibe um das schwarze Loch, und gewaltige Energiemengen in Form von starken, gerichteten Jets schießen daraus hervor, wenn infolge der Gravitation Gas ins schwarze Loch stürzt.

1965

Hawkings »Extreme Physik«

Stephen W. Hawking (1942–2018)

Im Laufe der ersten Hälfte des 20. Jahrhunderts lernten Astronomen nicht nur verstehen, wie Sterne funktionieren, sondern begriffen auch, dass ihre Existenz endlich ist. Sie werden geboren und sterben nach einem meist eher einfachen Leben. Die Einzelheiten hängen dabei vor allem von ihrer Masse ab. Die massereichsten Sterne explodieren in einer Supernova und hinterlassen äußerst dichte Kerne, die zu Neutronensternen, Pulsaren oder bei genügender Masse zu schwarzen Löchern werden können.

Astrophysiker streben in der Regel danach, diese äußerst kompakten, hochenergetischen Objekte zu verstehen, denn anhand der schwarzen Löcher und ihrer Umgebung lassen sich Phänomene der »extremen Physik« studieren. Zu den einflussreichsten Forschern auf diesem Gebiet gehört der britische Kosmologe Stephen W. Hawking, der 1965 noch als Student in Cambridge erste Arbeiten zur Physik der schwarzen Löcher veröffentlichte und auch viel zur Weiterentwicklung der Theorien bezüglich der Quantengravitation, der Wurmlöcher und des Urknalls beitrug.

Hawkings besonderes Interesse galt den Singularitäten, den unendlich kleinen und dichten Überresten massereicher Sternkerne nach dem Gravitationskollaps. Sein Kollege aus Cambridge Roger Penrose und er machten beide entscheidende Entdeckungen zu diesen merkwürdigen Objekten, die sich aufgrund ihrer superstarken Gravitations- und Magnetfelder hervorragend zum Studium von Einsteins allgemeiner Relativitätstheorie und der extremen Quantenmechanik eigneten. Hawkings theoretischen Forschungen verdanken wir die Erkenntnis, dass Singularitäten nicht nur möglich, sondern im Universum als Quasarwirtsgalaxien, Sternreste des schwarzen Lochs oder in anderer Form reichlich vorhanden sein könnten. Er wies auch darauf hin, dass der Urknall vermutlich als Singularität begann. Somit gewährt uns die Forschung zu Herkunft und Verhalten von Singularitäten Einblick in den Ursprung unseres Universums.

Mit 21 Jahren erkrankte Hawking an Amyotropher Lateralsklerose (ALS), einer Erkrankung des Nervensystems. Zur Kommunikation war er später auf einen Computer angewiesen. Entgegen der Anfangsprognose, nur noch wenige Jahre zu leben, wurde er zum führenden theoretischen Physiker, inspirierenden Bestsellerautor und überzeugten Förderer der naturwissenschaftlichen Bildung einer breiten Öffentlichkeit.

SIEHE AUCH Der Urknall (vor 13,7 Mrd. Jahren), Einsteins Wunderjahr (1905), Die Masse-Leuchtkraft-Beziehung (1924), Neutronensterne (1933), Schwarze Löcher (1965), Pulsare (1967)

Der Astrophysiker und Kosmologe Stephen Hawking an der Universität Cambridge, 2001. Lange durch eine degenerative Erkrankung des Nervensystems vollständig gelähmt, steuerte Hawking mit seinen Gesichtsmuskeln einen Computer und einen Sprachsynthesizer, um zu schreiben sowie Vorträge und Reden zu halten.

Venera 3 auf der Venus

Im Rampenlicht der Medien standen, was den Wettlauf ins All zwischen den USA und der Sowjetunion betraf, in den Sechzigerjahren vor allem das bemannte Weltraumprogramm, insbesondere die erste Mondlandung eines Astronauten. Aber Nebenschauplätze befanden sich auch im übrigen Sonnensystem. Nach den erfolgreichen Mondumrundungen der sowjetischen Sonden *Lunik* 3 und *Zond* 3 mit Fotos von seiner Rückseite und den US-Sonden *Ranger* 7, 8 und 9, die wie geplant zwischen 1959 und 1965 auf dem Mond aufschlugen, konzentrierten sich beide Konkurrenten vermehrt auf die unbemannte Erforschung der Nachbarplaneten Venus und Mars.

Venus, Erde und Mars bilden das Trio der einander ähnlichen terrestrischen Planeten. Ihre detaillierte Erkundung konnte Unterschiede hinsichtlich der Planetenoberfläche und der Klimaentwicklung aufdecken. Von Teleskopbeobachtungen wusste man, dass eine dichte Wolkenschicht die Oberfläche der Venus ständig vor unseren Blicken verhüllt. Aus Radarbeobachtungen mit dem Arecibo-Radioteleskop in den frühen Sechzigerjahren gingen nur spärliche Informationen über die Oberfläche hervor. *Mariner 2* flog 1962 als erste Raumsonde an der Venus vorbei, aber vieles, was den Planeten betraf, wie die Oberflächentemperatur oder der Luftdruck in Bodenhöhe, blieb unbekannt, oder es herrschte darüber Uneinigkeit.

Die Vorbeiflugsonden, Orbiter, Atmosphärensonden und Lander der sowjetischen *Venera*-Mission sollten die Venus genauer untersuchen. Die Vorbeiflugmissionen *Venera 1* (1961) und 2 (1965) scheiterten schon vor Erreichen des Planeten, aber *Venera* 3 trat in seine Atmosphäre ein, bevor sie den Funkkontakt zur Erde verlor. Obwohl die Sonde keine Daten von größerer wissenschaftlicher Bedeutung zur Erde sendete, erreichte *Venera* 3 als erstes von Menschenhand geschaffenes Objekt am 1. März 1966 einen anderen Planeten.

Die Beharrlichkeit der Sowjets zahlte sich aus: Die Folgemissionen *Venera 4*–6 in den Jahren 1967–1969 verliefen erfolgreich. *Venera 4* sendete die ersten direkten Messungen zu chemischer Zusammensetzung, Temperatur und Druck in der Atmosphäre eines anderen Planeten zur Erde, *Venera* 5 und 6 weitere Daten zu Windgeschwindigkeiten, Temperatur sowie Druck. Diese Missionen und die erfolgreiche US-Mission *Mariner* 5 von 1967 ergaben, dass auf der Oberfläche höllische Bedingungen herrschen: Der Druck ist bei über 450 °C Hitze mehr als neunzigmal höher als auf der Erde.

SIEHE AUCH Venus (vor 4,5 Mrd. Jahren), *Sputnik 1* (1957), Die Mondrückseite (1959), Die ersten Menschen auf dem Mond (1969), Die zweite bemannte Mondlandung (1969), Die Fra-Mauro-Formation (1971), Mond-Rover (1971), Das Mondhochland (1972), Die letzte bemannte Mondlandung (1972), Die Venuskartierung durch *Magellan* (1990)

Sowjetische Briefmarke von 1966 zum Gedenken an die Mission der Venera 3 *zur Venus.*

ВЫМПЕЛ
И
МЕДАЛЬ
НА
ВЕНЕРЕ
1. III. 1966
ЗЕМЛЯ
ВЕНЕРА
ПОЧТА
СССР
6к

Pulsare

Antony Hewish (geb. 1924), **Samuel Okoye** (1939–2009), **Jocelyn Bell** (geb. 1943)

Die Astrophysiker Walter Baade und Fritz Zwicky schlugen bereits 1933 die Existenz von Neutronensternen im Sinne von hochdichten, kompakten Überresten einer Supernova-Explosion vor. Erst 1965 stießen jedoch die Radioastronomen Antony Hewish und Samuel Okoye auf den ersten beobachteten Hinweis für einen Neutronenstern: eine starke, winzig kleine Quelle starker Radiostrahlung im Zentrum des Krebsnebels, die als Überreste der Supernova von 1054 gilt.

Hewish suchte mit Kollegen von der Universität Cambridge den Himmel weiter nach Neutronensternen und anderen Radioquellen ab. Nach nur zwei Jahren entdeckte 1967 seine Studentin Jocelyn Bell mit dem neuen, empfindlicheren, über 15 000 Quadratmeter großen Radioteleskop westlich von Cambridge den ersten schnell pulsierenden Radiostern (Pulsar) im Sternbild Fuchs mit einer konstanten Periode von 1,3373 Sekunden.

Bell und Hewish zogen auch die Möglichkeit in Betracht, dass das unheimlich regelmäßige Funksignal des Pulsars auf außerirdische Intelligenz hindeuten könnte (sie nannten die Quelle im Scherz LGM-1 für »Kleine Grüne Männchen-1«). Schon im folgenden Jahr kannten sie und andere Astronomen eine plausiblere Erklärung, denn man hatte unter anderem herausgefunden, dass auch der Neutronenstern im Zentrum des Krebsnebels mit einer Periode von 33 Millisekunden pulsierte. Pulsare stellten sich als schnell rotierende Neutronensterne mit starken Magnetfeldern heraus, die einen Teil ihrer Energie in bestimmte Richtungen »abstrahlen« (meist entlang ihrer Rotationsachse oder nahe dazu). Ist die elektromagnetische Strahlung des Pulsars so ausgerichtet, dass sie über die Erde streicht, kann sie Radioteleskope wie der sich im Kreis drehende Scheinwerfer eines Leuchtturms »anstrahlen«.

Tausende Pulsare wurden seitdem entdeckt, darunter mehrere mit Perioden im Millisekundenbereich wie beim Pulsar im Krebsnebel. 1992 entdeckte man Schwankungen bei der periodischen Wiederkehr der Signale beim Pulsar PSR B1257+12, für die man Planeten auf einer Umlaufbahn verantwortlich machte – die ersten außerhalb unseres Sonnensystems (Exoplaneten).

SIEHE AUCH Beobachtungen eines »Tagessterns« (1054), Neutronensterne (1933), Das SETI-Programm (1960), Das Arecibo-Radioteleskop (1963), Erste Exoplaneten (1992)

Fotomontage aus Bildern der Weltraumteleskope Hubble (rot) und Chandra (blau) vom zentralen Bereich des Krebsnebels (Messier 1), der als Überbleibsel der Supernova-Explosion von 1054 gilt. Die Energiequelle ganz in der Mitte ist ein Pulsar (ein schnell rotierender Neutronenstern) mit einer Rotationsdauer von 33 Millisekunden.

Extremophile

Thomas D. Brock (geb. 1926)

Astrobiologen betreiben Forschungen zur Entstehung, Entwicklung und Verteilung des Lebens und zu bewohnbaren Umgebungen im Universum. Damit ist die Astrobiologie wohl eine einzigartige wissenschaftliche Disziplin, da sie ihre Existenz nur durch einen einzigen gesicherten Datenpunkt rechtfertigt. Wir kennen bisher nur ein Beispiel für das Leben im Universum, nämlich das auf der Erde, dessen Formen einander ähnlich sind und alle auf Ribonukleinsäure (RNA), Desoxyribonukleinsäure (DNA) und anderen organischen Molekülen auf Kohlenstoffbasis basieren.

Astrobiologen suchen aber nicht nur nach komplexen oder gar humanoiden Lebensformen, sondern auch nach planetarischen Umgebungen, in denen Bakterien und andere »einfache« Lebensformen, die auch unseren Planeten dominieren, leben und sich vermehren könnten. Am einfachsten fällt die Suche nach solchen Bedingungen natürlich auf der Erde selbst. Die entsprechenden Forschungen brachten in den letzten fünf Jahrzehnten deutliche Fortschritte bei unserem Verständnis von der Bewohnbarkeit.

1967 veröffentlichte der amerikanische Mikrobiologe Thomas Brock einen Aufsatz über (hyperthermophile) Bakterien, die sich in heißen Quellen des Yellowstone-Nationalparks wohlfühlen. Damit stellte er die vorherrschende Meinung infrage, dass die »Lebenschemie« nur bei moderaten Temperaturen funktioniert. Brock beflügelte die Erforschung extremophiler Lebensformen, die in rauen Umgebungen überleben.

Hyperthermophile Bakterien wurden seither auch in der Nähe von sehr heißen Tiefseequellen (Rauchern) entdeckt, während Psychrophile selbst bei Temperaturen leicht unter dem Gefrierpunkt gedeihen. Weitere extremophile Lebensformen entfalten sich bei hohem Salzgehalt (Halophile), in sehr saurer (Acidophile) oder basischer (Alkaliphile) Umgebung, bei hohem Druck (Piezophile), niedriger Luftfeuchtigkeit (Xerophile), ja sogar bei hoher UV- oder radioaktiver Strahlung (Radiophile).

Die Botschaft, die die Geschichte des Lebens auf unserem Planeten für die Astrobiologen bereithält, ist klar: Es gedeiht in den unterschiedlichsten Umgebungen. Deshalb erscheint die Suche nach Extremophilen und deren Habitaten oder Spuren davon auf dem Mars, in den unterirdischen Ozeanen von Europa und Ganymed oder auf der eisigen, organisch reichen Oberfläche des Titans nicht mehr so abwegig.

SIEHE AUCH Das SETI-Programm (1960), Ein Ozean auf Europa? (1979), Leben auf dem Mars? (1996), Ein Ozean auf Ganymed? (2000), *Huygens* auf Titan (2005)

Morning Glory Pool, eine heiße Quelle im Yellowstone-Nationalpark im US-Bundesstaat Wyoming. Die Farben an den Rändern der Quelle stammen von unzähligen hyperthermophilen Bakterien, die sich bei den hohen Temperaturen der Quelle von mehr als 80 °C wohlfühlen.

Morning Glory
Pool

1969

Die ersten Menschen auf dem Mond

Neil Alden Armstrong (1930–2012), **Edwin Eugene »Buzz« Aldrin** (geb. 1930), **Michael Collins** (geb. 1930)

Nach Juri Gagarin als erstem Menschen im All peilten die USA und die Sowjetunion schnell den nächsten Meilenstein beim Wettlauf ins All an: die Landung von Astronauten auf dem Mond mit sicherer Rückkehr zur Erde. Das sowjetische *Wostok*-Programm wurde auf die für eine Mondlandung nötigen größeren Raketen und Landungssysteme umgestellt. Die Amerikaner wollten die Russen unbedingt schlagen und das 1961 vom zwei Jahre später ermordeten Präsidenten John F. Kennedy formulierte Ziel einer bemannten Mondlandung noch vor dem Ende des Jahrzehnts erreichen.

Zwischen 1961 und 1969 machten die bemannten US-Missionen große Fortschritte, angefangen bei den *Mercury*-Weltraumflügen mit einem Astronauten über die *Gemini*-Zwei-Mann-Flüge mit Kopplung im Erdorbit oder Rendezvous bis hin zu den *Apollo*-Missionen für drei Astronauten zum Mond. *Apollo 8* erreichte 1968 eine wichtige Premiere: Die ersten Menschen umkreisten den Mond und sahen den ganzen Globus und die Rückseite des Mondes mit eigenen Augen. *Apollo 10* wiederholte diese Meisterleistung Anfang 1969 und brachte die Astronauten im Sinne einer Generalprobe der Mondlandung bis auf 16 Kilometer an die Mondoberfläche heran, bevor sie nach Hause zurückkehrten. Inzwischen machte auch das Mondkosmonautenprogramm der Sowjets Fortschritte. Mehrere katastrophale unbemannte Fehlstarts warfen es jedoch 1969 erheblich zurück.

Damit war der Weg frei für den amerikanischen Sieg am 20. Juli 1969, als die ganze Welt den Astronauten Neil Armstrong und Buzz Aldrin zusah, wie sie als erste Menschen auf dem Mond landeten, herumspazierten und arbeiteten. Die beiden verbrachten nach der Landung auf den erkalteten Lavaströmen des Mare Tranquillitatis, dessen Alter auf 3,6–3,9 Milliarden Jahre geschätzt wird, etwa zweieinhalb Stunden mit Probensammeln und Geländeerkundung. Nach weniger als einem Tag kehrten sie zum Piloten Michael Collins zurück, der sie im Mondorbit erwartete, und traten als Helden die dreitägige Heimreise an.

SIEHE AUCH Die Geburt des Mondes (vor 4,5 Mrd. Jahren), Flüssigkeitsraketen (1926), Die ersten Menschen im Weltall (1961)

OBEN: *Buzz Aldrins Stiefelabdruck im sandigen Mondboden.* GEGENÜBER: *Der* Apollo 11-*Astronaut Aldrin entlädt am Landeplatz im Mare Tranquillitatis wissenschaftliche Ausrüstung aus der Mondlandefähre* Eagle *(Foto von Neil Armstrong).*

1969

Die zweite bemannte Mondlandung

Charles »Pete« Conrad (1930–1999), **Alan Bean** (1932–2018), **Richard Gordon** (1929–2017)

Nur vier Monate nach dem erfolgreichen Mondflug der *Apollo 11* weilten erneut Astronauten der NASA auf dem Mond. Am 19. November 1969 steuerten die Astronauten Alan Bean und Pete Conrad mit der Mondlandefähre *Intrepid* eine präzise Landung in der Nähe der Mondsonde *Surveyor* 3 von 1967 an, während der Richard Gordon im Mondorbit auf ihre Rückkehr wartete. Conrad und Bean setzten nur 180 Meter von *Surveyor* 3 auf. Derart präzise Landungen waren für zukünftige *Apollo*-Missionen von entscheidender Bedeutung.

Conrad und Bean verbrachten etwa 32 Stunden auf dem Mond, beinahe ein Viertel davon im Freien, um Proben zu sammeln und auf den weiten Lavaflächen des Oceanus Procellarum (»Ozean der Stürme«) Experimente durchzuführen. Ihr längster Ausflug bestand aus einem Spaziergang zur Sonde *Surveyor* 3, von der sie einige Stücke und Instrumente zur Erde zurückbrachten. Nach über drei Jahren auf der Mondoberfläche lieferten die geborgenen Teile detaillierte Informationen über die langfristigen Auswirkungen von Vakuum, intensivem Sonnenlicht und Mikrometeoriteneinschlägen auf die Ausrüstung in dieser Umgebung. Erstaunlicherweise fand man auf einigen der Oberflächen inaktive Bakterien, die die Reise zum Mond (und zurück) mitgemacht hatten. Bei Tests stellte sich heraus, dass sie auch nach drei Jahren in der rauen Umgebung des Mondes mit Vakuum und UV-Strahlung noch lebensfähig waren.

Dank des längeren Aufenthalts an der Oberfläche sammelten die *Apollo 12*-Astronauten etwa 34 Kilogramm Mondproben von Böden, kleinen Felsen, Geröll und Einschlagkraterablagerungen – im Vergleich zu 22 Kilogramm bei *Apollo 11*. Bei ihrer Analyse entdeckten Wissenschaftler, dass die dunklen Vulkangesteine des Procellarum-Beckens 3,1–3,3 Milliarden Jahre alt sind und damit wesentlich jünger als die von der *Apollo 11*-Crew aus dem Tranquillitatis-Becken mitgebrachten (3,6–3,9 Milliarden Jahre). Der Mond dürfte nach seiner Entstehung noch mindestens 1,3–1,5 Milliarden Jahre vulkanisch aktiv gewesen sein. Außerdem unterscheidet sich auch die Chemie der *Apollo 12*-Proben von den vorherigen. Dazu gehören dunkle, glasige Gesteine und die ersten Muster einer neuen Klasse von Mondgestein, das aus beim Impakt geschmolzenen und zusammengebackenen Gesteinsfragmenten besteht: Brekzien.

SIEHE AUCH Die Geburt des Mondes (vor 4,5 Mrd. Jahren), Der Barringer-Krater (vor 50 000 Jahren), Die ersten Menschen auf dem Mond (1969)

Der Astronaut Alan Bean stellt während der Apollo 12-*Mission im November 1969 eine wissenschaftliche Versuchsanordnung auf den Ebenen des Oceanus Procellarum (»Ozean der Stürme«) auf. Aufnahme von Beans Astronautenkollege Pete Conrad, dessen Schatten im Vordergrund zu sehen ist.*

1969

Die Digitalisierung der Astronomie

Willard Boyle (1924–2011), **George Elwood Smith** (geb. 1930)

Über Jahrtausende verließen sich die Astronomen auf ihr scharfes Sehvermögen und ausgezeichnete Sicht bei Nacht, um Himmelsobjekte aufzustöbern und zu beschreiben. Auch zweihundert Jahre nach der Erfindung des Teleskops war das menschliche Auge der einzige »Detektor«, der den Astronomen zur Verfügung stand. 1839 brach das Zeitalter der Astrofotografie mit empfindlicheren Lichtdetektionsgeräten an: zunächst mit versilberten Glasplatten, später mit lichtempfindlicheren fotografischen Filmen. Obwohl ihre Einführung einen großen Fortschritt bei der Datenarchivierung und der Wiederholbarkeit von Beobachtungen darstellte, brachte die Astrofotografie kaum Verbesserungen bei Aufnahmen von schwächeren astronomischen Lichtquellen mit sich.

Die Entwicklung von Radar- und Navigationselektronik für Flugzeuge und Waffen im Zweiten Weltkrieg zog gewaltige Fortschritte nicht nur bei der Empfindlichkeit astronomischer Detektoren nach sich. Um 1939 wurde der elektronische Diodenschalter (Analogschalter), 1947 der Transistor erfunden, die beide auf speziellen Eigenschaften bestimmter Elemente wie Silizium oder Germanium beruhen. Als Halbleiter – im Gegensatz zu Leitern wie Metallen oder Isolatoren – leiten sie in der Regel keinen Strom, können aber durch Anlegen der richtigen Spannung, in einigen Fällen auch durch Lichteinfall, dazu gebracht werden.

Einen Meilenstein in der Geschichte der Halbleitertechnik stellte für Astronomen (und später auch für die Benutzer von Digitalkameras und Handys) eine Erfindung der Physiker Willard Boyle und George Smith von *AT&T Bell Labs* im Jahre 1969 dar: Halbleiter, die eingehende Lichtphotonen in analoge Spannungssignale umwandelten, die man speichern, verstärken und in digitale Zahlen übertragen konnte. Sie werden als CCD-Sensoren bezeichnet.

Astronomen waren aus mehreren Gründen Feuer und Flamme, als CCD-Sensoren in den Siebziger- und Achtzigerjahren frei verfügbar wurden: Einerseits verhält sich ihr Ausgangssignal linear proportional zur Helligkeit von Objekten, deren Licht auf sie fällt, andererseits sind sie hundertmal empfindlicher als fotografische Filme. CCD-Kameras gehören heute zur Standardausrüstung von Sternwarten und Weltraummissionen.

SIEHE AUCH Erste astronomische Teleskope (um 1608), Erste Astrofotografien (1839), Einsteins Wunderjahr (1905)

Moderner CCD-Sensor, wie er in der Astronomie und in der Unterhaltungselektronik eingesetzt wird.

REV:X4
D1
FB5
J2
J1
FB1

1970

Organische Moleküle auf dem Murchison-Meteoriten

Eine der Triebfedern der Weltraumforschung ist die Suche nach außerirdischem Leben. Aber wie suchen? Man könnte die Existenz chemischer Elemente nachweisen, aus denen die Lebewesen auf unserem Heimatplaneten bestehen: Kohlenstoff, Wasserstoff, Stickstoff, Sauerstoff, Phosphor und Schwefel. Diese sind jedoch im Weltraum allgegenwärtig, selbst an Orten und in Umgebungen wie dem Inneren von Sternen, die als lebensfeindlich gelten. Die Suche nicht nach bestimmten Elementen, sondern nach Molekülanordnungen, die das Vorhandensein der lebensnotwendigen Chemie belegen, könnte mehr Erfolg versprechen.

Das Leben auf der Erde basiert auf organischen Molekülen. Einige davon wie Methan (CH_4), Methanol (CH_3OH) oder Formaldehyd (H_2CO) sind einfach, andere viel komplexer. Zu Letzteren gehören Proteine, Aminosäuren, Ribonukleinsäure (RNA) oder Desoxyribonukleinsäure (DNS oder DNA). In den letzten fünf Jahrzehnten haben Astronomen zahlreiche einfache organische Moleküle in dichten interstellaren Wolken, Kometenschweifen, Eismonden und den Ringen der Planeten des äußeren Sonnensystems sowie in der Atmosphäre des Saturnmondes Titan und der Gasriesen eruiert.

Am 28. September 1969 sauste ein Meteor mit Feuerschweif über den Taghimmel und schlug in der Nähe von Murchison im australischen Bundesstaat Victoria ein. In der Einschlagzone sammelte man über 100 Kilogramm Materialproben auf. Nach eingehender Analyse gaben die zuständigen Wissenschaftler 1970 bekannt, dass der Meteorit, der zur ältesten Klasse der Meteoriten, den sogenannten kohligen Chondriten, gehört, unter anderem aus einigen gängigen Aminosäuren bestand. Spätere Untersuchungen ergaben, dass die Proben neben mehr als 70 Arten Aminosäuren auch viele andere einfache und komplexe organische Moleküle enthielten.

Das Leben, wie wir es kennen, benötigt Wasser, Energiequellen wie Wärme oder Sonnenlicht sowie komplexe organische Moleküle in größerer Menge. Die Entdeckung von Aminosäuren in Proben von Murchison und anderen Meteoriten erhärtet die These, dass die lebensnotwendigen Moleküle in Umgebungen wie Sonnennebel, einem Kometen oder einem Planetesimal entstehen können. Ob unser Universum nun weithin von Leben bevölkert ist oder nicht, der Stoff des Lebens scheint allgegenwärtig zu sein.

SIEHE AUCH Sonnennebel (vor 5 Mrd. Jahren), Leben auf der Erde (vor 3,8 Mrd. Jahren), Saturnringe (1659), Iapetus (1671), Der Halley'sche Komet (1682), Enceladus (1789)

Röntgenbild einer Probe des Murchison-Meteorits. Das im über 4,55 Milliarden Jahre alten CM2-Chondriten enthaltene Magnesium erscheint rot, Calcium grün und Aluminium blau. Die Probe enthält primitive Mineralien aus dem Sonnennebel, Wasser und komplexe organische Moleküle, wie über 70 Arten von Aminosäuren.

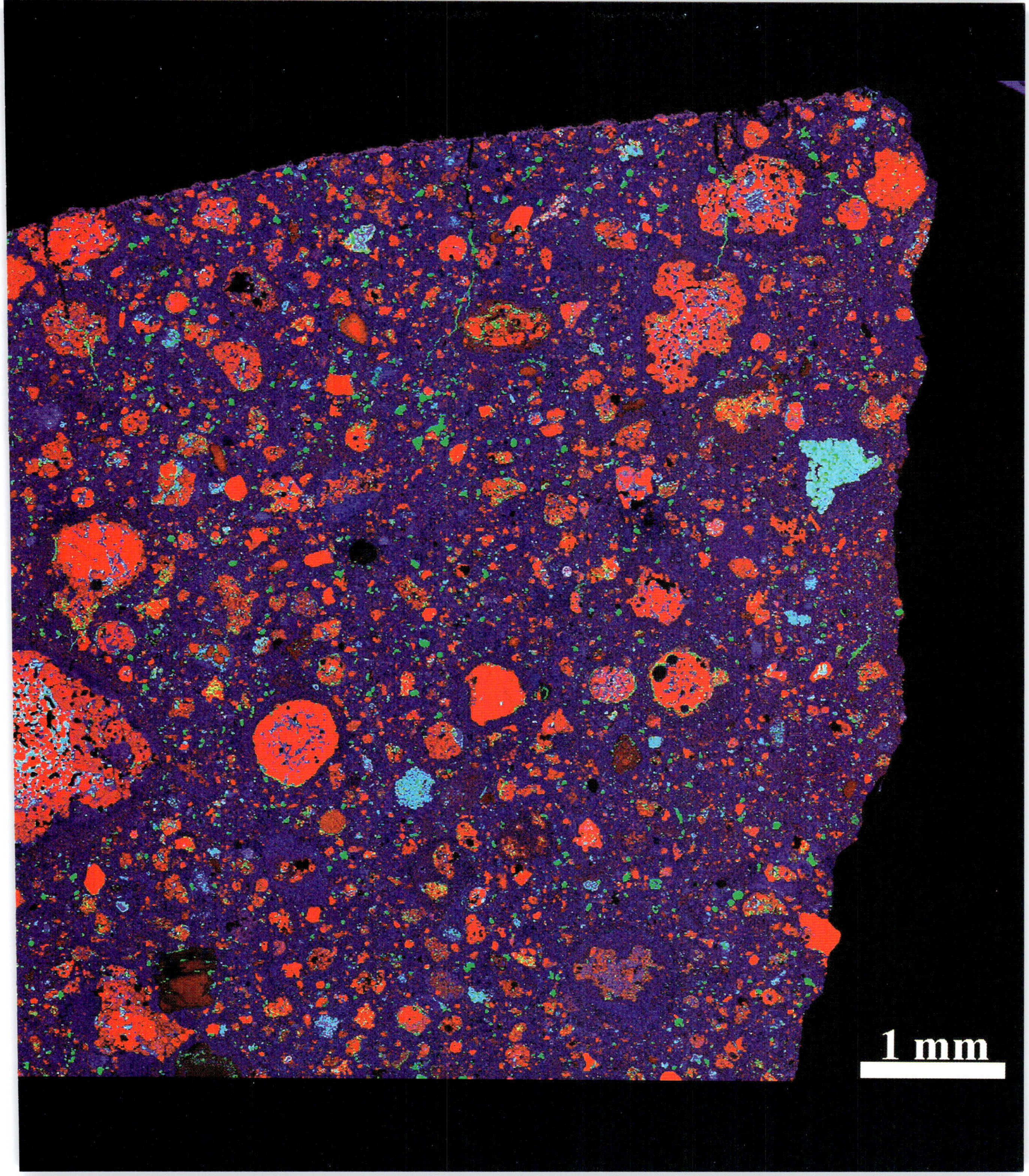
1 mm

Venera 7 landet auf der Venus

Die Sowjetunion brach zwar ihr bemanntes Mondprogramm 1969 ab, erzielte aber außerordentliche Erfolge mit Landungen von Raumsonden auf Planeten. Die zwischen 1966 und 1969 durchgeführten Missionen *Venera* 3–6 erreichten die Venusoberfläche nicht, sandten aber genügend Daten über die Atmosphäre des Planeten zur Erde, um nachfolgende Missionen so zu konzipieren, dass die Landesonden den dort herrschenden Bedingungen standhielten. Mit der Sonde von *Venera* 7 landete am 15. Dezember 1970 das erste vom Menschen geschaffene Objekt auf einem anderen Planeten und sandte Daten von der Oberfläche.

Venera 7 schwebte vor der Landung 35 Minuten lang an einem Fallschirm durch die Atmosphäre zur Oberfläche hinab und sendete danach noch 23 Minuten lang Daten zur Erde. Die Oberflächentemperatur der Venus liegt danach bei etwa 465 °C, der Atmosphärendruck beträgt etwa das Neunzigfache desjenigen auf der Erde. Glücklicherweise war die Landesonde auf derart extreme Bedingungen ausgelegt.

Der Erfolg von *Venera* 7 ebnete den Weg für eine bemerkenswerte Reihe weiterer sowjetischer *Venera*-Missionen mit Lande- und Atmosphärensonden sowie Orbitern zwischen 1972 und 1985. Es ist bis heute das ehrgeizigste Langzeitprogramm zur Erkundung der Venus mit Raumsonden. Zu seinen Höhepunkten zählen geochemische Messungen der Oberflächenbeschaffenheit des Planeten, die an den Landeplätzen dem vulkanischen Basaltgestein in Hawaii oder Island gleicht, die ersten Bilder von der felsigen Oberfläche – vom schwachen Sonnenlicht, das durch die dicken Wolkenschichten drang, gerade noch ausreichend beleuchtet – und die ersten großformatigen Karten von Bergen, Hügelketten, Ebenen und anderen tektonischen und vulkanischen Erscheinungen auf den Radarbildern der Orbiter von *Venera 15* und *16*.

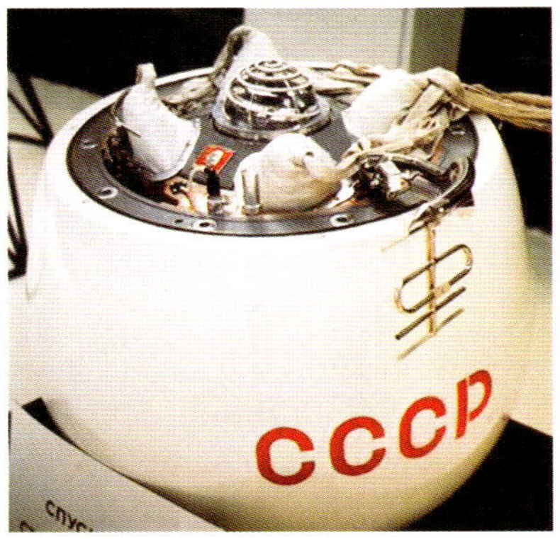

Dank der *Venera*-Sonden erfuhren Planetenforscher nicht nur etwas über die höllischen Bedingungen an der Oberfläche, sondern auch über die Windgeschwindigkeiten in der mittleren und oberen Atmosphäre der Venus, die 350 Stundenkilometer übersteigen – viel schneller, als der Planet sich um seine Achse dreht: Ein Venustag entspricht etwa 243 Erdtagen. Die Ursache dieser Superrotation der Venusatmosphäre ist unbekannt und stellt deshalb einen Schwerpunkt der laufenden und geplanten Missionen zur Erforschung unseres Zwillingsplaneten dar.

SIEHE AUCH Venus (vor 4,5 Mrd. Jahren), *Venera* 3 auf der Venus (1965), Die Venuskartierung durch *Magellan* (1990)

OBEN: *Ein Testmodell der sowjetischen* Venera *7-Landekapsel.* GEGENÜBER: *Nachbearbeitete Ansicht aus dem Venusoberflächenpanorama, das vom sowjetischen Landegerät* Venera *13 am 1. März 1982 aufgenommen wurde, im Vordergrund ein Bein der Landesonde und ein Stück einer abgeworfenen Kameraabdeckung.*

Don P. Mitchell

Unbemannte Proben-Rückhol-Missionen

Das sowjetische Raumfahrtprogramm konnte in den Sechziger- und Siebzigerjahren mit seinen unbemannten Missionen zum Mond, zur Venus und zum Mars eine ganze Reihe von »Premieren« von großer Tragweite für die Wissenschaft für sich verbuchen. Zu den bedeutendsten und in technischer Hinsicht beeindruckendsten gehören *Luna 16*, *Luna 20* und *Luna 24*, die ersten *Sample return missions* (Proben-Rückhol-Missionen) mit Sonden, die von der Erde aus in fünf Tagen zum Mond flogen. Sie führten autonom eine weiche Landung auf der Mondoberfläche durch, bohrten flache Löcher, um Mondproben zu sammeln, und starteten darauf kleine Rückkehrkapseln mit den Proben an Bord die nach drei Tagen an einem Fallschirm auf der Erde landeten.

Die im September 1970 gestartete *Luna 16* war die erste dieser autonomen Missionen zum Sammeln von Proben. Sie brachte etwa 100 Gramm Mondboden und Gesteinsfragmente von den dunklen Lavaflächen des Mare Fecunditatis auf die Erde zurück. *Luna 20* wiederholte 1972 ihre Meisterleistung und sammelte etwa 55 Gramm Proben aus einer hellen Hochlandregion in der Nähe des Mare Fecunditatis, während *Luna 24* im Jahre 1976 etwa 170 Gramm Proben aus dem Mare Crisium sammelte, einem mit längst erstarrter Lava gefüllten Einschlagbecken weit im Osten der Vollmondscheibe. Die *Luna*- und die viel größere *Apollo*-Probensammlung ergänzen sich gut, denn die beiden enthalten jeweils andere, einzigartige Muster für die Zusammensetzung der Mondoberfläche mit unterschiedlichen Mineralien. Zusammen liefern sie die Informationen, die den aktuellen Theorien zur Entstehung und Entwicklung des Mondes zugrunde liegen, unter anderem die Schlüsselbelege für das Modell, dass ein gigantischer Einschlag für die Entstehung des Mondes verantwortlich war.

Die sowjetischen Proben-Rückhol-Missionen waren die komplexesten unbemannten Raumfahrtprogramme ihrer Zeit. Seither brachten weitere Raumsonden Teile eines Kometenschwanzes (*Stardust*), Partikel des Sonnenwindes (*Genesis*) und winzige Fragmente eines erdnahen Asteroiden (*Hayabusa*) zur Erde. Dass die *Luna*-Proben-Rückhol-Missionen auf der Liste der komplexesten Planetenerkundungsmissionen weit oben stehen, ist umso bemerkenswerter, als sie mit der Technologie der 1960er-Jahre durchgeführt wurden. Immer neue Missionen zu anderen Regionen des Mondes sowie zu Mars, Venus und erdnahen Asteroiden werden vorgeschlagen und geplant.

SIEHE AUCH Die Geburt des Mondes (vor 4,5 Mrd. Jahren), Die Mondrückseite (1959), Die ersten Menschen auf dem Mond (1969), *Genesis* im Sonnenwind (2001), *Stardust* erreicht 81P/Wild 2 (2004), *Hayabusa* auf Itokawa (2005)

Modell der sowjetischen Luna-*Proben-Rückhol-Landesonde, die 1970, 1972 und 1976 für drei vollständig automatisierte, unbemannte Proben-Rückhol-Missionen zum Mond verwendet wurde.*

1971

Die Fra-Mauro-Formation

Alan Shepard (1923–1998), **Edgar Mitchell** (1930–2016), **Stuart Roosa** (1933–1994)

Nach den Erfolgen von *Apollo 11* und *Apollo 12* im Jahr 1969 sollte 1970 nach den Plänen der NASA die Crew von *Apollo 13* zwei Tage lang einen Teil der sogenannten Fra-Mauro-Formation erkunden, in deren Mitte sich der nach einem italienischen Kartenmacher aus dem 15. Jahrhundert benannte Impaktkrater Fra Mauro befindet. Die Mission musste jedoch aufgrund einer Explosion eines Sauerstofftanks im Kommandomodul, die das Leben der Besatzung in Gefahr brachte, noch während des dreitägigen Flugs zum Mond abgebrochen werden. Dank des heldenhaften Einsatzes der Astronauten und der Bodenkontrolle kehrten Kapsel und Besatzung sicher nach Hause zurück.

Nach einer kurzen Pause für die Untersuchung des Unglücks und die Behebung der dabei entdeckten Fehler nahm die NASA die Mondflüge wieder auf und schickte *Apollo 14* an das Ziel von *Apollo 13*. Die Fra-Mauro-Formation ist ein weites, hügeliges Gelände von heller Farbe zwischen mehreren großen, dunklen Aufprallbecken auf der nahen Mondseite. Mondgeologen (Selenologen) vermuteten, dass sich dort Auswurfmassen der größten Einschlagkrater und -becken des Mondes, also geologisches Material aus dem Mondinneren, abgelagert haben könnten. Sie hofften, mithilfe von Proben aus der Fra-Mauro-Formation Aufschluss über die verschiedenen Impaktereignisse und die geologische Beschaffenheit des Mondes in unterschiedlichen Tiefen zu gewinnen, ohne dass man tief bohren oder weite Strecken zurücklegen musste.

Alan Shepard, zuvor der erste Amerikaner im All, und Edgar Mitchell landeten am 5. Februar 1971 mit der Mondlandefähre Antares im Fra-Mauro-Hochland. Während Stuart Roosa im Orbit auf sie wartete, sammelten Shepard und Mitchell in beinahe zehn Stunden 42 Kilogramm Proben von der Mondoberfläche. Shepard schrieb außerdem Sportgeschichte, als er die ersten Golfbälle auf dem Mond abschlug.

Selenologen und Geochemiker zeigten sich begeistert von den mitgebrachten Proben. Wie bei den *Apollo 12*-Proben befanden sich darunter Impakt-Brekzien, Zeugen großer und kleiner Asteroideneinschläge (zum Beispiel aus dem riesigen, vier Milliarden Jahre alten Mare Imbrium) aus einer Zeitspanne von mehr als 500 Millionen Jahren. Die Proben sind eine wahre Fundgrube für die geologische Geschichte des Mondes und unseres eigenen Planeten, der in seiner Frühzeit auch bombardiert wurde.

SIEHE AUCH Die ersten Menschen auf dem Mond (1969), Die zweite bemannte Mondlandung (1969)

Apollo 14-*Mondlandefähre* Antares *auf der Fra-Mauro-Hochebene, Aufnahme der Astronauten Alan Shepard und Edgar Mitchell. Die Spuren des Handwagens der Astronauten schimmern im Sonnenlicht, weil der lockere Boden von seinen beiden Rädern zusammengedrückt und geglättet wurde.*

1971

Erste Marsorbiter

Die unbemannten Planetenerkundungsmissionen wurden in den Jahrzehnten seit ihrem Beginn immer gewagter und technologisch anspruchsvoller. Zuerst ging es nur darum, Sonden im Weltraum fernzusteuern, sodass sie am Mond oder anderen Planeten vorbeiflogen, in die Atmosphäre eindrangen oder gar landeten und Daten von Messungen sowie Bilder zur Erde sendeten. Der nächste logische Schritt bestand darin, Satelliten im Orbit anderer Welten zu stationieren – um genug Zeit für die Erforschung der fremden Umgebung zu haben und ihre Oberfläche oder Atmosphäre zu kartieren.

Die erste Raumsonde, die in die Umlaufbahn eines anderen Planeten einschwenkte, war *Mariner* 9 von der NASA. Sie erreichte den Mars im November 1971, während ein planetenweiter Sandsturm tobte. Die Spektrometer der Sonde sammelten Daten zu den Eigenschaften des Sandes und den atmosphärischen Temperaturen, ihre Kameras vermittelten dagegen das Bild einer unscheinbaren, staubigen Welt, aus der einige dunkle Flecken herausragten.

Nach beinahe einem Erdenjahr im Orbit hatte sich der Staub jedoch so weit aufgelöst, dass *Mariner* 9 seine Mission beginnen und die Oberfläche des Planeten mit beispielloser Detailgetreue kartieren konnte. Der Mars, den die Bilder der Sonde enthüllten, war ein geologisches Wunderland, bestehend aus riesigen turmhohen Vulkanen (die zuvor erwähnten dunklen Flecken), gigantischen, durch tektonische Aktivitäten geformten Grabenbruchsystemen, uralten Flusskanälen und unzähligen Einschlagkratern – ein himmelweiter Unterschied zum Bild der vorangegangenen *Mariner*-Vorbeiflug-Missionen in den Jahren 1965 und 1969, auf denen ein riesiger Einschlagkrater dominierte.

Auch die Sowjetunion brachte 1971 zwei Marssonden mit den Namen *Mars* 2 und *Mars* 3 in den Marsorbit. Sie schwenkten einige Wochen nach *Mariner* 9 in die Umlaufbahn ein und sendeten nützliche wissenschaftliche Informationen über die Atmosphäre und Oberfläche (als sich der Staub aufgelöst hatte) zur Erde. Die beiden Sonden transportierten auch kleine Lander mit Mini-Rovern an Bord für die Erkundung der Marsoberfläche. Auch wenn keiner der beiden Lander mit seiner Mission Erfolg hatte, waren sie die ersten von Menschenhand geschaffenen Objekte auf der Marsoberfläche.

SIEHE AUCH Mars (vor 4,5 Mrd. Jahren), Die *Viking*-Sonden auf dem Mars (1976), *Mars Global Surveyor* (1997)

Das als Noctis Labyrinthus bekannte Geflecht aus Bergkämmen, Tälern, Hochebenen und Einschlagkratern, Aufnahme von Mariner 9. *Das Gebiet ist etwa 300 Kilometer breit und liegt in der Nähe des größten Grabenbruchsystems auf dem Mars, der nach der Sonde (links) benannten Valles Marineris (»Mariner-Täler«).*

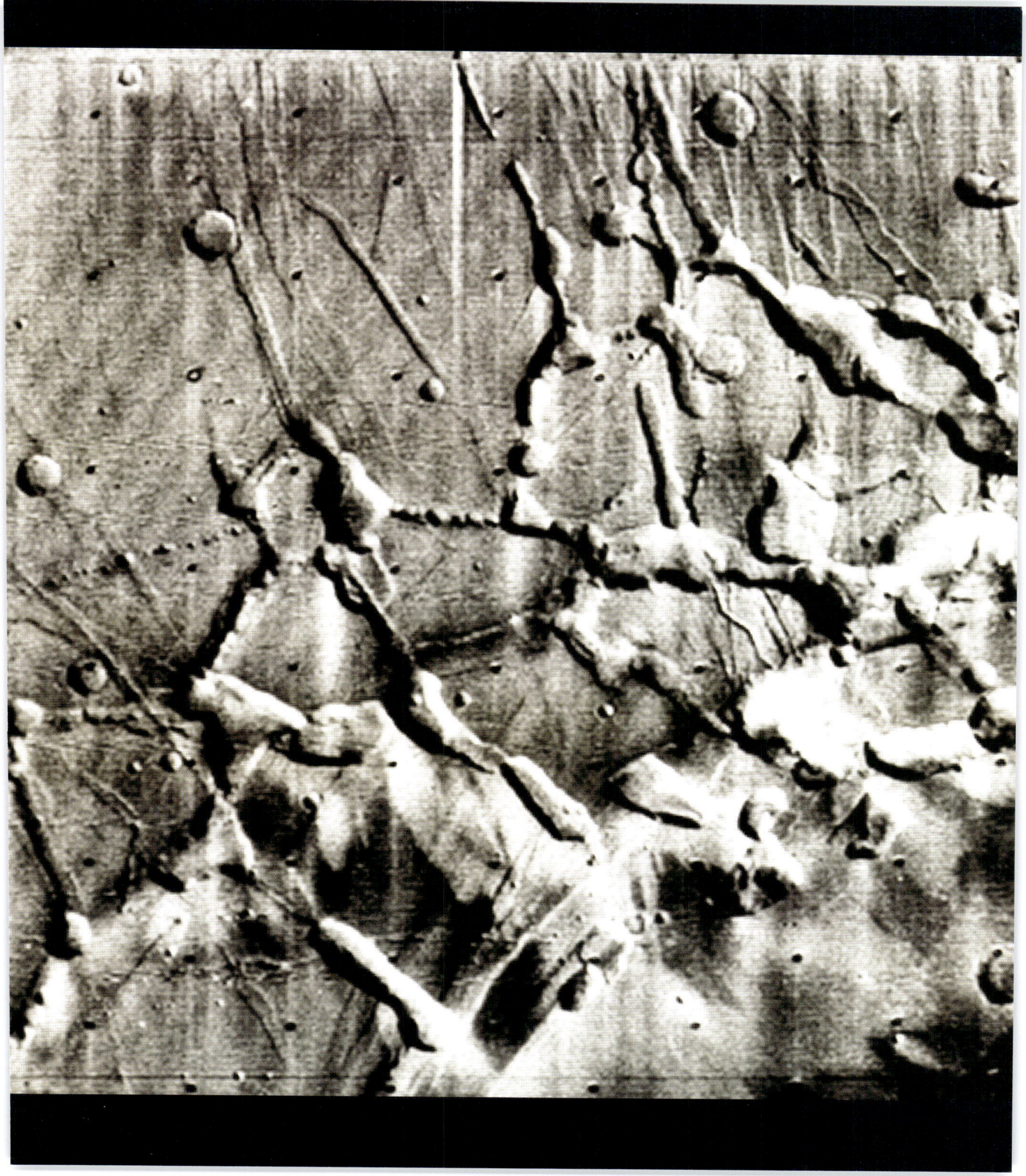

1971

Mond-Rover

James Benson »Jim« Irwin (1930–1991), **David Randolph Scott** (geb. 1932), **Alfred Merill Worden** (geb. 1932)

Die ersten drei *Apollo*-Mondlandungsmissionen der NASA waren als Kurzbesuche vom Typ »Schnell die Flagge einstecken« ausgelegt. Ihr Hauptziel bestand darin, genau und sicher zu landen und wieder nach Hause zurückzukehren. Die Astronauten führten eine begrenzte Anzahl von wissenschaftlichen Aktivitäten durch, aber ihr Bewegungsradius und ihre Zeit an der Oberfläche wurde streng limitiert.

Das galt nicht mehr für *Apollo 15*, *16* und *17*, die drei letzten Missionen dieses Raumfahrtprogramms. Die NASA ließ die Saturn-V-Rakete so modifizieren, dass sie fast die doppelte Masse zum Mond transportieren konnte, sodass die Astronauten über mehr Vorräte für einen längeren Aufenthalt mit deutlich mehr Experimenten verfügten. Das mitgeführte *Lunar Roving Vehicle* (LRV) vergrößerte zudem ihre Mobilität an der Oberfläche erheblich. Somit dienten die letzten drei *Apollo*-Missionen vor allem der wissenschaftlichen Erforschung des Mondes und waren in vielerlei Hinsicht die ersten und letzten großen menschlichen Erkundungsreisen im Weltraum.

Die erste dieser Missionen war *Apollo 15* und diente der Erkundung des zerklüfteten Mond-Apennins (Montes Apenninus) zwischen den Einschlagbecken Mare Serenitatis und Mare Tranquillitatis. Von Selenologen (Mondgeologen) erhielten die Astronauten David Scott und James Irwin den Auftrag, mit ihrem Rover die Rima Hadley, eine etwa 100 Kilometer lange eingestürzte Lavaröhre am Fuß des Montes Apenninus zu erkunden. Am 30. Juli 1971 koppelten die beiden Astronauten die Mondlandefähre *Falcon* vom Kommandomodul *Endeavor* ab und verabschiedeten sich vorübergehend vom Piloten Alfred Worden. Sie mieden die steilen Berggipfel und landeten fast auf den Punkt genau in einem Kilometer Entfernung vom Rand der Hadley-Rille.

Die *Apollo 15*-Mission wurde als voller Erfolg gefeiert. Scott und Irwin verbrachten fast drei Tage auf dem Mond, davon beinahe 19 Stunden im Rover, mit dem sie zu verschiedenen Probeentnahme- und Aussichtspunkten fuhren und fast 77 Kilogramm an wertvollem Mondgestein und Bodenproben sammelten. Ihre Analyse bestätigte den vulkanischen Ursprung von Rima Hadley und deckte auf, dass der Mond noch vor 3,3 Milliarden Jahren vulkanisch aktiv war – unter anderem mit spektakulären Lavafontänen.

SIEHE AUCH Die Geburt des Mondes (vor 4,5 Mrd. Jahren), Die ersten Menschen auf dem Mond (1969), Die zweite bemannte Mondlandung (1969), Die Fra-Mauro-Formation (1971)

Der Astronaut Jim Irwin belädt den Mond-Rover mit der Ausrüstung aus der Mondlandefähre Falcon, *Aufnahme seines Astronautenkollegen Dave Scott. Scott und Irwin fuhren bei der Erkundung der Rima-Hadley-Lavaröhre fast 28 Kilometer über die Mondoberfläche.*

UNITED
STATES

Das Mondhochland

John Watts Young (1930–2018), **Charles Moss »Charlie« Duke** (geb. 1935), **Thomas Kenneth »Ken« Mattingly** (geb. 1936)

Die Landung der ersten vier Apollo-Mondlandemissionen vor 1972 erfolgte auf den flachen, dunklen, vulkanischen Ebenen des Mondes oder in sanft geschwungenen Hügeln in der Nähe großer vulkanischer Gebiete. Die Wahl fiel vor allem aus Sicherheitsgründen auf diese Landeplätze. Mondforscher wussten jedoch, dass die dunklen Mondmeere (flache, vulkanische Regionen) weniger als 20 Prozent der Mondoberfläche ausmachen. Somit war das für die Geologie des Mondes viel typischere, hellere, gebirgige Hochland noch unerforscht. Das Missionsziel von *Apollo 16* bestand darin, für eine Korrektur zu sorgen.

Die Astronauten John Young und Charles Duke landeten mit ihrer Mondlandefähre *Orion* im Cayley-Hochland in der Nähe des Kraters *Descartes*. Vor ihrer Landung vermutete man, dass dieses Plateau, wie es über den ganzen Mond verteilt in vielen Kratern und Tälern zwischen den Hochebenen zu finden ist, eine weitere Art vulkanischer Ablagerungen darstellen könnte, die nur im Mondhochland vorkommt. Aufgrund der weiten Verbreitung auf dem Mond war die Probenahme von großer Bedeutung für das umfassende Verständnis unseres Trabanten.

Young und Duke sammelten bei vier Außenbordeinsätzen, die über 20 Stunden dauerten, eine Vielzahl von Proben. Dabei legten sie zu Fuß oder mit dem Rover mehr als 27 Kilometer durch das Hochland zurück. Nach drei Tagen an der Oberfläche dockte die *Orion* wieder am Kommandomodul *Casper* an, und die beiden traten mit dem Piloten Ken Mattingly die dreitägige Rückreise zur Erde an.

Erstaunlicherweise enthielten die *Apollo 16*-Proben keinerlei Hinweise auf eine weite Verbreitung von Vulkanismus im Hochland. Stattdessen überwiegen dort im Vergleich zu den Maria (»Meeren«) eisenärmere, weniger dichte Silikatmineralien. Daraus folgte, dass der Mond einst eine geschmolzene Magmaozean-Kruste besaß, dank der die schwereren Elemente sich differenzieren oder in den Mantel und Kern absinken konnten. Die Cayley-Hochebene entpuppte sich als Anhäufung von Auswurfmaterial, meist vom Hochland-Typ, das durch unzählige Asteroiden- und Kometeneinschläge im Laufe von Äonen über die Landschaft verteilt worden war.

SIEHE AUCH Die Geburt des Mondes (vor 4,5 Mrd. Jahren), Die ersten Menschen auf dem Mond (1969), Die zweite bemannte Mondlandung (1969), Die Fra-Mauro-Formation (1971), Mond-Rover (1971)

Das von Ken Mattingly pilotierte Apollo 16*-Kommando- und Servicemodul* Casper *im Mondorbit, aufgenommen von den Astronauten John Young und Charlie Duke, die mit der Mondlandefähre* Orion *abgekoppelt hatten und sich auf die Landung auf der Cayley-Hochebene vorbereiteten.*

1972

Die letzte bemannte Mondlandung

Eugene Andrew »Gene« Cernan (1934–2017), **Harrison Hagan »Jack« Schmitt** (geb. 1935), **Ronald Ellwin »Ron« Evans** (1933–1990)

Der letzte Monderkundungsflug des *Apollo*-Programms erfolgte im Dezember 1972. Die Astronauten Harrison Schmitt und Eugene Cernan setzten mit der Mondlandefähre *Challenger* in einem engen Tal südlich des Littrow-Kraters in den Montes Taurus am südöstlichen Rand des Mare Serenitatis auf. Die Wahl fiel auf dieses Gebiet, weil es sich an der Grenze zwischen einem dunklen vulkanischen Mondmeer und dem hellen Hochland befindet. Zudem deuteten Fotografien aus dem Orbit darauf hin, dass dieses Gebiet eine Vielfalt an geologischen Informationen über den Mond liefern könnte.

Schmitt und Cernan leisteten während ihres Mondaufenthalts in der Tat Erstaunliches. Sie brachen sämtliche zuvor aufgestellten Rekorde des *Apollo*-Programms und hielten sich fast 22 Stunden lang an der Oberfläche auf, in denen sie in ihrem Mond-Rover mehr als 35 Kilometer zurücklegten, das Tal dreimal durchquerten und etwa 110 Kilogramm Gestein und Erde nach Hause brachten. Drei Tage später schlossen sie sich wieder ihrem Piloten Ronald Ellwin Evans im Kommandomodul *America* an – völlig erschöpft.

Jack Schmitt hatte in Geologie promoviert und setzte als erster und bisher einziger Wissenschaftsastronaut seinen Fuß auf den Mond. Er entdeckte einen besonderen, orange gescheckten Boden in der Nähe des kleinen Einschlagkraters *Shorty*, und auch für die Identifizierung anderer aufschlussreicher Bodenproben war sein fachkundiges Auge unentbehrlich. Bei der Analyse dieser und verwandter schwarzer Böden aus derselben Mondgegend stieß man auf winzige, titanreiche Glaskugeln, die von explosiven Vulkanausbrüchen stammen. Da einige Proben zudem Spuren von Wasser enthalten, dürfte das Innere des Mondes nicht absolut trocken sein.

Schmitt und Cernan besuchten als bisher letzte Menschen den Mond und flogen damit zusammen mit Evans – vor mehr als vier Jahrzehnten – auch als Letzte über eine niedrige Erdumlaufbahn hinaus.

SIEHE AUCH Die ersten Menschen auf dem Mond (1969), Die zweite bemannte Mondlandung (1969), Die Fra-Mauro- Formation (1971), Mond-Rover (1971), Das Mondhochland (1972)

Der Apollo 17-Astronaut Gene Cernan hüpft zum Platz der nächsten Probeentnahme, Panoramaaufnahme seines Kollegen Jack Schmitt von einem Geröllfeld am Rande des Kraters Camelot im Taurus-Littrow-Tal aus.

Gammablitze

Bei der Untersuchung der spontanen Spaltung radioaktiver Elemente um die Wende zum 20. Jahrhundert entdeckten Physiker, dass radioaktive Elemente wie Uran oder Radium dabei drei Arten von Teilchen (Strahlung) freisetzen. Je nach Element werden beim spontanen Zerfall Heliumkerne (Alphateilchen), hochenergetische Elektronen beziehungsweise Positronen (Betateilchen) oder die noch energiereichere, 1900 entdeckte Gammastrahlung emittiert. Wie die Röntgenstrahlung ist sie eine Form der elektromagnetischen Strahlung mit hoher Energie (sehr kurzen Wellenlängen). Im Verlauf des 20. Jahrhunderts entdeckten Physiker, dass Röntgenstrahlen von Elektronen im Orbit des radioaktiv zerfallenden Atomkerns emittiert werden, die noch energiereicheren Gammastrahlen dagegen vom Atomkern selbst.

Da Gammastrahlen im Atomkern erzeugt werden, sagten Physiker ihr Auftreten bei Explosionen von Wasserstoffbomben vorher, was auch eintrat. Die USA und die Sowjetunion konnten deshalb in den Sechzigerjahren mit Gammastrahlungsdetektoren im Weltraum überprüfen, ob die Gegenseite die Bestimmungen des Vertrags über das Verbot von Kernwaffenversuchen in der Atmosphäre, im Weltraum und unter Wasser von 1963 (*Moskauer Vertrag*, LTBT) auch einhielt.

Die USA verwendeten dazu Vela-Überwachungssatelliten, die Gammastrahlen auch von überallher im Weltraum erfassten. Ab 1967 registrierten die Satelliten mehrere Male im Jahr mysteriöse Gammablitze (Gammastrahlenausbrüche, GRB) mit einer Länge von Millisekunden bis zu mehreren Minuten. Später fand man heraus, dass sie aus zufälligen Richtungen aus fernen Gegenden des Universums stammten. Das Militär gab 1973 die Daten frei und machte zivile Wissenschaftler auf die Phänomene aufmerksam.

Astrophysiker wussten jahrzehntelang nicht recht, wie sie mit GRBs umgehen sollten, denn die dabei freigesetzte Energie war weitaus größer als bei Gammastrahlung im Zusammenhang mit radioaktivem Zerfall oder stellaren Kernfusionsreaktionen. Die genaue Natur der Gammablitze blieb ein Geheimnis, bis Beobachtungen des NASA-Weltraumteleskops *Compton Gamma Ray Observatory* in den Neunzigerjahren ihren Ursprung offenlegten. Sie entstehen offenbar bei Supernova-Explosionen kollabierender massereicher Sterne oder bei der Verschmelzung kollidierender Neutronensternpaare. Dabei schießen wie bei Pulsaren Jets aus hoch konzentrierter Energie aus dem explodierenden Stern hervor. Gammastrahlenausbrüche scheinen die heftigsten und energiereichsten Ereignisse im Kosmos zu sein.

SIEHE AUCH Radioaktivität (1896), Neutronensterne (1933), Die Kernfusion (1939), Schwarze Löcher (1965), Pulsare (1967)

Grafische Darstellung des Gammablitzes GRB 080319B vom 19. März 2008. Der Energieausbruch ging vermutlich auf Gasstrahlen zurück, die während des Supernova-Kollapses eines 7,5 Milliarden Lichtjahre entfernten massereichen Sterns auf 99,9995 Prozent der Lichtgeschwindigkeit beschleunigt wurden.

1973

Pioneer 10 erreicht den Jupiter

Bis in die Siebzigerjahre beschränkte sich die Erkundung des Sonnensystems mit Sonden auf Mond, Venus und Mars. Der Erforschung der äußeren Planeten aus der Nähe für ein umfassendes Verständnis widmeten sich als erste Missionen *Pioneer 10* und *11*.

Pioneer 10 wurde am 2. März 1972, *Pioneer 11* am 4. April 1973 gestartet. Die beiden Sonden mit Nuklearantrieb sollten in den interplanetaren Raum jenseits des Mars vordringen und zum besseren Kennenlernen seiner Eigenschaften beitragen. Aus ihren Daten schloss man, dass Staub und Mikrometeoriten im Hauptgürtel für Raumfahrzeuge keine große Gefahr darstellen. Während sie am Jupiter vorbeiflog, näherte sich *Pioneer 10* den Wolkengipfeln bis auf 200 000 Kilometer und schoss dabei detaillierte Fotos von der Atmosphäre des Planeten. Die Sonde führte ihre interstellare Mission für weitere drei Jahrzehnte fort. Ihre letzten Signale wurden 2003 aus weiter Ferne empfangen.

Pioneer 10 fliegt weiter mit einer Geschwindigkeit von mehr als zwölf Kilometern pro Sekunde in einer Entfernung von derzeit über 120 Astronomischen Einheiten (AE) von der Sonne weg. Sie ist eines von nur fünf Raumfahrzeugen, die auf eine genügend hohe Geschwindigkeit beschleunigt wurden, um unser Sonnensystem zu verlassen. Drei davon starteten ebenfalls in den Siebzigerjahren: *Pioneer 11*, von der man 1995 zum letzten Mal etwas hörte, nähert sich der Marke von 100 AE und steuert auf das Zentrum der Milchstraße zu, *Voyager 2* sendet aus einer Entfernung von mehr als 116 AE zur Sonne bis heute gelegentlich Daten zu Umgebung und Teilchen zur Erde, und *Voyager 1*, die mit einer Entfernung von mehr als 141 AE den Rekord hält, überträgt noch immer wissenschaftliche Daten, während sie mit mehr als 17 Kilometern pro Sekunde weiterfliegt. Als fünfte Mission erreichte die 2006 gestartete NASA-Sonde *New Horizons* die nötige Fluchtgeschwindigkeit. Sie flog im Sommer 2015 an Pluto vorbei und ist zurzeit über 40 AE von der Sonne entfernt.

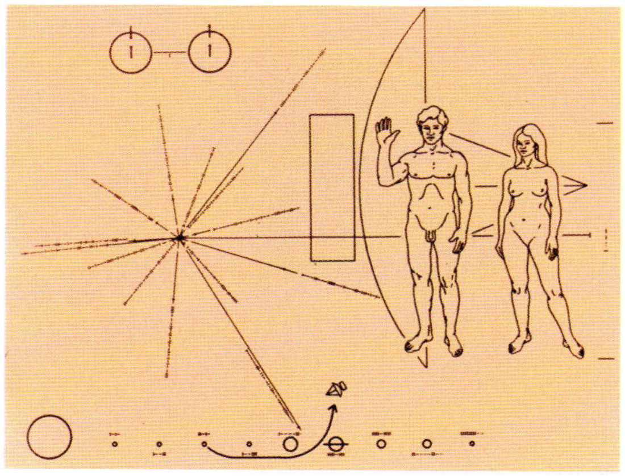

Voyager 1 verließ als erster Roboterbote der Erde das Sonnensystem, als sie 2012 die Heliopause überquerte, hinter der der Sonnenwind keinen Einfluss mehr ausübt und sich seine Partikel mit dem interstellaren Gas vermischen.

SIEHE AUCH Jupiter (vor 4,5 Mrd. Jahren), Io (1610), Europa (1610), Ganymed (1610), Kallisto (1610), Der Große Rote Fleck (1665), Die *Voyager*-Sonden erreichen den Saturn (1980, 1981), *Galileo* im Orbit des Jupiters (1995)

OBEN: *Goldene Datenplatte der* Pioneer-*Sonden mit informativen Grüßen von der Erde.* GEGENÜBER: *Grafische Darstellung der Raumsonde* Pioneer 10. *Der schräg nach unten weisende Träger ist etwa drei Meter lang.*

1976

Die *Viking*-Sonden auf dem Mars

Die kurze, aber erfolgreiche Mission der *Mariner* 9 von 1971 regte die NASA zur weiteren Erforschung des Mars an. Das darauf folgende *Viking*-Programm sollte zwei Orbiter mit je einem Lander zum Mars bringen, die unser Wissen über die Oberfläche, die Atmosphäre und die Möglichkeit früheren oder gegenwärtigen Lebens auf dem Roten Planeten deutlich erweiterten.

Die im August und September 1975 gestarteten Sonden *Viking 1* und *Viking* 2 erreichten den Mars im Juni beziehungsweise August 1976. Im ersten Monat, den *Viking 1* im Orbit verbrachte, ließ das zuständige Team auf der Erde sie die Oberfläche fotografieren und suchte nach einem sicheren Landeort für die nuklearbetriebene Tochtersonde. Man wählte eine flache, als Chryse Planitia (»Goldene Ebene«) bekannte Gegend aus, wo der Lander am 20. Juli 1976 in einer Premiere erfolgreich auf der Marsoberfläche aufsetzte. *Viking* 2 folgte wenige Monate später in etwa 4800 Kilometern Entfernung, in der flachen und felsigen Utopia Planitia (»Nirgendland«).

Mit Kosten von etwa einer Milliarde Dollar die bis dahin aufwendigste und teuerste Marsmission, war *Viking* ein durchschlagender Erfolg. Die Orbiter sendeten detaillierte Karten der ganzen Marsoberfläche mit einer Genauigkeit von wenigen Hunderten Metern zur Erde. Sie zeigten alte, durch Wasserläufe geformte Talsysteme, fein geschichtete Polkappenablagerungen und vermittelten ein detaillierteres Bild der von *Mariner* 9 entdeckten jüngeren vulkanischen Gebirge und Grabenbrüche. Ihre Daten nährten die Vorstellung, dass der Mars einst wärmer, feuchter und erdähnlicher gewesen sein könnte.

Die Lander begründeten ein weiteres Paradigma der Marsforschung. Meteorologische Experimente lieferten detaillierte Informationen zur (menschenfeindlichen) Umgebung an der Oberfläche und zum Wetter. Wichtiger ist jedoch, dass die Suche nach Beweisen für organische Moleküle, sprich nach Hinweisen auf Leben oder zumindest bewohnbare Umgebungen auf dem Mars, leer ausging. Der Rückschlag, den die Astrobiologen einstecken mussten, war jedoch nur vorübergehender Natur und spornte sie zur Perfektionierung ihrer Experimente für zukünftige Missionen an.

SIEHE AUCH Mars (vor 4,5 Mrd. Jahren), Marskanäle (1906), Erste Marsorbiter (1971), Der erste erfolgreiche Mars-Rover (1997), *Spirit* und *Opportunity* auf dem Mars (2004)

OBEN: *Modell des* Viking-*Orbiters samt Kapsel, in der sich der Lander befand. Die Breite der Sonde einschließlich Solarpanels betrug etwa neun Meter.* GEGENÜBER: *Die rötliche, mit Geröll bedeckte Oberfläche von* Utopia Planitia, *Aufnahme von* Viking 2 *nach ihrer Landung am 3. September 1976.*

1977

Der Start der *Voyager*-Sonden

Als man in den späten Sechziger- und frühen Siebzigerjahren Raumsondenmissionen zum äußeren Sonnensystem ins Auge fasste, erkannten ihre Planer sowie Himmelsmechaniker, dass es der Zufall so wollte, dass eine einzige Sonde im Verlauf dieses und des folgenden Jahrzehnts allein mithilfe der Schwerkraft an den vier Gas- und Eisriesen Jupiter, Saturn, Uranus und Neptun vorbeifliegen könnte. Die NASA-Forscher waren von der Idee einer möglichen *Planetary Grand Tour* begeistert und begannen umgehend mit deren Umsetzung in Gestalt der beiden *Voyager*-Missionen.

Als Erste wurde am 20. August 1977 *Voyager 2* gestartet. Auf ihrer Flugbahn sollte sie Mitte 1979 Jupiter, Mitte 1981 Saturn, Anfang 1986 Uranus und Mitte 1989 Neptun passieren. Der Start von *Voyager 1* erfolgte am 5. September 1977. Ihre »schnellere« Flugbahn führte sie Anfang 1979 in die Nähe des Jupiters und Ende 1980 in jene des Saturns. Weitere Planetenrendezvous waren nicht vorgesehen, denn der gewünschte nahe Vorbeiflug am großen Saturnmond Titan mit seiner dichten Atmosphäre erforderte eine Kurskorrektur, die einen Vorbeiflug an Uranus und Neptun unmöglich machte.

Die Missionen von *Voyager 1* und 2 gehören zu den aufregendsten und erfolgreichsten Abenteuern in der Geschichte der Raumfahrt und überhaupt der menschlichen Forschung. Die Sonden lieferten Wissenschaftlern völlig neue Erkenntnisse zu Atmosphären, Magnetfeldern, Ringsystemen der Gas- und Eisriesen samt ihren Monden Io, Europa, Ganymed, Kallisto, Titan und Triton, die Planeten an Größe in nichts nachstehen, sowie zahlreichen kleineren Monden. Die Entdeckungen der *Voyager* führten zu weiteren Funden im Orbit von Jupiter und Saturn durch die nachfolgenden Sonden *Galileo* und *Cassini-Huygens* und lieferten außerdem die notwendigen Daten für zukünftige Orbitalmissionen zu Uranus und Neptun.

Wie die *Pioneer*-Sonden führen auch die beiden *Voyager* eine Botschaft in Form einer Art goldenen Schallplatte mit, die verschlüsselte Bilder, Stimmen und Musik enthält – eine kosmische Zeitkapsel mit Grüßen vom Planeten Erde an alle, die sie in ferner Zukunft finden.

SIEHE AUCH Jupiter (vor 4,5 Mrd. Jahren), Saturn (vor 4,5 Mrd. Jahren), Uranus (vor 4,5 Mrd. Jahren), Neptun (vor 4,5 Mrd. Jahren), Io (1610), Europa (1610), Ganymed (1610), Kallisto (1610), Titan (1655), Saturnringe (1659), Triton (1846), *Pioneer 11* erreicht den Saturn (1979), *Voyager 2* erreicht den Uranus (1986), *Voyager 2* erreicht den Neptun (1989)

OBEN: *Grafische Darstellung der Raumsonde Voyager. Der lange Ausleger für das Magnetfeldinstrument, der nach rechts unten ragt, ist 13 Meter lang.* GEGENÜBER: *Diagramm der* Planetary Grand Tour *der beiden* Voyager *mit Angabe ihres Vorbeiflugs an den Gas- und Eisriesen des Sonnensystems.*

VOYAGER 1
Launch
05-09-1977
VOYAGER 2
Launch
20-08-1977
VOYAGER 2
Neptune
25-08-1989
Jupiter
05-03-1979
Uranus
24-01-1986
Jupiter
09-07-1979
Saturn
12-11-1980
VOYAGER 1
Saturn
25-08-1981

Uranusringe

James Ludlow Elliot (1943–2011), **Edward W. »Ted« Dunham** (geb. 1952), **Jessica Mink** (geb. als Douglas John Mink, 1951)

1659 beobachtete der niederländische Astronom Christiaan Huygens die Ringe des Saturns und erklärte sie als dünne Materiescheibe rund um den sechsten Planeten. Der Saturn galt als einziger Ringplanet, bis 1789 der aus Hannover stammende englische Astronom Wilhelm Herschel kurz nach seiner Entdeckung des Uranus glaubte, er habe auch bei diesem Planeten einen schwachen Ring gesichtet. Spätere Beobachtungen des Uranus lieferten jedoch keine stichhaltigen Beweise für Herschels Behauptung.

Fast zweihundert Jahre später, am 10. März 1977, nahmen die amerikanischen Planetenforscher James Elliot, Ted Dunham und Douglas Mink den Uranus ins Visier, als er vor einem relativ hellen Stern passierte (Bedeckung oder Okkultation). Um sicherzustellen, dass sie das seltene Ereignis nicht verpassten, beobachteten sie es mit dem Infrarotteleskop *Kuiper Airborne Observatory*, das an Bord einer *Lockheed C-141A* der NASA untergebracht war, für Missionen in die Stratosphäre flog und somit die meisten Wolken und den Wasserdampf unserer Atmosphäre unter sich ließ.

Die Uranus-Bedeckung hielt eine spannende Überraschung bereit. Unmittelbar bevor der Planet den Stern verfinsterte, verringerte sich seine Helligkeit fünfmal schlagartig für kurze Zeit. Dasselbe wiederholte sich unmittelbar nach dem Wiederauftauchen des Sterns – genau fünfmal. Die Analyse des Phänomens durch Elliots Team ergab, dass der Helligkeitsabfall zu beiden Seiten des Uranus in derselben radialen Distanz auftrat. Sie hatten ein System schwacher, schmaler Ringe entdeckt und den siebten Planeten des Sonnensystems zum zweiten mit Ringen gemacht.

Bei Folgebeobachtungen wurden vier weitere schmale Uranusringe aufgefunden, sodass sich deren Gesamtzahl auf neun erhöhte. Zwei weitere Ringe wurden 1986 während des Vorbeiflugs der *Voyager 2* entdeckt. Dabei stellte sich heraus, dass die Ringe sehr dunkel sind und vermutlich aus zentimetergroßen Eisblöcken bestehen, deren Farbe auf Wechselwirkungen zwischen dem Magnetfeld des Planeten und eisigen, organischen Molekülen zurückgeht. Schließlich kamen zu Beginn des 21. Jahrhunderts zwei weitere Ringe hinzu, die Astronomen mit dem Hubble-Weltraumteleskop aufspürten, was ihre Zahl auf 13 ansteigen ließ. Auch bei Jupiter und Neptun entdeckte man später schwache Ringe, sodass alle Riesenplaneten in unserem Sonnensystem Ringwelten sind.

SIEHE AUCH Uranus (vor 4,5 Mrd. Jahren), Saturnringe (1659), Jupiterringe (1979), Neptunringe (1982)

Die Ringe des Uranus, Aufnahme der Voyager 2 *während ihres Vorbeiflugs im Januar 1986. Hintergrundsterne erscheinen aufgrund der langen Belichtungszeit als Streifen. Das Verschwinden und Wiederauftauchen des Sternenlichts beim Passieren der Ringe führte 1977 zu ihrer Entdeckung.*

Charon

James Walter Christy (geb. 1938), **Robert Sutton Harrington** (1942–1993)

In einer vierzigmal größeren Entfernung von der Sonne gelegen als die Erde, stellte Pluto nach seiner 1930 erfolgten Entdeckung noch immer eine Herausforderung für die Astronomen dar, die ihn weiter beobachteten, um mehr über seine Herkunft und Eigenschaften zu erfahren. Oft taten sie dies mit Teleskopen des Lowell-Observatoriums in Flagstaff, Arizona, von wo aus Clyde Tombaugh Pluto erspäht hatte.

Bei der Auswertung von fotografischen Platten stieß James Christy im Juni 1978 auf eine Art Ausbeulung des Pluto. Wie er feststellte, schien sie sich in etwa 6,4 Tagen um den Planeten zu bewegen. Nach eingehender Analyse veröffentlichte er zusammen mit Robert Harrington die Entdeckung eines Pluto-Trabanten. Christy gab dem Mond den Namen Charon, nach dem mythologischen griechischen Fährmann der Toten. Da diese Benennung aber auch zu Ehren seiner Frau Charlene (»Char«) erfolgt sein soll, wird sein Name mitunter auch »Scharon« ausgesprochen.

Charon entpuppte sich später mit einem Durchmesser von etwa 1208 Kilometern, was etwa die Hälfte desjenigen von Pluto ausmacht, als ungewöhnlich groß. Somit könnte es sich bei Pluto-Charon um ein Doppelplanetensystem handeln. Die Oberfläche des Mondes besteht zur Hauptsache aus kristallinem Eis sowie möglicherweise geringen Mengen von Ammoniumhydroxid. Er unterscheidet sich damit in seiner Oberflächenbeschaffenheit deutlich von Pluto, auf dem Stickstoff und Methan in gefrorenem Zustand dominieren.

Als sie 2005 Pluto und Charon mit dem Hubble-Weltraumteleskop ins Visier nahmen, erlebten die Astronomen eine weitere Überraschung: Zwei weitere, kleinere Monde umkreisen das Massenzentrum des Pluto-Charon-Systems! Auch sie erhielten Namen von griechisch-römischen mythologischen Figuren: Nix und Hydra. Zwei weitere Satelliten, bisher P4 und P5 genannt, wurden 2011 und 2012 entdeckt. Im Juli 2015 erkundete die NASA-Weltraumsonde *New Horizons* das System.

SIEHE AUCH Pluto und der Kuipergürtel (vor 4,5 Mrd. Jahren), Die Entdeckung des Pluto (1930), Kuipergürtelobjekte (1992), Erforschung des Pluto (2015)

OBEN: *Pluto und Charon (helles Paar) und die kleinen Monde Nix (näher) und Hydra (weiter weg), Foto des Hubble-Weltraumteleskops.* GEGENÜBER: *Grafische Darstellung der Sicht auf Pluto (größer) und Charon (kleiner) von der Oberfläche eines der 2005 entdeckten kleineren Monde des Systems aus.*

1979

Aktive Vulkane auf Io

Bei ihrem Vorbeiflug im Jahre 1973 sendete die Raumsonde *Pioneer 10* spektakuläre Bilder des riesigen Planeten zur Erde, jedoch keine sehr guten von Jupiters großen Monden Io, Europa, Ganymed und Kallisto, die Galileo 1610 entdeckt hatte. *Voyager 1*, die im März 1979 sowohl wesentlich näher an Jupiter als auch den Galilei'schen Monden vorbeiflog, verfügte jedoch über ein viel moderneres Bordkamerasystem mit wesentlich höherer Auflösung.

Die vielleicht größte der zahlreichen Überraschungen, die der Jupiter und seine Monde bis zur Begegnung von *Voyager 1* mit dem Planetensystem vor uns verborgen hielten, war der extreme aktive Vulkanismus mit gewaltigen Abgasfahnen und Lavaströmen auf seinem innersten Mond Io. Auf den hochauflösenden Nahansichten seiner Oberfläche, die aus der Ferne nur im Umriss zu erkennen war, machte man über 400 aktive Vulkane aus. Frische Lavaströme aus geschmolzenem Fels, nicht selten durch den verschieden heißen geschmolzenen Schwefel bunt gefärbt, wälzen sich oft Hunderte Kilometer über die Oberfläche, und explosionsartige Eruptionen schleudern Asche und felsige Trümmer als Eruptionspilz Hunderte von Kilometer ins All. Io gilt aufgrund der Bilder von *Voyager 1* und 2 als vulkanisch aktivste Welt im Sonnensystem.

Aber wo liegt der Grund dafür? Die Umlaufzeiten von Io, Europa und Ganymed stehen in einem 4:2:1-Verhältnis zueinander (Laplace-Resonanz). Deshalb ziehen die Monde einander gelegentlich gravitativ an, sodass sie auf ihren leicht elliptischen Bahnen ein wenig wackeln. Die Jupiter-Gravitation sollte dagegen wie beim Erdmond eine gebundene Rotation herbeiführen, bei der die Trabanten dem Planeten stets die gleiche Seite zuwenden. In der Folge wirken starke Gezeitenkräfte auf die Monde, die sie ständig zusammendrücken und dehnen, wobei Gezeitenreibung entsteht, die sie erwärmt (Gezeitenheizung). Die stärkste Wirkung erfährt als innerster Trabant Io, der sich deshalb in einem geschmolzenen Zustand befindet. Eis und andere gefrorene Stoffe sind verdampft, und Vulkanausbrüche erneuern seine Oberfläche immer wieder und schleudern Schwefel und Staub in die riesige Ringscheibe um den Jupiter.

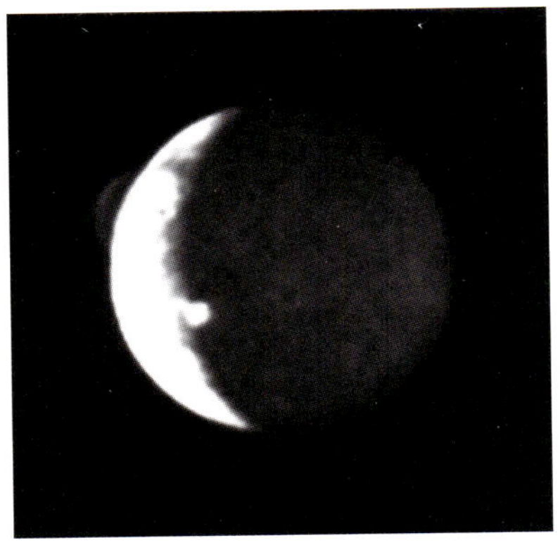

SIEHE AUCH Io (1610), Europa (1610), Ganymed (1610), *Pioneer 10* erreicht den Jupiter (1973), Jupiterringe (1979), Ein Ozean auf Europa? (1979), Die *Voyager*-Sonden erreichen den Saturn (1980, 1981), *Voyager 2* erreicht den Uranus (1986), *Voyager 2* erreicht den Neptun (1989), *Galileo* im Orbit des Jupiters (1995)

OBEN: *Aufnahme vom 8. März 1979, auf der man die Vulkanfahnen von Io entdeckte.* GEGENÜBER: *Vulkanschlote und Lavaströme auf Jupiters innerstem Mond Io. Die Lavaströme sind oft Hunderte Kilometer lang und bestehen aus geschmolzenem Schwefel sowie Silikatmineralien mit Temperaturen von mehr als 1000 °C.*

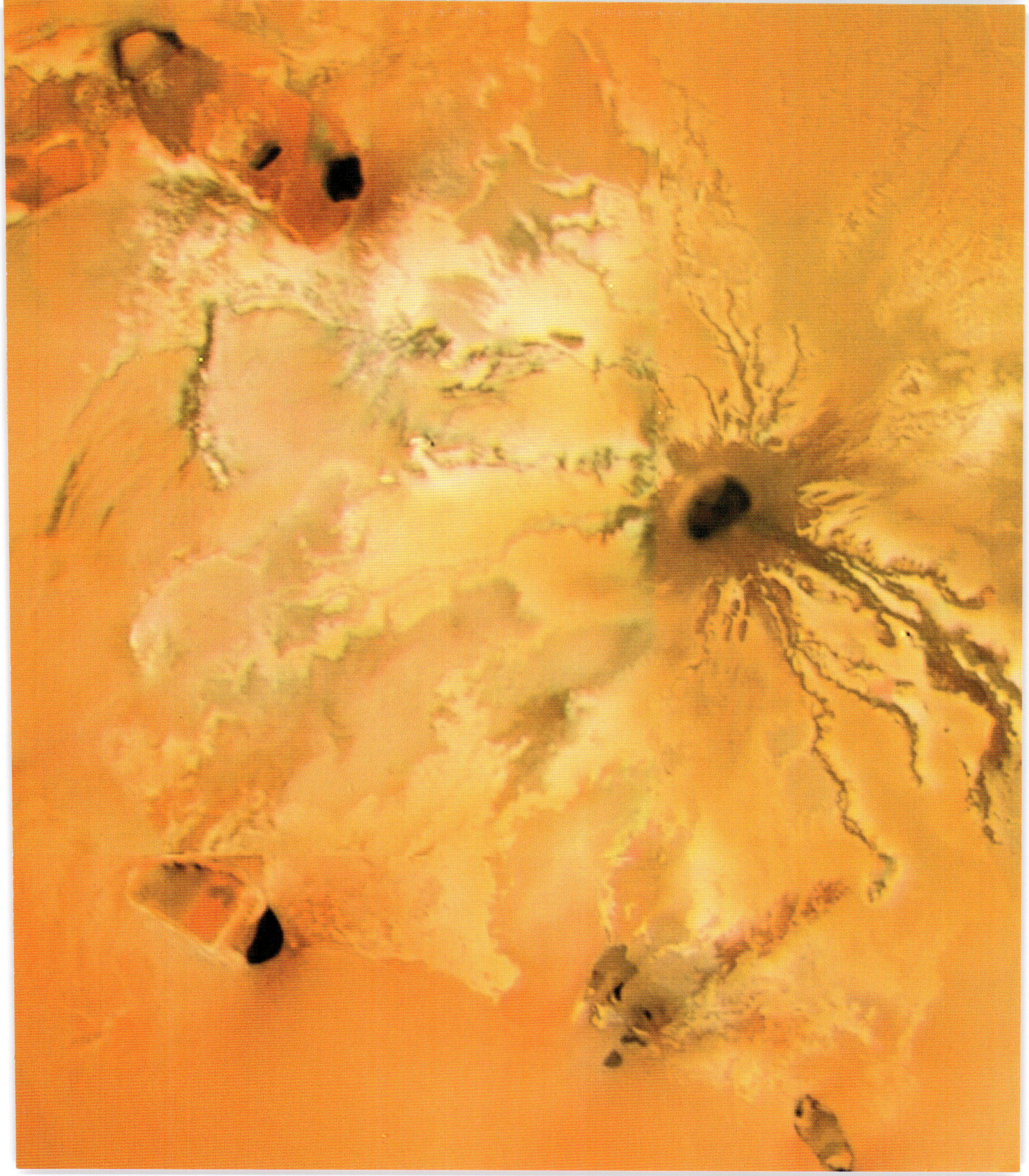

1979

Jupiterringe

Pioneer 10 und *11* trafen 1973 und 1974 als erste Raumsonden beim Jupiter ein und führten detaillierte Messungen zum Magnetfeld und zur Teilchenumgebung des Planeten durch. Unerklärliche Schwankungen in Bezug auf Protonen und Elektronen in der Äquatorialebene des Jupiters, im Bereich der Umlaufbahnen von Amalthea und der anderen inneren Monde, deuteten darauf hin, dass etwas, womöglich ein Ring, in bestimmten Entfernungen vom Planeten Teilchen absorbiert.

Um des Rätsels Lösung zu finden, sollten die Kameras der *Voyager 1* bei ihrem Vorbeiflug am Jupiter im März 1979 Aufnahmen mit langer Belichtungszeit von diesen Bereichen machen. Zur Freude des Missionsteams ließen diese deutlich die Spitze eines schmalen Ringsystems erkennen, und so wurde der Jupiter zum dritten bekannten Ringplaneten. *Voyager 2* sendete während ihres Vorbeiflugs im Juli 1979 weitere Bilder von Jupiters Ringsystem zur Erde.

Aus den noch detaillierteren Aufnahmen der nachfolgenden NASA-Vorbeiflug-Missionen *Galileo*, *Cassini-Huygens* und *New Horizons* geht hervor, dass sich das Ringsystem in einer Entfernung von etwa 1,4 bis zu 3,8 Jupiter-Radien vom Planeten entfernt erstreckt und von innen nach außen vier Hauptbereiche aufweist: den aus Staubkörnern bestehenden Halo, den hellen, 30–300 Kilometer breiten Hauptring und zwei diffuse Gossamer-Ringe.

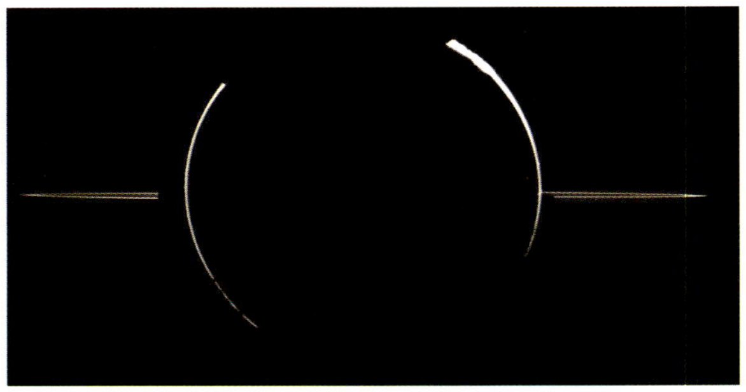

Die Ringe des Jupiters bestehen im Gegensatz zu denjenigen des Saturns und Uranus nicht vornehmlich aus Eis, sondern aus felsigem Material. Den größten Teil des Materials im Hauptring und im Halo scheinen Staubkörner und kleine Felspartikel auszumachen, die durch Kometen- oder Asteroideneinschläge von den Jupitermonden Metis und Adrastea abgesprengt wurden, während der körnige Staub der hauchdünnen Gossamer-Ringe von Amalthea und Thebe stammt. Bänder und andere Strukturen deuten darauf hin, dass auch kleine Mondlinge oder Klumpen aus Ringmaterial die Ringe speisen und formen. Die »Lebenszeit« der Staubpartikel beträgt weniger als ein Jahrtausend, und die Ringe werden durch Impakte ständig wiederaufgefüllt.

SIEHE AUCH Jupiter (vor 4,5 Mrd. Jahren), Saturnringe (1659), *Pioneer 10* erreicht den Jupiter (1973), Uranusringe (1977), Die *Voyager*-Sonden erreichen den Saturn (1980, 1981), Neptunringe (1982), *Voyager 2* erreicht den Uranus (1986), *Voyager 2* erreicht den Neptun (1989), *Galileo* im Orbit des Jupiters (1995)

OBEN: *Das Ringsystem des Jupiters, in Richtung Sonne von der Seite betrachtet, Aufnahme der Raumsonde* Galileo *während des Vorbeiflugs hinter dem Planeten.* GEGENÜBER: *Eine Falschfarbenaufnahme der feinen Struktur der Jupiterringe, Aufnahme von* Voyager 2.

1979

Ein Ozean auf Europa?

Seitdem Galilei den zweiten großen Jupitermond 1610 entdeckt hatte, wusste man nur wenig über Europa: Sie ist Teil einer 4:2:1-Bahnresonanz (Io:Europa:Ganymed) und somit vermutlich interessanten Gezeitenkräften ausgesetzt, während gemäß spektroskopischen Untersuchungen Eis den Mond bedecken dürfte. Von der detaillierten Beschaffenheit der Oberfläche Europas hatte man nicht den Hauch einer Ahnung, bevor die Sonden *Voyager 1* und 2 das Jupitersystem erkundeten.

Beim *Voyager*-Vorbeiflug stellte sich heraus, dass Europa nur wenig kleiner als Merkur ist. Sie weist eine der glattesten Oberflächen im Sonnensystem auf, durchzogen von einem dichten Netz aus Rissen und niedrigen Höhenrücken, die sie in eisige, sich relativ zueinander bewegende Platten teilen. Die Astronomen schlossen daraus, dass die Oberfläche eine relativ dünne, tektonisch aktive Eisschale sein könnte, die auf einer dicken Schicht aus flüssigem Wasser, einem unterirdischen Ozean, schwimmt. Ein weiterer Hinweis auf eine Meereswelt Europa ist die geringe Zahl der Impaktkrater auf der Oberfläche. Sie dürfte geologisch jung sein und sich aktiv regenerieren. Die Mission der NASA-Raumsonde *Galileo* von 1995 bis 2003 ermöglichte eine wesentlich genauere Untersuchung von Europa. Ihr Spektrometer lieferte weitere Beweise für die Existenz eines Ozeans unter der Oberfläche von Galileo. Aus seinen Daten konnte man auf salzige Mineralablagerungen in einigen Rissen und Gräben schließen – von der Art, wie sie durch die Verdunstung von Meerwasser entstehen. Aus den Daten der *Galileo* zum Magnetfeld des Mondes ging außerdem hervor, dass der Untergrund von Europa Elektrizität leitet – ein deutlicher Hinweis auf Meerwasser unter der Eiskruste.

Nach den vorliegenden Daten könnte auf Europa unter einer nur 10–30 Kilometer dicken Eiskruste ein etwa 100 Kilometer tiefer, mondumspannender Ozean liegen. Allerdings steht der direkte Beweis für diesen Ozean noch aus und wird von künftigen Raumsonden erbracht werden müssen, die auf der Eiskruste Europas landen oder sie gar durchstoßen werden. In der Zwischenzeit zeigen sich die Astrobiologen begeistert von der Aussicht, dass sich auf Europa womöglich ein potenzieller Lebensraum befindet. Wir könnten eines Tages entdecken, dass Europa mit seinem Ozean, beheizt durch Jupiters Gezeitenenergie, mit organischen Molekülen aus dem beständigen Kometen- und Asteroidenregen, eine unterirdisch bewohnbare oder sogar bewohnte Welt ist.

SIEHE AUCH Io (1610), Europa (1610), Ganymed (1610), Jupiterringe (1979), Die *Voyager*-Sonden erreichen den Saturn (1980, 1981), *Voyager 2* erreicht den Uranus (1986), *Voyager 2* erreicht den Neptun (1989), *Galileo* im Orbit des Jupiters (1995), Ein Ozean auf Ganymed? (2000), *Europa Clipper* (um 2022)

Die flache, eisbedeckte Oberfläche des zweitinnersten Jupitermondes Europa, Aufnahme der Voyager 2. *Unzählige Risse, die vielerorts wie auf Wasser schwimmende Eisplatten aussehen, durchziehen die Oberfläche mit nur wenigen Einschlagkratern, was auf ihr junges Alter verweist.*

Der Gravitationslinseneffekt

Eines der grundlegenden Prinzipien der allgemeinen Relativitätstheorie, deren Grundlagen Albert Einstein 1915 vorlegte, lautet, dass Raum und Zeit sich in der Nähe extrem massereicher Objekte krümmen. Aufgrund dieser Raumzeitkrümmung müsste das Licht von entfernten Objekten auf dem Weg zu uns durch das Gravitationsfeld massereicher Vordergrundobjekte abgelenkt werden, bestätigte 1919 der britische Astrophysiker Arthur Stanley Eddington diese Vorhersage von Einstein und Anhängern seiner Theorie. Er stellte fest, dass die Positionen von Sternen, wenn man sie während einer Sonnenfinsternis in der Nähe der Sonne beobachtete, leicht verschoben erschienen. In den Dreißigerjahren studierte Einstein diesen Effekt eingehender und kam wie der schweizerisch-amerikanische Astronom Fritz Zwicky und weitere Forscher zum Schluss, dass massereiche Objekte wie Galaxien und Galaxienhaufen das Licht entfernter Objekte in der Art einer Linse beugen und verstärken könnten.

Erst nach Jahrzehnten aber konnte man dies mit dem Teleskop beobachten. Das erste Beispiel für den Gravitationslinseneffekt wurde 1979 am Kitt-Peak-Nationalobservatorium in Arizona entdeckt, als Astronomen auf zwei aktive galaktische Kerne stießen, die am Himmel sehr nahe beieinanderlagen und wie ein Zwillingsquasar aussahen. Wie sich herausstellte, handelte es sich dabei aber um ein einziges Objekt, dessen Licht durch das starke Gravitationsfeld einer Vordergrundgalaxie abgelenkt und zweigeteilt wurde.

Der Gravitationslinseneffekt wurde seither vielfach beobachtet und scheint in dreierlei Gestalt aufzutreten: Beim starken Gravitationslinseneffekt entstehen mehrere unterschiedliche ganze oder (meist bogenförmige) Teilbilder, der schwache Gravitationslinseneffekt äußert sich in kleinsten Verschiebungen der Stern- oder Galaxienpositionen über große Regionen hinweg, und beim Mikrolinseneffekt wird die Helligkeit entfernter Sterne (oder auch Planeten) vorübergehend durch die Wirkung einer großen Vordergrundmasse, beispielsweise eines anderen Sterns oder einer Galaxie, verstärkt.

Der Gravitationslinseneffekt wurde zunächst als rein zufälliges Ereignis betrachtet und erforscht. In jüngster Zeit aber suchen Astronomen auch gezielt danach, denn der Effekt ermöglicht einmalige Messungen zu den Eigenschaften entfernter Galaxien, die ohne Linsenverstärkung nicht möglich wären, sowie zur Masse und anderen Eigenschaften der als Gravitationslinsen fungierenden Galaxien und Galaxiehaufen.

SIEHE AUCH Einsteins Wunderjahr (1905), Dunkle Materie (1933), Quasare (1963), Schwarze Löcher (1965)

Die dünnen Lichtbögen, Einstein- oder Chwolsonringe genannt, sind die verzerrten Abbilder von Galaxien im galaktischen Cluster Abell 2218, deren Licht von einer massereichen Vordergrundgalaxie gebeugt wird; Aufnahme des Hubble-Weltraumteleskops.

1979

Pioneer 11 erreicht den Saturn

Die 1972 beziehungsweise 1973 gestarteten Raumsonden *Pioneer 10* und *11* drangen als erste zu den äußeren Planeten des Sonnensystems und darüber hinaus vor. *Pioneer 10* passierte 1973 als erste Sonde den Jupiter und bereitete dem für 1974–1975 vorgesehenen Vorbeiflug von *Pioneer 11* an diesem Gasriesen den Weg. Die Flugbahn von *Pioneer 11* war im Gegensatz zu ihrem Vorgänger so geplant, dass die Jupiter-Schwerkraft die Sonde für einen Flug zum Saturn beschleunigte.

Die Begegnung von *Pioneer 11* mit dem Saturn galt als großer Erfolg, denn die Sonde flog am 1. September 1979 in etwa 21 000 Kilometern Höhe über seinen Wolkengipfeln am Planeten vorbei. Sie hatte Kameras und Messgeräte für Magnetfeldstärke, Ladungsteilchen, kosmische Staubpartikel und Strahlung sowie weitere wissenschaftliche Instrumente an Bord, die den Planetenforschern erste Einblicke in die Umwelt auf dem und rund um den Ringplaneten vermittelten.

In gewisser Weise ebneten die *Pioneer*-Missionen den weit ehrgeizigeren *Voyager*-Sonden zum äußeren Sonnensystem den Weg. Während ihres Saturn-Vorbeiflugs steuerte man *Pioneer 11* beispielsweise durch die Ringe des Planeten, um festzustellen, ob Staub- oder Eiskörner eine Bedrohung für Raumfahrzeuge darstellten. Da dies nicht der Fall war, sahen die Missionsplaner auch für *Voyager 2* eine Durchquerung der Ringe vor, um sie auf eine Bahn zu bringen, die ihr den Weiterflug zum Uranus und Neptun ermöglichte. Die Daten, die *Pioneer 11* zur Erde sandte, legten noch vieles andere offen, darunter dass es auf dem großen Mond Titan, der über eine Atmosphäre verfügt, mit nur 90 Kelvin (ca. –183 °C) für Leben wohl zu kalt ist. Außerdem wurden ein neuer kleiner Mond und ein zusätzlicher Ring entdeckt – mit Ersterem wäre die Sonde beinahe zusammengestoßen. Und schließlich konnte eine genaue Karte des Saturn-Magnetfelds angefertigt werden, einem riesigen Gebilde aus geladenen Teilchen, das sich als dem Magnetfeld des Jupiters nicht unähnlich erwies.

Wie seine Schwestersonde befindet sich auch *Pioneer 11* auf einer Fluchtbahn aus dem Sonnensystem, in einer Entfernung von derzeit mehr als 83 Astronomischen Einheiten auf dem Weg zum Zentrum der Milchstraße. Der Kontakt mit der Sonde brach Ende 1995 ab, aber das Raumschiff führt die gleiche goldene Datenplatte wie *Pioneer 10* mit, die ein hoffentlich informativer Gruß für unsere galaktischen Nachbarn sein soll, die die Sonde in ferner Zukunft entdecken.

SIEHE AUCH Saturn (vor 4,5 Mrd. Jahren), Titan (1655), Saturnringe (1659), Das Magnetfeld des Jupiters (1955), *Pioneer 10* erreicht den Jupiter (1973), *Cassini* erforscht den Saturn (2004–2017)

Der Saturn und seine Ringe aus etwa 400 000 Kilometern Entfernung, Falschfarben-Teilaufnahme von Pioneer 11*, 1. September 1979. Der Saturn ist durch die Cassini'sche Teilung zu sehen, und der Schatten der Ringe fällt auf den Planeten.*

1980

Ein telegener Kosmos

Carl Sagan (1934–1996)

Obwohl die Erforschung des Weltraums ein interessantes und spannendes Thema ist, wurden die Wissenschaftler in der jüngeren Geschichte nicht gerade dazu angehalten oder ermutigt, ihre Erfolge und auch Misserfolge mit der breiten Öffentlichkeit zu teilen. Man betrachtete die Veröffentlichung ihrer Ergebnisse in Buchform oder wissenschaftlichen Zeitschriften oder auch nur deren Präsentation auf wissenschaftlichen Konferenzen in der Regel als ausreichend. Nicht selten entwickelten Forscher sogar eine gewisse Arroganz, was ihre Arbeit betraf: Man würde sie sowieso nicht verstehen, warum also öffentlich darüber sprechen?

Selbst in den Sechziger- und Siebzigerjahren, als das internationale öffentliche Interesse für die Weltraumforschung infolge der Medienberichterstattung über die *Apollo*-Missionen einen ersten Gipfel erreichte, konnte der interessierte Durchschnittsbürger noch immer nur schwer mit den neuesten Entdeckungen Schritt halten. In Westeuropa und in den USA boten die wichtigsten Fernsehsender hauptsächlich Unterhaltung und Nachrichten, dagegen eher wenige gute Wissenschaftssendungen für ein breiteres Publikum.

Deshalb startete 1980 eine vom charismatischen Astronomen Carl Sagan moderierte TV-Doku-Serie, die sich der Astronomie und Weltraumerkundung widmete und mit über 500 Millionen Zuschauern weltweite Erfolge feierte. 1983 kam die Serie aus den USA unter dem Titel *Unser Kosmos* nach Deutschland. Sagan führte mit Begeisterung durch die Sendung und informierte die Zuschauer in verständlicher und unterhaltender Weise über die neuesten Beobachtungen und Theorien zu Fragen, die uns alle bewegen: Was tut sich da oben? Woher kommt das alles? Warum sind wir hier? Sind wir allein?

Leider reagierten viele Kollegen aus dem wissenschaftlichen Bereich mit Ablehnung auf seinen unermüdlichen Einsatz für die Popularisierung der Weltraumforschung. Unter anderem wurde ihm angeblich wegen kollegialer Eifersüchteleien die Mitgliedschaft in der *National Academy of Sciences* verweigert. Aber Sagans Ideale und sein Vermächtnis haben bei einer neuen Generation von Stern- und Planetenforschern, viele davon mit seiner Sendung aufgewachsen, Früchte getragen. Seine Ideale werden von der *Planetary Society*, zu deren Gründern er 1980 zählte, weltweit gefördert. Und eine Wissenschaftsgemeinschaft, die Öffentlichkeitsarbeit und ein breites naturwissenschaftliches Verständnis in unserer modernen Welt als wesentlich betrachtet, hat sie verinnerlicht.

SIEHE AUCH Marskanäle (1906), Das SETI-Programm (1960), Die *Viking*-Sonden auf dem Mars (1976), Leben auf dem Mars? (1996)

Carl Sagan, Astronom, Planetenforscher und Autor, der die Weltraumwissenschaften populär machte und die gefeierte TV-Doku-Serie Unser Kosmos *moderierte, neben einem Modell des* Viking-*Mars-Landers, 1980.*

1980, 1981

Die *Voyager*-Sonden erreichen den Saturn

Der Saturn-Vorbeiflug der Raumsonde *Pioneer 11* von 1979 galt als Generalprobe für die detailliertere Untersuchung von Atmosphäre, Monden, Ringen und Magnetfeld des Planeten mithilfe der 1977 gestarteten Nachfolger *Voyager 1* und *Voyager 2*. Erstere flog im November 1980 an Saturn vorbei, Letztere bald darauf, im August 1981.

Die Vorbeiflüge erweiterten unser Wissen über die verschiedenen Körper und Prozesse im Saturnsystem immens. Die hochauflösenden Bilder enthüllten Details über Einschlagkrater, Zusammensetzung und Geschichte der großen Eismonde Iapetus, Rhea, Tethys, Dione, Enceladus, Mimas und Hyperion. Sieben neue kleine Saturnmonde wurden auf den zur Erde gesendeten Aufnahmen entdeckt, eingebettet in ein viel spektakuläreres Ringsystem, als man es sich bisher hatte vorstellen können. Es stellte sich heraus, dass es aus Tausenden von größeren und kleineren Ringen besteht, die durch schmale Lücken getrennt und durch die Schwerkraft von Schäfermonden im Saturnorbit organisiert werden.

Die Daten der *Voyager* bestätigten die durch Teleskopbeobachtungen und den Vorbeiflug von *Pioneer 11* gewonnene Einsicht, dass der größte Saturnmond Titan eine dichte, dunstige Gashülle besitzt. Wie man nun feststellte, besteht sie hauptsächlich aus Stickstoff, und ihr Druck ist auf der Oberfläche über 50 Prozent höher als auf der Erde. Damit ist Titan der einzige Mond des Sonnensystems mit einer dichten Atmosphäre. Die gelblich orange Farbe der Gashülle geht auf geringe Mengen von Methan, Ethan, Propan und anderen organischen Molekülen zurück, deren Existenz in flüssiger Form an der Oberfläche bei den niedrigen Temperaturen auf Titan in einigen Fällen vorhergesagt wurde. Die Kameras der *Voyager* konnten den Dunst jedoch nicht durchdringen, um die Oberfläche zu fotografieren. Das geschah erst 15 Jahre später, während der *Cassini-Huygens-Mission*, deren Lander *Huygens* auf dem Saturnmond aufsetzte.

Am Saturn endete die Planetenerkundung der *Voyager 1*. Sie wurde von ihrer *Grand-Tour*-Flugbahn mit einem möglichen Vorbeiflug am Pluto gegen Ende der Achtzigerjahre weg zum Titan gesteuert, um seine Gashülle zu untersuchen, von der man annahm, sie sei der Erdatmosphäre in der Frühzeit nicht unähnlich. *Voyager 1* fliegt zurzeit etwa 120 Astronomische Einheiten von der Sonne entfernt durchs All und ist damit das fernste Objekt, das der Mensch bisher in den Kosmos geschickt hat.

SIEHE AUCH Saturn (vor 4,5 Mrd. Jahren), Titan (1655), Saturnringe (1659), Iapetus und Rhea (1671–1672), Tethys und Dione (1684), Enceladus (1789), Mimas (1789), Hyperion (1848), Der Start *der* Voyager-Sonden (1977), *Pioneer 11* erreicht den Saturn (1979); *Cassini* erforscht den Saturn (2004–2017), *Huygens* auf Titan (2005)

Sechs der sieben größten Saturnmonde: Dione (im Vordergrund), Tethys und Mimas (unten rechts), Rhea und Enceladus (oben links) und Titan (oben rechts). Fotomosaik aus Aufnahmen der Voyager 1 während ihres Vorbeiflugs im November 1980.

Spaceshuttles

Raketenpioniere wie Konstantin Ziolkowski, Robert Goddard oder Hermann Oberth stellten sich die bemannte Raumfahrt nie als Einbahnstraße vor. Vielmehr entfaltet sie ihre volle Wirkung erst, wenn die Astronauten nach Hause zurückkehren und ihre Abenteuergeschichten, wissenschaftlichen Erkenntnisse und Bodenproben mit uns teilen. Um Menschen in den Weltraum und wieder zurückzubringen, muss die Rakete Rückholkapseln, Fallschirme und Vorräte ins All transportieren. Im Rahmen der bemannten Raumfahrtprogramme *Wostok*, *Mercury*, *Gemini* und *Apollo* wurden die Rückholkapseln und Raketen nur einmal verwendet.

Seit den Anfängen der Raumfahrt haben Ingenieure über wiederverwendbare Raumfahrzeuge nachgedacht, nicht nur, um die Kosten für den Transport von Menschen und Ausrüstung in den Weltraum zu senken, sondern auch, damit Weltraumflüge in nicht allzu ferner Zukunft in ähnlicher Weise wie heute das Fliegen auf der Erde zur Selbstverständlichkeit würden. Das war der Ausgangspunkt für die Entwicklung des Spaceshuttle in den Siebzigerjahren.

Das ganze System wurde als *Space Transportation System* (STS) bezeichnet und bestand aus einem wiederverwendbaren Orbiter mit Raketentriebwerken für den Hinflug und flugzeugähnlichen Flügeln für den Rückflug (das eigentliche Spaceshuttle) der Besatzung und Ausrüstung sowie zwei wiederverwendbaren Feststoffraketen und einem großen Einweg-Außentank, der die Triebwerke des Orbiters während des Aufstiegs mit Treibstoff versorgte. Bei insgesamt 135 Starts zwischen 1981 und 2011 brachten die fünf Orbiter *Columbia*, *Challenger*, *Discovery*, *Atlantis* und *Endeavour* 355 Astronauten (einige auf mehreren Flügen) in eine niedrige Erdumlaufbahn etwa 400 Kilometer über der Erdoberfläche. 14 Astronauten verloren dabei ihr Leben: sieben, als die *Challenger* 1986 kurz nach dem Start explodierte, und sieben weitere, als die *Columbia* 2003 beim Wiedereintritt in die Erdatmosphäre auseinanderbrach.

Auch wenn Raumflüge weder zur Routine noch deutlich wirtschaftlicher wurden, darf das Spaceshuttle-Programm als großer Erfolg gelten. So waren die Raumfähren von entscheidender Bedeutung für den Bau der Internationalen Raumstation, für die Reparatur und Wartung des Hubble-Weltraumteleskops, für den Start zahlreicher Satelliten und für biologische, astronomische und geowissenschaftliche Forschungen. Mit der *Orion* befindet sich ein neues Raumschiff, das Astronauten zum Mond, zu erdnahen Asteroiden oder zum Mars bringen soll, im Bau.

SIEHE AUCH Die ersten Menschen auf dem Mond (1969), Die zweite bemannte Mondlandung (1969), Die Fra-Mauro- Formation (1971), Mond-Rover (1971), Das Mondhochland (1972), Die letzte bemannte Mondlandung (1972), Das Hubble-Weltraumteleskop (1990), Die Internationale Raumstation (1998)

*Das erste Spaceshuttle (*Columbia*) startete am 12. April 1981 von Kap Kennedy in Florida. Die Astronauten John Young und Robert Crippen landeten den Orbiter zwei Tage später sicher.*

USA

Neptunringe

Mit der Entdeckung von Ringen beim Uranus (1977) und Jupiter (1979) wiesen drei der vier Gas- und Eisriesen Ringsysteme auf. Der britische Astronom William Lassell, der 1846 den großen Neptunmond Triton entdeckte, berichtete auch von einem Ring um den Planeten, doch seine Beobachtung fand lange keine Bestätigung. Die Jagd nach möglichen Neptunringen dauerte noch weitere 136 Jahre.

Seit den Sechzigerjahren beobachteten Astronomen Okkultationen, bei denen der scheinbar größere Neptun vor einem fernen Stern vorbeizog. Da eine Sternbedeckung durch den Uranus zuvor schon zur Entdeckung seines Ringsystems geführt hatte, versuchten Astronomen auf dieselbe Weise auch die vermeintlichen Neptunringe aufzuspüren. Meist waren die Ergebnisse mehrdeutig und nicht verifizierbar, doch 1982 berichteten zwei Forschergruppen aus Neuseeland und Arizona, sie hätten bei der Analyse von Beobachtungen aus den Jahren 1968 und 1981 Kandidaten für ganze oder partielle Ringe um Neptun entdeckt. 1984 beobachteten zwei Astronomenteams aus Arizona und Frankreich das gleiche Bedeckungsereignis und bestätigten erstmals unabhängig voneinander, dass die Lichtstärke des Sterns in der Nähe des Planeten mehrmals stark abfiel, was ein deutlicher Hinweis auf ein Ringsystem ist. Erst die Kameras der *Voyager* 2 bewiesen während ihres Vorbeiflugs am Neptun im August 1989 die Existenz der Neptunringe zweifelsfrei.

Die Bilder der *Voyager* und Daten aus Beobachtungen von Sternenbedeckungen ergaben, dass der Neptun fünf dunkle Ringe besitzt. Sie wurden nach prominenten Astronomen benannt, die sich in der Zeit nach seiner Entdeckung um die Erforschung des Neptuns verdient gemacht hatten: Galle, Le Verrier, Lassell, Arago und Adams. Der am weitesten vom Neptun entfernte Adams-Ring enthält mindestens fünf Teilsegmente, die heller sind als das restliche System. Diese Ringbögen waren es wohl, die frühere Astronomen von der Erde aus als mögliche Ringe interpretierten.

Die dunklen Ringe des Neptuns bestehen aus Staub und ähneln eher den Jupiter- als den Saturn- oder Uranusringen. Wie die Ringe des Uranus werden sie als relativ junge Überreste eines Einschlags kleiner, innerer Monde angesehen. Die Herkunft der Bögen im Adams-Ring bleibt nach wie vor rätselhaft.

SIEHE AUCH Saturnringe (1659), Uranusringe (1977), Jupiterringe (1979), *Voyager* 2 erreicht den Neptun (1989)

Eines der Bilder, die die Bestätigung für die schwachen Ringe um Neptun lieferten, Weitwinkelaufnahme der Voyager 2 *während ihres Vorbeiflugs im August 1989. Die drei helleren Bögen im äußeren Adams-Ring waren zuvor auch von Astronomen auf der Erde beobachtet worden.*

1984

Protoplanetare Scheiben

Bernard Lyot (1897–1952)

Nach der gängigen Theorie zog sich bei der Entstehung des Sonnensystems eine riesige Wolke aus Gas und Staub, vielleicht die Überreste der Supernova eines Sterns der Vorgängergeneration, langsam zusammen, begann sich zu drehen und flachte zu einer Scheibe aus kondensierender Materie ab. Aus über 99 Prozent der Masse des Sonnennebels bildete sich die Sonne, während vom Rest der Löwenanteil an den Jupiter ging. Wir Menschen leben somit auf einem »winzigen Körnchen«. Falls dieses Modell zutrifft, sollte es auch auf andere, insbesondere auf die in der Milchstraße häufigen sonnenähnlichen Sternensysteme anwendbar sein. Die Suche der Astronomen nach Hinweisen auf Scheiben, Ringe oder Halos im Bereich von Sternen galt als schwieriges Unterfangen, denn das direkte Sternenlicht ist eine Million bis eine Milliarde Mal heller als das von irgendwelchen Scheiben oder Planeten in einer Umlaufbahn reflektierte.

Einen Durchbruch brachte ein Teleskopaufsatz, den der französische Astronom Bernard Lyot 1930 erfand. Er blockierte das direkte Sonnenlicht, damit die Astronomen die Korona der Sonne beobachten konnten. Mit einer kleineren Version des Geräts kann man das direkte Licht eines Sterns ausblenden und das schwache Licht von Objekten in seiner Nähe erkennen.

1983 suchte das von den USA, den Niederlanden und Großbritannien entwickelte Weltraumteleskop IRAS (*Infrared Astronomical Satellite*) den Himmel nach Infrarot-Wärmestrahlung ab, die von kosmischen Objekten freigesetzt wird. Im Bereich des jungen Sterns Beta Pictoris war sie ungewöhnlich hoch, sodass die Astronomen Staub oder felsige Materie in seinem Orbit vermuteten. Ihre Annahme bestätigte sich 1984, als man mit einem eigens entwickelten Koronografen auf der Basis des 2,5-Meter-Teleskops im chilenischen Las-Campanas-Observatorium eine protoplanetare (zirkumstellare) Staubscheibe beobachtete, die sich bis in eine Entfernung von etwa 400 Astronomischen Einheiten (AE) vom Stern erstreckte. Der erste Beleg für einen Sonnennebel um einen anderen Stern war gefunden.

Heute ist sie nur mehr eine von vielen bekannten protoplanetaren Scheiben, bei denen es sich vermutlich um junge Sonnensysteme handelt. 2008 entdeckten die Astronomen einen Riesenplaneten mit etwa achtfacher Jupitermasse, der Beta Pictoris in gut 13 AE Entfernung umkreist – einen der ersten direkt beobachteten Exoplaneten.

SIEHE AUCH Sonnennebel (vor 5 Mrd. Jahren), Erste Exoplaneten (1992), Das Spitzer-Weltraumteleskop (2003)

Die Staubscheibe um Beta Pictoris mit einem großen Planeten (hellblauer Punkt), der den Stern in der Mitte nahe umkreist; Fotomontage aus Aufnahmen des 3,6-Meter-Teleskops der Europäischen Südsternwarte (ESO) und des Very Large Telescope *der ESO.*

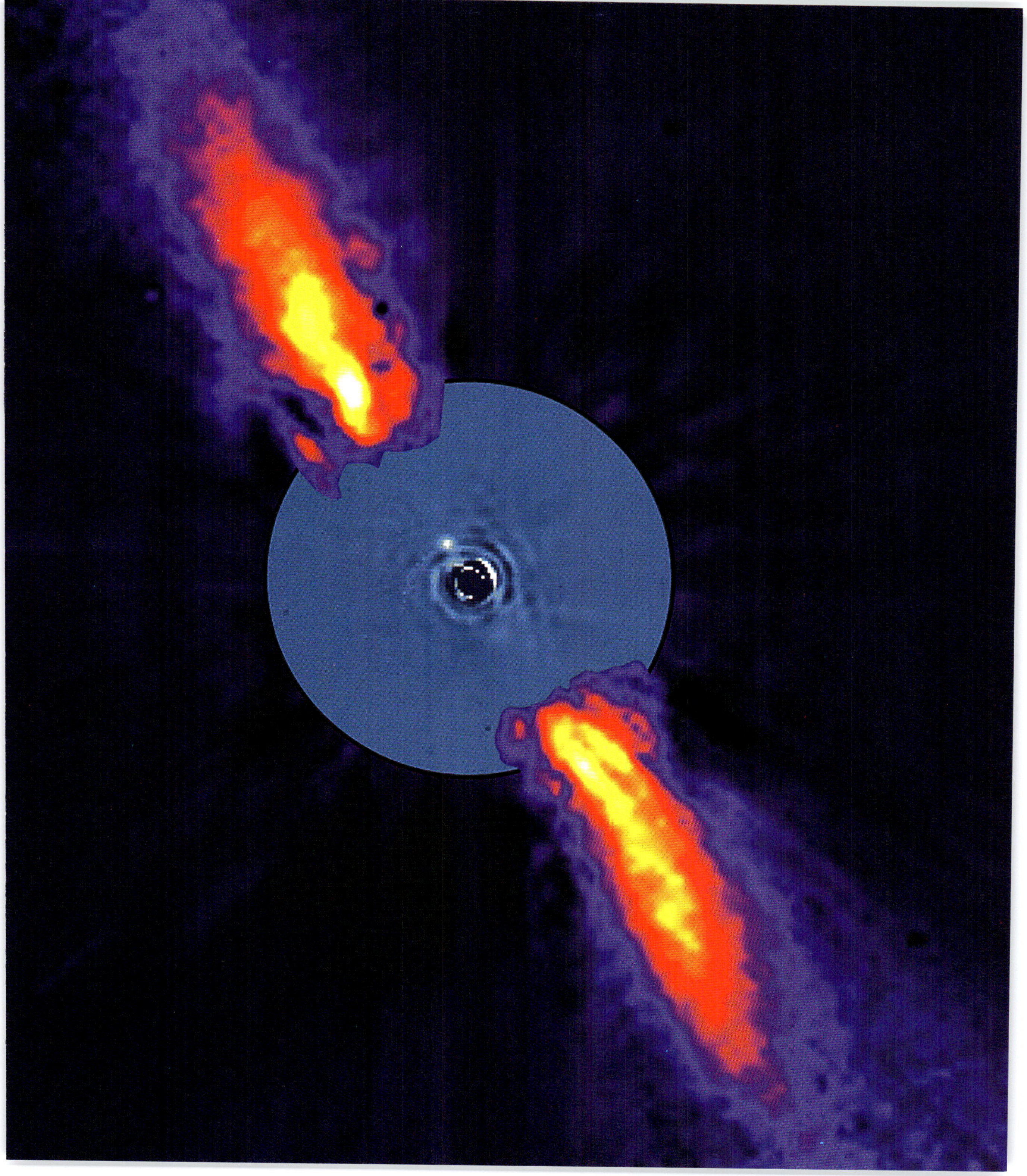

Voyager 2 erreicht den Uranus

1986

Die NASA-Ingenieure ließen die Raumsonde *Voyager* 2 1981 bei ihrem Vorbeiflug am Saturn unter Ausnutzung der Schwerkraft des Ringplaneten in Richtung Uranus beschleunigen. Sie erreichte diese dritte Station ihrer Tour durch das äußere Sonnensystem im Januar 1986 und war damit die bisher einzige Raumsonde, die am Uranus mit seiner bläulich schimmernden Atmosphäre, seinen Eisringen und Monden vorbeiflog.

Der 1781 von Wilhelm Herschel entdeckte Uranus zieht seine Bahnen um die Sonne zur Seite gekippt, sodass er zu »rollen« scheint. Damit die Schwerkraft des Uranus die Sonde auf eine Bahn zum Neptun brachte, mussten die Missionsplaner der *Voyager* 2 sie bis auf etwa 81 000 Kilometer an die oberen Wolkenschichten des Planeten heranbringen. Die berechnete Flugbahn erlaubte einen nahen Vorbeiflug am kleinen inneren Mond Miranda sowie die Erkundung der Geologie der vier anderen großen Monde Ariel, Umbriel, Titania und Oberon aus der Ferne.

Der Vorbeiflug am Saturn war ein voller Erfolg, denn er führte zu einer Fülle von neuen – teilweise bis heute unerklärlichen – Erkenntnissen über das Uranussystem. Das Magnetfeld des Uranus, von vergleichbarer Stärke wie beim Saturn, aber schwächer als beim Jupiter, ist seltsamerweise gegenüber seiner Rotationsachse geneigt. Elf kleine neue Monde wurden auf Aufnahmen der *Voyager* 2 entdeckt, die auch detaillierte Bilder der neun bekannten dunklen Ringe zur Erde sandte. Aus den Daten der Sonde ging hervor, dass geringe Anteile von Methan in der Atmosphäre für die blaugrüne Farbe der Wolkengipfel des Uranus verantwortlich waren. Die weitere Analyse, insbesondere der Dichte, ergab, dass der Planet unter der vor allem aus Wasserstoff und Helium bestehenden Atmosphäre einen Eismantel und einen etwa erdgroßen Kern aus Fels und Metall aufweist. Und noch etwas Grundlegendes lehrte uns die *Voyager* 2-Mission: Uranus und Neptun sind anders als Jupiter und Saturn keine Gas- sondern Eisriesen.

Den Höhepunkt der Uranuspassage stellte jedoch der nahe Vorbeiflug der Sonde am Mond Miranda mit einem mittleren Durchmesser von nur 471,6 Kilometern dar. Auf Bildern erscheint seine Oberfläche als im Sonnensystem einzigartige Landschaft aus tiefen Canyons, Höhenrücken und Felsen mit verkraterten, eisigen Ebenen dazwischen. Es scheint fast so, als wäre Miranda auseinandergerissen und wieder zusammengesetzt worden – vielleicht beim gewaltigen Impakt, der den Uranus umgestürzt haben könnte.

SIEHE AUCH Uranus (vor 4,5 Mrd. Jahren), Neptun (vor 4,5 Mrd. Jahren), Die Entdeckung des Uranus (1781), Titania und Oberon (1787), Ariel und Umbriel (1851), Miranda (1948), Uranusringe (1977), *Pioneer 11* erreicht den Saturn (1979), Die *Voyager*-Sonden erreichen den Saturn (1980, 1981)

Gegen den Uhrzeigersinn von vorne: die Eismonde Ariel, Miranda, Titania, Oberon und Umbriel, Fotomontage aus Bildern der Voyager 2, *Januar 1986. Sie erreichte den Uranus als bisher einzige Sonde.*

Supernova 1987A

Besitzt ein Stern mindestens die acht- bis zehnfache Sonnenmasse, so endet sein Leben nach Modellen der Sternevolution als Supernova, nachdem er den gesamten Wasserstoff in Helium umgewandelt hat. Astronomen vermuten, dass in der Milchstraße etwa alle fünfzig Jahre eine Supernova-Explosion stattfindet. Die meisten sind entweder für eine Beobachtung zu weit entfernt, oder Staub in der galaktischen Ebene verdeckt die Sicht. Chinesische Astronomen sichteten im Laufe der Jahrhunderte eine Reihe von »Gaststernen«, so 185 und 1054 die Supernova, aus der sich der Krebsnebel bildete. 1572 stellte Tycho Brahe detaillierte Beobachtungen der Supernova im Sternbild Kassiopeia an, und 1606 verfasste Johannes Kepler ein ganzes Buch über eine helle Supernova im Sternbild Schlangenträger zwei Jahre zuvor. Die Supernova 1604 blieb bis heute die jüngste bekannte Sternexplosion in unserer Galaxie.

Moderne Astronomen erhielten am 23. Februar 1987 endlich die Möglichkeit, eine Supernova (1987A) »aus der Nähe« zu studieren, als der Blaue Überriese Sanduleak –69° 202a plötzlich explodierte. Dies hatte sich in der Großen Magellan'schen Wolke, einer der Milchstraße unmittelbar benachbarten Zwerggalaxie, vor etwa 168 000 Jahren ereignet, denn so lange brauchte das Licht von dort bis zur Erde. Der Stern wuchs auf die 4000-fache Größe an und konnte mehr als ein halbes Jahr lang mit bloßem Auge auf der ganzen Welt beobachtet werden, bevor er verblasste.

Den Astronomen half SN 1987A als großes kosmisches Experiment die Sternentwicklung und hochenergetische Prozesse besser zu verstehen. Sie beobachteten das Ereignis und seine Folgen mit optischen und Infrarot-Teleskopen rund um die Erde sowie optischen, Infrarot-, UV- und Röntgenteleskopen im Weltraum. Drei Stunden vor der sichtbaren Explosion detektierten mehrere Observatorien Neutrinos, die das Kernkollapsmodell für Supernovae bestätigten. In jüngster Zeit konnten Astronomen beobachten, wie die Schockwellen der Hauptexplosion auf die zuvor vom sterbenden Vorläuferstern ausgestoßene Gashülle trafen.

Manche Sterne sterben einen spektakulären Tod. Man könnte sich fragen, ob bei diesen gewaltigen Katastrophen auch Planeten und ihre Bewohner zerstört wurden und wann die nächste Supernova in unserem Teil der Galaxie ansteht.

SIEHE AUCH Astronomie im Alten China (um 2100 v. Chr.), Ein »Gaststern« über China (185), Beobachtungen eines »Tagessterns« (1054), Brahes Nova (1572), Die Hauptreihe (1910), Neutrino-Astronomie (1956)

Der helle, getüpfelte Lichtring um die Überreste der Supernova 1987A (Mitte), Aufnahme des Hubble-Weltraumteleskops. Der Ring wird durch starke Stoßwellen verursacht, die vom explodierenden Stern ausgehen. Die beiden hellen, bläulich leuchtenden Sterne im Vordergrund haben keinen Bezug zur Supernova.

1988

Lichtverschmutzung

Bei unseren Vorfahren rief der Nachthimmel Ehrfurcht und Staunen hervor und war eine Quelle der Inspiration. In klaren, mondlosen Nächten konnte man sogar in den Städten mit bloßem Auge Tausende Sterne, darunter auch den großen, geschwungenen Bogen der Milchstraße, sehen. Das moderne Leben mit seinen immer weiter wachsenden großen Städten und Ballungsgebieten sowie die allgegenwärtige künstliche Beleuchtung haben unsere Beziehung zum Nachthimmel seit einiger Zeit erheblich verändert. Anstelle von Tausenden sehen die Menschen in den Industrieländern heute in einer klaren Nacht am Himmel oft nur noch Hunderte von Sternen, in Großstädten, wenn sie Glück haben, zehn bis zwanzig und zahlreiche Flugzeuge, mit Sicherheit aber nicht die Milchstraße. Der Nachthimmel hat für die meisten von uns seinen Zauber verloren und ist nur noch ein glanz- und funktionsloser Teil des Hintergrundes.

Der Schuldige für diese kosmische Trübsal ist rasch gefunden: die als Lichtverschmutzung bezeichnete Aufhellung des Nachthimmels durch künstliche Lichtquellen. Sie verbirgt weniger helle Sterne vor unseren Augen, stört astronomische Beobachtungen schwacher Lichtquellen und wirkt sich negativ auf die Gesundheit nächtlicher Ökosysteme aus. Sie ist außerdem unwirtschaftlich, denn der Sinn der Gebäudebeleuchtung bei Nacht besteht doch keineswegs darin, Strom für die Beleuchtung des Nachthimmels zu verschwenden und Geld dafür auszugeben.

Aufgrund der weltweit zunehmenden Lichtverschmutzung gründeten 1988 besorgte Bürger die *International Dark-Sky Association* (IDA) mit dem Ziel, die nächtliche Umwelt und den Nachthimmel durch eine hochwertige Außenbeleuchtung zu erhalten und zu schützen. Die IDA hat heute weltweit etwa 5000 Mitglieder, die mit Gemeindeverwaltungen, Unternehmen und Astronomen zusammenarbeiten, um das Bewusstsein für den Wert des Nachthimmels zu schärfen und die Beleuchtung energieeffizienter und wirtschaftlicher zu gestalten, sodass weniger Lichtverschmutzung entsteht.

Trotz bemerkenswerter Fortschritte bei der Verringerung der Lichtverschmutzung durch entsprechende Verordnungen und Bauvorschriften schränkt ihre Wirkung die Benutzung von Observatorien in Großstadtnähe, zum Beispiel des Mount-Wilson-Observatoriums bei Los Angeles, weiterhin ein. Deshalb werden neue Teleskope meist in einsamen Wüsten oder auf abgelegenen dunklen Berggipfeln gebaut, wo der Nachthimmel noch dunkel ist.

SIEHE AUCH Die Milchstraße (vor 13,3 Mrd. Jahren), Scheinbare Helligkeit (um 150 v. Chr.), Erste astronomische Teleskope (um 1608)

Karte der künstlichen Helligkeit des Nachthimmels für einen Teil der westlichen Hemisphäre, US Defense Meteorological Satellite Program. *An den dunkelroten Stellen im Osten und Westen der USA ist der Nachthimmel aufgrund der Lichtverschmutzung beinahe zehnmal heller als von Natur aus.*

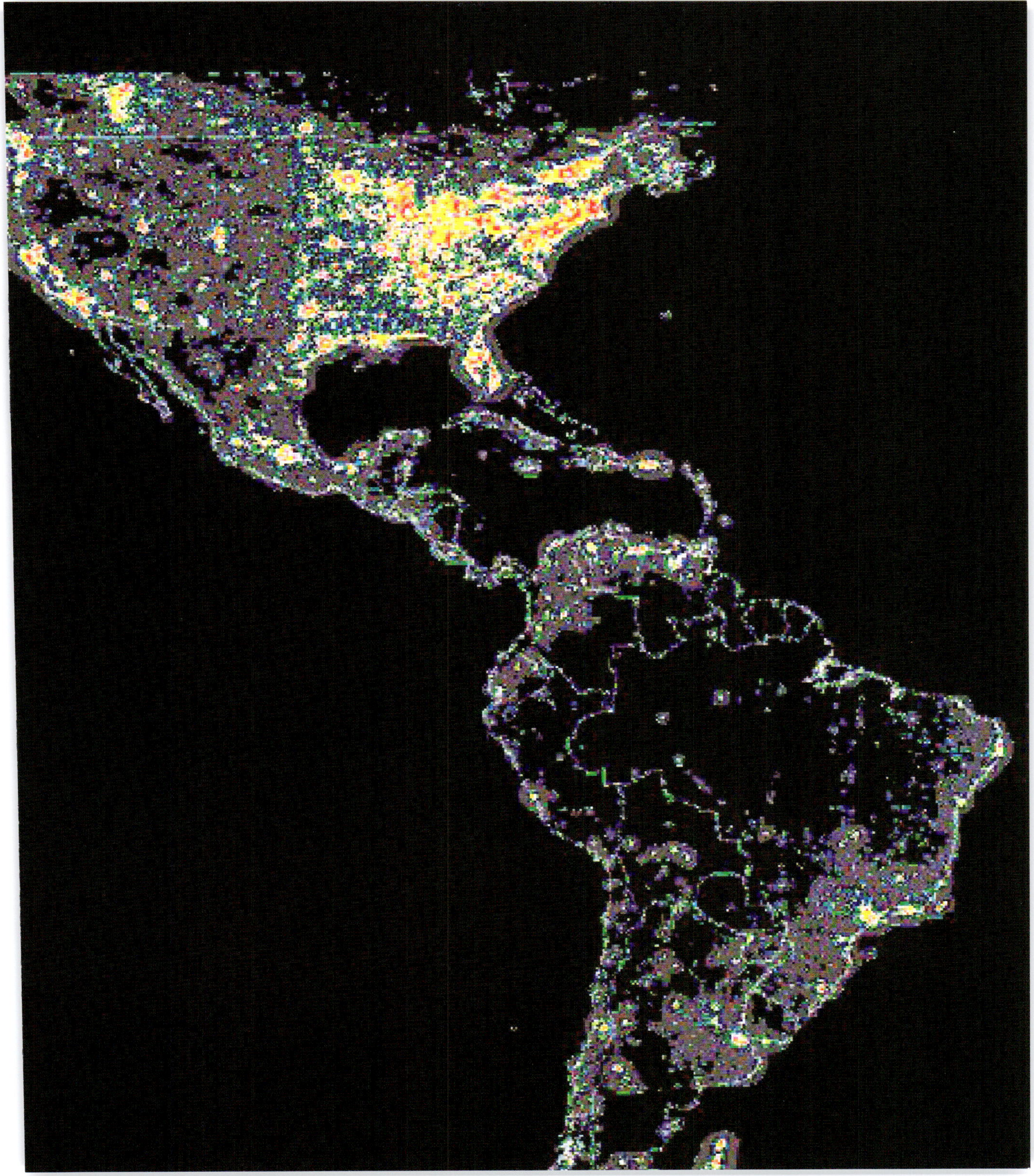

1989

Voyager 2 erreicht den Neptun

Als 1977 die Raumsonden *Voyager 1* und 2 gestartet wurden, ermöglichten die günstigen Stellungen von Jupiter, Saturn, Uranus, Neptun und Pluto ihnen den Vorbeiflug an allen fünf Planeten unter Ausnutzung ihrer Schwerkraft, die sie mit nur wenig zusätzlichem Antrieb von einem zum anderen beförderte. Die Befürworter dieser *Planetary Grand Tour* durch das äußere Sonnensystem wussten, dass sich eine solche Gelegenheit erst nach 176 Jahren erneut bieten würde.

Zwar wurde die Pluto-Passage von *Voyager 1* zugunsten eines näheren Vorbeiflugs am Saturnmond Titan aufgegeben, aber *Voyager 2* schloss seine Mission der Erkundung aller vier Riesenplaneten erfolgreich ab. Als letzte Station erreichte die Sonde im August 1989 Neptun, wo ihre Bahn für einen Vorbeiflug am großen Eismond Triton in 38 000 Kilometern Höhe leicht verändert wurde.

Die Begegnung der *Voyager 2* mit dem Neptun enthüllte im Neptun-System viel Schönes und Geheimnisvolles. Die vor allem aus Wasserstoff und Helium sowie etwas Methan bestehende Atmosphäre des Planeten erwies sich mit ihren dunkel- und hellblauen Bändern und weißen Wolken, die einen gewaltigen Zyklon, den Großen Dunklen Fleck (analog zu Jupiters Großem Rotem Fleck), umkreisen, als wesentlich dynamischer als die 1986 näher untersuchte Gashülle des Uranus. Auf Tritons relativ junger Oberfläche machten Planetenforscher aktive Geysire aus gefrorenem Stickstoff, Wasser und Kohlendioxid aus, die Stickstoff in die dünne Atmosphäre des Mondes auswerfen. Auf einer näheren Bahn um den Planeten als Triton wurde ein nicht kugelförmiger großer Mond mit einem mittleren Durchmesser von 420 Kilometern entdeckt, der nach einem griechischen Meeresgott den Namen Proteus erhielt, auf noch näheren Bahnen vier weitere kleine Monde. Folgemissionen mit Raumsonden führten in die Umlaufbahnen von Jupiter (*Galileo*) und Saturn (*Cassini*). Die Entsendung von Orbitern zum Uranus und Neptun zu ihrer weiteren Erforschung ist in Planung.

SIEHE AUCH Uranus (vor 4,5 Mrd. Jahren), Neptun (vor 4,5 Mrd. Jahren), Der Große Rote Fleck (1665), Die Entdeckung des Neptuns (1846), Triton (1846), Der Start der Voyager-Sonden (1977), Jupiterringe (1979), Ein Ozean auf Europa? (1979), Die *Voyager*-Sonden erreichen den Saturn (1980, 1981), Neptunringe (1982), *Voyager 2* erreicht den Uranus (1986), Kuipergürtelobjekte (1992), *Galileo* im Orbit des Jupiters (1995), *Cassini* erforscht Saturn (2004–2017)

OBEN: *Neptuns zweitgrößten Mond Proteus entdeckten Astronomen auf Bildern, die* Voyager 2 *während ihres Vorbeiflugs am Neptun im August 1989 aufnahm.* GEGENÜBER: *Blick auf Neptun von der Oberfläche des großen Eismondes Triton, Fotomontage aus Bildern der* Voyager 2.

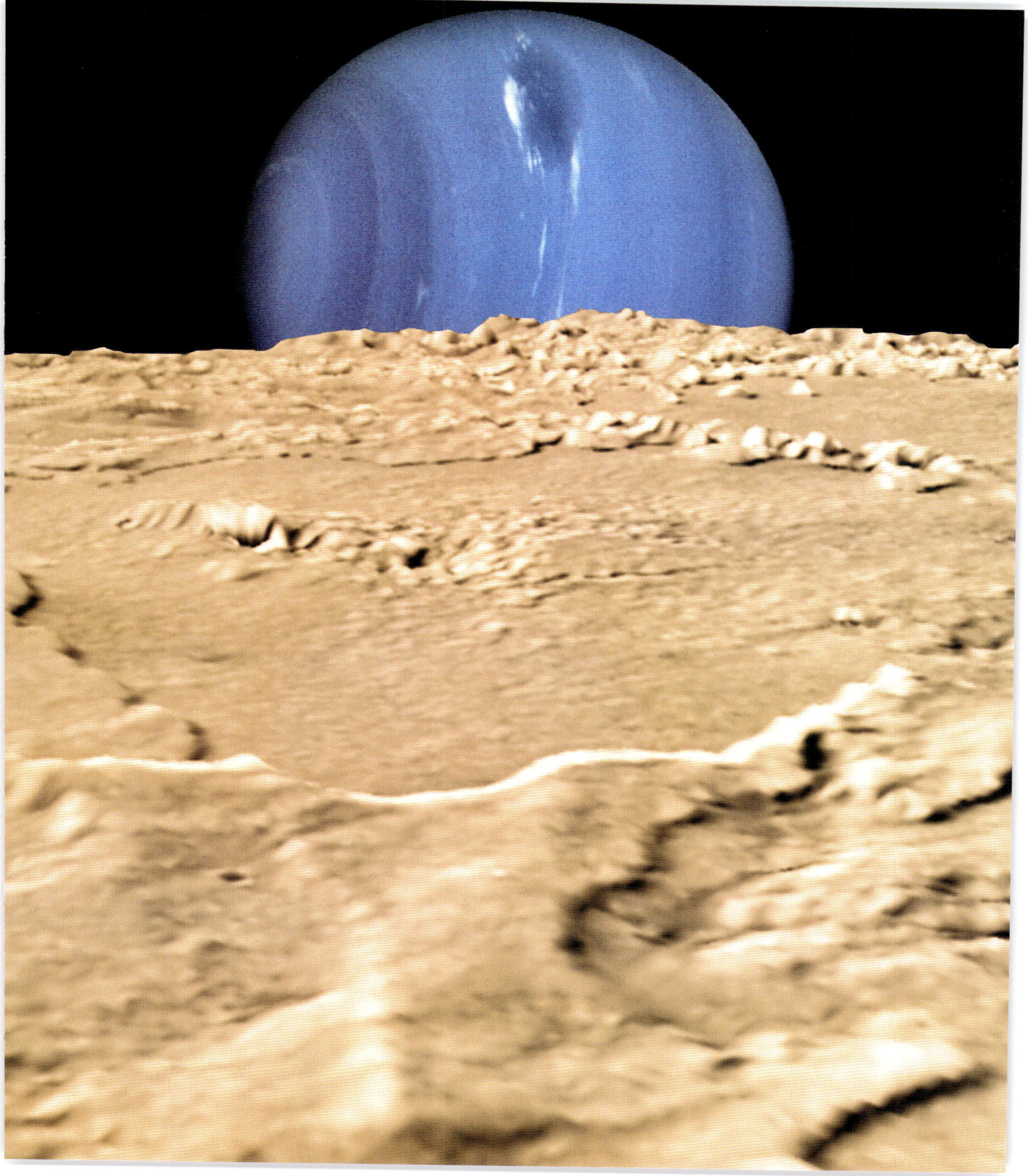

Große Mauern

Margaret Geller (geb. 1947), **John Huchra** (1948–2010)

Dank präziserer Teleskope, Spektrometer und fotografischer Platten konnten Astronomen wie Vesto Slipher und Edwin Hubble im frühen 20. Jahrhundert die Dopplerverschiebungen entfernter Galaxien in unserem expandierenden Universum bestimmen. Mithilfe der Hubble-Konstante ließen sich die ungefähren Entfernungen zu diesen Galaxien mit Rotverschiebung bestimmen, aber die Berechnungen schritten nur langsam voran – in den Fünfzigerjahren kannte man sie nur für etwa 600 Galaxien. In den Siebziger- und Achtzigerjahren ermöglichten jedoch noch größere Teleskope, digitale Detektoren wie CCD-Sensoren und Durchmusterungen des ganzen Himmels die Erfassung der Rotverschiebungen für mehr als 30 000 Galaxien.

Die Pionierin der Galaxiekartierung Margaret Geller und ihr Kollege John Huchra gingen am *Harvard-Smithsonian Center for Astrophysics* (CfA) mithilfe von umfangreichen Daten zur Rotverschiebung von Galaxien der Frage nach der Struktur des Kosmos auf den Grund. Das CfA führte zwei Durchmusterungen der Rotverschiebung von Galaxien durch, 1977–1982 und 1985–1995. 1989 verkündeten Geller und Huchra, dass die Verteilung der Galaxien im Universum alles andere als gleichmäßig ist. Stattdessen bilden Galaxien riesige, von gewaltigen Hohlräumen (Voids) mit wenigen Galaxien umgebene, spinnwebartige Strukturen (Filamente) im Kosmischen Netz. Ein von Geller und Huchra entdecktes Filament ist die Große Mauer, mit einer Länge von über 500 Millionen und einer Breite von 300 Millionen Lichtjahren eine der größten bekannten kosmischen Strukturen.

Nach dem gängigen Modell der Astrophysiker wachsen Galaxien und größere Cluster aus winzigen Unregelmäßigkeiten in der Materieverteilung im frühen Universum. Einige Spielarten datieren diesen Vorgang in die Zeit der kosmischen Inflation (ca. 10^{-43}–10^{-32} Sekunden nach dem Urknall!), als Materie netzartige Strukturen bildete, die zu Galaxien verklumpen konnten.

Den CfA-Durchmusterungen folgten weitere, ambitioniertere wie die *Sloan Digital Sky Surveys* (SDSS, ab 2000), die nach über anderthalb Jahrzehnten nur ein Zehntausendstel des sichtbaren Universums erfasst hat!

SIEHE AUCH Der Urknall (vor 13,7 Mrd. Jahren), Die Milchstraße (vor 13,3 Mrd. Jahren), Der Dopplereffekt bei Lichtwellen (1848), Die Hubble-Konstante (1929), Dunkle Materie (1933), Die Digitalisierung der Astronomie (1969)

OBEN: *Harvard-Astronomin Margaret Geller.* GEGENÜBER: *Schnitt durch eine 3-D-Karte der Struktur entfernter Galaxien,* Sloan Digital Sky Survey. *Die Erde befindet sich rechts von der Mitte, der äußere Kreis ist zwei Milliarden Lichtjahre entfernt. Jeder Punkt markiert eine Galaxie, rote Punkte solche mit älteren Sternen.*

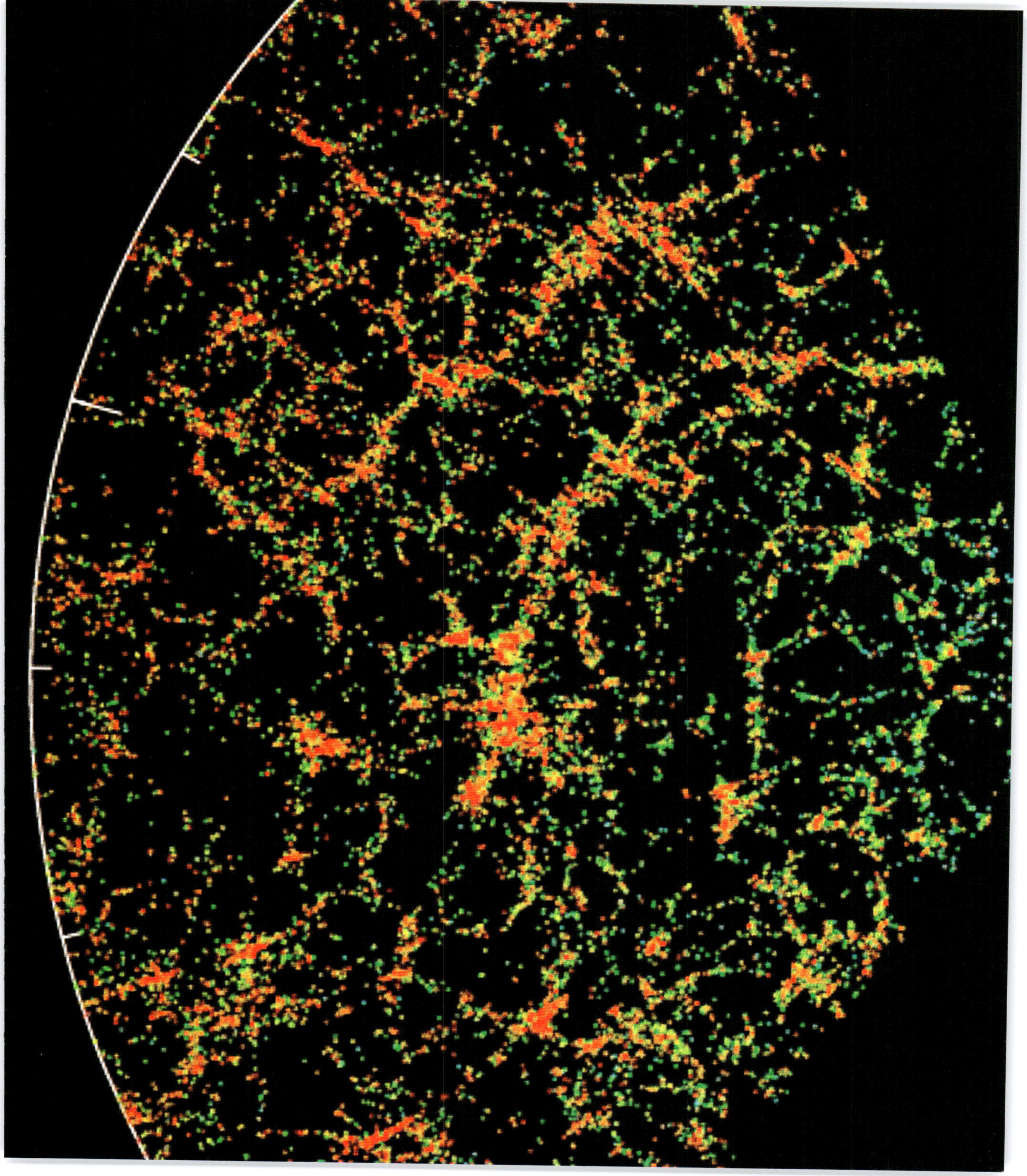

1990

Das Hubble-Weltraumteleskop

Lyman Spitzer (1914–1997)

Die ersten Teleskope (Fernrohre) öffneten im frühen 17. Jahrhundert den Astronomen den Himmel, während ihre immer leistungsfähigeren Nachfolger erstaunliche Entdeckungen zum Sonnensystem, der Galaxie und dem Universum mit sich brachten. Aber die Leistungsfähigkeit von Teleskopen auf der Erde hat ihre Grenzen: Erstens verhindert die Luftunruhe unserer Atmosphäre eine beliebige Vergrößerung der Auflösung, und zweitens blockiert sie wichtige Teile des elektromagnetischen Spektrums, insbesondere im ultravioletten und infraroten Bereich.

Als in den Sechzigerjahren erste Satelliten ins All geschossen wurden, begannen die Astronomen in der NASA sich für die Stationierung eines Weltraumteleskops einzusetzen, um die zuvor genannten Einschränkungen zu überwinden. Als Hauptverfechter dieser Idee gilt Lyman Spitzer, der intensive Lobbyarbeit für die notwendige Unterstützung und Finanzierung leistete. Nach Überwindung zahlreicher bürokratischen Hürden und dank einer Partnerschaft mit der Europäischen Weltraumorganisation (ESA) konnte die Finanzierung des heute nach dem Astronomen Edwin Hubble benannten Large Space Telescope 1978 gesichert werden. Das Spaceshuttle *Discovery* brachte schließlich im April 1990 das Hubble-Weltraumteleskop (HST) in eine niedrige Erdumlaufbahn etwa 570 Kilometer über der Oberfläche.

Schon bald nach der Stationierung stellte man fest, dass der Primärspiegel einen größeren optischen Fehler aufwies. Glücklicherweise ließ sich das Teleskop von Astronauten warten, und so nahmen die Besatzungen von fünf Spaceshuttle-Missionen zwischen 1993 und 2009 die notwendigen Reparaturen und auch Verbesserungen wichtiger Instrumente und Komponenten vor. Mithilfe von CCD-Bildgebung und Spektroskopie kann das HST wie eine kosmische Zeitmaschine das Wesen und sogar das Alter unseres Universums bestimmen. Im Vergleich zu heutigen Riesenteleskopen auf der Erde ist es nur mittelgroß, aber die ungetrübte »Sicht« auf den Kosmos im ganzen Wellenspektrum hat die Träume von Spitzer und anderer frühen Unterstützern wahr gemacht und die moderne Astronomie und Astrophysik grundlegend revolutioniert.

SIEHE AUCH Erste astronomische Teleskope (um 1608), Die Hubble-Konstante (1929), Spaceshuttles (1981), Das Alter des Universums (2001)

Das Hubble-Weltraumteleskop schwebt mit einem Durchmesser von maximal 4,3 Metern und einer Länge von 13,1 Metern seit der vierten Servicemission im Mai 2009 durch die Raumfähre Atlantis *567 Kilometer über der Erdoberfläche.*

1990

Die Venuskartierung durch *Magellan*

Als Galilei 1610 mit seinem Fernrohr die Venus beobachtete, erkannte er als Erster ihre Phasen. Im Gegensatz zu seinen Mond- und Jupiterstudien enthüllten Galileis Beobachtungen der Venus – wie auch die anderer Astronomen – jedoch keine besonderen Merkmale. Das muss nicht weiter erstaunen: Jüngere Teleskopbeobachtungen und Erkundungen mit Raumsonden wie den Orbitern und Landern des sowjetischen *Venera*-Programms haben ergeben, dass eine dichte Kohlendioxid-Gashülle mit einer Wolkendecke aus Schwefelsäure und Dunstschichten die Venusoberfläche verhüllt.

Glücklicherweise dringen Radiowellen durch Wolken und Dunst. So beruhen die Radar-Wetterkarten der irdischen Meteorologen auf der Eigenschaft von Radiowellen, Wolken zu durchdringen, aber von Regentropfen und Schneeflocken abzuprallen. In den Sechzigerjahren fanden Astronomen heraus, dass Radiowellen auch die Wolken der Venus durchdringen, als Radarsignale des Arecibo-Radioteleskops von ihrer Oberfläche zurückprallten. Dabei wurden einige markante Oberflächenmerkmale entdeckt, was als Nebeneffekt die Rückwärtsrotation des Planeten in 243 Tagen (!) zutage förderte. Aufgrund der mit dem Arecibo-Radioteleskop gewonnenen Erkenntnisse nahm man die Radar-Kartierung der Venus aus ihrem Orbit im Angriff. Als erste Missionen waren 1983–1984 die sowjetischen Sonden *Venera 15* und *16* erfolgreich, die etwa ein Viertel der Nordhalbkugel der Venus kartierten und das Vorhandensein von Bergen, Höhenrücken, Verwerfungen, Vulkanen und anderen Formationen enthüllten.

Der Erfolg der sowjetischen Missionen spornte die USA dazu an, den ganzen Planeten mit noch höherer Auflösung zu kartieren. *Magellan* startete 1989 an Bord der Raumfähre *Atlantis* und trat 1990 in den Orbit der Venus ein. Die Sonde kartierte 98 Prozent der Oberfläche von Pol zu Pol und deckte dabei die ganze Bandbreite der Venus-Topografie vom Hochgebirge bis zu tiefen Tälern auf. Sie lieferte Geologen Radarbilder einer spektakulären Vielfalt von vulkanischen, tektonischen, bei Einschlägen entstandenen und erosiven Landformen. Bei der Datenanalyse entdeckte man riesige Lavaflächen, Lavadome (Tholi) und große Schildvulkane wie auf Hawaii, aber auch Tausende Kilometer lange Rinnen, die von dünnflüssigem, geschmolzenem Gestein geformt worden waren, riesige Netzwerke von Höhenrücken und Tälern, die auf tektonische Aktivität hindeuten, aber keine den irdischen ähnlichen tektonischen Platten. Da die Zahl der Einschlagkrater gering ist, könnte die Planetenoberfläche vor etwa 500 bis 750 Millionen Jahren durch massive Lavaausbrüche neu geformt worden sein. Kein Zwilling der Erde, könnte die Venus bis heute geologisch ebenso aktiv sein.

SIEHE AUCH Venus (vor 4,5 Mrd. Jahren), Der Treibhauseffekt (1896), Das Arecibo-Radioteleskop (1963), *Venera* 3 auf der Venus (1965), *Venera* 7 landet auf der Venus (1970)

Kolorierte Höhenkarte der Venus (rot und weiß = höher; grün und blau = niedriger) aus Radardaten der NASA-Mission Magellan *und des Arecibo-Radioteleskops in Puerto Rico.*

1992

Die Messung der Hintergrundstrahlung

Die Entdeckung der kosmischen Mikrowellenhintergrundstrahlung im Jahre 1964 zeigte auf, dass der Urknall und ähnliche Theorien einer Überprüfung durch Beobachtungen standhielten. Eine ganze Generation von Astronomen interessierte sich wieder für die beobachtende Kosmologie, die Messung von Eigenschaften des Universums, die ein detaillierteres Verständnis seiner Entstehung und Evolution ermöglichen. Die erforderliche Präzision ließ sich aber nur mit Messungen aus dem Weltraum erreichen.

Das Kleinsatellitenprogramm der NASA, das 1958 mit der Entdeckung der Van-Allen-Gürtel durch die *Explorer 1* begonnen hatte, schien dafür wie geschaffen. In den Siebzigerjahren arbeiteten Astrophysiker die Missionskonzepte aus, und in den Achtzigern genehmigte die NASA die Stationierung eines Satelliten zur Messung der Hintergrundstrahlung, die 1989 mit dem *Cosmic Background Explorer* (COBE) stattfand. COBE verfügte über äußerst empfindliche Infrarot- und Mikrowellenstrahlungsdetektoren und fertigte allmählich eine präzise Karte der Hintergrundstrahlung am gesamten Himmel an.

1992 gaben Kosmologen die Fertigstellung der ersten Karte samt spannender Ergebnisse bekannt. Die wichtigste von COBE gemessene Schwankung war ein schwaches, auffälliges Dipolmuster, etwa tausendmal weniger hell als der Himmel, das auf die Dopplerverschiebung aufgrund der relativen Bewegung unserer Galaxie im Verhältnis zum Rest des Universums zurückgeht. Nach Entfernung dieses Signals stammte die größte Schwankung von der schwachen Mikrowellenemission der Milchstraße. Als die Astronomen auch dieses Signal entfernten, stellten sie mit Freude noch einige weitere winzige Schwankungen der Hintergrundstrahlung im Bereich von Millionsteln fest.

Kosmologen vermuten, dass diese winzigen Variationen schon in der Zeit der kosmischen Inflation (ca. 10^{-43}–10^{-32} Sekunden nach dem Urknall) entstanden und herkömmliche sowie Dunkle Materie in »Samen« konzentrierten, aus denen sich schließlich Galaxien und Sterne bildeten. Die Daten der Raumsonde *Wilkinson Microwave Anisotropy Probe* (WMAP) bestätigten 2003 die Ergebnisse der COBE-Mission und lieferten neue Daten für eine genaue Schätzung des Alters unseres Universums.

SIEHE AUCH Der Urknall (vor 13,7 Mrd. Jahren), Die Rekombinationsära (vor 13,7 Mrd. Jahren), Einsteins Wunderjahr (1905), Dunkle Materie (1933), Der Van-Allen-Strahlungsgürtel (1958), Die Hintergrundstrahlung (1964), Große Mauern (1989), Das Alter des Universums (2001)

Karten des COBE-Satelliten von der Mikrowellenstrahlung, die unser Universum durchdringt: oben das Gesamtsignal, in der Mitte nach Entfernung des Signals der Relativbewegung des Sonnensystems, unten zusätzlich nach Entfernung des Signals unserer Galaxie. Die Milchstraßenebene verläuft durch den »Äquator«.

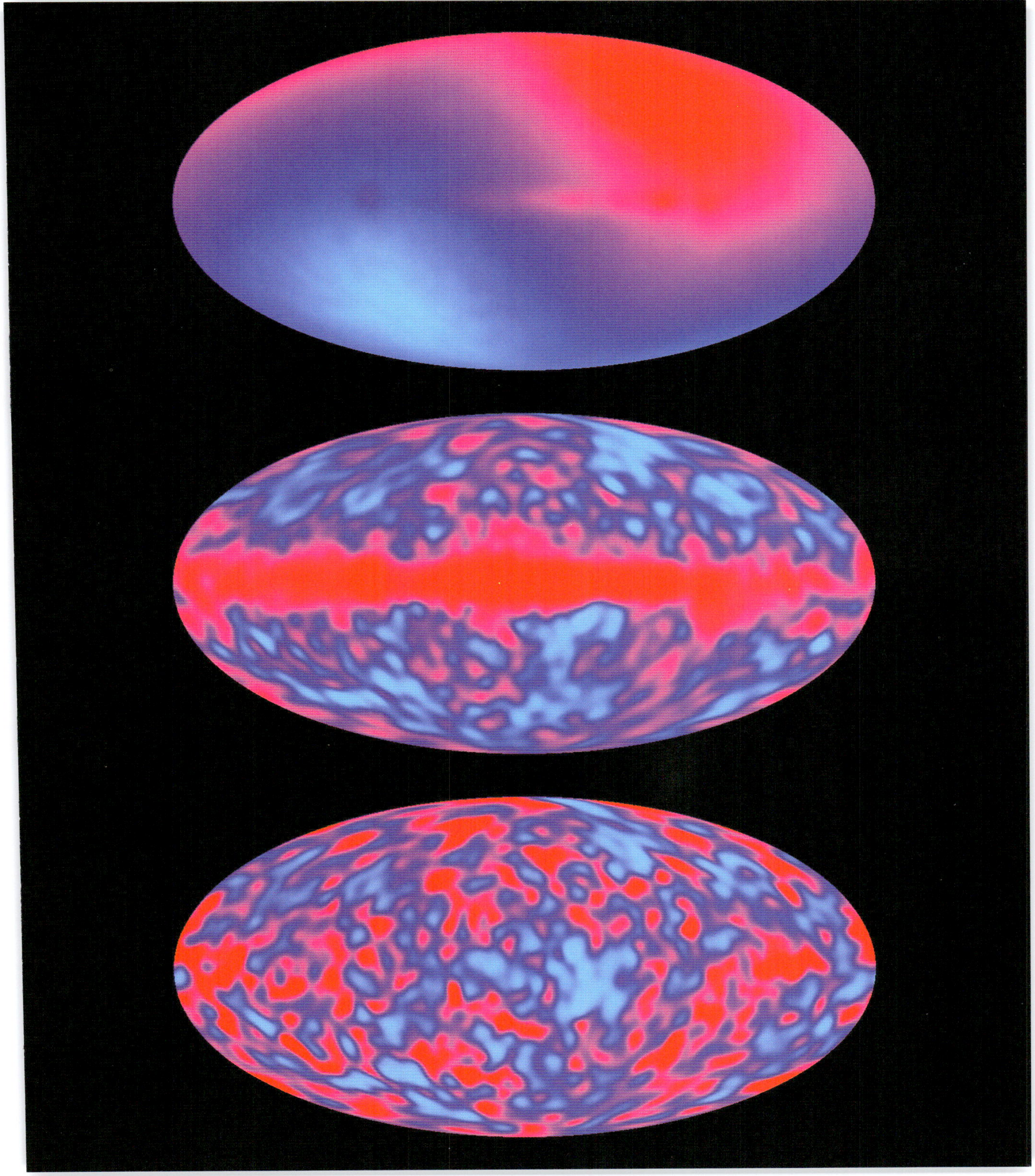

1992

Erste Exoplaneten

Kreisen um andere Sterne auch Planeten? In der langen Geschichte der Astronomie galt diese Frage bis in die Neuzeit oft als ketzerisch – Giordano Bruno starb deshalb 1600 auf dem Scheiterhaufen –, und bis vor Kurzem stand die erforderliche Technik für ihre Klärung nicht zur Verfügung. Seit dies der Fall ist, antworten die Astronomen allerdings mit einem sicheren Ja.

Im ausgehenden 20. Jahrhundert standen den Astronomen dank der Fortschritte bei den Teleskopen und der Beobachtung zahlreiche Methoden zur Verfügung, um die Existenz von Planeten im Orbit anderer Sterne zu entdecken. Eine davon beruht auf dem Umstand, dass Planeten ihre Sterne am Himmel zum »Wackeln« bringen. Jupiter stört beispielsweise die Bahn unserer Sonne um das Zentrum der Galaxie minimal.

Eine Gruppe von Astronomen stellte 1992 fest, dass man ein solches »Wackeln« auch in Form von geringsten Veränderungen in der Rotationsgeschwindigkeit von Pulsaren (schnell rotierenden Neutronensternen) beobachten kann. Beim 1990 mit dem Arecibo-Radioteleskop entdeckten Millisekunden-Pulsar Lich (PSR B1257+12) im Sternbild Jungfrau hatte man zuvor festgestellt, dass seine Periode von 6,22 Millisekunden minimalen, regelmäßigen Schwankungen unterliegt. 1992 erklärten dies Forscher mit der Gravitationswirkung von mindestens drei Planeten in seiner Umlaufbahn. Mathematische Simulationen ließen zwei Planeten mit etwa vierfacher und einen dritten mit etwa zwei Prozent der Erdmasse vermuten, die den Pulsar in nicht mehr als 0,5 Astronomischen Einheiten Entfernung umkreisten.

Diese erste Bestätigung für die Existenz von Exoplaneten kam für die meisten Astronomen überraschend, denn sie hatten erwartet, sie zuerst bei anderen, eher sonnenähnlichen Hauptreihensternen und bei exotischen Objekten wie Neutronensternen zu finden. Über die Natur der Pulsar-Planeten wird noch spekuliert. Sie könnten die felsigen und metallischen Kerne früherer Gas- oder Eisriesen sein, deren äußere, flüchtige Schichten die Supernova-Explosion, die den Pulsar erzeugte, entfernt hatte. Oder aber sie bildeten sich während einer zweiten Runde aus Restmaterie der Urwolke.

Wie auch immer diese Welten entstanden, ihre Entdeckung scheint sicher zu sein. Deshalb müssen heutige Astronomen, wenn sie Planeten bei anderen Sonnen entdecken und beschreiben, auch die Möglichkeit »extremer« Exoplaneten, die sich in einer Vielzahl von Umgebungen herausbilden können, in Betracht ziehen.

SIEHE AUCH Sonnennebel (vor 5 Mrd. Jahren), Die Vielzahl der Welten (1600), Erste astronomische Teleskope (um 1608), Neutronensterne (1933), Das Arecibo-Radioteleskop (1963), Pulsare (1967), Planeten bei sonnenähnlichen Sternen (1995)

Grafische Darstellung des Planetensystems des Pulsars Lich (unten links).

1992

Kuipergürtelobjekte

Kenneth Edgeworth (1880–1972), **Gerard Peter Kuiper** (1905–1973)

Als 1930 Pluto entdeckt wurde, fragten sich zahlreiche Astronomen, ob das Sonnensystem nicht in Wirklichkeit hinter der Umlaufbahn des Neptuns zu Ende sei. 1943 stellte der irische Astronom Kenneth Edgeworth die These auf, Pluto sei einer unter vielen kleinen transneptunischen Himmelskörpern, die infolge des großen Abstands zwischen den Planetesimalen (kilometergroßen Staub- und Eisklumpen) und der damit verbundenen geringeren Einschlagsrate im frühen äußeren Sonnensystem nicht zu großen Planeten heranwuchsen. In den Fünfzigerjahren untersuchte der niederländisch-amerikanische Astronom Gerard Peter Kuiper die Planetenbildung im äußeren Sonnensystem und vermutete auch die Existenz einer großen Scheibe mit kleinen Körpern jenseits des Pluto. Als erdgroßer Körper, für den man ihn damals hielt, so Kuiper, hätte die Wirkung von Plutos Gravitation jedoch die Scheibe frei geräumt und die Körper zerstreut.

Die Existenz der als Kuipergürtel, manchmal auch als Edgeworth-Kuiper-Gürtel, bezeichneten Region blieb noch für Jahrzehnte spekulativ. Mit Großteleskopen und hochempfindlichen CCD-Sensoren konnte man in den Neunzigerjahren schließlich kleine, lichtschwache, asteroidähnliche Körper jenseits des Neptuns ausfindig machen. Das erste Kuipergürtelobjekt (KGO) – nach Pluto und Charon, die heute dazugerechnet werden, sowie Triton und Phoebe, die früher dazugehört haben könnten – entdeckte man 1992. 1992 QB1 umkreist die Sonne in 40–46 Astronomischen Einheiten (AE; Neptun in 30 AE) Entfernung und hat einen Durchmesser von etwa 160 Kilometern.

Seitdem spürten Astronomen über 1000 weitere KGO auf. Davon besitzen 136199 Eris, 136472 Makemake, 136108 Haumea und andere eine mit dem Pluto vergleichbare Größe. Eris dürfte sogar größer als Pluto sein, was die Internationale Astronomische Union zur Einführung der Kategorie der Zwergplaneten für Pluto und ähnliche Himmelskörper veranlasste. Etwa zehn Prozent der bekannten KGO haben wie Pluto Satelliten.

KGO bestehen wie Kometen aus gefrorenem Wasser, Methan und Ammoniak. Dank der Raumsonde *New Horizons*, die ihre Reise für weitere Begegnungen fortsetzt, konnten wir 2015 einen Blick auf die KGO Pluto und Charon werfen.

SIEHE AUCH Pluto und der Kuipergürtel (vor 4,5 Mrd. Jahren), Triton (1846), Phoebe (1899), Die Entdeckung des Pluto (1930), Die Öpik-Oort-Wolke (1932), Die Digitalisierung der Astronomie (1969), Charon (1978), Die Herabstufung des Pluto (2006), Erforschung des Pluto (2015)

Ein stark verkratertes, eisiges, transneptunisches Kuipergürtelobjekt (KGO) weit hinter der Umlaufbahn des Pluto, Gemälde des Weltraumkünstlers Michael Carroll. Wie etwa zehn Prozent der bekannten KGO ist es Teil eines binären Paares – sein Begleiter ist knapp über und links der schwachen, fernen Sonne zu sehen.

Asteroiden mit Monden

Die ersten Satelliten von Planeten neben dem seit Urzeiten bekannten Erdmond entdeckte 1610 Galileo Galilei beim Jupiter. Später wurden außer bei Merkur und Venus Dutzende weitere Trabanten auf Umlaufbahnen um die Planeten unseres Sonnensystems entdeckt. Als man 1978 sogar beim (Zwerg-)Planeten Pluto einen Begleiter fand, fragten sich viele Astronomen, ob ein Himmelskörper eine bestimmte Größe aufweisen muss, um einen Mond zu haben. Könnten vielleicht auch Asteroiden Monde haben?

In den Siebziger- und Achtzigerjahren lieferten teleskopische Beobachtungen Hinweise auf die Existenz solcher Trabanten. Der Nachweis wurde jedoch erst 1992 erbracht, als die NASA-Raumsonde *Galileo* auf dem Weg zum Jupiter am Hauptgürtel-Asteroiden (243) Ida vorbeiflog. Zu aller Überraschung und Freude war auf den Bildern der Sonde ein kleiner Mond zu sehen, der den Asteroiden umkreist. Der Trabant mit einem mittleren Durchmesser von 1,4 Kilometern erhielt nach Wesen aus der griechischen Mythologie, die den Berg Ida auf Kreta bewohnten, den Namen Dactyl.

Da sie nun Gewissheit hatten, dass auch kleine Himmelskörper Monde haben können, verdoppelten die Astronomen ihre Suchanstrengungen. Dank fortschrittlicher Technologien wie der adaptiven Optik, die die effektive Auflösung von Teleskopen auf der Erde erhöht, sowie des Arecibo-Radioteleskops oder des Hubble-Weltraumteleskops haben die Weltraumforscher inzwischen bei mehr als 200 kleinen Himmelskörpern, darunter auch bei Jupiter- und Kuipergürtel-Trojanern, über 220 Satelliten aufgespürt – bei einigen waren es zwei oder drei, beim Pluto gar fünf.

Planetologen diskutieren mehrere wahrscheinliche Theorien zu den Monden von Asteroiden oder Zwergplaneten. So könnte es sich um Impakttrümmer des Hauptkörpers handeln, die sich in seinem Orbit ansammelten und einen Satelliten bildeten. Die große Anzahl von Einschlagkratern auf Asteroiden wie (243) Ida und (433) Eros, den die Raumsonde *NEAR Shoemaker* erkundete, stützen diese These. Andererseits könnten auch Asteroiden andere Asteroiden einfangen. Computersimulationen ergaben, dass dies für binäre Asteroiden mit geringer Entfernung und von vergleichbarer Größe durchaus möglich wäre, aber im Ida-Dactyl- und ähnlichen Systemen, wo ein Körper viel größer als der andere ist, eher unwahrscheinlich.

SIEHE AUCH Erste astronomische Teleskope (um 1608), Jupiter-Trojaner (1906), Das Arecibo-Radioteleskop (1963), Charon (1978), Das Hubble-Weltraumteleskop (1990), Kuipergürtelobjekte (1992), *Galileo* im Orbit des Jupiters (1995), *NEAR Shoemaker* erreicht Eros (2000)

1992 flog die NASA-Raumsonde Galileo *auf dem Weg zu ihrem Ziel, dem Orbit des Jupiters, im Hauptgürtel am Asteroiden (243) Ida vorbei. Auf Bildern des 59,8 × 25,4 × 18,6 Kilometer großen Asteroiden ist ein Begleiter mit einem mittleren Durchmesser von 1,4 Kilometern zu sehen – der Mond Dactyl.*

Großteleskope

In den vergangenen Jahrhunderten war es stets die Teleskop- und Instrumententechnik, die den Astronomen Grenzen setzte. Da sie schon immer das Bedürfnis hatten, auch extrem schwache Lichtquellen, sogar in der Nähe viel hellerer, mit hoher Auflösung zu beobachten, spektroskopische Daten über einen möglichst großen Ausschnitt des elektromagnetischen Spektrums zu erfassen und ihre Beobachtungen für spätere detaillierte Analysen exakt aufzuzeichnen, brachten die Astronomen sich stets auf den neuesten Stand von Optik, Technik, Elektronik und Software und trugen zu deren Fortschritt bei. Am deutlichsten ist dies vielleicht an der jüngsten Verbreitung riesiger optischer Teleskope an erstklassigen Beobachtungsorten auf der ganzen Welt abzulesen.

Das Fünf-Meter-Spiegelteleskop des Mount-Palomar-Observatoriums kam bei seiner Einweihung 1947 einem Wunder der Technik gleich. In den folgenden Jahrzehnten verbesserten sich zwar die Materialien wesentlich, und der Maschinenbau schritt weit fort, aber der Durchmesser von Teleskopspiegeln wuchs in derselben Zeit aufgrund der Schwerkraft und der Grenzen der Festigkeit von Materialien nur auf etwa acht Meter an. Eine der wichtigsten Innovationen der Ingenieure und Optiker zur Vergrößerung des Lichterfassungsbereichs bestand in der Entwicklung segmentierter Spiegel, bei denen oft sechseckige Segmente zu einem Spiegel von zuvor unerreichbarer Größe zusammengesetzt werden.

Als erste Teleskope mit segmentierten Spiegeln wurden 1993 (Keck I) und 1996 (Keck II) die beiden baugleichen Teleskope des Keck-Observatoriums auf dem Mauna Kea in Betrieb genommen. Ihr Spiegel besteht aus 36 sechseckigen Segmenten mit 1,8 Metern Seitenlänge, die per Computer einzeln so ausgerichtet werden, dass sie einen beinahe vollkommenen riesigen Parabolspiegel bilden. Beide haben seither faszinierende Entdeckungen möglich gemacht.

Auf dem Mauna Kea wurden gleich zwei Teleskope errichtet, um sich eine weitere Eigenschaft der neuen Großteleskope zunutze zu machen: Indem man die Daten von zwei oder mehr davon mittels Elektronik und Software kombiniert, erhält man die Winkelauflösungen, die denen eines gigantischen Teleskops mit einem Spiegel entsprechen, der so groß wie der Abstand zwischen den Einzelteleskopen ist. Diese Vorgehensweise bezeichnet man als Interferometrie. Die Keck-Teleskope sind nur ein Beispiel für eine wachsende Zahl von Interferometer-Teleskopen, die die Grenzen der erdgebundenen Astronomie neu definieren.

SIEHE AUCH Erste astronomische Teleskope (um 1608), Das Arecibo-Radioteleskop (1963), Das Hubble-Weltraumteleskop (1990)

Die Zwillingsteleskope des Keck-Observatoriums in der Nähe des 4145 Meter hohen Gipfels des schlafenden Vulkans Mauna Kea auf Hawaii. Die Teleskope haben einen Durchmesser von jeweils zehn Metern.

1994

Komet SL9 schlägt auf dem Jupiter ein

Eugene Shoemaker (1928–1997), **Carolyn Shoemaker** (geb. 1929), **David Levy** (geb. 1948)

Einschläge von Himmelskörpern haben die Oberfläche und Atmosphäre von Planeten geformt und auch die Klimageschichte und damit verbunden das Leben auf unserer Erde geprägt. Aber ein solcher Impakt ist im Sonnensystem ein eher seltenes Ereignis und zudem eigentlich unvorhersehbar. Deshalb konnte man solche Einschläge nicht direkt untersuchen, bis eine Gruppe von Astronomen entdeckte, dass ein bestimmter Komet im folgenden Jahr auf dem Jupiter einschlagen würde.

Im Sommer 1993 berichteten die amerikanischen Astronomen Eugene und Carolyn Shoemaker zusammen mit dem kanadischen Astronomen David Levy von der Entdeckung eines merkwürdigen »Perlenkette«-Kometen, der den Jupiter kurz zuvor in so großer Nähe passiert hatte, dass er in Dutzende Fragmente auseinanderbrach. Das Erstaunliche an ihren Daten war, dass die heute als Komet Shoemaker-Levy 9 (SL9) bekannten Bruchstücke sich auf dem Rückweg zum Jupiter befanden und im Juli 1994 auf dem Planeten einschlagen sollten.

Zum ersten Mal kannte man den ungefähren Zeitpunkt eines Impakts, und Astronomen auf der ganzen Welt überwachten mit größeren und kleineren Teleskopen den Himmel, um sich dieses Ereignis nicht entgehen zu lassen. 21 Kometenbruchstücke schlugen wie vorausgesagt zwischen dem 16. und dem 22. Juli auf dem Jupiter ein – mit einer Geschwindigkeit von 60 Kilometern pro Sekunde. Was folgte, war spektakulär und überraschte in seinen Ausmaßen: gigantische Feuerbälle, Plumes (heiße Gasblasen) und erdgroße dunkle Flecken in der Jupiteratmosphäre, die monatelang sichtbar blieben. Dabei hatten sich einige Astronomen zur Voraussage verstiegen, der Jupiter werde die winzigen Fragmente einfach »schlucken« …

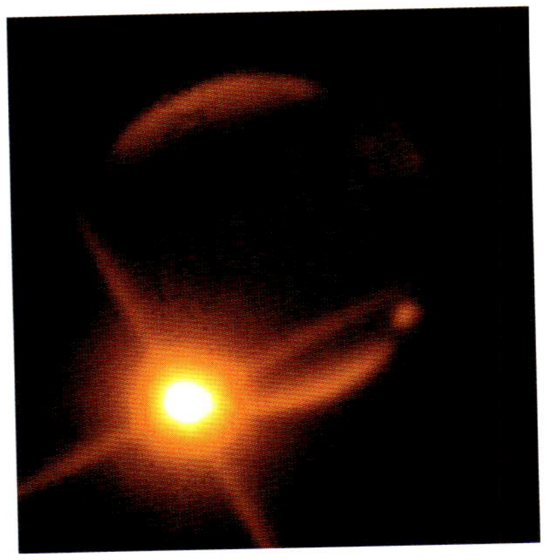

Die Einschläge von SL9 auf dem Jupiter riefen auf anschauliche Weise die zerstörerische Kraft von kleinen Körpern mit hohen Geschwindigkeiten in Erinnerung. Über das damals noch eher neue Internet nahezu direkt übertragen, wurden sie zur Mediensensation.

SIEHE AUCH Jupiter (vor 4,5 Mrd. Jahren), Der Barringer-Krater (vor 50 000 Jahren), Der Große Rote Fleck (1665), Der Halley'sche Komet (1682), Die Tunguska-Explosion (1908)

OBEN: *Feuerball nach dem Einschlag des SL9-Fragments G am 18. Juli 1994, Aufnahme des Mount-Stromlo-Observatoriums in Australien.* GEGENÜBER: *Erdgroße Flecken von den Einschlägen der Kometenfragmente auf dem Jupiter südlich des Großen Roten Flecks, Aufnahme des Hubble-Weltraumteleskops, Juli 1994.*

1994

Braune Zwerge

Hauptreihensterne kommen in vielen Farben und Größen daher, aber eines haben sie alle gemeinsam: Die Temperaturen und Drücke um den Kern sind hoch genug, um die Kernfusion von Wasserstoff zu Helium im Gang zu halten. Dazu muss ein Himmelskörper eine Masse von mindestens 7–9 Prozent der Sonne oder das 75–80-Fache des Jupiters aufweisen. In den Siebzigerjahren postulierten Astronomen die Existenz substellarer Objekte, die zu groß sind, um als Riesenplaneten zu gelten, aber zu klein für Sterne. Diese Objekte bezeichnet man als Braune Zwerge, denn sie strahlen Gravitationsenergie aus der Kontraktion in Form von Infrarotwärme ab, aber kein sichtbares Licht aus der Kernfusion. Eine intensive Suche nach diesen potenziell wichtigen Verbindungsgliedern zwischen Planeten und Sternen entbrannte.

Erste Kandidaten wurden in den späten Achtziger- und zu Beginn der Neunzigerjahre diskutiert, aber die Abgrenzung von kleinen Sternen und Braunen Zwergen gestaltete sich schwierig. 1994 identifizierte man schließlich eine schwache Infrarotquelle in der Nähe des Sterns Gliese 229, eines kleinen Roten Zwergs im Sternbild Hase in rund 19 Lichtjahren Entfernung, als möglichen Braunen Zwerg. Weitere Beobachtungen mit dem Hubble-Weltraumteleskop und Teleskopen anderer Observatorien erhärteten die Vermutung, dass sich das lichtschwächere Objekt auf einer Umlaufbahn um den helleren Stern befindet. Es erhielt daher den Namen Gliese 229B.

Leuchtkraft (Spektralklasse T6) und Temperatur (950 Kelvin) von Gliese 229B liegen weit unter denjenigen der kleinsten Hauptreihensterne, aber deutlich höher als bei einem Gasriesen, der einen Roten Zwerg in etwa 30 Astronomischen Einheiten (AE) Entfernung umkreist. Den Nachweis, dass Gliese 229B kein massearmer Stern sein kann, erbrachte die Entdeckung von Methan in seinem Spektrum, denn dieses Gas ist in Sternenatmosphären nicht stabil. Nach aktuellen Schätzungen übersteigt die Masse des Braunen Zwergs diejenige des Jupiters um etwa das 20–50-Fache.

Auch einige der größten neu entdeckten Exoplaneten besitzen in etwa dieselbe Masse. Sind sie deshalb vielleicht eher Braune Zwerge als Planeten? Die Grenzlinie zwischen Megaplanet und massearmem Stern ist unscharf. Astronomen berücksichtigen bei ihrer Entscheidung oft Dichte, Infrarot-Leuchtkraft oder das Vorhandensein von Röntgenstrahlen, aber im Zweifelsfall greifen sie auf die »offizielle« Definition zurück, dass ein Brauner Zwerg über 13 Jupitermassen aufweist.

SIEHE AUCH Jupiter (vor 4,5 Mrd. Jahren), Die Kernfusion (1939), Das Hubble-Weltraumteleskop (1990), Erste Exoplaneten (1992)

Der erste zweifelsfrei nachgewiesene Braune Zwerg Gliese 229B (nahe der Bildmitte), der den nahen Stern Gliese 229 umkreist, Falschfarbenbild des Hubble-Weltraumteleskops. Mit etwa 20- bis 50-facher Jupitermasse ist er zu klein, um in seinem Kern die Fusion von Wasserstoffatomen zu Helium in Gang zu halten.

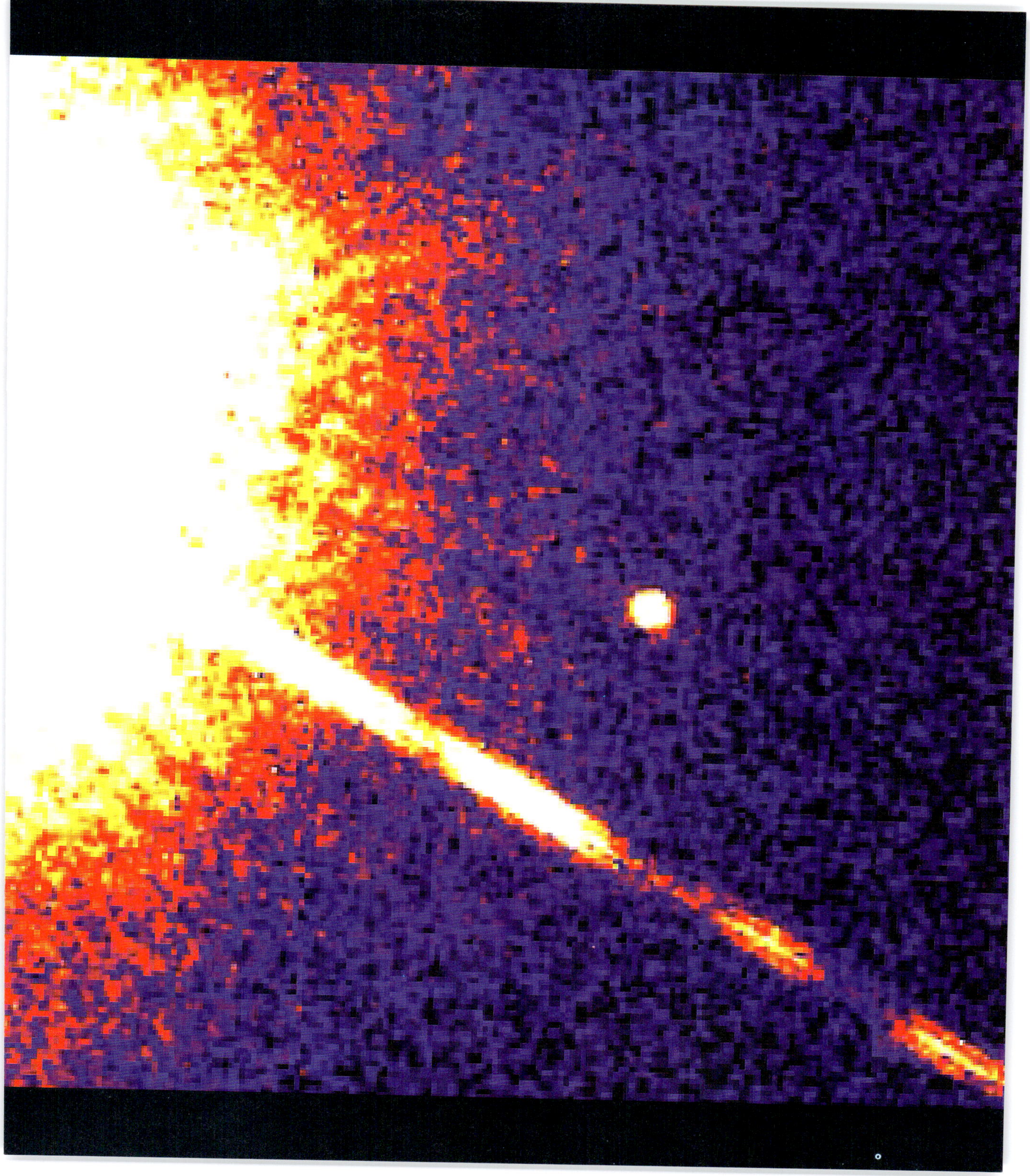

1995

Planeten bei sonnenähnlichen Sternen

Nachdem 1992 beim Pulsar Lich der erste Exoplanet entdeckt worden war, verstärkten Astronomen ihre Suche nach Planeten(systemen) bei Hauptreihen- oder gar sonnenähnlichen Sternen. Seit einigen Jahrzehnten wusste man, dass die Bahnen von Doppelsternen am Himmel Unregelmäßigkeiten aufweisen können, weil beide um den Massenmittelpunkt des gemeinsamen Systems kreisen. Theoretisch sollte die gleiche Art von »Wackeln« in wesentlich geringerem Ausmaß auch im Falle von jupitergroßen oder massereicheren Planeten in der Umlaufbahn eines Einzelsterns zu beobachten sein. Der Durchbruch für die Astronomen kam, als sie erkannten, dass sie die genaue Position des Sterns mit der Zeit nicht unbedingt messen mussten, sondern die Abweichungen mithilfe der Dopplerverschiebung des Sternspektrums aus der Radialgeschwindigkeit des Sterns ableiten konnten.

Mit dieser Methode spürten Astronomen 1995 den ersten Exoplaneten auf, der den nahen, sonnenähnlichen Stern Helvetios (51 Pegasi) umkreist. Aufgrund der Bahnabweichungen des Sterns und des Zeitpunkts der Doppler-verschobenen Spektralschwankungen wurde der Planet Dimidium als ein Gasriese mit etwa halber Jupitermasse auf einer Umlaufbahn in nur 0,05 Astronomischen Einheiten Entfernung von Helvetios identifiziert. Über 500 weitere Planeten bei anderen nahe gelegenen Sternen wurden seither mit der Radialgeschwindigkeitsmethode entdeckt. Die meisten davon gehören zur Klasse der Heißen Jupiter (*Hot Jupiters*), denn sie sind massereich und umkreisen ihre Elternsterne in großer Nähe. Diese Art von Planeten lässt sich mit der Radialgeschwindigkeitsmethode am einfachsten aufspüren, und es liegt deshalb durchaus im Bereich des Möglichen, dass Heiße Jupiter nicht die typischen Exoplaneten sind.

Zu den Methoden der Suche nach Exoplaneten gehören neben der Ableitung aus der Radialgeschwindigkeit oder der Periode von Pulsaren auch die Beobachtung ihres Transits vor dem oder den Zentralgestirnen (Kepler-Weltraumteleskop), die Entdeckung mithilfe des Gravitationslinseneffekts oder ganz einfach im hellen Schein ihrer Sterne. Bis heute wurden die meisten bekannten Exoplaneten als Gas- oder Eisriesen identifiziert. Allerdings spüren Astronomen allmählich immer mehr »Erden« und »Supererden« auf, die nahe gelegene sonnenähnliche Sterne umkreisen. Wir haben erst die Spitze des Eisbergs der Exoplanetenentdeckung erreicht!

SIEHE AUCH Sonnennebel (vor 5 Mrd. Jahren), Erste astronomische Teleskope (um 1608), Die Eigenbewegung der Sterne (1718), Der Dopplereffekt bei Lichtwellen (1848), Der Gravitationslinseneffekt (1979), Erste Exoplaneten (1992), *Kepler* sucht nach Exoplaneten (2009)

Grafische Darstellung des Heißen Jupiters HD189733b, in dessen Atmosphäre aufgrund der Daten von Beobachtungen des Hubble-Weltraumteleskops unter anderem Methan und Wasserdampf nachgewiesen wurden.

Galileo im Orbit des Jupiters

Die Vorbeiflüge der Raumsonden *Pioneer 10* und *11* sowie *Voyager 1* und 2 am Jupiter legten offen, dass der Planet über eine dynamische Atmosphäre mit unterschiedlichen Zonen, Gürteln und langlebigen Wirbelsturmsystemen wie dem Großen Roten Fleck verfügt und das Zentrum einer Art Mini-Sonnensystem bildet. Eine bunte Schar eisiger und felsiger Satelliten, darunter die planetenähnlichen Monde Io, Europa, Ganymed und Kallisto, sowie ein mächtiges System aus schmalen Staubringen umkreisen den Gasriesen, dessen gewaltige Magnetosphäre sein System in weiten Teilen in hochenergetische Strahlung taucht. Die Entdeckungen während dieser kurzen Vorbeiflüge überzeugten die Planetenforscher, im nächsten Schritt eine Raumsonde in die Umlaufbahn des Jupiters zu schicken, um ihn länger zu beobachten und eingehender zu untersuchen.

Dank der Unterstützung des US-Kongresses und der internationalen Gemeinschaft wurde die Finanzierung der Jupiter-Orbiter-Mission *Galileo*, benannt nach dem Astronomen, der Jupiter und seine Monde erstmals mit einem Teleskop beobachtete, Ende 1977 genehmigt. Nach diversen Verzögerungen startete *Galileo* schließlich 1989 an Bord des Spaceshuttles *Atlantis* zu seiner Reise zum Jupiter, in dessen Umlaufbahn die Sonde nach Vorbeischwungmanövern (Swing-bys) an Venus und Erde im Dezember 1995 einlenkte. Auf seinem Weg flog *Galileo* im Hauptgürtel an den Asteroiden (951) Gaspra und (243) Ida vorüber – die ersten nahen Vorbeiflüge an Asteroiden der Raumfahrtgeschichte.

Der Ausfall der Haupt-Kommunikationsantenne gefährdete die ursprüngliche Mission, doch die Ingenieure und Wissenschaftler des *Galileo*-Teams entwarfen eine neue, auf die Back-up-Antenne mit ihrer niedrigeren Datenrate zugeschnittene Mission. In beinahe acht Jahren flog die Raumsonde 34 elliptische Bahnen um den Jupiter und bestimmte dabei die Zusammensetzung und innere Struktur der großen und kleinen Monde, untersuchte die Ringe und das Magnetfeld im Detail und setzte eine Sonde in die Atmosphäre aus, die ihre Zusammensetzung, Temperatur und Druck maß. Die Raumsonde *Galileo* verglühte schließlich in der unteren Atmosphäre des Jupiters, aber ihr wissenschaftliches Erbe wird ihrem Namen alle Ehre erweisen und lange währen.

SIEHE AUCH Jupiter (vor 4,5 Mrd. Jahren), Der Große Rote Fleck (1665), Io (1610), Europa (1610), Ganymed (1610), Kallisto (1610), Himalia (1904), Das Magnetfeld des Jupiters (1955), *Pioneer 10* erreicht den Jupiter (1973), Aktive Vulkane auf Io (1979), Jupiterringe (1979), Ein Ozean auf Europa? (1979)

Eine Fotomontage von Jupiters Großem Rotem Fleck und den vier galileischen Monden Io, Europa, Ganymed und Kallisto, die 1995–2003 von der NASA-Raumsonde Galileo *(links) detailliert untersucht wurden.*

Leben auf dem Mars?

Die Annahme, der Mars sei ein möglicher Lebensraum, verbreiteten im ausgehenden 19. und frühen 20. Jahrhundert Astronomen wie der amerikanische Geschäftsmann Percival Lowell, die mit dem Teleskop gewaltige Netzwerke von Kanälen entdeckt haben wollten, die die ausgetrockneten Mars-Ebenen geradlinig durchquerten. Später verhalfen publikumswirksame Science-Fiction-Geschichten in den Medien der Vorstellung von Marsmenschen zu großer Beliebtheit, beispielsweise 1938 das Hörspiel von Orson Welles und dem Mercury Theatre nach H. G. Wells' *Der Krieg der Welten*.

Auch die Erforschung des Roten Planeten im 20. Jahrhundert war von der Suche nach Leben auf dem Mars geprägt, die 1976 in einer Reihe hochsensibler Experimente zum Nachweis organischer Lebensformen durch die beiden *Viking*-Raumsonden der NASA gipfelte. Diese Experimente lieferten zwar weder am einen noch am anderen Landeplatz Beweise für organische Moleküle (nicht einmal im Milliardstelbereich), aber es blieb die Frage, ob die womöglich seit Milliarden Jahren starker Sonneneinstrahlung ausgesetzten Oberflächenmaterialien überhaupt solche enthalten konnten.

In diesem Zusammenhang machten 1996 NASA-Wissenschaftler bei der Untersuchung von Proben des Meteoriten ALH 84001, der vom Mars abgesprengt worden war und in der Antarktis eingeschlagen hatte, eine außergewöhnliche Entdeckung: Dieses Stück uralten Marsgesteins erbrachte nach ihrer Meinung unter chemischen, mineralogischen und geologischen Gesichtspunkten den Nachweis für Mikroben, das heißt Leben auf dem Mars.

Der Astronom Carl Sagan sagte gerne, außergewöhnliche Behauptungen verlangten nach außergewöhnlichen Beweisen. In Bezug auf ALH84001 halten die meisten Wissenschaftler die Beweislage für nicht ausreichend, denn es existieren nicht biologische Erklärungen für sämtliche von den NASA-Forschern vorgelegte Indizien. Dennoch bleibt das ursprüngliche Team bei seiner Überzeugung. Letztlich aber spielt es keine Rolle, ob ALH84001 wirklich stichhaltige Beweise für Leben enthält, denn die meisten Wissenschaftler sind sich darin einig, dass auf dem Mars sämtliche Anforderungen an eine lebensfreundliche Umgebung wie flüssiges Wasser, Wärme- und Energiequellen erfüllt waren, als dieses Gestein sich noch dort befand. Dank ALH84001 wissen wir nun, dass unser Nachbarplanet einst bewohnbar war.

SIEHE AUCH Marskanäle (1906), Das SETI-Programm (1960), Die *Viking*-Sonden auf dem Mars (1976), Ein telegener Kosmos (1980)

Hochauflösende Rasterelektronenmikroskop-Aufnahme von segmentierten, röhrenförmigen Strukturen (versteinerten Mikroben) im Marsmeteoriten ALH84001. Die längste hier sichtbare Struktur hat einen Durchmesser von etwa 100 Nanometern, was etwa dem tausendsten Teil eines menschlichen Haares oder der Hälfte der kleinsten bekannten lebenden Zelle auf der Erde entspricht.

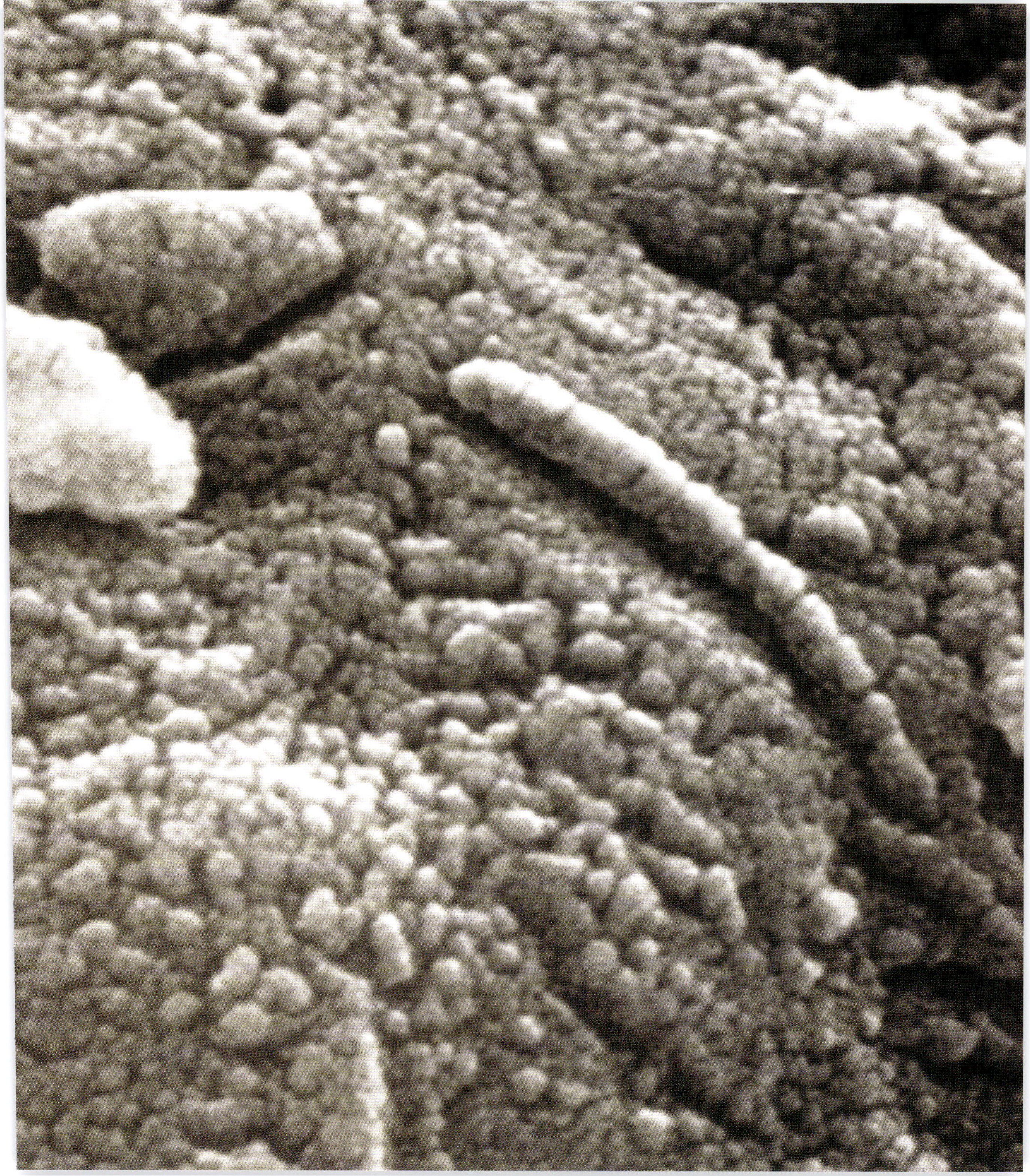

1997

Der Große Komet Hale-Bopp

Kleine Himmelskörper aus Fels und Eis, die in der Nähe der Sonne auf spektakuläre Weise verglühen, haben die Menschen seit jeher in Aufregung, aber auch in Alarmbereitschaft versetzt. Einige kehren in vorhersehbaren Intervallen wieder, der Halley'sche Komet beispielsweise alle 76 Jahre, viele andere erscheinen dagegen unvermittelt am Himmel. Der wohl spektakulärste Vertreter der letzteren Gruppe war Hale-Bopp, den man 1997 monatelang am frühen Abendhimmel beobachten konnte.

Den Kometen entdeckten im Juli 1995 die amerikanischen Amateurastronomen Alan Hale und Thomas Bopp, als er sich noch weit hinter dem Jupiter befand und in Richtung Sonne unterwegs war. Seine weitere Beobachtung ergab, dass er die Sonne auf einer langen, elliptischen Bahn in mehr als 2500 Jahren einmal umkreist. Im Aphel, dem sonnenfernsten Punkt, ist er über 370-mal weiter von der Sonne entfernt als die Erde. Astronomen errechneten, dass Hale-Bopp vor 1997 zuletzt im Sommer 2215 v. Chr. die Erde passierte. Sie stufen diesen Kometen als »jung« ein, denn aufgrund des Anteils an leicht flüchtigen gefrorenen Materialien musste er die meiste Zeit im kalten äußeren Sonnensystem zugebracht haben.

Da sie den Zeitpunkt seines Vorbeiflugs in Erdnähe einigen Jahren im Voraus kannten, erhielten die Astronomen erstmals die seltene Gelegenheit, einen so jungen Kometen eingehend zu studieren. Spektroskoptische und andere Untersuchungen ergaben für seinen Ionen- und Staubschweif eine Zusammensetzung aus Staub, Eis, Natrium und weiteren Stoffen, darunter einigen komplexen organischen Molekülen, die bei Kometen zuvor noch nie nachgewiesen worden waren. Die Helligkeit der Koma von Hale-Bopp deutete darauf hin, dass sein Kern aus Fels und Eis ungewöhnlich groß sein muss – mit einem mittleren Durchmesser von ca. 60 Kilometern etwa sechsmal so groß wie beim Halley'schen Kometen. Zwar stellt Hale-Bopp keine unmittelbare Bedrohung für uns dar, aber der Einschlag eines Kometen seiner Größe auf der Erde mit einer Geschwindigkeit von mehr als 50 Kilometern pro Sekunde würde die menschliche Zivilisation und womöglich fast alles Leben auf unserem Planeten auslöschen.

Aufgrund seiner Helligkeit konnten Milliarden Menschen Hale-Bopp kurz nach Sonnenuntergang mit bloßem Auge beobachten. Der Medienrummel war groß, und man spekulierte sogar, wenn auch grundlos, über eine mögliche Kontamination der Erde durch Kometenschutt. Wunderschöne Himmelskörper oder mögliche Vorboten des Untergangs? Kometen haftete schon immer ein bisschen von beidem an.

SIEHE AUCH Pluto und der Kuipergürtel (vor 4,5 Mrd. Jahren), Der Halley'sche Komet (1682), Die Öpik-Oort-Wolke (1932), *Deep Impact* erreicht 9P/Tempel 1 (2005), Komet 103P/Hartley 2 (2010)

Der bezaubernde blaue, zur Sonne weisende Ionenschwanz von Hale-Bopp und sein gelb-weißer Staubschwanz, der in die Herkunftsrichtung des Kometen zeigt. Zehn Minuten belichtete Weitwinkelaufnahme von Astronomen des Johannes-Kepler-Observatoriums in Linz, 4. April 1997.

(253) Mathilde

Als die NASA-Raumsonde *Galileo* 1991 beziehungsweise 1993 an den Hauptgürtel-Asteroiden (951) Gaspra und (243) Ida vorbeiflog, stellte sich heraus, dass auch kleine Himmelskörper durchaus interessante Oberflächenmerkmale aufweisen können und sogar von Monden umkreist werden. Das Interesse für eine eigene Weltraummission zur näheren Erforschung von Asteroiden war geweckt. Die erste solche Erkundungsreise führte zum Asteroiden (433) Eros, zu dem die NASA-Raumsonde *NEAR Shoemaker* 1996 aufbrach. Auf ihrem Weg untersuchte sie bei ihrem Vorbeiflug als Dreingabe auch den Hauptgürtel-Asteroiden (253) Mathilde.

Die 1885 vom österreichischen Astronomen und Asteroidenjäger Johann Palisa entdeckte Mathilde umkreist die Sonne auf einer elliptischen Umlaufbahn zwischen Mars und Jupiter. Neuere Beobachtungen mit Teleskopen brachten die Erkenntnis, dass Mathildes Oberfläche kohlschwarz scheint, da sie nur etwa vier Prozent des Sonnenlichts reflektiert. Aufgrund ihrer niedrigen Albedo (Verhältnis von rückgestrahltem zu einfallendem Licht), ihrer Farbe und ihres unauffälligen Spektrums wiesen Astronomen Mathilde wie andere kohlenstoffhaltige Meteoriten den C-Asteroiden zu, während Gaspra und Ida zu den silikathaltigen S-Asteroiden gehören. Mathildes abweichende Spektralklasse und ihre sehr lange Rotationsdauer von mehr als 17 Tagen ließen die Astronomen mit Spannung erwarten, was *NEAR Shoemaker* enthüllen würde.

Der Vorbeiflug der Sonde an (253) Mathilde bestätigte die niedrige Albedo des Asteroiden, brachte aber auch einige Überraschungen. Obwohl nur etwa drei Fünftel des Asteroiden fotografiert wurden, konnte man dessen Volumen und Masse einigermaßen genau bestimmen. Die daraus ableitbare Dichte von Mathilde beträgt etwa 1,3 Gramm pro Kubikzentimeter – ein äußerst niedriger Wert, weit unter der typischen Dichte von Gesteinen. Da der Asteroid aufgrund seiner relativen Sonnennähe vermutlich kein Eis enthält, vermutet man, dass Hohlräume zwischen großen Felsbrocken bis zur Hälfte des Volumens ausmachen. Mathilde scheint somit ein poröser Asteroid aus locker zusammenhängenden Trümmern zu sein.

Ein halbes Dutzend riesiger Einschlagkrater auf Mathilde stützt diese These. Wäre der Asteroid ein einheitlicher felsiger Körper, hätte jeder dieser Impakte ihn zerstören müssen. Dagegen absorbieren die Hohlräume die Aufprallenergie, sodass der Asteroid auch verheerende Einschläge intakt übersteht.

SIEHE AUCH Der Asteroidengürtel (vor 4,5 Mrd. Jahren), Jupiter-Trojaner (1906), Asteroiden mit Monden (1992), *NEAR Shoemaker* erreicht Eros (2000)

Gespenstischer Blick auf den großen C-Asteroiden (253) Mathilde im Hauptgürtel, Aufnahme der NASA-Raumsonde NEAR Shoemaker *während ihres Vorbeiflugs im Juni 1997. Mathilde hat einen mittleren Durchmesser von 66 × 48 × 46 Kilometern und eine dunkle Oberfläche mit zahlreichen großen Einschlagkratern.*

1997

Der erste erfolgreiche Mars-Rover

Die Lander der NASA-Raumsonden *Viking* zählen zweifellos zu den erfolgreichen Missionen zur Erforschung des Mars. Man zog aber auch einige Lehren für die Zukunft daraus. Dazu gehörte, dass Mobilität auf der Oberfläche des Planeten, die bei den Landern fehlte, nicht nur aus wissenschaftlicher Sicht äußerst wünschenswert, sondern im Vergleich zur Erforschung der Planetenoberfläche mit Multimilliarden-Dollar-Missionen wie *Viking* auch massiv kostensparender wäre.

Dies nahmen sich die Planer der dritten Mars-Landungsmission der NASA, des *Mars Pathfinder*, zu Herzen. Er wurde 1996 gestartet und gehörte zu den ersten »besseren, schnelleren und billigeren« NASA-Missionen mit einem Kostenziel von nur einem Zehntel bis einem Fünftel der *Viking*-Programme. Das Missionsteam sollte für dieses Geld nicht nur einen Lander sicher zur Marsoberfläche bringen, sondern darin auch noch einen kleinen Rover unterbringen, um die Vorteile der Mobilität auf dem Roten Planeten zu demonstrieren.

Der mit einem neuartigen (und gewagten) Landungssystem mit Airbag ausgestattete *Pathfinder* setzte am 4. Juli 1997 erfolgreich auf dem Mars auf und ließ kurz darauf einen kleinen Rover namens *Sojourner* (benannt nach der afroamerikanischen Abolitionistin und Frauenrechtlerin Sojourner Truth) auf die Marsoberfläche rollen. Fast drei Monate lang sendeten der Lander des *Pathfinder* und der Mars-Rover *Sojourner* Bilder und Daten zur chemischen Zusammensetzung von Gesteinen und Böden im *Ares Vallis*, einem alten Flusskanal auf dem Mars, zur Erde. Zahlreiche geologische und geochemische Hinweise, die während der Mission gewonnen wurden, deuten darauf hin, dass der Kanal von einer katastrophalen Flut in der frühesten Geschichte des Planeten herrührt.

In den 83 Tagen seiner Mission.bewegte sich der *Sojourner* mit einer Höchstgeschwindigkeit von etwa 35 Zentimetern pro Stunde vorwärts und legte etwa 100 Meter rund um den Lander zurück. Trotz der kleinen Strecke erbrachte der Rover den Beweis für den Wert der Mobilität bei unbemannten Weltraummissionen, denn er fotografierte eine erheblich größere Vielfalt an Gesteinen und Böden am Standort und untersuchte sie chemisch, als es der Lander allein hätte tun können. Die mit dem *Sojourner* erfolgreich getesteten Möglichkeiten von Mars-Rovern wurden für die nächste Generation der Mars-Rover etwa um den Faktor drei erweitert. *Spirit* und *Opportunity* landeten im Rahmen der Mission *Mars Exploration Rover* 2004 auf dem Mars.

SIEHE AUCH Mars (vor 4,5 Mrd. Jahren), Die *Viking*-Sonden auf dem Mars (1976), Leben auf dem Mars? (1996), *Mars Global Surveyor* (1997), *Spirit* und *Opportunity* auf dem Mars (2004), Der Mars-Labor-Rover *Curiosity* (2012)

Der NASA-Mars-Rover Sojourner, *etwa so groß wie ein Mikrowellenherd, »schnüffelt« im Sommer 1997 an einem Fels namens Yogi, um eine Messung seiner Elementarchemie vorzunehmen.*

1997

Mars Global Surveyor

Die Daten der ersten Marsorbiter in den frühen Siebzigern und der Viking-Raumsonden am Ende der Siebziger- und zu Beginn der Achtzigerjahre lieferten spannende Hinweise darauf, dass es auf dem Mars in seiner Frühzeit ganz anders, vielleicht erdähnlicher aussah als heute. Da zur Überprüfung dieser These umfangreichere Beobachtungen erforderlich waren, startete die NASA 1992 den Orbiter *Mars Observer*. Leider brach die Kommunikation mit der Sonde drei Tage vor ihrem Einschwenken in die Marsumlaufbahn ab, wahrscheinlich wegen einer lecken Treibstoffleitung.

Einen Großteil der wissenschaftlichen Missionsziele des *Mars Observer* erfüllte 1997 der *Mars Global Surveyor* (MGS). Er hatte Kameras, ein Infrarotspektrometer, einen Laserhöhenmesser und ein Magnetometer an Bord, um in neun Erd- beziehungsweise etwa vier Marsjahren eine komplette geologische, mineralogische, topografische und magnetische Kartierung des Planeten von Pol zu Pol vorzunehmen.

Die Messungen des MGS haben – ähnlich wie die *Vikings* über ein Jahrzehnt zuvor – unser Bild von der Marsoberfläche und -atmosphäre revolutioniert. Zum Beispiel waren auf hochauflösenden Bildern der Sonde Kanäle, Rinnen und Deltas im Detail zu erkennen, die über eine längere Zeit fließende Gewässer in der frühen Marsgeschichte mit einem wärmeren und feuchteren Klima voraussetzten. Die Sonde stellte vulkanische und potenziell durch Wasser geformte Mineralienstrukturen auf dem ganzen Planeten fest und vermaß die Topografie des Mars genauer, als es je für unseren eigenen Planeten der Fall war. Ihre Daten erbrachten auch den Nachweis für ein starkes, marsweites Magnetfeld, das vielleicht aus einer Zeit stammt, als der Kern teilweise geschmolzen und das Innere geologisch aktiver war.

Die Bilder sowie Daten zu Topografie und Mineralien von MGS waren entscheidend für die Auswahl der Plätze, an denen die Mars-Rover *Spirit* und *Opportunity* 2004 landen sollten, und für die Entwicklung der Kameras und Spektrometer der nächsten Generation, mit denen 2003 die ESA-Raumsonde *Mars Express* und 2006 der NASA-Orbiter *Mars Reconnaissance* bestückt wurden. Der Kontakt zu MGS ging Ende 2006 verloren, aber andere Orbiter und Rover traten in seine Fußstapfen.

SIEHE AUCH Mars (vor 4,5 Mrd. Jahren), Erste Marsorbiter (1971), Die *Viking*-Sonden auf dem Mars (1976), Leben auf dem Mars? (1996), Der erste erfolgreiche Mars-Rover (1997), *Spirit* und *Opportunity* auf dem Mars (2004), Der Mars-Labor-Rover Curiosity (2012)

OBEN: *Grafische Darstellung der Raumsonde* Mars Global Surveyor *(MGS).* GEGENÜBER: *Fächerförmige Landschaftsformen, die man als erodierte Überreste eines Flachwasser-Deltas im Eberswalde-Krater interpretiert, Aufnahme des MGS, 2002. Diese und ähnliche Oberflächenformen deuten darauf hin, dass auf dem Mars in seiner Frühgeschichte über längere Zeit Wasser existierte.*

2 km

1998

Die Internationale Raumstation

Schon im frühen 20. Jahrhundert erarbeiteten Raketenpioniere wie Konstantin Ziolkowski oder Robert Goddard die technischen Details von Orbitalstationen und Habitaten im All. Dennoch blieb die Idee eines Außenpostens der Menschheit im Erdorbit noch für längere Zeit eine Domäne der Science-Fiction in Form von Büchern, Zeitschriften, Fernsehsendungen und Filmen. In den Siebzigerjahren brachte die Sowjetunion die erste von neun *Saljut*-Raumstationen in den Orbit, in den Achtzigerjahren folgte die Raumstation *Mir*. Sie war der erste über längere Zeit dauernd mit mehreren Besatzungsmitgliedern bemannte Außenposten im All.

Die Pläne der NASA zur Stationierung einer eigenen Raumstation mit dem Namen *Freedom* wurden in den Achtzigerjahren infolge zu hoher Kosten und technischer Probleme nie realisiert. Als 1991 die Sowjetunion zerfiel und auf der Raumstation *Mir* zunehmend technische Probleme auftraten, sahen sich die USA, Russland und andere Raumfahrtnationen auch infolge der hohen Kosten für den Start und Betrieb von Raumfahrzeugen gezwungen, ihre Anstrengungen zu bündeln. So wurde 1993 mit der Planung einer gemeinsamen Internationalen Raumstation (ISS) begonnen.

Als erste Komponente der ISS wurde im November 1998 ein russisches Strom-, Antriebs- und Speichermodul namens *Sarja* von einer Proton-Rakete in eine niedrige Erdumlaufbahn etwa 370 Kilometer über der Oberfläche gebracht. Nur Wochen später verband die Besatzung der Raumfähre *Endeavour* die zweite Komponente, ein amerikanisches Docking-, Luftschleusen- und Forschungsmodul namens *Unity*, mit Sarja. Bei 15 weiteren Flügen von Shuttles und russischen Proton- sowie Progress-Raketen kamen in den nächsten 13 Jahren weitere Sonnenkollektoren, Wohnräume, Labors, Luftschleusen und Andockadapter hinzu. Mit einer Gesamtmasse von über 420 000 Kilogramm ist die ISS der größte je gebaute künstliche Satellit. Außer den USA und Russland wirken die Raumfahrtagenturen aus Europa, Japan und Kanada als wichtige Partner mit.

Die ISS fungiert in erster Linie als internationales Forschungslabor, das mit seiner einzigartigen orbitalen Umgebung mit geringer Schwerkraft medizinische, technische und astrophysikalische Forschung unter Weltraumbedingungen ermöglicht. Es dient aber auch als permanenter Vorposten der Menschheit, als Ort, an dem wir das Leben und Arbeiten im All erlernen und erfahren können, wie wir uns am besten auf Reisen weit über die niedrige Erdumlaufbahn hinaus vorbereiten können.

SIEHE AUCH Flüssigkeitsraketen (1926), Spaceshuttles (1981)

Solarmodule, Tragwerk und unter Druck stehende Module der Internationalen Raumstation (ISS), Aufnahme der Besatzung der Raumfähre Discovery, *2009. Die Raumstation, mit deren Montage 1998 begonnen wurde, umkreist die Erde in etwa 400 Kilometern Höhe.*

1998

Dunkle Energie

Albert Einstein (1879–1955), **Edwin Hubble** (1889–1953)

Als Albert Einstein zu Beginn des 20. Jahrhunderts mit seiner allgemeinen Relativitätstheorie die Beziehung zwischen Raum, Zeit und Materie in Gegenwart von Gravitationsfeldern zu erklären suchte, galt das Universum noch als statisch. Damit seine Theorie auch funktionierte, musste Einstein die Existenz einer Kraft annehmen, die er als kosmologische Konstante bezeichnete. Sie sollte der Anziehungskraft der Gravitation entgegenwirken und das Universum unveränderlich zusammenhalten. Als Edwin Hubble 1929 die ständige Expansion des Raumes entdeckte, erklärte Einstein seine kosmologische Konstante für hinfällig, denn alles schien nun auch ohne sie zu passen.

Bei der eingehenden Untersuchung von Spiralgalaxien und Bewegungen von Galaxiehaufen stellte sich jedoch im Laufe der folgenden Jahrzehnte überraschenderweise heraus, dass eine nicht direkt sichtbare Dunkle Materie mit gravitativer Wechselwirkung existieren muss, aus der unser Universum zum Großteil besteht. Eine noch größere Überraschung erlebten die Astronomen, als sie 1998 entdeckten, dass sich die Expansion des Universums mit der Zeit offenbar beschleunigt. Nähere Galaxien, die wir in einem relativ »modernen« Zustand beobachten, entfernen sich schneller voneinander als weit entfernte, deren Licht Milliarden Jahre bis zu uns braucht und die deshalb von einer wesentlich früheren Epoche des Universums künden. Als mögliche Erklärung dafür kommen eine das Vakuum des Raumes durchdringende unsichtbare Kraft oder auch ein Druck infrage, die der Gravitation entgegenwirken und die Ausdehnung des Raumes seit dem Urknall beschleunigen. Kosmologen bezeichnen diese hypothetische Kraft als Dunkle Energie. Somit könnte Einstein mit seiner kosmologischen Konstante doch recht behalten.

Die Beschaffenheit oder auch nur die Existenz der Dunklen Energie kann man nicht mit den herkömmlichen Beobachtungsmethoden ergründen. Ihre Gegenwart lässt sich nur indirekt, aus ihrer Gravitationswirkung auf herkömmliche Materie, erschließen. Der Nachweis für die Existenz der Dunklen Energie würde unser Bild vom Universum in der Tat revolutionieren: Dunkle Energie und Dunkle Materie machen 96 Prozent der Energie in un++serem Universum aus, Galaxien, Sterne, Planeten aus herkömmlicher Materie und wir selbst dagegen gerade einmal vier Prozent!

SIEHE AUCH Der Urknall (vor 13,7 Mrd. Jahren), Die Rekombinationsära (vor 13,7 Mrd. Jahren), Einsteins Wunderjahr (1905), Die Hubble-Konstante (1929), Dunkle Materie (1933), Spiralgalaxien (1959), Der Gravitationslinseneffekt (1979), Große Mauern (1989), Das Hubble-Weltraumteleskop (1990), Die Messung der Hintergrundstrahlung (1992)

Galaxienhaufen Abell 1689 im Sternbild Jungfrau. Solche Haufen bestehen aus normaler Materie (Galaxien), dunkler Materie (blau gefärbt, erschlossen aus dem Gravitationslinseneffekt) und der als Dunkle Energie bekannten hypothetischen Kraft.

Die Turiner Skala für erdnahe Objekte

Während geologische und hydrologische Prozesse die Spuren von Einschlägen auf der Erde bis auf wenige Hundert Krater verwischt haben, können wir an der alten, vernarbten Oberfläche unseres Mondes ablesen, wie viele Asteroiden und Kometen die Erde in früher Zeit getroffen haben müssen. Die Impakts setzten gewaltige Energiemengen frei, und die sichtbaren geologischen sowie fossilen Indizien deuten darauf hin, dass sie Klima und Biosphäre unseres Planeten hin und wieder erheblich verändert haben.

Während die Häufigkeit von Einschlägen im Laufe der Erdgeschichte exponentiell abgenommen hat, ist sie auch in neuerer Zeit noch keineswegs gleich null, wie die Explosion eines Kometen oder Asteroiden in der Atmosphäre über Sibirien (Tunguska-Ereignis) und die Beobachtung mehrerer großer Feuerballexplosionen in der Erdatmosphäre pro Jahr durch militärische und zivile Überwachungssatelliten beweisen.

Da vonseiten der Öffentlichkeit und der Politik ein berechtigtes Interesse an der Aufklärung über die möglichen Auswirkungen von Einschlägen besteht, ist die Entdeckungsrate erdnaher Objekte (NEOs) in Form von kleinen Asteroiden und Kometen in den letzten Jahrzehnten deutlich gestiegen. Teleskopbeobachtungen haben über eine halbe Million Hauptgürtel-Asteroiden und beinahe tausend NEOs zutage gefördert, von denen nur wenige Hundert NEOs möglicherweise eine Bedrohung für das Leben auf unserem Planeten darstellen könnten. Sie werden als PHAs bezeichnet, eine Abkürzung für die englische Entsprechung von »potenziell gefährliche Asteroiden«.

Als immer mehr PHAs entdeckt wurden, wurde man sich dessen gewahr, dass die Abschätzung der Auswirkungen möglicher PHA-Einschläge komplex war. Und die Veröffentlichung der Ergebnisse konnte zu großer Verwirrung oder sogar Panik führen. So erarbeitete eine Gruppe von Planetenastronomen 1999 für die Quantifizierung dieser Risiken für neu entdeckte PHAs den Turiner Index mit Werten von 0 (keine Einschlaggefahr) bis 10 (sicher eintretende Kollision mit katastrophalen Folgen).

Die überwiegende Mehrheit der PHAs werden der Klasse 0 zugeordnet, bei etwa einem Dutzend war der Wert ungleich null (die meisten stufte man später auf 0 zurück). Den bisherigen Rekord hält mit Klasse 4 (Kollisionswahrscheinlichkeit ein Prozent oder mehr) der Asteroid (99942) Apophis, der am 13. April 2029 sehr nahe an der Erde vorbeifliegen wird. Inzwischen wurde auch er auf 0 zurückgestuft, aber die Astronomen überwachen ihn sorgfältig.

SIEHE AUCH Der Asteroidengürtel (vor 4,5 Mrd. Jahren), Der Dinosaurier-Killer-Asteroid (vor 65 Mio. Jahren), Der Barringer-Krater (vor 50 000 Jahren), Ceres (1801), Vesta (1807), Die Tunguska-Explosion (1908), Asteroiden mit Monden (1992), Komet SL9 schlägt auf dem Jupiter ein (1994), (253) Mathilde (1997), Beinahekollision der Erde mit Apophis (2029)

Ein dunkler, verkraterter erdnaher Asteroid, der eine gewisse Ähnlichkeit mit (99942) Apophis aufweist, nähert sich auf diesem Bild des Planetenforschers und Künstlers William K. Hartmann der Erde.

Das Chandra-Röntgenobservatorium

1895 entdeckte der deutsche Physiker Wilhelm Röntgen bei Versuchen mit Kathodenstrahlröhren eine geheimnisvolle Form der Strahlung, die er selbst als X-Strahlen bezeichnete und die später in vielen Sprachen nach ihm benannt wurde. Später fand man heraus, dass Röntgenstrahlen erzeugt werden können, indem man Elektronen bei Laborexperimenten auf hohe Geschwindigkeiten beschleunigt, aber auch bei hochenergetischen astrophysikalischen Ereignissen wie Supernova-Explosionen freigesetzt werden. Astronomische Röntgenquellen konnten jedoch nur in sehr eingeschränktem Maße untersucht werden, denn die Erdatmosphäre absorbiert die meisten durch kosmische Ereignisse erzeugten Röntgenstrahlen. Man benötigte eine weltraumgestützte Plattform.

1978 brachte die NASA das *Einstein*-Röntgenobservatorium in eine niedrige Erdumlaufbahn, um die ersten weltraumgestützten Beobachtungen kosmischer Röntgenquellen durchzuführen. Fast drei Jahre lang beobachtete *Einstein* den Himmel, lieferte Details zu Supernova-Explosionen und machte neue Röntgenquellen aus. Nach dem Erfolg von *Einstein* schlugen Astronomen die Aufnahme eines empfindlichen Röntgenteleskops ins NASA-Programm »Great Observatories« vor. Es umfasste schließlich vier Weltraumteleskope, mit denen Messungen durchgeführt werden konnten, die Teleskopen auf der Erde unmöglich sind.

Nach einer über zwei Jahrzehnte dauernden Entwicklungsphase wurde das Weltraumteleskop *Advanced X-ray Astrophysics Facility* 1999 fertiggestellt und vor seinem Start in den Orbit nach dem indisch-amerikanischen Astrophysiker Subrahmanyan Chandrasekhar in Chandra umbenannt. Seit bald zwei Jahrzehnten sammelt Chandra Daten über Supernovae, Pulsare, Gammastrahlenausbrüche, supermassereiche schwarze Löcher, Braune Zwerge und Dunkle Materie.

Wie seine Cousins, das Hubble-Weltraumteleskop, das *Compton Gamma Ray Observatory* und das Spitzer-Weltraumteleskop, hat Chandra ein Teilgebiet der Astronomie und Astrophysik revolutioniert und ein Fenster in hochenergetische Umgebungen im Weltall geöffnet, die man auf andere Weise nicht untersuchen kann.

SIEHE AUCH Beobachtungen eines »Tagessterns« (1054), Brahes Nova (1572), Weiße Zwerge (1862), Dunkle Materie (1933), Schwarze Löcher (1965), Pulsare (1967), Das Hubble-Weltraumteleskop (1990), Das Spitzer-Weltraumteleskop (2003)

OBEN: *Grafische Darstellung des Chandra-Röntgenobservatoriums.* GEGENÜBER: *Supernova-Überrest SNR 0509-67.5, der von einer Sternexplosion in der Großen Magellan'schen Wolke in 160 000 Lichtjahren Entfernung stammt. Kompositaufnahme des Hubble-Weltraumteleskops (rosa) und des Chandra-Röntgenobservatoriums (grün und blau).*

2000

Ein Ozean auf Ganymed?

Zwischen 1995 und 2003 untersuchte die NASA-Raumsonde *Galileo* Atmosphäre, Magnetfeld, Monde und Ringe des Jupiters eingehend aus seinem Orbit. Ihre Flugbahn führte die Sonde nahe an den Galileischen Monden Io, Europa, Ganymed und Kallisto vorbei, sodass sie die Oberflächeneigenschaften der Trabanten genauer erforschen und aus der geringen eigenen Bahnabweichung deren Masse und Gravitationsfelder bestimmen konnte.

Im Laufe seiner Mission flog *Galileo* sechsmal nahe an Ganymed, dem größten Mond des Sonnensystems, vorbei. Gemäß den Daten zu seiner Gravitation musste sein Inneres in einen dichten Kern aus Gestein und Eisen, einen (vermutlich eisigen) Mantel mit geringerer Dichte und eine äußere Eiskruste differenziert sein. Die größte Überraschung, die *Galileos* Vorbeiflüge enthüllten, bestand jedoch in der sensationellen Entdeckung, dass Ganymed sein eigenes, in die starke Magnetosphäre des Jupiters eingebettetes Magnetfeld besitzt. Damit gilt Ganymed als einziger Mond im Sonnensystem mit einer eigenen Magnetosphäre.

Man nimmt an, dass das Magnetfeld des Jupitermondes auf dieselbe Weise erzeugt wird wie dasjenige der Erde: durch einen rotierenden, teilweise geschmolzenen Kern aus dem Leitermetall Eisen. Die Wärme, die den Kern in geschmolzenem Zustand hält, liefern der Zerfall radioaktiver Elemente im Inneren des Satelliten sowie durch Gravitationswechselwirkungen mit Europa und Io verursachte sogenannte Gezeitenheizungen. Bei der genaueren Untersuchung des Magnetfeldes von Ganymed stellten *Galileo*-Missionswissenschaftler fest, dass auch sein Mantel leitfähig ist. Die einfachste Erklärung für dieses Phänomen ist angesichts des vermuteten Eismantels und der starken inneren Wärmequellen eine tiefe Schicht aus flüssigem Salzwasser, ein unterirdischer Ozean etwa 200 Kilometer unter seiner Eiskruste. Ähnliche Beobachtungen der Raumsonde für den Jupitermond Kallisto lassen auch dort einen unterirdischen Salzwasser-Ozean vermuten, wenn auch weniger tief unter der Oberfläche. Könnten diese Ozeane oder jener von Europa Leben beherbergen?

Galileos Daten sind kein endgültiger Beweis für die Existenz eines unterirdischen Ozeans auf Ganymed oder Kallisto. Wie im Fall von Europa können ihn nur zukünftige Missionen erbringen, möglicherweise Sonden mit Landern, die Radarsondierungen und wenn nötig Tiefenbohrungen durchführen.

SIEHE AUCH Io (1610), Europa (1610), Ganymed (1610), Kallisto (1610), Radioaktivität (1896), Das Magnetfeld des Jupiters (1955), Jupiterringe (1979), Ein Ozean auf Europa? (1979), *Galileo* im Orbit des Jupiters (1995), *Europa Clipper* (um 2022), *Jupiter Icy Moons Explorer* (2022)

Grafische Darstellung der Schichten des größten Jupitermondes Ganymed mit dem hypothetischen unterirdischen Salzwasser-Ozean über einem mondförmigen Kern aus Gestein und Metall. Die Existenz des Ozeans wird auf der Grundlage von Gravitations- und Magnetfelddaten der Raumsonde Galileo *vermutet.*

NEAR *Shoemaker* erreicht Eros

In den zwei Jahrhunderten seit der Entdeckung des ersten Asteroiden Ceres wurden mehr als eine halbe Million Kleinplaneten im gesamten Sonnensystem beobachtet. Manche umkreisen die Sonne auf Umlaufbahnen im Hauptgürtel zwischen Mars und Jupiter, andere in den Wolken mit den Trojanern vor und hinter dem Jupiter und weitere auf Umlaufbahnen, die der Erde viel näher kommen oder ihren Orbit sogar kreuzen. Etwa 9000 solche erdnahen Asteroiden (NEAs) wurden bisher beobachtet, davon sind zehn Prozent größer als einen Kilometer.

Den ersten NEA, (433) Eros, entdeckten 1898 der deutsche Astronom Gustav Witt und sein französischer Kollege Auguste Charlois. Er kommt der Erde hin und wieder nahe. Seine geringe Entfernung ermöglichte Astronomen mithilfe der Parallaxe erste direkte Schätzungen der Länge der Astronomischen Einheit (AE), der durchschnittlichen Distanz zwischen Erde und Sonne. Eros zählt zugleich zu den größten bekannten NEAs. Zwar stellt er derzeit keine Bedrohung für die Erde dar, könnte sich aber nach Bahnstörungen in der Zukunft als solche herausstellen.

Um mehr über Eros und NEAs zu erfahren, startete die NASA 1996 die Raumsonde *NEAR* (*Near Earth Asteroid Rendezvous*), die Eros ein Jahr lang im Orbit umkreisen und den Asteroiden mit CCD-Kameras und Spektroskop untersuchen sollte. Nach einem Vorbeiflug von (253) Mathilde schwenkte das Raumschiff 2000 in den Orbit des Eros ein und wurde zu Ehren des 1997 verstorbenen Planetengeologen sowie Asteroiden- und Kometenjägers Eugene M. Shoemaker in *NEAR-Shoemaker* umbenannt.

Eros ist etwa so groß wie Manhattan, und seine Dichte von 2,7 Gramm pro Kubikzentimeter verweist auf eine felsige Zusammensetzung. Die stark verkraterte alte Oberfläche, Farbe und Spektrum deuten darauf hin, dass er aus dem gleichen primitiven Material besteht wie Chondriten, das einst auch die ursprünglichen Bausteine der Erde und anderer Planeten darstellte.

Am Ende seiner einjährigen Kartierungsmission landete *NEAR-Shoemaker* sanft auf der Oberfläche von Eros, wo er bis heute als Denkmal und Beweis für die planetarische Erforschung des frühen 21. Jahrhunderts steht.

SIEHE AUCH Der Asteroidengürtel (vor 4,5 Mrd. Jahren), Die Geburt des Mondes (vor 4,1 Mrd. Jahren), Der Barringer-Krater (vor 50 000 Jahren), Ceres (1801), Vesta (1807), Jupiter-Trojaner (1906), (253) Mathilde (1997), Die Turiner Skala für erdnahe Objekte (1999), *Hayabusa* auf Itokawa (2005), *Rosetta* erreicht (21) Lutetia (2010)

Der erdnahe Asteroid (433) Eros, Aufnahme der Raumsonde NEAR-Shoemaker *(oben) aus einer Entfernung von nur 200 Kilometern. Der Asteroid (gegenüber) ist etwa 34 Kilometer lang und weist auf seiner Oberfläche Spuren von Einschlägen, tektonischen Prozessen und Erosion (Erdrutschen) auf.*

2001

Das solare Neutrinoproblem

Raymond Davis (1914–2006), **Masatoshi Koshiba** (geb. 1926)

Nach dem sogenannten Standardmodell der Physik des 20. Jahrhunderts schaffen Wechselwirkungen von Elementarteilchen und Kräften eine Verbindung zwischen Materie und Energie. Allgemein bekannte Bestandteile dieser Theorie sind als grundlegendes Ladungsteilchen das Elektron und als fundamentales Lichtteilchen das Photon. Die Entdeckung des Neutrons im Jahre 1933 führte zur Vorhersage und 1956 zur Entdeckung des Neutrinos. Es galt vorerst als masseloses Elementarteilchen, das sich wie das Photon mit Lichtgeschwindigkeit bewegt und in drei Arten (Generationen) daherkommt: Elektron-, Myon- und Tau-Neutrino. Mithilfe der darauf aufbauenden Neutrinoastronomie konnte man hochenergetische Prozesse an unzugänglichen Orten wie dem Inneren der Sonne untersuchen.

Erste große Neutrino-Detektoren ermöglichten in den Sechzigerjahren das Aufspüren von Neutrinos, wie sie in der Sonne oder bei hochenergetischen kosmischen Ereignissen wie Supernova-Explosionen entstehen. Nach dem Standardmodell sollten bei der Fusion von Wasserstoffatomen zu Helium im Inneren der Sonne Elektron-Neutrinos entstehen, die man damit entdecken konnte. Allerdings ergaben die Messungen nur etwa ein Drittel der erwarteten solaren Neutrinos.

Der Lösung des solaren Neutrinoproblems räumten Physiker hohe Priorität ein, denn falls es keine gab, stimmte ihr Standardmodell möglicherweise nicht. Sie erörterten die Frage, ob Neutrinos zu einem anderen Typ oder zwischen den Generationen hin und her wechseln konnten. Neue Detektoren mit höherer Auflösung verbesserten in den Neunzigerjahren die Genauigkeit der Messungen, und 2001 führten die neuen Daten zu einer Überraschung: Neutrinos sind nicht masselos, sondern haben eine sehr kleine Masse. Sie bewegen sich annähernd mit Lichtgeschwindigkeit. Das wichtigste Ergebnis der Messungen lautete allerdings, dass Neutrinos zwischen Elektronen-, Myon- und Tau-Typ hin und her wechseln können und dass etwa zwei Drittel der in der Sonne erzeugten Elektron-Neutrinos schließlich als anderer Typ enden.

2002 erhielten Raymond Davis und Masatoshi Koshiba für die Lösung des solaren Neutrinoproblems den Nobelpreis für Physik. Außerdem wurde das Standardmodell unter Berücksichtigung der Oszillation von Neutronen und anderer Teilchen überarbeitet.

SIEHE AUCH Beobachtungen eines »Tagessterns« (1054), Neutronensterne (1933), Die Kernfusion (1939), Neutrino-Astronomie (1956)

Sonnenflecken, Aufnahme des schwedischen Solarteleskops im chilenischen La Palma. Die Kernfusionsreaktionen in der Sonne erzeugen ein Spektrum elektromagnetischer Strahlung und eine Vielzahl von Elementarteilchen wie Neutrinos. Der Ausschnitt auf dem Bild hat etwa die Größe von fünf Erddurchmessern.

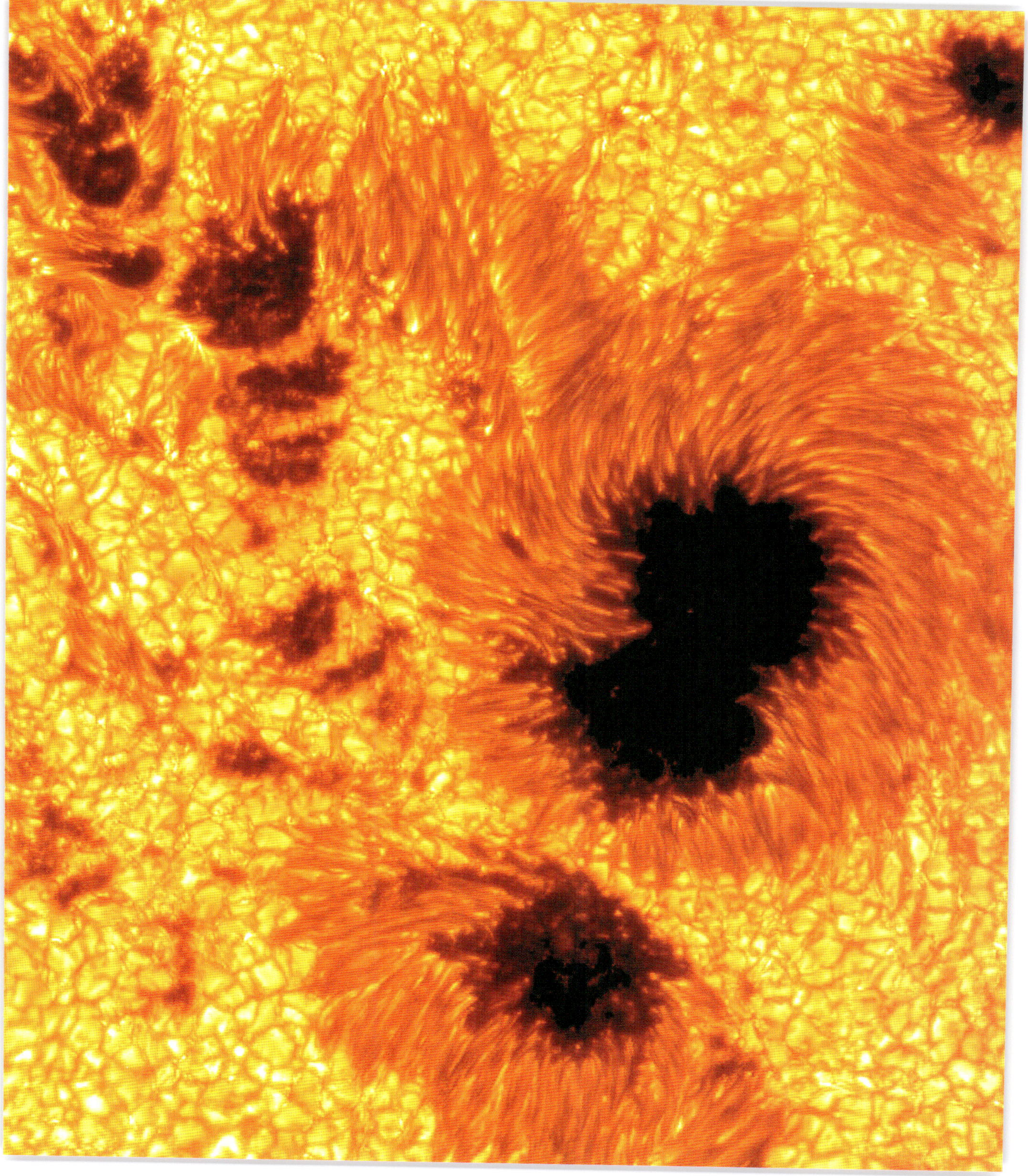

Das Alter des Universums

David Todd Wilkinson (1935–2002)

Das Hubble-Weltraumteleskop ist eine Art Zeitmaschine, denn es blickt in entfernte Tiefen des Universums zu Sternen und Galaxien, deren Licht sich vor Milliarden Jahren auf den Weg zu uns machte. Mithilfe von Standardkerzen wie den Cepheiden oder bestimmten Arten von Supernova-Explosionen in weit entfernten Galaxien konnten Astronomen mit dem HST sowohl die Hubble-Konstante genauer bestimmen als auch die Expansionsgeschwindigkeit des Universums. Nach einem Jahrzehnt intensiver Beobachtungen gaben HST-Wissenschaftler 2001 bekannt, dass sie aus der Expansionsgeschwindigkeit den Schluss zogen, dass der Urknall vor etwa 13,7 Milliarden Jahren stattgefunden habe.

Etwa zur gleichen Zeit wurde eine neue Raumsonde gestartet, welche die aus der Zeit der Expansion des frühen Universums stammende Kosmische Hintergrundstrahlung genauer messen sollte. Die nach dem amerikanischen Kosmologen David T. Wilkinson benannte *Wilkinson Microwave Anisotropy Probe* (WMAP) sendete hochauflösende Bilder von Schwankungen (Anisotropien) in der Drei-Kelvin-Strahlung zur Erde, die als Zeuge der Expansion des Universums zu Beginn des dunklen Zeitalters gilt – mehrere Hunderttausend Jahre nach dem Urknall, aber noch vor der Geburt der ersten Sterne. Erstaunlicherweise bestätigten die Daten von WMAP die Altersschätzung aufgrund von Messwerten des HST.

Durch Vergleich der Daten von HST, WMAP und weiterer Quellen vertreten Kosmologen heute die Meinung, dass der Urknall vor 13,75±0,11 Milliarden Jahren stattfand – eine faszinierende Genauigkeit! Nach dem Standardmodell der Kosmologie wurden beim Urknall Wasserstoff, Helium und einige andere leichte Elemente erzeugt, während schwerere, die späteren Bausteine des Lebens, anschließend in Sternen und bei Supernova-Explosionen entstanden. Explosion, schnelle Inflation, Deionisierung, Ionisierung, langsame Expansion und beschleunigte Expansion zählen für die Kosmologen zu den wichtigsten Phasen in der Geschichte des Universums.

Noch viele Fragen bleiben ungeklärt: Warum gab es den Urknall? Was gab es vor Raum und Zeit? Wie wird alles enden? Diese und andere grundlegende Fragen verschieben immer wieder die Grenzen der wissenschaftlichen Forschung.

SIEHE AUCH Der Urknall (vor 13,7 Mrd. Jahren), Die Rekombinationsära (vor 13,7 Mrd. Jahren), Erste Sterne (vor 13,5 Mrd. Jahren), Die Hubble-Konstante (1929), Die Hintergrundstrahlung (1964), Das Hubble-Weltraumteleskop (1990), Die Messung der Hintergrundstrahlung (1992), Dunkle Energie (1998), Wie endet das Universum? (Ende der Zeit)

Darstellung des Standardmodells des Universums aus Daten von WMAP, beginnend mit dem Urknall vor 13,7 Milliarden Jahren. Die einer plötzlichen Inflation folgende allmähliche Expansion des Universums hat in letzter Zeit an Geschwindigkeit gewonnen. Möglicherweise ist dies eine Auswirkung der Dunklen Energie.

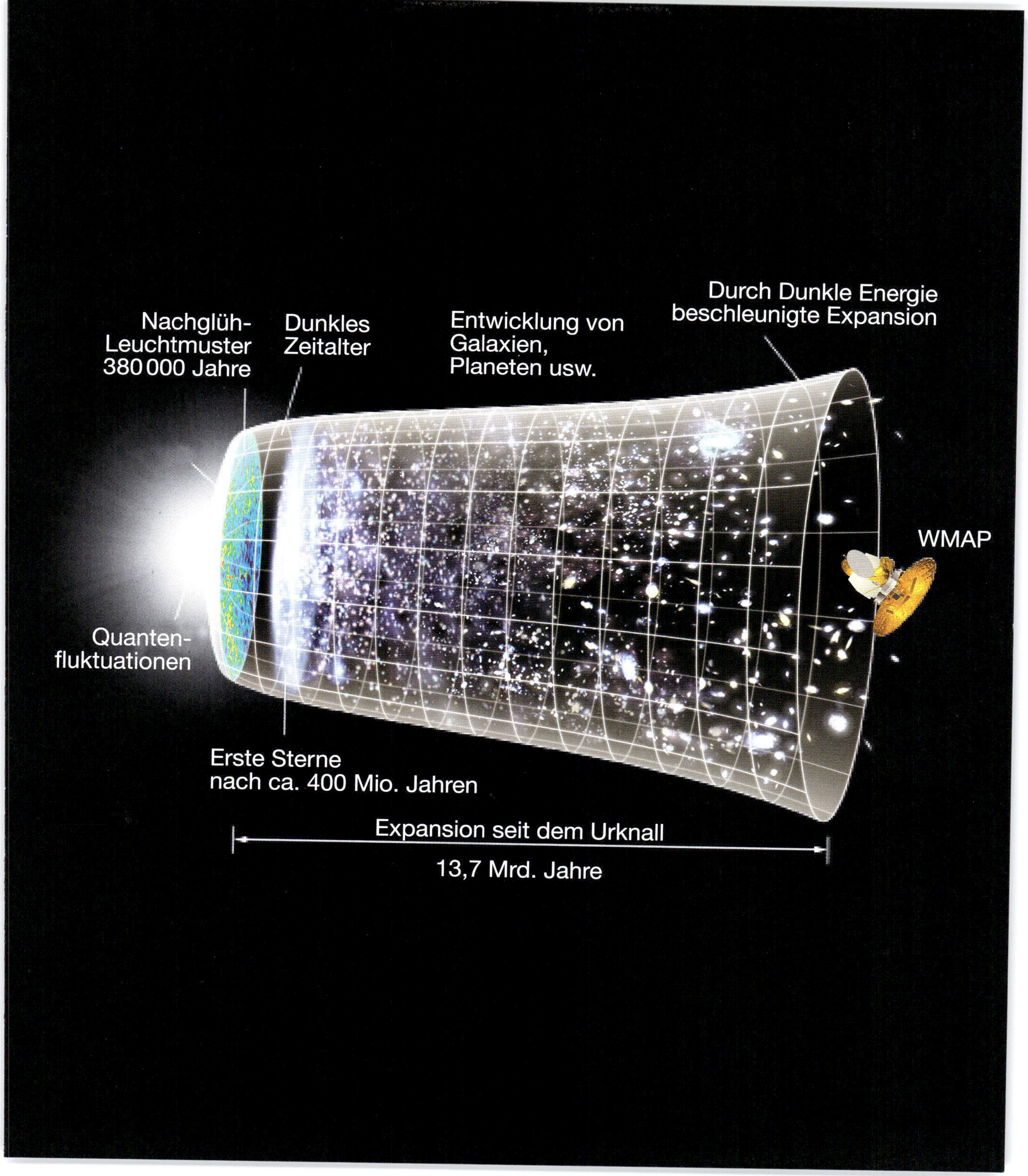
Nachglüh-
Leuchtmuster
380 000 Jahre
Dunkles
Zeitalter
Entwicklung von
Galaxien,
Planeten usw.
Durch Dunkle Energie
beschleunigte Expansion
WMAP
Quanten-
fluktuationen
Erste Sterne
nach ca. 400 Mio. Jahren
Expansion seit dem Urknall
13,7 Mrd. Jahre

2001

Genesis im Sonnenwind

Wie alle Sterne wird auch die Sonne von einem dynamischen Gleichgewicht zwischen der Kontraktion aufgrund der Gravitation, die von der enormen, stark konzentrierten Masse erzeugt wird, und dem nach außen gerichteten Innendruck der Kernfusionsreaktionen im Inneren angetrieben. Strahlung entweicht aus der Sonne und spendet den Planeten Wärme und Licht, doch aus der Fotosphäre der Sonne (ihrer »Oberfläche«) und der Chromosphäre (Atmosphäre) treten mit hoher Geschwindigkeit auch geladene Teilchen in den interplanetaren Raum aus. Dieser Teilchenstrom wird als Sonnenwind bezeichnet.

1995 starteten die Europäische Weltraumorganisation (ESA) und die NASA das Weltraumobservatorium *Solar and Heliospheric Observatory* (*SOHO*), das insbesondere den Sonnenwind und das dynamische Umfeld der Sonne untersucht und hochauflösende UV-Bilder und Spektra sowie spektakuläre Zeitrafferansichten unseres Gestirns zur Erde sendet.

Die aufschlussreichen Erkenntnisse, die Solarastronomen durch *SOHO* und aus anderen Quellen zum Sonnenwind gewannen, weckten das Interesse an einer Raumfahrtmission, die einige dieser weit entfernten »Sonnenfetzen« einsammeln sollte. Auch die Planetenforscher sind sehr an einer genaueren Kenntnis der Zusammensetzung der Sonne interessiert, denn sie macht etwa 99,9 Prozent der Masse des Sonnensystems aus und stand auch am Anfang der Planetenbildung. Den Auftrag zum Einsammeln von Proben des Sonnenwindes erhielt schließlich die NASA-Raumsonde *Genesis*. Die Sonde wurde 2001 am Lagrange-Punkt L1 der Erde ausgesetzt und umkreiste der Erde vorauseilend die Sonne. Ihr Probenbehälter war den Sonnenwindteilchen bis Anfang 2004 ausgesetzt.

Der Bremsschirm der Sonde öffnete sich nicht, und so stürzte sie 2004 in der Wüste von Utah ungebremst auf die Erde. Viele Proben blieben jedoch intakt und wurden von Geochemikern und Astronomen untersucht. Drei verschiedene Arten von Sonnenwindteilchen (schnelle, langsame und koronale Massenauswürfe) wurden gesammelt und analysiert. Die Ergebnisse beinhalten auch überraschende Daten zur Zusammensetzung der Sonne und tragen zur Verbesserung unseres Verständnisses der in der Sonne und anderen Sternen ablaufenden Prozesse bei.

SIEHE AUCH Die Geburt der Sonne (vor 4,6 Mrd. Jahren), Die Lagrange-Punkte (1772), Die Masse-Leuchtkraft-Beziehung (1924), Die Kernfusion (1939)

Ein gewaltiger koronaler Massenauswurf, Aufnahme des Satelliten SOHO*, Januar 2002. Bei solchen Sonneneruptionen werden Milliarden Tonnen Materie ausgestoßen. Dieser »Sonnenwind« interagiert im Vorbeiflug mit den Planeten. Die Raumsonde* Genesis *sammelte Proben des Sonnenwindes (oben links).*

2003

Das Spitzer-Weltraumteleskop

Galaxien, Sterne, Planeten, Monde, Asteroiden, Kometen und selbst kosmische Staubkörner strahlen abhängig von Temperatur, Zusammensetzung und Umgebung thermische Infrarotenergie ab. In den vergangenen Jahrzehnten haben Astronomen mit empfindlichen Infrarotdetektoren die thermische Energie dieser Objekte untersucht. Große Fortschritte brachten 1983 der *Infrared Astronomical Satellite* (IRAS), der die erste gesamte Himmelsdurchmusterung nach von kosmischen Objekten emittierter Infrarot-Wärmeenergie durchführte, und 1995 das Weltraumobservatorium *Infrared Space Observatory* (ISO) mit sich, das die Untersuchungen des IRAS bis Anfang 1998 mit hochauflösender Bildgebung und Spektroskopie fortsetzte. IRAS und ISO ermöglichten wichtige Entdeckungen zu protoplanetaren Scheiben, Planetenbildungsprozessen sowie der Sternbildung und Entwicklung von Galaxien.

Angespornt durch diese Entdeckungen brachte die NASA ihr viertes und letztes »großes Observatorium« als IRAS/ISO-Nachfolgemission auf den Weg: Zunächst als *Space Infrared Telescope Facility* bezeichnet, wurde es später nach dem amerikanischen Astronomen und langjährigen Verfechter der Stationierung von Weltraumteleskopen Lyman Spitzer in Spitzer-Weltraumteleskop umbenannt. Es wurde 2003 auf eine heliozentrische Umlaufbahn gebracht, nahe genug an der Erde, um eine häufige Kommunikation mit hoher Bandbreite zu ermöglichen, aber zugleich weit genug entfernt, um Störungen durch die thermische Hintergrund-Signatur der Erde zu vermeiden.

Mit flüssigem Helium wurden die Instrumente des Spitzer-Weltraumteleskops auf Temperaturen unter vier Kelvin gekühlt, um auch extrem schwache kosmische Wärmequellen messen zu können. So war man imstande, durch optisch undurchsichtigen Staub zu blicken und Regionen mit Sternbildung wie den Orionnebel zu erforschen. Große Entdeckungen wurden auch bei der Untersuchung von Quasaren, Galaxien, protoplanetaren Scheiben, heißen jungen Sternen, Exoplaneten und unseres eigenen Sonnensystems gemacht. 2009 ging der Heliumvorrat des Teleskops zur Neige, aber Spitzer führt auch weiterhin weniger empfindliche, aber einzigartige Messungen vieler Infrarotquellen durch und wird es voraussichtlich noch viele Jahre tun.

SIEHE AUCH Sternfarbe und Sterntemperatur (1893), Protoplanetare Scheiben (1984), Das Hubble-Weltraumteleskop (1990), Planeten bei sonnenähnlichen Sternen (1995), Das Chandra-Röntgenobservatorium (1999)

OBEN: *Grafische Darstellung des Spitzer-Weltraumteleskops.* GEGENÜBER: *Falschfarben-Infrarot-Fotomontage aus Aufnahmen des Spitzer-Weltraumteleskops vom optischen Mehrfachstern Trapez im Herzen des Orionnebels und einem Zwei-Mikrometer-Durchmusterungsfoto der Nachbarschaft.*

2004

Spirit und *Opportunity* auf dem Mars

In über drei Jahrzehnten erfolgreicher Marserkundungen hatten sich die Wissenschaftler im Rahmen der *Mariner*- und *Viking*-Missionen ein klares Bild von den wichtigsten vergangenen Klimaveränderungen auf dem Roten Planeten machen können. Auf der Marsoberfläche herrschen heute extrem kalte, trockene und für das Leben, wie wir es kennen, ungeeignete Bedingungen. Aber in seiner frühen Geschichte scheint unser Nachbar ein eher warmer, feuchter und bis zu einem gewissen Grad erdähnlicher Planet gewesen zu sein. Somit könnte auf dem Roten Planeten in den ersten Milliarden Jahren nach seiner Entstehung wie auf der Erde das Leben gediehen sein.

Planetenforscher gaben sich nicht mit den fotografischen Beweisen für einen einst bewohnbaren Mars zufrieden und beabsichtigten mit geologischen, geochemischen und mineralogischen Messungen den Nachweis dafür zu erbringen. Die *Mars Pathfinder*-Mission von 1997 hatte den grundlegenden Wert der Mobilität bei der geologischen Feldforschung mit Robotern an entfernten Orten auf eindrückliche Weise vorgeführt. Deshalb entschied man sich für eine Mars-Rover-Mission mit größerem Radius. Aufgrund von zwei Fehlschlägen im Jahr 1999 beschloss die NASA, ihr Risiko zu reduzieren: Statt eines Rovers startete sie 2003 deren zwei mit den Namen *Spirit* und *Opportunity*.

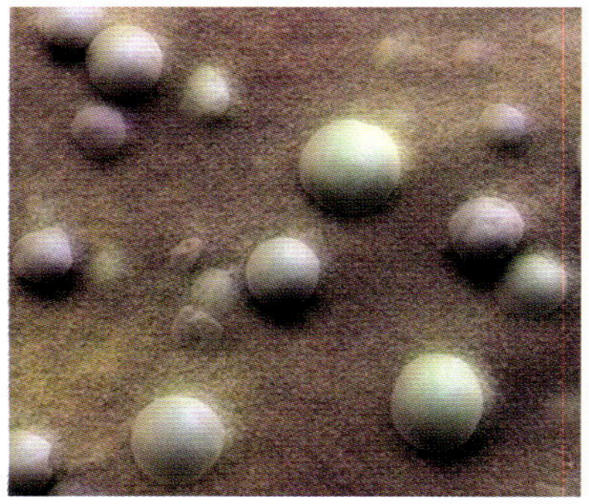

Beide Rover landeten Anfang 2004 sicher auf dem Mars und begannen ihre separaten Abenteuer auf entgegengesetzten Seiten des Planeten: *Spirit* im alten Krater Gusev, der einst einen See beherbergte, und *Opportunity* im Kratergebiet Meridiani Planum, wo man aufgrund der Daten des *Mars Global Surveyor* durch Wasser geformte Mineralien vermutete. Nach mehreren Jahren, in denen sie *Spirit* praktisch um Gusev hatten herumfahren lassen, entdeckten Missionswissenschaftler wasserhaltige Mineralien in einem alten hydrothermalen System, die sie als stichhaltige Beweise für eine bewohnbare Umgebung auffassten. Bei Meridiani Planum fand das Team schon bald andere wassergeformte Mineralien wie Hämatit, Tone und Sulfate, die das dortige Gebiet ebenfalls als einst bewohnbar auswiesen. Obwohl ihre Lebensdauer mit nur neunzig Tagen angegeben wurde, ging *Spirit* seiner Mission noch bis Anfang 2010 nach, während *Opportunity* auch Mitte 2018 weiter über die Marsoberfläche rollt und neue Entdeckungen macht.

SIEHE AUCH Mars (vor 4,5 Mrd. Jahren), Marskanäle (1906), Erste Marsorbiter (1971), Die *Viking*-Sonden auf dem Mars (1976), Der erste erfolgreiche Mars-Rover (1997), *Mars Global Surveyor* (1997), Leben auf dem Mars? (1996), Der Mars-Labor-Rover *Curiosity* (2012), Erste Menschen auf dem Mars? (um 2035–2050)

Computergenerierte Ansicht des NASA-Mars-Rovers Opportunity *vor dem Hintergrund einer Fotomontage aus aktuellen Bildern seiner Pancam von fein geschichteten Formationen im Krater Endurance. Darauf, dass auf dem Roten Planeten in seiner Frühzeit wohl flüssiges Wasser vorhanden war, deuten unter anderem die millimetergroßen eisenreichen Kugeln (Insets) hin, die man als Konkretionen bezeichnet.*

Cassini erforscht den Saturn

Jahrhundertelange Teleskopbeobachtungen sowie die Vorbeiflüge von *Pioneer 11* und der beiden *Voyager*-Sonden hatten ergeben, dass der Saturn wunderschön und mit seinen wichtigen Ähnlichkeiten, aber auch Unterschieden im Vergleich zu den anderen Riesenplaneten wissenschaftlich interessant ist. In Übereinstimmung mit ihrer Abfolge der Planetenerkundung – Vorbeiflug, Orbiter, Lander, Rover und Proben-Rückhol-Mission – nahm die NASA in den Achtzigerjahren eine Saturn-Umlaufmission in Angriff. Nach der Genehmigung der Finanzierung starteten schließlich 1997 die amerikanisch-europäischen Raumsonden *Cassini-Huygens* zu ihrem Flug in Richtung Saturn. Benannt waren sie nach dem italienisch-französischen Astronomen Giovanni Cassini, der als einer der Ersten den Saturn sowie dessen Ringe und Monde wissenschaftlich beobachtet hatte.

Nach Swing-by-Manövern bei Venus, Erde und Jupiter bog *Cassini* 2004 in die Saturnumlaufbahn ein. Die Kameras, Radars und Spektrometer des Orbiters lieferten fantastische Bilder und Daten, bis der Treibstoff 2017 zur Neige ging und die Einsatzleiter das Raumschiff in die Saturnwolken stürzen ließen. Während der über dreizehnjährigen Erkundung des Saturnsystems durch die Raumsonde wurden unter anderem sieben neue Monde entdeckt. Ein Teil dieser Trabanten ist für die seltsamen dreidimensionalen »Wakes« und andere Strukturen in den Tausenden von Saturnringen verantwortlich. Weitere Highlights waren die Entdeckung von aktiven Geysiren, die auf Enceladus Wasserdampf und organische Moleküle aus dem Untergrund schleudern, die ersten Nahaufnahmen von Phoebe, die ein eingefangener Zentaur sein könnte, Seen aus flüssigem Methan, Ethan oder Propan auf detaillierten Infrarot- und Radaraufnahmen von der Oberfläche des Mondes Titan und äußerst detailreiche Untersuchungen zur Zusammensetzung von Atmosphäre und Magnetfeld des Ringplaneten.

Da man befürchtete, die Raumsonde könnte auf Enceladus oder Titan einschlagen und diese astrobiologisch wichtigen Welten kontaminieren, steuerte man sie in die Saturnatmosphäre und ließ sie dort verglühen.

SIEHE AUCH Saturn (vor 4,5 Mrd. Jahren), Titan (1655), Saturnringe (1659), Iapetus und Rhea (1671–1672), Tethys und Dione (1684), Enceladus (1789), Mimas (1789), Phoebe (1899), *Pioneer 11* erreicht den Saturn (1979), Die *Voyager*-Sonden erreichen den Saturn (1980, 1981), *Huygens* auf Titan (2005)

OBEN: *Grafische Darstellung der NASA-Raumsonde* Cassini *im Orbit des Saturns.* GEGENÜBER: *Ein gewaltiges Sturmsystem, das 2011 einen Monat lang auf der Nordhalbkugel wütete. Auf diesem Falschfarbenbild erscheinen niedrigere Wolkenschichten in Rot- und Orangetönen, höhere in Gelb und Weiß.*

2004

Stardust erreicht 81P/Wild 2

Fred Whipple (1906–2004)

Dass Kometen oft spektakuläre Ereignisse sind, haben der immer wiederkehrende Halley'sche Komet und die hell leuchtenden Großen Kometen wie Hyakutake (1996) oder Hale-Bopp (1997) eindrücklich bewiesen. Das atemberaubende Schauspiel verdanken sie vor allem der glitzernden Reflexion von Sonnenlicht und gasförmigen Emissionen aus ihren Schweifen. Über ihren aus Eis und Fels bestehenden Kern war bis zum Vorbeiflug der europäischen Raumsonde *Giotto* am Halley'schen Kometen im Jahre 1986 nur wenig bekannt. Ihre Daten stützten die These des amerikanischen Astronomen Fred Whipple von Kometenkernen als kleinen, unregelmäßigen, »schmutzigen Schneebällen«.

Die Kometen stammen aus sehr verschiedenen Regionen des Sonnensystems wie dem Kuipergürtel oder der Oort'schen Wolke, einige, beispielsweise Shoemaker-Levy 9, wechselwirken auf ihren Umlaufbahnen mit Planeten. Diese Vielfalt regte Planetenwissenschaftler dazu an, weitere Sondenmissionen vorzuschlagen, um sie aus der Nähe zu untersuchen. Die 1999 gestartete NASA-Raumsonde *Stardust* flog sehr nahe am Kern des Kometen 81P/Wild 2 vorbei und sammelte winzige Staub- und Gasproben aus seinem Schweif, die sie in einer Kapsel zur Erde zurückbrachte.

Stardust stellte sich als voller Erfolg heraus. Auf Bildern, die die Sonde während ihres Vorbeiflugs im Januar 2004 von Wild 2 schoss, erscheint der Kometenkern luftig, eisig (Dichte weniger als 0,6 Gramm pro Kubikzentimeter) und rund sowie mit kreisförmigen Gruben und Graten übersät. Der Probenbehälter landete 2006 sicher auf der Erde und enthielt beim Öffnen Millionen von Staubkörnern vom Kometen im Mikro- bis Millimetergröße sowie interstellare Staubkörner, die die Sonde separat gesammelt hatte. Bei der Analyse des Kometenstaubs wurden nicht nur die erwarteten Bestandteile wie Eis oder Silikatmineralien gefunden, sondern auch eine Vielzahl organischer Moleküle. Einige davon hatten Ähnlichkeit mit den einfachen organischen Verbindungen des Murchison-Meteoriten, andere auch mit wesentlich komplexeren Kohlenwasserstoffketten in organischen Molekülen. Kometen sind somit womöglich ein wichtiger Teil der Chemie des Lebens.

SIEHE AUCH Pluto und der Kuipergürtel (vor 4,5 Mrd. Jahren), Der Halley'sche Komet (1682), Der Encke'sche Komet (1795), »Miss Mitchells Komet« (1847), Die Öpik-Oort-Wolke (1932), Organische Moleküle auf dem Murchison-Meteoriten (1970), Kuipergürtelobjekte (1992), Der Große Komet Hale-Bopp (1997), *Deep Impact* erreicht 9P/Tempel 1 (2005)

OBEN: *Grafische Darstellung der Raumsonde* Stardust. GEGENÜBER: *Der Kern des Kometen Wild 2, Aufnahme von* Stardust, *2. Januar 2004. Der eisige Kern hat einen Durchmesser von etwa vier Kilometern und weist rätselhafte kreisförmige Merkmale auf, womöglich Aufprallkrater oder Gruben, aus denen Eisjets austreten.*

2005

Deep Impact erreicht 9P/Tempel 1

Nachdem 1986 *Giotto* am Halley'schen Kometen und 2004 *Stardust* an 81P/Wild 2 vorbeigeflogen waren, kannte man Kometenkerne als kleine, eisige Himmelskörper. Da sie meist nur etwa drei bis fünf Prozent des auftreffenden Sonnenlichts reflektieren, sind sie etwa so dunkel wie Holzkohle. Dass eisige Körper so dunkel erscheinen, mag befremden, aber Eis verdampft in der Sonnenhitze und hinterlässt eine Schicht aus felsigen und organischen Körnern, die die Oberfläche verdunkeln. Stöße oder Gezeitenkräfte können diese Oberfläche aufbrechen, sodass frisches Eis aus Rissen entweicht.

Falls dieses Modell der Kometenoberfläche der Tatsache entspricht, argumentierten Wissenschaftler 1999 zugunsten einer Mission zu einem von ihnen, sollte eine Sonde, die mit ausreichender Geschwindigkeit aufprallt, ein Loch in die Oberflächenkruste reißen und die darunterliegenden »unberührten« eisigen Materialien freilegen. Die NASA akzeptierte die mutige Missionsidee, und so startete die *Deep Impact*-Mission mit einem 370 Kilogramm schweren Kupferimpaktor Anfang 2005 in Richtung Komet 9P/Tempel 1.

Die bei ihrer Annäherung an Tempel 1 gemachten Bilder der Raumsonde *Deep Impact* zeigten einen dunklen, unregelmäßigen Kometenkern von 7,6 × 4,9 Kilometern Größe mit potenziellen Einschlagkratern, Flecken mit merkwürdig geschichtetem Gelände sowie weiteren überraschend komplexen geologischen Formationen. Die Raumsonde setzte den Impaktor am 4. Juli 2005 aus, und ihr Aufprall erzeugte ein beeindruckendes kosmisches Feuerwerk. Das Projektil drang durch die Kruste in den Untergrund des Kometen vor und setzte einen gewaltigen Strahl aus Eis und Staub (unter anderem Tone, Karbonate und Silikate) frei. Auf Bildern der *Deep Impact*-Vorbeiflugsonde sind ein spektakulärer Blitz und eine gewaltige Schuttwolke zu sehen, die die Sicht auf den Einschlagkrater verdecken. Bei den Analysen der Daten stellte sich heraus, dass Tempel 1 eine geringe Dichte von 0,6 Gramm pro Kubikzentimeter aufweist, was auf ein eher poröses, eisiges Inneres verweist.

Nachdem *Stardust* 2006 ihre Proben-Rückhol-Mission zum Kometen Wild 2 abgeschlossen hatte, wurde sie zu einem Vorbeiflug an Tempel 1 im Februar 2011 umgeleitet. Dort angekommen, fotografierte sie den 150 Meter großen Einschlagkrater, den *Deep Impact* sechs Jahre zuvor hinterlassen hatte.

SIEHE AUCH Pluto und der Kuipergürtel (vor 4,5 Mrd. Jahren), Der Halley'sche Komet (1682), Die Öpik-Oort-Wolke (1932), Organische Moleküle auf dem Murchison-Meteoriten (1970), Kuipergürtelobjekte (1992), Der Große Komet Hale-Bopp (1997), *Stardust* erreicht 81P/Wild 2 (2004)

Ein Leuchtblitz schießt etwa 67 Sekunden nach dem Aufprall des Impaktors der Sonde Deep Impact *mit einer Geschwindigkeit von zehn Kilometern pro Sekunde aus dem Kern des Kometen 9P/Tempel 1. Bei der Kollision wurden Eis und staubige Silikatmineralien aus dem Inneren des Kometen herausgeschleudert.*

2005

Huygens auf Titan

Der Saturnmond Titan ist der zweitgrößte Satellit im Sonnensystem (größer als der Planet Merkur) und weist als einziger eine signifikante Atmosphäre auf. Man hoffte deshalb, dass die *Voyager*-Vorbeiflüge am Saturn in den Jahren 1980 und 1981 interessante Oberflächenformen und Verwitterungsprozesse aufdecken würden. Es stellte sich jedoch heraus, dass eine dichte Nebeldecke die Oberfläche vor der Sicht der *Voyager*-Kameras verbarg, die nur Wellenlängen im Bereich des sichtbaren Lichts registrierten. Aus spektroskopischen Daten schließt man, dass die Atmosphäre größtenteils aus Stickstoff (N_2) mit geringen Anteilen von Methan (CH_4) besteht und dass der Oberflächendruck anderthalbmal so hoch ausfällt wie auf der Erde, während die Temperatur nur etwa 90 Grad über dem absoluten Nullpunkt liegt.

Die Daten der *Voyager* und nachfolgende Teleskopbeobachtungen mehrten die Kenntnisse über Titan, aber noch blieb vieles unbekannt. Deshalb gesellte man der Raumsonde *Cassini*, die den Saturn aus dem Orbit erkunden sollte, einen nach dem niederländischen Astronomen Christiaan Huygens benannten Lander für die Untersuchung des Mondes Titan bei. Die Doppelmission *Cassini-Huygens* startete 1997 zu ihrem Flug zum Saturn.

Am 14. Januar 2005 landete *Huygens* nach erfolgreicher Atmosphärenbremsung, bei der die Reibung der oberen Atmosphäre eine langsame Absenkung der Umlaufbahn ermöglicht, am Fallschirm und wurde damit zur ersten Raumsonde auf einem Himmelskörper im äußeren Sonnensystem. Während ihres langsamen Abstiegs schoss *Huygens* spektakuläre Aufnahmen von flussartigen Kanalsystemen, Küstenlinien und dunklen Ebenen, die man als Seen aus flüssigem Ethan, Methan oder Propan interpretierte. In den etwa anderthalb Stunden, die der Lander an der Oberfläche überdauerte, fotografierte er die fremde Landschaft und maß Druck, Temperatur und Bodenzusammensetzung.

Huygens' Bilder von der Titanoberfläche weisen gewisse Ähnlichkeiten mit denen vom Mars, aber auch von der Erde auf. Andererseits bestehen die »Gesteine« auf dem Titan nicht etwa aus Silikaten, sondern sind vermutlich Brocken aus Eis oder gefrorenem Kohlenwasserstoff, die bei sehr niedrigen Temperaturen wie Gestein wirken. Und auch die Kanäle, Küsten und anderen Landformen wurden, anders als auf Mars und Erde, durch flüssige Kohlenwasserstoffe und nicht durch Wasser geformt.

SIEHE AUCH Titan (1655), Organische Moleküle auf dem Murchison-Meteoriten (1970), Die *Voyager*-Sonden erreichen den Saturn (1980, 1981), *Cassini* erforscht den Saturn (2004–2017)

OBEN: *Die zehn bis zwanzig Zentimeter großen »Steine« auf dieser künstlerischen Darstellung der* Huygens-*Sonde auf Titan bestehen aus Eis und gefrorenen Kohlenwasserstoffen, die auf ihrem Weg hierher durch Bäche oder Seen aus flüssigen Kohlenwasserstoffen rund geschliffen wurden.* GEGENÜBER: *Mercator-Projektion der Titanoberfläche aus zehn Kilometern Höhe, Aufnahme der Raumsonde* Huygens.

Hayabusa auf Itokawa

Mögliche Einschläge von Asteroiden oder Kometen auf der Erde stellen eine Bedrohung für die gesamte Menschheit dar. Daher wird die Erforschung kleinerer Himmelskörper, insbesondere ihrer Bahnen, im internationalen Rahmen betrieben. Die Raumfahrtmissionen der amerikanischen, europäischen und russischen Raumfahrtorganisationen zu den Kometen Halley, Borrely, Wild 2 und Tempel 1 sowie zu den Asteroiden Gaspra, Ida, Mathilde, Eros und Lutetia im ausgehenden 20. und zu Beginn des 21. Jahrhunderts haben unsere Kenntnisse bezüglich Himmelskörpern mit einer Größe von einigen oder einigen Dutzend Kilometern drastisch verbessert. Aber erst die japanische Raumsonde *Hayabusa* untersuchte einen wirklich winzigen Asteroiden im Detail.

Hayabusa (japanisch für »Falke«) war die erste Mission der japanischen Raumfahrtbehörde (JAXA) zu einem Asteroiden und der erste Versuch, Proben von einem Asteroiden zur Erde zu bringen. Die 2003 gestartete Raumsonde *Hayabusa* war mit neuartigen Ionentriebwerken bestückt, damit sie ihre Flugbahn langsam und sanft an diejenige des erst kürzlich entdeckten kleinen erdnahen Asteroiden (25143) Itokawa anpassen konnte.

Im September 2005 näherte sich die Raumsonde dem Asteroiden zum Rendezvous an, denn aufgrund seiner niedrigen Schwerkraft konnte er in keine Umlaufbahn einbiegen. Itokawa erwies sich als graues, längliches, felsiges Objekt mit Maßen von nur etwa 535 × 294 × 209 Metern. Auf seiner Oberfläche wurden Bereiche mit großen Felsbrocken vorgefunden, aber auch solche, die seltsam glatt sind. Zwei Monate später wies die Bodenkontrolle *Hayabusa* an, sich dem Asteroiden noch stärker zu nähern, sanft zu landen und einen kleinen Rover auszusetzen. Dieser sammelte Boden- und Gesteinsproben, die darauf von einer Probenkapsel zur Erde zurückgebracht wurden.

Klingt einfach? In Wirklichkeit traten zahlreiche Probleme auf. So landete *Hayabusa* zwar kurz auf dem Asteroiden, aber die Aussetzung des Rovers scheiterte. Die Sonde verließ den Asteroiden wieder, noch bevor man die Probeentnahme hatte bestätigen können. Als man sie wieder unter Kontrolle hatte, war es für einen erneuten Versuch zu spät. So kehrte die Probenkapsel möglicherweise leer zur Erde zurück.

Im Juni 2010 landete die Kapsel sicher in Australien, und nach einigen Wochen voller Anspannung beim sorgfältigen Auspacken und Überprüfen stellten die Missionswissenschaftler mit großer Freude fest, dass sie etwa 1500 kleine staubige Körner aus dem Inneren des Asteroiden enthielt. Ihre chemische Zusammensetzung entspricht derjenigen einiger primitiver Meteoriten. Die *Hayabusa*-Mission war ein voller Erfolg!

SIEHE AUCH Der Asteroidengürtel (vor 4,5 Mrd. Jahren), Unbemannte Proben-Rückhol-Missionen (1970), Die Turiner Skala für erdnahe Objekte (1999), *NEAR Shoemaker* erreicht Eros (2000)

Der erdnahe Asteroid (25143) Itokawa, Aufnahme der japanischen Raumsonde Hayabusa, *September 2005. Der Asteroid ist ein winziger Klumpen Silikatgestein von nur etwa 535 Metern Länge.*

2006

Die Herabstufung des Pluto

Bei seiner Entdeckung im Jahre 1930 wurde Pluto als neunter Planet des Sonnensystems gefeiert, auch weil er etwa so groß wie die Erde zu sein schien. Die Beobachtungen der folgenden Jahrzehnte und die Entdeckung des Plutomondes Charon ergaben aber, dass Pluto in Wirklichkeit eine kleine Welt mit einem etwa fünfmal geringeren Durchmesser und nur einem Prozent der Masse der Erde ist. Dennoch konnte er aufgrund menschlicher Trägheit und unzähliger Lehrbücher, die ihn als kalten und einsamen Vorposten am Rande des Sonnensystems anpriesen, den Status als vollwertiger Planet sowohl bei der breiten Masse als auch bei den Wissenschaftlern beibehalten.

In den Neunzigerjahren erkannte man jedoch, dass das Sonnensystem nicht beim Pluto endet. Neben der seit Langem bekannten Population langperiodischer Kometen, die vermutlich aus der Oort'schen Wolke stammen, hatte man auch über tausend Kuipergürtelobjekte (KGO) mit Bahnen weit hinter dem Neptun aufgespürt. Man erwartet, dass weitere Zehn- oder gar Hunderttausende noch ihrer Entdeckung harren – viele davon mit einer Größe, die an diejenige des Pluto heranreicht oder sie gar übertrifft.

Bei einem Festhalten an der Einstufung des Pluto als Planeten drohte die Anzahl der Planeten im Sonnensystem aufgrund der potenziell weiten Verbreitung von Welten mit seiner Größe inflationär anzusteigen. Dies aber löste bei Astronomen Besorgnis aus und motivierte ihre weltweite Vereinigung, die *Internationale Astronomische Union* (IAU), zum Überdenken der Klassifizierung von plutoähnlichen Welten. 2006 führte die IAU für Pluto und ähnliche große KGO die neue Kategorie der Zwergplaneten ein. Damit war sowohl die besondere Bedeutung einer Gruppe kleiner Welten für unser Sonnensystem anerkannt, aber auch eine Abgrenzung zu den klassischen Planeten geschaffen, die bedeutend größeren Einfluss auf ihre Umgebung ausüben.

Die Herabstufung des Pluto stieß in der Öffentlichkeit auf einige Empörung, und selbst bei Astronomen und Planetenforschern führte die neue Definition eines Planeten zu einiger Verwirrung und spaltete die Forschergemeinschaft. Für viele ist jedes Objekt, das groß genug ist, um allein durch seine eigene Gravitation eine einigermaßen runde Form anzunehmen, oder bei dem aktive Prozesse zur Differenzierung in Kern, Mantel und Kruste geführt haben, ein Planet. Und warum soll man Satelliten wie Ganymed, Titan oder Europa mit einer Größe, die derjenigen des Merkur nahekommt oder sie übertrifft, nicht als Planeten einstufen? Auch heute noch wird heftig darüber diskutiert, ob unser Sonnensystem acht oder vielleicht doch drei Dutzend oder mehr Planeten hat.

SIEHE AUCH Pluto und der Kuipergürtel (vor 4,5 Mrd. Jahren), Die Entdeckung des Pluto (1930), Die Öpik-Oort-Wolke (1932), Charon (1978), Kuipergürtelobjekte (1992), Erforschung des Pluto (2015)

Grafische Darstellung des Plutosystems und der bekanntesten großen Kuipergürtelobjekte, zum Größenvergleich Erde und Mond. Ceres als größter Asteroid ist etwa so groß wie (307261) 2002 MS_4.

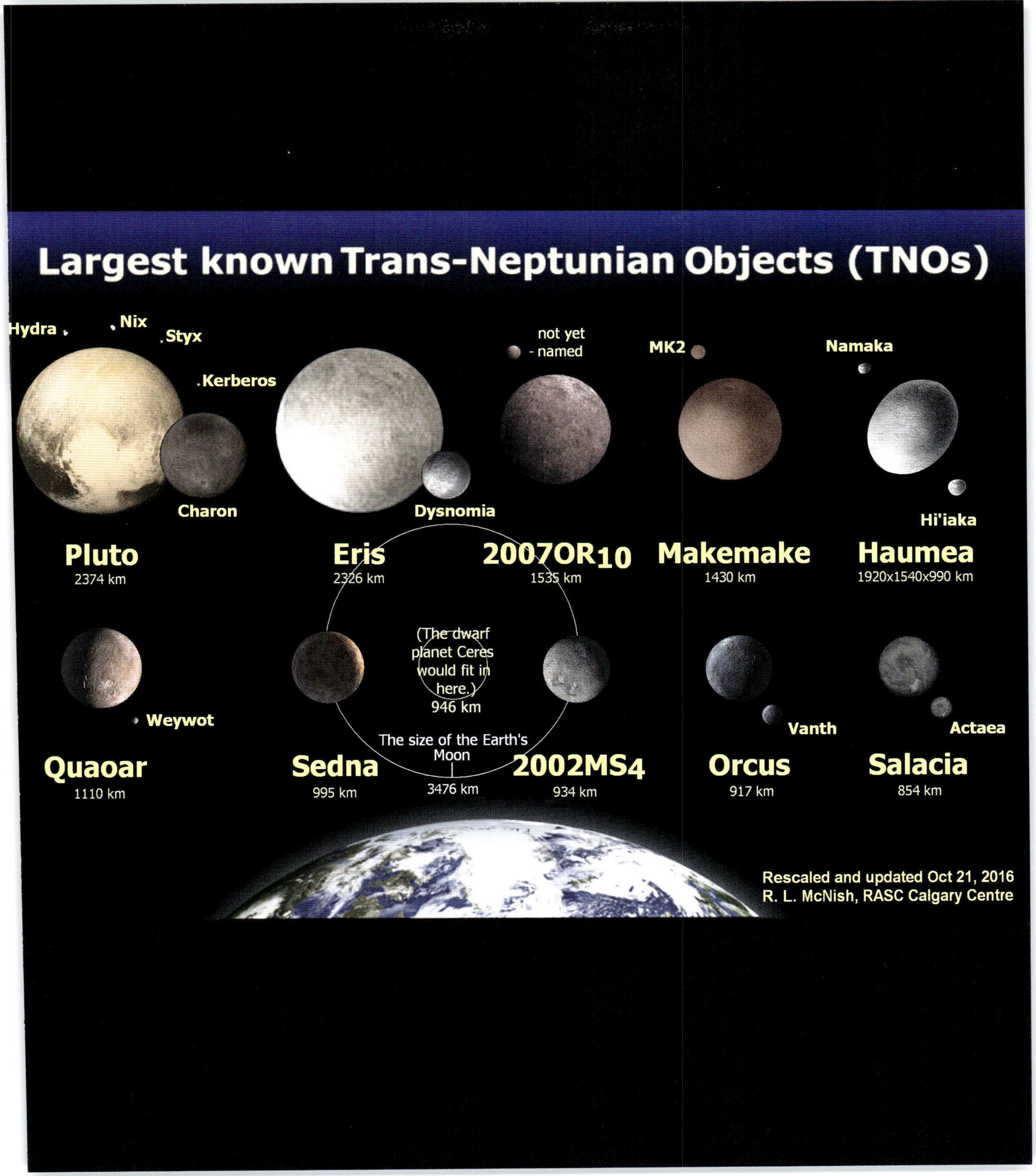
Largest known Trans-Neptunian Objects (TNOs)
Hydra
Nix
Styx
Kerberos
Charon
Pluto
2374 km
Dysnomia
Eris
2326 km
not yet
- named
2007OR10
1535 km
MK2
Makemake
1430 km
Namaka
Hi'iaka
Haumea
1920x1540x990 km
Weywot
Quaoar
1110 km
Sedna
995 km
(The dwarf planet Ceres would fit in here.)
946 km
The size of the Earth's Moon
3476 km
2002MS4
934 km
Vanth
Orcus
917 km
Actaea
Salacia
854 km
Rescaled and updated Oct 21, 2016
R. L. McNish, RASC Calgary Centre

2007

Bewohnbare Supererden?

Die Beobachtung von Planeten auf Umlaufbahnen um andere Sterne hat viel Aufregung und Vorfreude auf die Entdeckung erdähnlicher Welten in unserer Nachbarschaft verursacht. Die Aussichten waren jedoch nicht gut, denn die zuerst aufgespürten Exoplaneten kreisten um einen exotischen, hochenergetischen Pulsar (Supernova-Überrest), während die Planeten, die man bei Hauptreihensternen entdeckt hatte, als »Heiße Jupiter« galten – Gasriesen, deren Umlaufbahn sich in viel zu großer Nähe ihrer Sterne befand. In jüngster Zeit machte man einige Supererden mit zehn- bis fünfzehnfacher Erdgröße ausfindig, aber auch sie umkreisen ihre Sterne in großer Nähe.

2007 entdeckte man schließlich zwei Mitglieder der neuen Planetenklasse der potenziell bewohnbaren Supererden. Sie sind Teil eines Systems mit womöglich sechs oder mehr Planeten, die den Stern Gliese 581 umkreisen. Die Größe der entdeckten Planeten Gliese 581 c und d wird aufgrund der Radialgeschwindigkeitsschwankungen ihres Sterns auf etwa 5–10 Erdmassen geschätzt. Für viel mehr Aufregung sorgt allerdings, dass diese beiden Planeten Gliese 581 in der habitablen Zone umkreisen, das heißt erdähnliche Planeten mit Wasser an der Oberfläche sein könnten. In unserem Sonnensystem erstreckt sich die habitable Zone ungefähr von der Venus bis zum Mars.

Natürlich müssen Planeten wie Gliese 581 c und d oder andere, die seit deren Entdeckung in der habitablen Zone eines Sterns aufgespürt wurden, nicht unbedingt bewohnbar oder gar bewohnt sein. »Habitable Zone« meint lediglich, dass es hier Wasser in flüssiger Form geben könnte, das als unabdingbare Voraussetzung für die Entstehung und das Gedeihen von Leben, wie wir es kennen, gilt. Falls intensive Sterneneruptionen den Planeten in schädliche Strahlung tauchen, Gezeitenwechselwirkungen mit dem Stern oder anderen Planeten ihn bis zum Schmelzpunkt erhitzen oder Wasser nur in Form von Eis vorliegt, könnte es um seine Bewohnbarkeit geschehen sein. Außerdem belegen Himmelskörper in unserem Sonnensystem wie Europa, Titan oder Enceladus, dass bewohnbare Welten sich auch außerhalb der habitablen Zone befinden können, wenn andere Energiequellen Wasser auf oder unter der Oberfläche in flüssigem Zustand halten. Bisher kennen wir nur einen einzigen Planeten, auf dem das Leben ideale Bedingungen vorfindet: die Erde. Viele Astronomen erwarten aber schon für die nähere Zukunft die Entdeckung der Erde 2.0 und ähnlicher Objekte.

SIEHE AUCH Erde (vor 4,5 Mrd. Jahren), Europa (1610), Titan (1655), Enceladus (1789), Ein Ozean auf Europa? (1979), Erste Exoplaneten (1992), Planeten bei sonnenähnlichen Sternen (1995), Leben auf dem Mars? (1996), Ein Ozean auf Ganymed? (2000), *Huygens* auf Titan (2005)

Grafische Darstellung des Planetensystems des Roten Zwergs Gliese 581. Dazu gehören mindestens zwei Supererden mit fünf- bis fünfzehnfacher Erdmasse, von denen zwei sich in der habitablen Zone mit potenziell bewohnbaren Planeten befinden.

2009

Kepler sucht nach Exoplaneten

Um die Jahrtausendwende perfektionierten und testeten die Astronomen eine Vielzahl von Techniken zur Ausfindigmachung von Exoplaneten. Als gebräuchlichste Suchmethode gilt die Erfassung der Radialgeschwindigkeit, die sich insbesondere für Riesenplaneten von der Größe des Jupiters eignet, die ihre Sterne nahe umkreisen. Diese wahrscheinlich unwirtlichen Welten gehörten zu den ersten entdeckten Exoplaneten. Mit anderen Methoden wie Messungen des Zyklus von Pulsaren oder des Gravitationslinseneffekts lassen sich kleinere, auch erdgroße Planeten bei anderen Sternen identifizieren. Einige davon setzen allerdings exotische, unwirtliche Umgebungen voraus oder sind einmalige Ereignisse, die eine weitere Untersuchung des Planeten nicht zulassen.

Die vielversprechendste Suchmethode nach erdgroßen Planeten bei anderen Sternen besteht womöglich darin, sich auf sein Glück zu verlassen: Bei richtiger Geometrie verdunkeln solche Planeten beim Transit vor ihrem Stern dessen Licht um einen winzigen, aber messbaren Betrag und das in vorhersehbarer Weise. Genau dieses Ziel wird mit dem NASA-Weltraumteleskop verfolgt, das nach Johannes Kepler, dem Renaissance-Astronomen und Entdecker der Gesetze der Planetenbewegung, benannt ist.

Das Kepler-Weltraumteleskop wurde 2009 mit einer äußerst einfachen Mission in eine erdnahe Sonnenumlaufbahn gebracht: Man beobachtete dreieinhalb Jahre lang 145 000 nahe gelegene Hauptreihensterne und überwachte deren Licht, um nach periodischen Planetentransiten zu suchen. Seine 42 CCD-Sensoren bilden zusammen die größte je im Weltraum stationierte Kamera (95 Megapixel) und können aufgrund ihrer hohen Empfindlichkeit Veränderungen im Sternenlicht von gerade einmal 0,004 Prozent erkennen.

Die Ergebnisse von Keplers Hauptmission in den Jahren 2009 bis 2013 beeindrucken: Die Existenz von zweieinhalbtausend Planeten, die in der Nähe sonnenähnlicher Sterne entdeckt wurden, ist mittlerweile anerkannt, fast fünftausend weitere warten noch auf die Bestätigung durch andere astronomische Methoden. Zum Großteil handelt es sich dabei um »Heiße Jupiter« auf nahen Umlaufbahnen, bei über vier Dutzend aber auch um etwa erdgroße Planeten in der habitablen Zone. Seit Ende 2013 befindet sich Kepler auf der erweiterten K2-Mission, mit der Exoplaneten in weiteren Regionen des Himmels gefunden und andere astronomische Objekte untersucht werden sollen.

SIEHE AUCH Die Digitalisierung der Astronomie (1969), Erste Exoplaneten (1992), Planeten bei sonnenähnlichen Sternen (1995), Bewohnbare Supererden? (2007), Das Planetensystem Trappist-1 (2017)

OBEN: *Grafische Darstellung von sechs Planeten, die auf Umlaufbahnen um Kepler-11 entdeckt wurden.*
GEGENÜBER: *Grafische Darstellung des NASA-Weltraumteleskops Kepler auf der Jagd nach Planeten, die nahe gelegene sonnenähnliche Sterne umkreisen. Das Teleskop überwacht Sterne in den sechs hier dargestellten Teilen des Himmels entlang der Ekliptik (Erdorbitalbahn um die Sonne).*

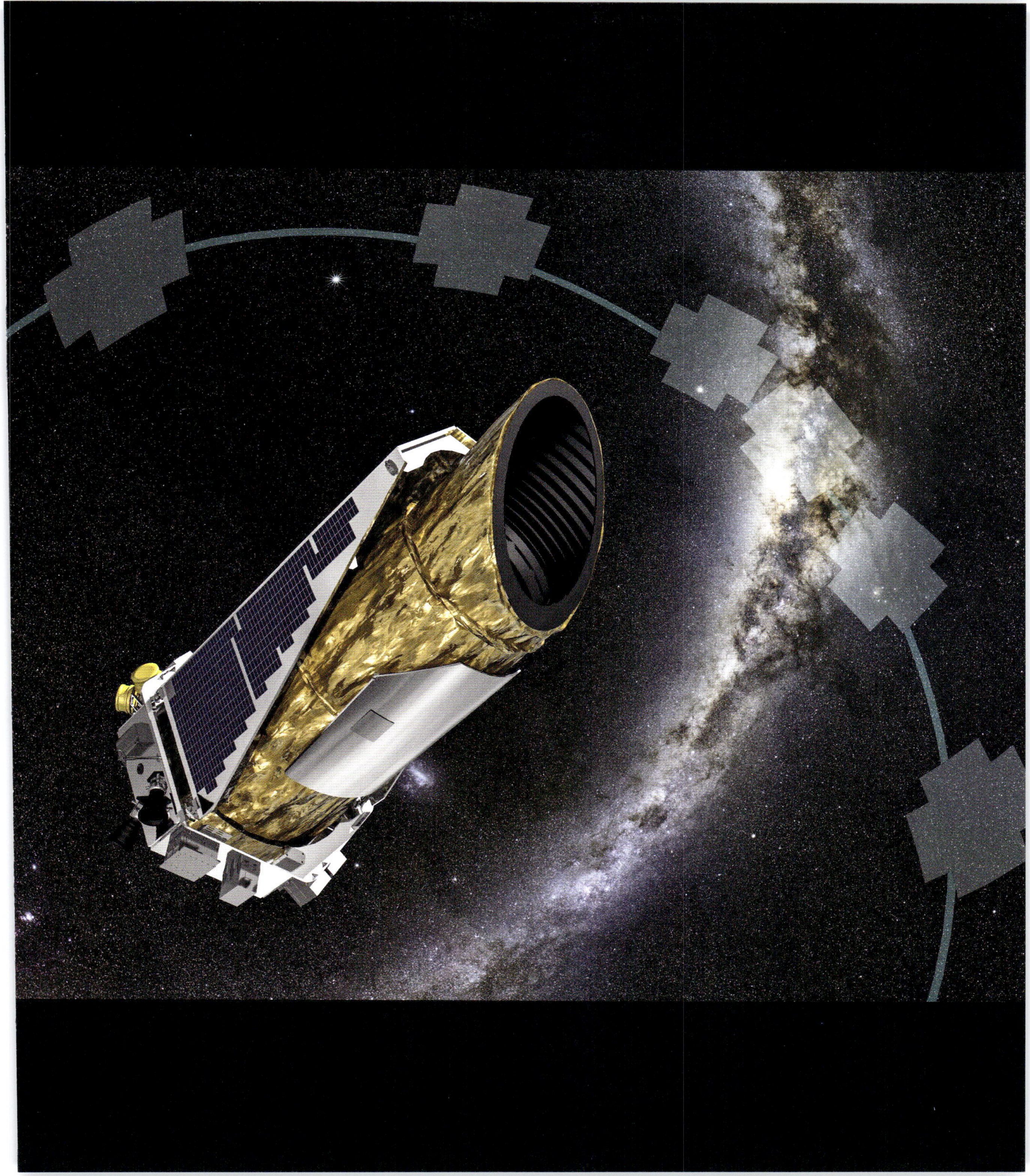

2010

Das SOFIA-Observatorium

Teleskope werden bevorzugt auf hohen, isolierten Berggipfeln fern der Stadtlichter aufgestellt, wo man einen möglichst großen Teil der Erdatmosphäre unter sich lässt. Rauch, Smog, Dunst, Wasserdampf sowie andere Gase und Aerosole, die das Licht auf seinem Weg zur Oberfläche behindern oder spektroskopische Messungen verfälschen, beeinträchtigen die Qualität erdgebundener wissenschaftlicher Weltraumbeobachtungen. Weltraumteleskope wie Hubble oder Spitzer stellen eine ausgezeichnete Alternative dar, aber allein ihr Bau nimmt Jahrzehnte in Anspruch und ist mit Kosten im Bereich von Hunderten Millionen oder Milliarden Euro verbunden.

Um einige Vorteile der Weltraum-Beobachtungsplattformen zu genießen, ohne die damit verbundenen Kosten tragen und technischen Hürden überwinden zu müssen, gab die NASA um 1965 den Startschuss zu einem Programm für luftgestützte Astronomie. Zuerst kamen kleine Teleskope in Convair- und Learjet-Flugzeugen auf kommerziellen Flughöhen zum Einsatz, ab 1975 konnten Astronomen mit dem 91,5-Zentimeter-Teleskop des *Kuiper Airborne Observatory* (KAO) in einem umgebauten Lockheed-C-141A-Militärtransporter den Himmel aus bis zu 14 600 Metern Höhe beobachten. Zu den wichtigsten wissenschaftlichen Entdeckungen mit dem KAO gehören die Entdeckung der Uranusringe und der dünnen Atmosphäre des Pluto. Als Nachfolger für das 1995 stillgelegte KAO entwickelte die NASA in Zusammenarbeit mit dem Deutschen Zentrum für Luftraumfahrt (DLF) das leistungsfähigere Stratosphärenobservatorium für luftgestützte Astronomie (SOFIA), dessen 2,5-Meter-Spiegelteleskop an Bord einer Boeing 747SP untergebracht ist.

Nach Überwindung anfänglicher technischer Probleme und Kostenüberschreitungen startete SOFIA 2010 schließlich zu den ersten wissenschaftlichen Flügen. Das Observatorium lässt wie KAO in einer typischen Flughöhe von 12 500 Metern fast allen Wasserdampf unter sich und ermöglicht so wesentlich vielfältigere Infrarotbeobachtungen als vom Boden aus. In den Jahren 2010 und 2011 trug SOFIA zur Erweiterung der Kenntnisse über die Atmosphäre des Jupiters sowie den Orionnebel bei und ermöglichte, da Infrarotstrahlung Staub fast vollständig durchdringt, die direkte Beobachtung junger Sterne in der Galaxie M82. Zu den Schwerpunkten der kürzlich begonnenen routinemäßigen wissenschaftlichen Beobachtungen gehört die Untersuchung anderer sternbildender Regionen, protoplanetarer Scheiben sowie von Exoplaneten und Kometen.

SIEHE AUCH Erste astronomische Teleskope (um 1608), Die »Entdeckung« des Orionnebels (1610), Uranusringe (1977), Das Hubble-Weltraumteleskop (1990), Großteleskope (1993), Das Spitzer-Weltraumteleskop (2003), Erforschung des Pluto (2015)

Das Stratosphären-Observatorium für Infrarot-Astronomie (SOFIA) ist eine von der NASA umgebaute Boeing 747SP mit einer großen Schiebetür im hinteren Teil über dem 2–5-Meter-Teleskop des Deutschen Zentrums für Luft- und Raumfahrt (DLR). 2010 wurden erste wissenschaftliche Testflüge durchgeführt.

SOFIA
NASA
DLR
N747NA

Rosetta erreicht (21) Lutetia

Spektroskopische und Farbmessungen mit Teleskopen in der zweiten Hälfte des 20. Jahrhunderts legten nahe, dass sich die Asteroiden im Hauptgürtel und in Erdnähe gruppieren ließen. So werden Asteroiden mit Farben und Spektren, die auf typische planetenbildende vulkanische Mineralien verweisen, wie sie in Steinmeteoriten vorkommen, als S-Asteroiden bezeichnet. Solche mit dunkleren Oberflächen und Spektren, die eher denjenigen kohliger Chondriten ähneln, nennt man C-Asteroiden, Objekte mit Spektren, die denen von Eisenmeteoriten ähneln, M-Asteroiden. Einige Klassifikationsschemata und Forschungsgruppen schlugen schon Dutzende Asteroidentypen vor.

Bis 2010 waren Raumsonden nur auf S-Asteroiden wie Eros, Gaspra, Ida und Itokawa und auf C-Asteroiden wie Mathilde getroffen. Deshalb warteten Astronomen am 10. Juli 2010 gespannt auf den nahen Vorbeiflug der ESA-Raumsonde *Rosetta* am M-Asteroiden (21) Lutetia. 2004 gestartet, bog *Rosetta* im August 2014 in den Orbit des periodischen Kometen Tschurjumow-Gerassimenko ein und setzte im November den Lander *Philae* aus. Die zehnjährige Reise von *Rosetta* zum Kometen stellte für das verantwortliche Team auf der Erde wie bei anderen Raumfahrtmissionen auch eine hervorragende Gelegenheit für »Bonusforschung« bei Vorbeiflügen an anderen Objekten dar.

Auf Bildern der Raumsonde *Rosetta* von Lutetia identifizierte man sie mit Maßen von 121 x 101 x 76 Kilometern als bisher größten von Raumfahrzeugen passierten Kometen. Lutetias hohe Dichte von 3,4 Gramm pro Kubikzentimeter deutet auf eine Zusammensetzung aus Fels und Metall hin, die ihrer Klassifizierung als M-Asteroid entspricht. Was ihr Aussehen und ihre Geologie betrifft, weist Lutetia jedoch viele Ähnlichkeiten mit zuvor aus der Nähe fotografierten Asteroiden auf: die Klumpenform und ihre unregelmäßige, mit relativ frischen und bereits verwitterten Impaktkratern in verschiedenen Größen übersäte Oberfläche. Es bestehen auch Hinweise für eine Oberflächenschicht aus feinkörnigem, beweglichem Impaktschutt, den Planetenforscher als Regolith bezeichnen. Die durch den Vorbeiflug von *Rosetta* aufgeworfenen Fragen, warum das Spektrum von Lutetia demjenigen von metallischen Meteoriten ähnelt und wie ein so kleines Objekt mit so geringer Schwerkraft (weniger als 0,3 Prozent der an der Erdoberfläche herrschenden) feinkörnigen Regolith zurückhalten kann, sind Gegenstand angeregter Diskussionen.

SIEHE AUCH Ceres (1801), Vesta (1807), Asteroiden mit Monden (1992), (253) Mathilde (1997), NEAR *Shoemaker* erreicht Eros (2000), *Hayabusa* auf Itokawa (2005)

Der Asteroid (21) Lutetia, Aufnahme von der ESA-Raumsonde Rosetta *während ihres Vorbeiflugs im Juli 2010. Lutetia ist ein stark verkraterter Hauptgürtelasteroid und war bis zur Erforschung von Vesta und Ceres durch die Raumsonde* Dawn *der größte genauer untersuchte Asteroid.*

21 Lutetia - 132 × 101 × 76 km
Rosetta, 2010

2010

Komet 103P/Hartley 2

Nach dem erfolgreichen Abschluss der *Deep Impact*-Mission zum Kometen 9P/Tempel 1, bei der man 2005 ein Projektil auf seiner Oberfläche einschlagen ließ, stellten die zuständigen NASA-Ingenieure fest, dass die Sonde noch genügend Treibstoff mitführte, um sie als Observatorium zur Suche nach Exoplaneten mit der Transitmethode (die auch das Weltraumteleskop Kepler verwendete) zu betreiben und womöglich auch für eine Begegnung mit einem weiteren Kometen. *Deep Impact* wurde daher auf eine Folgemission namens EPOXI (die Kombination aus *Extrasolar Planet Observation* und *Deep Impact Extended Investigation*) geschickt.

Nach drei nahen Vorbeiflügen an der Erde (Schwerkraftumlenkungsmanövern) flog EPOXI im November 2010 nahe am Kern von 103P/Hartley 2 vorbei. Der 1986 vom australischen Astronomen Malcolm Hartley entdeckte kurzperiodische Komet kreist mit sechseinhalbjähriger Umlaufzeit in 1,1 bis 5,9 Astronomischen Einheiten Entfernung um die Sonne. Kurzperiodische Kometen werden weiter unterteilt in die Jupiter-Familie, der auch Hartley 2 angehört, mit Perioden von unter 20 Jahren und die nach ihrem berühmtesten Mitglied benannte Halley-Familie mit Perioden zwischen 20 und 200 Jahren. Viele kurzperiodische Kometen könnten einst langperiodische gewesen sein und ihre Umlaufbahn infolge einer nahen Begegnung mit einem der Riesenplaneten drastisch verändert haben. So ist Hartley 2 womöglich ein eher primitives Objekt aus der Öpik-Oort-Wolke, das vor relativ kurzer Zeit eng am Jupiter vorbeiflog.

Die Daten aus dem Vorbeiflug von *Deep Impact* stützten die Annahme, dass Hartley 2 aus dem äußeren Sonnensystem stammt. Auf Bildern der EPOXI-Mission entdeckte man starke Jets aus Eis, Gas und Staub, die aus dem erdnussförmigen Kern des Kometen schießen, und spektroskopische Messungen ergaben, dass das Eis eher in Form von gefrorenem Kohlendioxid (Trockeneis) als von gefrorenem Wasser vorliegt. Anfängliche Untersuchungen deuten auch auf das Vorhandensein organischer Moleküle wie Methanol in den Jets von Hartley 2 und in seiner erweiterten Atmosphäre hin.

Falls der Komet weiterhin im derzeitigen Umfang durch die Jets und durch Sublimation seiner Oberfläche (Verdunstung von Eis) an Masse verliert, könnte er die Sonne nur noch etwa hundertmal umkreisen, bevor er in etwa sieben Jahrhunderten in kleinere Stücke zerfällt.

SIEHE AUCH Sonnennebel (vor 5 Mrd. Jahren), Der Halley'sche Komet (1682), Die Tunguska-Explosion (1908), Die Öpik-Oort-Wolke (1932), Komet SL9 schlägt auf dem Jupiter ein (1994), Der Große Komet Hale-Bopp (1997), *Stardust* erreicht 81P/Wild 2 (2004), *Deep Impact* erreicht 9P/Tempel 1 (2005), *Kepler* sucht nach Exoplaneten (2009)

Kern des Kometen Hartley 2, Aufnahme der NASA-Raumsonde Deep Impact *während ihres Vorbeiflugs auf der Folgemission EPOXI am 4. November 2010. Wasserdampf, andere Gase und Staub schießen als Jets aus dem Inneren des Kometen.*

2011

MESSENGER erreicht den Merkur

Aufgrund seiner Sonnennähe gilt Merkur als der am schwierigsten zu beobachtende klassische Planet. Auch der Erforschung mit Raumfahrzeugen widersetzte er sich lange, was unter anderem an den heißen Temperaturen in einer Umgebung liegt, in der das Licht der Sonne fünf- bis zehnmal intensiver als auf der Erde ist.

Im 20. Jahrhundert erkundete nur eine einzige Raumfahrtmission den innersten Planeten: *Mariner 10*. Die Sonde wurde 1973 gestartet und flog 1974–1975 dreimal kurz am Merkur vorbei. Sie fotografierte etwa die Hälfte des Planeten. Die mondähnliche, verkraterte Oberfläche des Planeten sowie großflächige tektonische Formationen verweisen auf eine in frühen Zeiten geschmolzene Oberfläche, die sich mit der Zeit abkühlte und zusammenzog. *Mariner 10* entdeckte auch das starke Magnetfeld des Merkurs, das wahrscheinlich von seinem großen, teilweise geschmolzenen Kern herrührt.

Aufgrund dieser faszinierenden Entdeckungen schlugen Planetenforscher eine eigene Merkur-Orbitermission vor, deren Start die NASA auf 2004 festlegte. Nach Vorbeiflügen an Erde und Venus sowie drei Vorbeiflügen am Merkur bog die Raumsonde *MESSENGER* (ein Akronym zu Ehren von Merkurs Rolle als Götterbote in der römischen Mythologie, das auf Deutsch etwa »Merkur-Oberflächen-, -Umwelt-, -Geochemie- und -Entfernungsmessung« bedeutet) im März 2011 auf eine elliptische Umlaufbahn um den Planeten ein.

MESSENGER schloss die Kartierung des gesamten Planeten ab und ermöglichte spannende Erkenntnisse zu alten Vulkanen, Kratern und tektonischen Landformen, bevor der Sonde 2015 der Treibstoff ausging und sie auf den Planeten stürzte. Die Missionswissenschaftler stellten fest, dass die hellen Flecken, die sie auf Bildern des Arecibo-Radioteleskops an den Polen des Merkurs gesehen hatten, dauerhaft schattige, mit Eis gefüllte Impaktkrater und keine merkwürdige geochemische Anomalie sind. Die Pole stellten sich somit als eisiger heraus als ursprünglich angenommen, denn auch die vielen kleinen Schattenkrater, die den Planetologen Rätsel aufgegeben hatten, waren mit Eis gefüllt.

Die Entdeckungen von *MESSENGER* erleichtern die Planung der nächsten Mission zum Merkur mit der *BepiColombo*-Sonde der ESA, die im Oktober 2018 gestartet wird und 2025 in die Merkur-Umlaufbahn einschwenken soll.

SIEHE AUCH Merkur (vor 4,5 Mrd. Jahren), Die Suche nach Vulkan (1859), Das Arecibo-Radioteleskop (1963), Das Mondhochland (1972)

OBEN: *Grafische Darstellung der Raumsonde* MESSENGER *in der Nähe des Merkurs.* GEGENÜBER: *Der hell beleuchtete Krater nahe der Spitze heißt Debussy, in der Mitte und im unteren Teil des Fotos die Südpolregion des Merkurs, erste Aufnahme der* MESSENGER *aus dem Merkurorbit, 29. März 2011.*

2011

Dawn erreicht Vesta

Die 2006 erfolgte Herabstufung des Pluto zum Zwergplaneten bedeutete zugleich die Heraufstufung der Hauptgürtel-Asteroiden Ceres und vermutlich auch Vesta in diese neue Klasse. Nach der aktuellen Definition der Internationalen Astronomischen Union ist ein Zwergplanet ein kleiner Körper, der genügend Masse und Eigengravitation aufweist, um eine nahezu runde Form anzunehmen. Dabei haben sich Zwergplaneten außerdem wie vollwertige Planeten vermutlich in Kern, Mantel und Kruste differenziert und daher während ihrer Geschichte aktive innere und äußere geologische Prozesse durchlebt.

Da selbst die besten Aufnahmen des Hubble-Weltraumteleskops (HST) nur wenige Details von Ceres und Vesta enthüllen, startete die NASA 2007 eine Mission zur Erkundung dieser Welten aus der Nähe. Die Raumsonde *Dawn* (»Morgendämmerung«), so benannt, weil ihre uralten Destinationen Aufschluss über die Frühzeit des Sonnensystems geben konnten, passte ihre Flugbahn dank ihrer neuartigen Xenon-Ionen-Triebwerke sanft an die Umlaufbahnen von Vesta (2011) und von Ceres (2015) an. *Dawn* war die erste Raumsonde, die zwei Himmelsobjekte nacheinander im Orbit umkreist hat.

Dawn schwenkte im Juli 2011 in den Orbit von Vesta mit mittleren Maßen von 573 × 557 × 446 Kilometern ein. Auf ihren scharfen Aufnahmen sind eine stark verkraterte Oberfläche und wie zuvor schon vermutet zwei gewaltige, sich überlappende Einschlagbecken am Südpol zu erkennen. Lange, tiefe Rillen rund um den Äquator scheinen von den Einschlägen am Südpol verursacht worden zu sein.

Dawns spektroskopische Messungen belegen die Existenz alter hydratisierter Mineralien auf der Oberfläche des Asteroiden und offenbaren Vesta als Quelle von Meteoriten, die von einem großen, differenzierten, vulkanisch aktiven Mutterkörper stammen müssen. Aus Massen- und Volumenschätzungen geht eine Dichte von etwa 3,4 Gramm pro Kubikzentimeter hervor, die der von Mond und Mars nicht unähnlich ist. Vesta erscheint somit als seltenes Beispiel für einen Protoplaneten, als uralter Übergangskörper zwischen Asteroid und Planet im Sonnensystem, als in der Zeit eingefrorenes Relikt, das Überbleibsel von der Entstehung der terrestrischen Planeten beherbergt.

SIEHE AUCH Der Asteroidengürtel (vor 4,5 Mrd. Jahren), Ceres (1801), Vesta (1807), Asteroiden mit Monden (1992), *NEAR Shoemaker* erreicht Eros (2000), *Hayabusa* auf Itokawa (2005), Die Herabstufung des Pluto (2006), *Rosetta* erreicht (21) Lutetia (2010)

OBEN: *Logo der Raummission* Dawn. GEGENÜBER: *Das große und tiefe südpolare Einschlagbecken Rheasilvia mit dem mächtigen Berg in der Mitte auf dem großen Hauptgürtel-Asteroiden Vesta, Aufnahme der Raumsonde* Dawn *aus dem Orbit, Juli 2011.*

2011

Das ALMA-Observatorium

Radioastronomen arbeiten meist mit riesigen Teleskopen, die auch schwache Signale erfassen. Schon früh entdeckten Pioniere auf diesem Feld, dass man mehrere Radioteleskope in einer bestimmten Anordnung zu einem Interferometer verbinden und so das Auflösungsvermögen eines Einzelteleskops mit der Größe der ganzen Anordnung simulieren konnte. Ein frühes Beispiel für die Nutzung dieser Technik in großem Maßstab ist das *Very Large Array* (VLA) mit 27 Radioteleskopen bei Socorro im US-Bundesstaat New Mexico. Es wurde 1980 in Betrieb genommen und zuletzt 2011 modernisiert.

Ebenfalls 2011 nahm das Radioteleskop-Observatorium *Atacama Large Millimeter/submillimeter Array* (ALMA) mit noch wesentlich empfindlicheren 66 Parabolantennen den wissenschaftlichen Betrieb auf. Es befindet sich in der supertrockenen nordchilenischen Atacama-Wüste in 5060 Metern Höhe weit über dem meisten Wasserdampf in der Erdatmosphäre. In Abwesenheit seiner blockierenden Wirkung kann ALMA langwellige Infrarotstrahlung im Millimeterbereich aus entfernten Galaxien, von Sternen und auch Objekten des Sonnensystems detektieren. So erhalten die Astronomen Information zur Zusammensetzung von Himmelsobjekten, die sonst nur ein Weltraumteleskop liefern könnte. Die bisher teuerste bodengebundene Teleskopanlage ist ein internationales Projekt von Ländern aus Nordamerika, Europa und Asien und schlug mit Baukosten von über einer Milliarde Euro zu Buche.

ALMA lieferte beeindruckende Erkenntnisse, insbesondere weil dank der maximalen Ausdehnung der Antennenanordnung von 16 Kilometern eine mit Radioteleskopen nie zuvor erreichte Detailtreue möglich wurde. Ein herausragendes frühes Beispiel sind die Bilder, die ALMA von einem Planetensystem lieferte, das um HL Tauri im Sternbild Stier in Entstehung begriffen ist: Freigeräumte Umlaufbahnen in der Staubscheibe belegen die Existenz neu gebildeter Planeten, die den heißen jungen Stern umkreisen. Der Strom der Erkenntnisse, die wir ALMA verdanken, reißt nicht ab und reicht von der Art der Kohlenwasserstoffe in nahe gelegenen Kometen bis zu Details über die Wechselwirkungen in weit entfernten Starburstgalaxien.

SIEHE AUCH Sonnennebel (vor 5 Mrd. Jahren), Radioastronomie (1931), Die NASA und dass *Deep Space Network* (1958), Protoplanetare Scheiben (1984)

OBEN: *Nach Daten von ALMA rekonstruierte Ansicht einer protoplanetaren Scheibe aus Gas und Staub um den jungen Stern HL Tauri.* GEGENÜBER: *Einige der 66 Antennen von ALMA in der trockenen chilenischen Atacama-Wüste auf über 5000 Metern Höhe.*

Der Mars-Labor-Rover *Curiosity*

Über vier Jahrzehnte Marserkundung mit Orbitern, Landern und Rovern haben nach Meinung der meisten Wissenschaftler den Nachweis erbracht, dass der Rote Planet in früher Zeit erdähnlicher und hier Leben möglich war. Davon zeugen zahlreiche faszinierende Belege wie uralte Flusstäler, die von an der Oberfläche fließendem Wasser geformt wurden, oder Ablagerungen bestimmter hydratisierter Mineralien, für deren Bildung die Gegenwart von Wasser erforderlich war.

Die Suche der Viking-Sonden-Lander nach organischen Molekülen auf dem Mars in den Siebzigerjahren mit empfindlichen Instrumenten verlief ergebnislos. Das lag zum Teil an ihren aus geologischer Sicht unproblematischen Landeplätzen, die man vor der Bekanntwerdung des einstigen Vorhandenseins von Wasser auf dem Roten Planeten für sie ausgewählt hatte. Nach dreieinhalb Jahrzehnten weiterer Marsforschung entschied sich die NASA, einen neuen Mars-Rover nach Spuren von organischen Molekülen und einstigem Leben suchen zu lassen. 2006 wurde die Mission *Mars Science Laboratory* mit dem Ziel gestartet, den Rover *Curiosity* auf dem uralten Sedimentgestein des aus der Umlaufbahn bereits untersuchten Gale-Kraters landen zu lassen, dessen Geologie und Mineralogie auf flüssiges Wasser und Energiequellen, zwei Grundbedingungen für die Existenz von Leben, schließen ließ.

Curiosity landete am 6. August 2012 sicher auf dem Mars. Der Rover ist etwa dreimal so groß wie seine älteren Brüder *Spirit* und *Opportunity*. Er kann eine beeindruckende Nutzlast tragen: hochauflösende Farb-Stereokameras, ein Farbmikroskop, ein Laserspektrometer zur Bestimmung der Zusammensetzung von Gesteinen, ein Röntgengerät zur Identifizierung von Mineralien und ein sehr empfindliches Massenspektrometer zur Lokalisierung organischer Moleküle in Boden- und Gesteinsproben.

Curiosity entdeckte im Gale-Krater schon bald schlagende Hinweise für an der Oberfläche fließendes Wasser sowie durch Wasser geformte Tonmineralien. Seit 2018 erklimmt der Rover die Hänge des Mount Sharp und sucht nach noch mehr Beweisen für Wasser in der Vergangenheit des Roten Planeten.

SIEHE AUCH Mars (vor 4,5 Mrd. Jahren), Marskanäle (1906), Erste Marsorbiter (1971), Die *Viking*-Sonden auf dem Mars (1976), Leben auf dem Mars? (1996), Der erste erfolgreiche Mars-Rover (1997), *Mars Global Surveyor* (1997), *Spirit* und *Opportunity* auf dem Mars (2004)

OBEN: *Techniker trainieren bei ersten Fahrversuchen im* Jet Propulsion Laboratory *die Räder des Rovers des* Mars Science Laboratory, *Juli 2010.* GEGENÜBER: *Der NASA-Rover* Curiosity *auf einer dunklen Sanddüne mit geäderten Felsen, Selfie mit der am Arm montierten Kamera, 2006. Mit seinen Vierzig-Zentimeter-Rädern konnte sich der Rover für eine detaillierte Untersuchung an diesem Standort in den Sand graben.*

2013

Der Meteor von Tscheljabinsk

Die Erde steht unter ständigem Beschuss durch Weltraumtrümmer. Über 60 Tonnen Staub regnen täglich aus dem Kosmos auf unseren Planeten herab, und noch größeres Material gelangt dazu in unsere Atmosphäre, von kieselsteingroßen Felssplittern bis hin zu massiven Eisenbrocken mit Dutzenden Metern Durchmesser. Kleinere Objekte werden schon kurz nach dem Eintritt in die Erdatmosphäre durch Reibung so sehr erhitzt, dass sie hoch über der Oberfläche verglühen. Diese Meteore, auch »Sternschnuppen« genannt, treffen oft als Schwärme ein, wenn die Erde die Umlaufbahn eines periodischen Kometen passiert. So besteht der Perseiden-Meteorstrom Mitte August aus winzigen Stücken, die der Komet Swift-Tuttle abgeworfen hat.

Ab und zu gelangen jedoch auch größere Stücke von Kometen oder Asteroiden in die Erdatmosphäre, wo sie als helle Feuerkugeln (Boliden) explodieren, oder bis zur Oberfläche, wo ihr Einschlag Krater verursacht und sie Meteoriten hinterlassen. Die NASA katalogisierte mit Boden- und Satellitenüberwachungsstationen allein zwischen 1994 und 2013 über 550 Feuerbälle, bei denen Objekte mit einer Größe von einem bis etwa 18 Metern Größe in die Erdatmosphäre eintraten, jedoch nur in wenigen Ausnahmefällen bis zur Oberfläche gelangten.

Als größter Bolide der jüngeren Geschichte gilt ein etwa 19 Meter großer Asteroid, der am Morgen des 15. Februar 2013 mit einer Geschwindigkeit von 64 000 Stundenkilometern in die Atmosphäre eintrat und in etwa 30 Kilometern Höhe über der russischen Stadt Tscheljabinsk explodierte. Zahlreiche Überwachungskameras und Dashcams hielten den in niedrigem Winkel verlaufenden Kondensstreifen und den grellen Feuerball in Bildern fest und machten ihn so zu einem der meistfotografierten Impaktereignisse überhaupt. Der Detonation in der oberen Atmosphäre folgte eine Schockwelle, die in Tausenden von Gebäuden die Fenster zerspringen ließ und etwa 1500 Verletzte zurückließ.

Durch die Rekonstruktion der Flugbahn des Superboliden stellte man fest, dass er aus dem Hauptgürtel zwischen Mars und Jupiter stammte. Die Untersuchung geborgener Fragmente ergab, dass es sich vermutlich um ein Bruchstück handelte, das bei einer wesentlich früheren Kollision von einem größeren Himmelskörper abgeschlagen worden war.

Der Meteor von Tscheljabinsk gilt wie die Tunguska-Explosion von 1908 als Jahrhundertimpakt. Der Eintrittswinkel und die Explosion in der oberen Atmosphäre verhinderten wahrscheinlich größere Verletzungen und Schäden. Die umfangreiche Medienberichterstattung über das Ereignis trug ihrerseits dazu bei, dass die Menschen sich heute stärker bewusst sind, dass die Erde einem Ziel in einer kosmischen Schießbude gleicht.

SIEHE AUCH Der Asteroidengürtel (vor 4,5 Mrd. Jahren), Der Barringer-Krater (vor 50 000 Jahren), Der Ursprung der Leoniden-Meteore (1866), Die Tunguska-Explosion (1908)

Kondensstreifen und Feuerkugel, die durch die Explosion eines kleinen Asteroiden über der russischen Stadt Tscheljabinsk verursacht wurden, Standbild aus einem Dashcam-Video, 5. Februar 2013.

2015

Sonnensegel

James Clerk Maxwell (1831–1879), **Konstantin Ziolkowski** (1857–1935)

Schon frühe Astronomen bemerkten, dass die Schweife vieler heller Kometen von der Sonne weg zeigten, was auf eine Art Windströmung zwischen den Planeten hinzudeuten schien. Erst im 19. Jahrhundert konnten James Clerk Maxwell und andere Physiker aber die Wirkung erklären: Licht weist Impuls auf und übt deshalb einen Strahlungsdruck auf Objekte im Raum aus. Zwar schlug schon der russische Raketenpionier Konstantin Ziolkowski im frühen 20. Jahrhundert als einer der Ersten vor, den Druck der Sonnenstrahlung als Antrieb für Raumfahrzeuge zu nutzen, aber die Raketentechniker verwiesen die Idee des »Solarsegelns« lange in die Welt der Science-Fiction. In den Neunzigerjahren begann man den Bau von Sonnensegeln für Weltraummissionen ernsthaft in Betracht zu ziehen, aber erst 2010 testete die japanische Weltraumorganisation JAXA den Einsatz interplanetarer Sonnensegel mit der Raumsonde *IKAROS* (*Interplanetary Kite-craft Accelerated by Radiation Of the Sun*) erfolgreich. Die Sonde erbrachte den Nachweis, dass man die Ausrichtung und Beschleunigung eines Raumfahrzeugs tief im Weltraum mit einem Sonnensegel steuern kann.

2015 gelang es der gemeinnützigen Weltraumorganisation *Planetary Society*, das erste privat finanzierte Sonnensegel mit dem relativ kostengünstigen Nanosatelliten *CubeSat* auf eine erdnahe Umlaufbahn zu bringen. Die Mission *LightSail-1* diente der Erprobung der Technologien und Einsatzmethoden von Sonnensegeln vor einem umfangreicheren Test des ausgereiften, steuerbaren Sonnensegelantriebs mit der Folgemission *LightSail-2*.

Sonnensegeln, angetrieben vom Licht der Sonne, möglicherweise auch von Lasern, wird im Rahmen von interplanetaren oder sogar interstellaren Reisen eine große Zukunft vorausgesagt. Mit den Missionen *IKAROS* und *LightSail* wurden und werden gerade die Voraussetzungen für wesentlich ambitioniertere Unterfangen geschaffen. Übrigens schrieb schon Johannes Kepler 1610 an Galilei, man solle Schiffe oder Segel konstruieren, die der himmlischen Brise angepasst sind, und es würden sich Entdecker finden, die auch dieser Leere trotzten.

SIEHE AUCH Das Ende des Äthers (1887), Flüssigkeitsraketen (1926), Der Große Komet Hale-Bopp (1997)

OBEN: *Grafische Darstellung der japanischen Sonnensegelmission* IKAROS. GEGENÜBER: *Teil des Sonnensegels, das* The Planetary Society *im Rahmen der Mission* LightSail-1 *am 8. Juni 2015 auf eine niedrige Erdumlaufbahn brachte, Foto des Kleinsatelliten. Das quadratische Segel hat eine Seitenlänge von gut sechs Metern.*

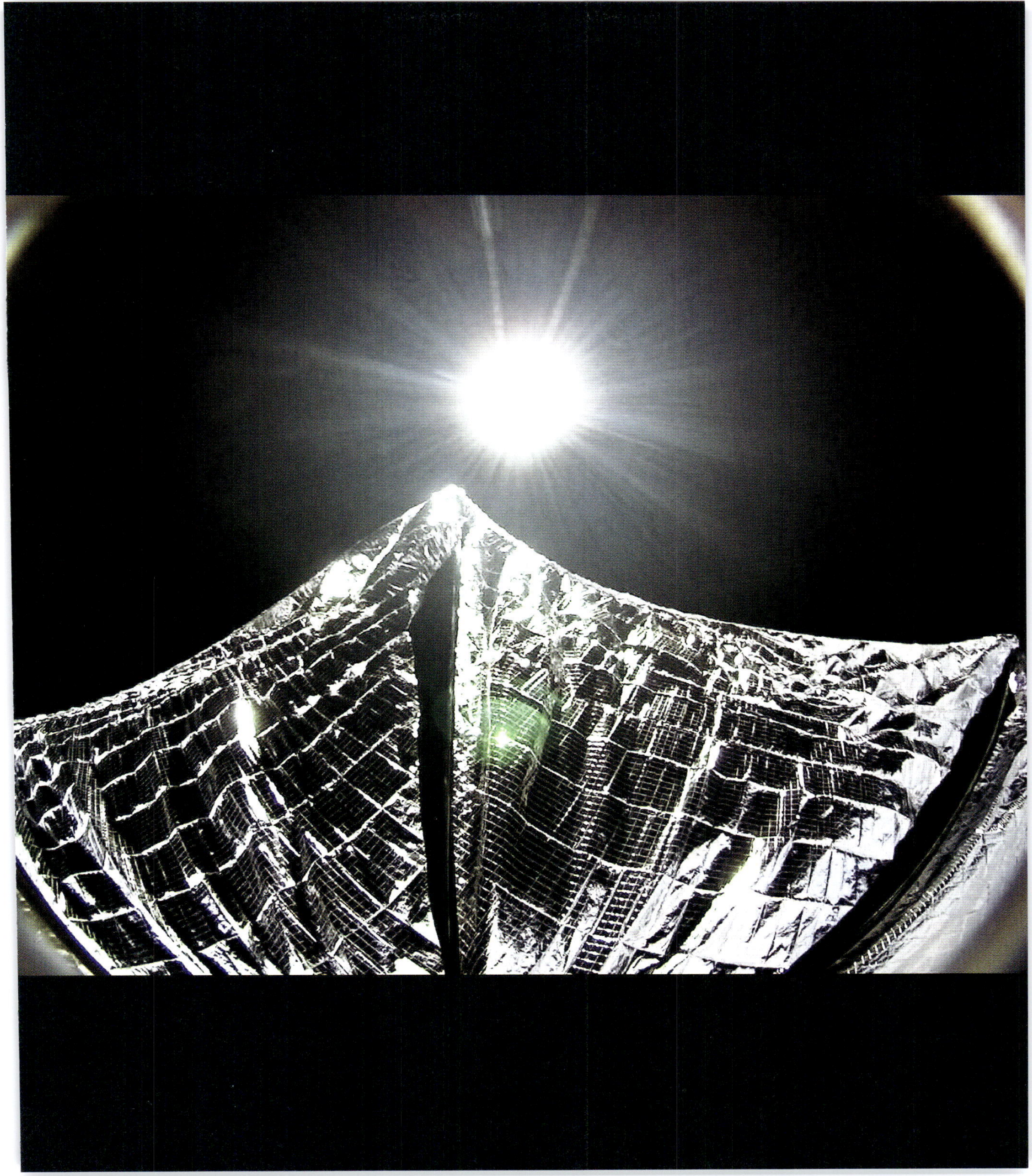

2015

Dawn erreicht Ceres

Nach Abschluss ihrer Orbitalmission zu Vesta machte sich die NASA-Raumsonde *Dawn* 2012 auf den Weg zu ihrem nächsten Ziel, dem größten Hauptgürtel-Asteroiden Ceres. Im März 2015 bog *Dawn* in den Orbit von Ceres ein und kreiste zuerst auf einer sehr hohen Umlaufbahn, um deren Masse und Form auszumessen. Anschließend wurde die Bahn der Sonde im Laufe mehrerer Jahre allmählich auf 380 Kilometer abgesenkt und wieder auf 1460 Kilometer und weiter erhöht, um hochauflösende Bilder, spektroskopische und Schwerkraftdaten zu sammeln.

Da sie allein aufgrund ihrer Eigengravitation eine etwa runde Form angenommen und sich in einen Kern aus Fels, einen Eismantel und eine dünne Staubkruste differenziert hat, wird Ceres als Zwergplanet eingestuft. Die Wissenschaftler der *Dawn*-Mission kartierten mithilfe der Bilder und anderer Daten der Raumsonde die Krater und Berge von Ceres und fanden Hinweise auf früheren Kryovulkanismus, bei dem die »Lava« primär aus Wasser und Eis besteht. Dazu gehören zähflüssige, von Eisvulkanen geformte Reliefs oder Gebiete, in denen eruptiertes Wasser verdunstete und hydratisierte Mineralien wie Tone sowie Sulfat-, Carbonat- und Chloridsalze zurückließ.

Das Innere von Ceres besteht aufgrund ihrer Dichte von 2,2 Gramm pro Kubikzentimeter, die weit über der von Eis liegt, tief im Inneren aus Fels. Somit besteht eine größere Wahrscheinlichkeit für das Vorhandensein radioaktiver Wärmequellen. Vulkanische Aktivitäten im Inneren erscheinen wahrscheinlich, und Teile des Eismantels könnten in flüssiger Form vorliegen. Einige Hinweise deuten sogar auf eine äußerst dünne, flüchtige »Atmosphäre« aus Wasserdampf hin, wie sie bei Kometen vorkommt. Das erhärtet die These von der Existenz signifikanter Wasservorkommen im Inneren. In Kombination mit den Ergebnissen früherer und laufender Untersuchungen lassen *Dawns* Beobachtungen die überraschende Vermutung zu, dass auf Ceres die für die Bewohnbarkeit notwendigen Schlüsselkomponenten vorhanden sein könnten: flüssiges Wasser, Wärmequellen und organische Moleküle. Es liegt an den Missionen und Forschern der Zukunft, diese Hypothese auf Herz und Nieren zu testen.

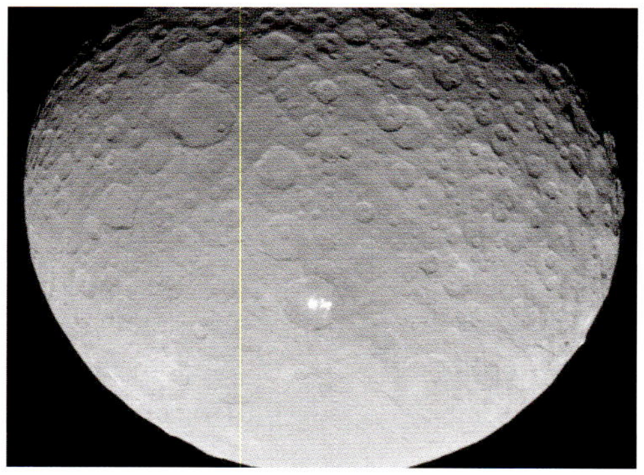

SIEHE AUCH Der Asteroidengürtel (vor 4,5 Mrd. Jahren), Ceres (1801), Vesta (1807), *Dawn* erreicht Vesta (2011), Das Planetensystem Trappist-1 (2017)

OBEN: *Die stark verkraterte, eisige Ceres ist mit einem Äquatordurchmesser von 964 Kilometern der größte Asteroid im Hauptgürtel.* GEGENÜBER: *Nahaufnahme des Einschlagkraters Occator auf Ceres mit 92 Kilometern Durchmesser. Die auffälligen hellen Stellen weisen auf Eis und Salze hin.*

Die Erforschung des Pluto

Auch nach seiner 2006 erfolgten Herabstufung vom vollwertigen zum Zwergplaneten faszinierte Pluto die Forscher, denn sie hatten noch zahlreiche Rätsel zu klären. In den Achtzigerjahren konnten dank mehrerer aufeinanderfolgender gegenseitiger Finsternisse, die Pluto und seinen großen Trabanten Charon betrafen, die grundlegenden Eigenschaften des Planeten mit Teleskopbeobachtungen eruiert werden. Plutos Durchmesser beträgt mit 2374 Kilometern etwa ein Fünftel desjenigen der Erde, während seine Masse wegen der Zusammensetzung vorwiegend aus Eis und der damit verbundenen geringen Dichte von nur zwei Gramm pro Kubikzentimeter nur 0,2 Prozent der Erdmasse ausmacht.

Bei weiteren Beobachtungen mit dem Teleskop des *Kuiper Airborne Observatory* erfuhren die Forscher, dass der Pluto auch eine dünne Atmosphäre aus Stickstoff, Methan und Kohlenmonoxid besitzt, deren Druck an der Oberfläche mindestens 300 000-mal geringer ist als auf der Erde. Spektroskopische Messungen der Plutooberfläche ergaben, dass sie zu über 98 Prozent aus Stickstoffeis besteht, mit Spuren von Methan und Kohlendioxid. Pluto ähnelt damit in vielerlei Hinsicht dem großen Neptunmond Triton mit seiner vereisten Oberfläche, die von einer dünnen, wahrscheinlich in ihrer Zusammensetzung dynamisch wechselnden Atmosphäre umgeben ist.

Die NASA-Raumsonde *New Horizons* sollte herausfinden, wie Pluto von Nahem aussieht. Nach ihrem Start im Jahre 2006 schwenkte sie 2007 durch ein Schwerkraftmanöver beim Jupiter zum Plutosystem, das sie am 14. Juli 2015 erreichte. Millionen sahen im Internet weltweit zu, wie sich Pluto und seine Monde von Lichtpunkten in exotische, interessante Welten verwandelten. Auf Pluto sind weite, von einer Eisdecke aus Stickstoff und Kohlenmonoxid bedeckte Ebenen zu sehen, wobei viele Bereiche auf eine relativ junge geologische oder atmosphärische Erneuerung hinweisen. Aus diesen Ebenen erheben sich stellenweise hohe Eisberge, von denen Gletscher in Täler strömen. Pluto zieht zwar am eiskalten, einsamen Rand des Sonnensystems seine Bahnen, weist aber deutliche Hinweise auf eine aktive und komplexe geologische Geschichte auf. Auch auf dem halb so großen Charon, dessen Oberfläche vor allem aus Wassereis besteht und an den Polen von einer rötlichen Stickstoff-Methan-Kohlenmonoxid-Eiskappe geprägt wird, muss einst eine signifikante geologische Aktivität zu verzeichnen gewesen sein.

Die *New Horizons* setzt ihre Mission fort und befindet sich wie zuvor *Pioneer 10* und *11* sowie *Voyager 1* und 2 auf einer Bahn aus dem Sonnensystem. Unterwegs fliegt sie am 1. Januar 2019 am kleinen Kuipergürtelobjekt (486 958) 2014 MU$_{69}$ vorbei.

SIEHE AUCH Pluto und Kuipergürtel (vor 4,5 Mrd. Jahren), Triton (1846), Die Entdeckung des Pluto (1930), Charon (1978), Kuipergürtelobjekte (1992), Die Herabstufung des Pluto (2006)

Pluto mit der hellen, herzförmigen Tombaugh-Region und seinem dunkleren Mond Charon, Aufnahme der Raumsonde New Horizons, Juli 2015.

2016

Juno erreicht den Jupiter

Zwar wurde Jupiter schon vor 2016 im Vorbeiflug und aus dem Orbit von Sonden untersucht, doch mit ihren Instrumenten drangen sie nur ein wenig ins Innere des Gasriesen vor. Somit blieben wichtige Fragen zur Entstehung des Jupiters, seiner inneren Struktur und Zusammensetzung und seiner möglichen Zukunft unbeantwortet. Und da die meisten bekannten Exoplaneten dem Jupiter vermutlich in vielerlei Hinsicht nicht unähnliche Gasriesen sind, könnte das bessere Verständnis des Jupiters uns auch beim Kennenlernen jener fernen Welten helfen.

So schickte die NASA mit *Juno* die zweite Raumsonde des *New Frontiers*-Programms in den Orbit des Jupiters, um mehr über seinen Ursprung und seine innere Struktur zu erfahren. Riesige Solarmodule versorgen die Sonde mit Strom, womit sie der bis heute am weitesten entfernte, solarbetriebene Satellit ist. *Juno* führt Instrumente zur Untersuchung des Schwerkraft- und Magnetfelds, der ultravioletten bis infraroten Strahlung und der atmosphärischen Eigenschaften des Jupiters an Bord mit. Nach ihrem Start im Jahre 2011 bog die Sonde im Juli 2016 in eine stark elliptische polare Umlaufbahn um den Gasriesen ein.

Erste Ergebnisse der Mission belegten, dass sowohl die innere als auch die atmosphärische Struktur des Jupiters wesentlich komplexer sind als bisher angenommen. Wirbelsturmsysteme von der Größe der Erde, die miteinander verschmelzen, erstrecken sich bis zu den bisher kaum untersuchten Polen des Planeten und zwingen Atmosphärenforscher zur Ausarbeitung neuer Modelle, die ihre Stabilität zu erklären vermögen. Die berühmten Gürtel und Zonen des Jupiters erweisen sich ebenfalls als mysteriös, denn sie reichen wohl viel weiter hinab, als bisher angenommen. Eine Überraschung stellte auch die Entdeckung dar, dass die Stärke des Jupitermagnetfelds diejenige des Erdmagnetfelds um das Zehnfache übertrifft und damit weit größer als angenommen ist. Aufgrund seiner »knolligen«, nicht glatten Form könnte das Feld näher an der Oberfläche und nicht im tiefen metallischen Wasserstoffkern gebildet werden. Weitere Entdeckungen werden folgen, vorausgesetzt, *Juno* und ihre Systeme überleben in der extrem strahlungsintensiven Umgebung des Planeten.

SIEHE AUCH Jupiter (vor 4,5 Mrd. Jahren), Der Große Rote Fleck (1665), Das Magnetfeld des Jupiters (1955), *Pioneer 10* erreicht den Jupiter (1973), *Galileo* im Orbit des Jupiters (1995)

OBEN: *Grafische Darstellung der Raumsonde* Juno *im Jupiterorbit.* GEGENÜBER: *Komplexe und gewaltige Sturmsysteme erstrecken sich in der Atmosphäre des Jupiters von Pol zu Pol.*

ExoMars Trace Gas Orbiter

Die Raumfahrtorganisationen der Welt haben zahlreiche Vorbeiflug-, Orbiter-, Lander- und Rover-Missionen zum Mars geschickt, um die interessante und rätselhafte Geschichte des Planeten zu erforschen. Als Markenzeichen dieser globalen Marserkundungsbemühungen gilt, dass neue Missionen stets die von früheren aufgeworfenen Fragen und deren Entdeckungen mitberücksichtigt haben. Im März 2016 startete die ESA die Mission *ExoMars Trace Gas Orbiter* (*TGO*), deren wissenschaftliche Studien sich vor allem der Detektierung und Kartierung kleinerer atmosphärischer Gase wie Methan widmen, die bei der Aufdeckung der frühen geologischen und biologischen Geschichte des Mars behilflich sein könnten. Im Oktober 2016 bog die Raumsonde in eine elliptische Umlaufbahn ein und begann mit der Atmosphärenbremsung, um in einen niedrigen, nahezu polaren kreisförmigen Orbit zu gelangen.

Die Geschichte der Erforschung des Vorhandenseins von Methan auf dem Mars gilt als kompliziert. Missionen zur Oberfläche vermochten nur sehr kleine Mengen zu messen, meist zwischen null und zehn Teilen pro Milliarde (ppb), während es in der Erdatmosphäre etwa 1800 ppb sind. Bodengebundene Teleskopbeobachtungen stellten in einigen Fällen jedoch weit höhere Methanwerte von 30 ppb oder mehr fest, die nach Messzeitpunkt und Marsregion variierten. Atmosphärenchemiker wissen seit Jahrzehnten, dass Methan durch UV-Strahlung in der Marsatmosphäre relativ schnell abgebaut wird, sodass der Nachweis bedeutender Mengen eine aktive Quelle für ständigen Nachschub voraussetzt. Als solche kommen die Verwitterung unterirdischer Gesteine, der Abbau anderer, komplexerer organischer Moleküle an der Oberfläche und in der Atmosphäre oder biologische Aktivitäten jeglicher Art infrage.

Auch wenn *TGO* womöglich noch einen langen Weg vor sich hat, bis es auf dem Mars unterirdische Mikroben oder andere biologische Aktivitäten entdeckt, die Methan erzeugen, rechtfertigt allein die dahingehende Möglichkeit die teure Messmission. Planetenforscher und Astrobiologen weltweit verfolgen das Eintreffen neuer Daten mit großem Interesse, um sie zu analysieren und interpretieren.

TGO brachte auch den kleinen Lander *Schiaparelli* zum Mars, mit dem die Fähigkeit von ESA-Technologien zur sanften Landung auf dem Mars getestet werden und der Weg für eine ambitioniertere europäische Rover-Mission Anfang der 2020er-Jahre geebnet werden sollte. Der Lander hatte Kameras und meteorologische Ausrüstung an Bord, stürzte aber aufgrund von Softwareproblemen während des Landevorgangs auf die Oberfläche.

SIEHE AUCH Mars (vor 4,5 Mrd. Jahren), Marskanäle (1906), Erste Marsorbiter (1971), *Die Viking*-Sonden auf dem Mars (1976), Leben auf dem Mars? (1996), Der erste erfolgreiche Mars-Rover (1997), *Mars Global Surveyor* (1997), *Spirit* und *Opportunity* auf dem Mars (2004), Der Mars-Labor-Rover *Curiosity* (2012)

Grafische Darstellung des ExoMars Trace Gas Orbiter *der ESA.*

esa

2016

Gravitationswellen

Im Universum, wie es Albert Einstein in seiner allgemeinen Relativitätstheorie im frühen 20. Jahrhundert elegant beschrieb, sind die drei räumlichen Dimensionen eng mit einer zeitlichen zum Kontinuum der Raumzeit verbunden. Einstein und andere Forscher erkannten des Weiteren, dass sich die Raumzeit in Gegenwart von Masse oder Energie verzerrt oder krümmt. Deshalb sollten sich Wellen aller Art in der Raumzeit so ausbreiten können wie die Wellen auf einem Teich.

Zumindest in der Theorie ist das auch der Fall. Das Problem, mit dem die Wissenschaftler im 20. Jahrhundert zu kämpfen hatten, bestand darin, dass die vorhergesagten Gravitationswellen im Raumzeitkontinuum aufgrund ihrer winzigen Größe mit den vorhandenen Technologien nicht aufzuspüren waren. Darüber hinaus finden die Ereignisse oder Störungen, die nachweisbare Gravitationswellen erzeugen könnten, wie die Supernova eines äußerst massereichen Sterns oder die Fusion zweier schwarzer Löcher nur sehr selten und/oder in extremer Entfernung statt. Die Entdeckung der Gravitationswellen musste daher auf den erforderlichen technologischen Fortschritt warten.

Dieser trat schließlich in Form zweier riesiger Gravitationswellendetektoren ein, die eigens für die Suche nach diesen Wellen entwickelt worden waren: LIGO (*Laser Interferometer Gravitational-Wave Observatory*) in den USA und Virgo in Europa. In beiden Observatorien suchte man mithilfe von Lasern nach den winzigen Veränderungen bei den Abständen zwischen Referenzzielen, die eine Gravitationswelle verursachen sollte. Die Empfindlichkeit dieser Gravitationswellendetektoren ist hervorragend und lässt sich mit der Möglichkeit vergleichen, die Entfernung zu den Nachbarsternen mit der Genauigkeit eines menschlichen Haares zu messen. LIGO nahm seinen Betrieb 2002 auf, Virgo folgte 2003. Seit 2007 tauschen die beiden Einrichtungen ihre Daten und Analysen aus, um mögliche Entdeckungen der jeweils anderen zu widerlegen oder zu bestätigen.

Nach über einem Jahrzehnt intensiver Suche, sorgfältiger Datenanalyse und gegenseitiger Begutachtung der Forschungsergebnisse gaben LIGO und Virgo im Februar 2016 den Nachweis von Gravitationswellen aus der Fusion zweier supermassereicher schwarzer Löcher bekannt. Damit bewiesen sie die letzte große Hypothese im Rahmen von Einsteins allgemeiner Relativitätstheorie. Es folgten weitere Detektionen, und die Astronomen nutzen die Gravitationswellen nun als Werkzeuge, um extrem heftige und hochenergetische Phänomene im ganzen Universum zu untersuchen.

SIEHE AUCH Newtons Gesetze (1687), Einsteins Wunderjahr (1905), Schwarze Löcher (1965), Hawkings »Extreme Physik« (1965), Der Gravitationslinseneffekt (1979)

Computersimulation von Gravitationswellen im Raumzeitkontinuum, wie sie sich bei der Fusion zweier supermassereicher, koorbitaler schwarzer Löcher bilden.

Die nordamerikanische Sonnenfinsternis

Als Okkultation, Bedeckung oder Verfinsterung bezeichnet man das Vorbeiziehen eines scheinbar größeren Himmelskörpers vor einem anderen. Ihre wohl vertrautesten Sonderfälle sind Sonnen- und Mondfinsternis, die häufig genug vorkommen und lange in Erinnerung bleiben – und manchen von uns auch Unheil zu verkünden scheinen.

Eine Mondfinsternis tritt bei Vollmond ein, wenn Sonne, Erde und Mond in dieser Reihenfolge genügend genau auf einer Linie liegen und sich unser Trabant vor der Sonne versteckt im Erdschatten befindet. Da jedoch die Mondumlaufbahn im Verhältnis zu jener der Erde um die Sonne geneigt ist, durchquert der Mond den Erdschatten nur gelegentlich. Meist passiert er bei Vollmond leicht ober- oder unterhalb, sodass uns leider das Schauspiel der Mondfinsternis verwehrt bleibt.

Eine Sonnenfinsternis tritt dagegen bei Neumond auf, wenn Sonne, Mond und Erde in dieser Reihenfolge auf einer Linie liegen und der Mond sich genügend genau zwischen Erde und Sonne befindet. Auch hier gilt: Stimmt die Geometrie, was selten vorkommt, fällt der Schatten des Mondes auf die Erde. Es ist ein unglaublicher kosmischer Zufall, dass die scheinbare Größe des Mondes am Himmel mit der scheinbaren Größe der fast genau vierhundertmal größeren Sonne übereinstimmen kann. Das ist nur möglich, weil die Distanz von der Erde zum Mond 400 Mal geringer ist als die zur Sonne. Bedeckt der Mond die Sonnenscheibe am Himmel vollständig, spricht man von einer totalen Sonnenfinsternis.

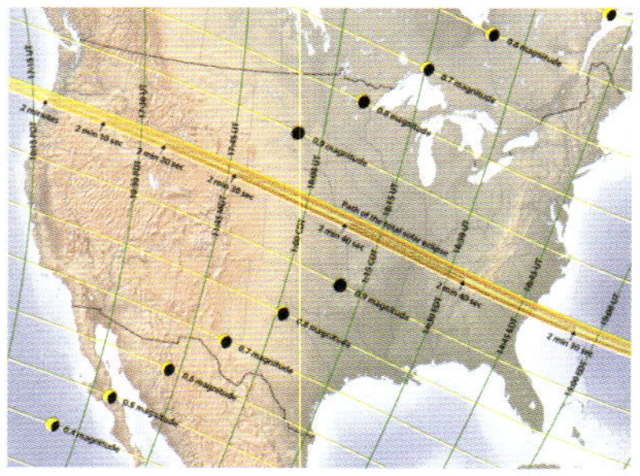

Totale Sonnenfinsternisse kehren an einem bestimmten Ort auf der Erde im Durchschnitt nur alle 370 Jahre wieder. Deshalb reisen viele Astronomen, aber auch andere »Sonnenfinsternisjäger«, dem vorhergesagten Weg des Mondschattens nach, um während dieser seltenen Himmelsereignisse wissenschaftliche Beobachtungen vorzunehmen, die sie später auswerten können. Zum Beispiel wurde das Element Helium 1868 in der äußeren Atmosphäre der Sonne, ihrer Korona, entdeckt, die bei einer Sonnenfinsternis viel besser zu sehen ist.

Während der totalen Sonnenfinsternis vom 21. August 2017 zog der Mondschatten von Oregon bis South Carolina quer durch die USA. Astronomen am Boden und in der Luft untersuchten Korona und Magnetfeld der Sonne mit neueren, empfindlicheren Instrumenten. Wie bei allen Sonnenfinsternissen der neuesten Zeit werden die Minuten, in denen sie die Sonnenkorona beobachten konnten, Millionen Menschen als Ahaerlebnis für immer in Erinnerung bleiben.

SIEHE AUCH Astronomie im Alten China (um 2100 v. Chr.), Die Erde ist rund (um 500 v. Chr.), Venustransite (1639), Lichtgeschwindigkeit (1676), Helium (1868), *Kepler* sucht nach Exoplaneten (2009)

OBEN: *Weg des Mondschattens über die USA während der totalen Sonnenfinsternis vom 21. August 2017.*
GEGENÜBER: *Aufnahme der Sonnenkorona von Madras im US-Bundesstaat Oregon aus.*

2017

Das Planetensystem Trappist-1

In den späten Neunzigerjahren wurden bei einer Durchmusterung des gesamten Himmels im Rahmen von *Two Micron All-Sky Survey* (2MASS), einem Gemeinschaftsprojekt mehrerer US-Forschungseinrichtungen, Millionen kühler Roter Zwerge in der Milchstraße entdeckt. Aufgrund seiner geringen Entfernung zur Erde von etwa 40 Lichtjahren wählte man neben anderen einen Stern mit der Katalogbezeichnung 2MASS J23062928-0502285 im Sternbild Wassermann für die Suche nach »nahe gelegenen« Exoplaneten im Rahmen des Forschungsprogramms *Transiting Planets and Planetesimals Small Telescope* (TRAPPIST) aus. Einen ersten Erfolg konnten die Projektmitarbeiter 2015 verzeichnen, als sie im Orbit des Sterns, der seitdem (informell) Trappist-1 heißt, drei Planeten entdeckten. 2017 stieg die Anzahl der in seinem System entdeckten Planeten auf sieben an. Zudem identifizierten Astronomen sie alle als wahrscheinlich terrestrische (erdähnliche) Welten.

Der Rote Zwerg Trappist-1 weist nur acht Prozent der Sonnenmasse und gerade einmal 0,05 Prozent ihrer Leuchtkraft auf. Damit gilt er als äußerst kleiner, lichtschwacher und kühler Stern. Alle sieben bisher entdeckten Planeten umkreisen Trappist-1 in wesentlich größerer Nähe als der Merkur die Sonne. Ihre Umlaufzeiten betragen deshalb nur etwa anderthalb bis 19 Tage, und die »Jahre« fallen sehr kurz aus. Wie bei den Galilei'schen Monden des Jupiters scheinen auch im System von Trappist-1 Bahnresonanzen vorzuliegen. Aus der Verdunkelung des Sterns beim Transit der Planeten zu schließen, dürfte ihre Größe im Bereich von 75 bis 115 Prozent der Erdgröße liegen. Drei der Planeten (Trappist-1 d, e und f) umkreisen den Stern in der habitablen Zone, sodass bei Vorhandensein einer erdähnlichen Atmosphäre Wasser in flüssiger Form an der Oberfläche existieren könnte.

Bisher konnte jedoch leider noch nichts über die Atmosphären dieser neu entdeckten Welten (oder deren Vorhandensein) sowie ihre Oberflächeneigenschaften in Erfahrung gebracht werden. Die Beobachtungen zur Erforschung des Trappist-1-Systems, des größten bisher entdeckten mit erdähnlichen Planeten, die um einen relativ nahen sonnenähnlichen Stern kreisen, werden jedoch mit großem Elan vorangetrieben.

SIEHE AUCH Ganymed (1610), Erste Exoplaneten (1992), Planeten bei sonnenähnlichen Sternen (1995), Bewohnbare Supererden? (2007), *Kepler* sucht nach Exoplaneten (2009)

OBEN: *Die Umlaufbahnen der Planeten von Trappist-1 im Vergleich mit denjenigen der terrestrischen Planeten in unserem Sonnensystem.* GEGENÜBER: *Blick auf die terrestrischen Planeten im Trappist-1-System aus dem Orbit einer dieser Welten, Grafische Darstellung.*

2018

InSight unterwegs zum Mars

Riesige Vulkane und imposante Canyons zeugen von der reichen geologischen Geschichte des Mars insbesondere in seiner Frühzeit. Aber ist der Mars auch heute noch geologisch aktiv? Könnte er im Inneren noch relativ warm sein? Bebt der Rote Planet? Bei der Klärung dieser und ähnlicher Fragen soll die am 5. Mai 2018 gestartete NASA-Lander-Mission *InSight* (*Interior Exploration using Seismic Investigations, Geodesy and Heat Transport*) helfen. Der *InSight*-Lander beruht zu einem Großteil auf Techniken der NASA-Mission *Phoenix*, die 2008 ein Gebiet am Nordpol des Mars erforschte.

Die wissenschaftlichen Instrumente, die *InSight* an Bord mitführt, dienen hauptsächlich der Untersuchung der Geophysik im Marsinneren. Ein empfindliches Seismometer ermöglicht zum ersten Mal eine detaillierte Aufspürung und Beschreibung seismischer Wellen auf dem Mars, denn die Seismografen der *Viking*-Sonden funktionierten nach ihrer Marslandung in den Siebzigerjahren nicht einwandfrei, sei es durch Marsbeben oder durch die relativ häufigen kleinen Auswirkungen von Asteroiden und Kometen. Weitere Instrumente sind eine Wärmestromsonde, um festzustellen, ob es noch erhebliche innere Wärme auf dem Planeten gibt, ein Funkverfolgungsexperiment, um Details über den Marskern zu liefern, eine Meteorologiestation, um das aktuelle Wetter zu verstehen, und Kameras, um die Geologie der Umgebung zu charakterisieren. Der Lander wird in eine äquatoriale Region unweit des großen Vulkans Elysium geschickt, wo er hoffentlich in gutem Kontakt mit festem Untergrund stehen und somit maximale Empfindlichkeit gegenüber seismischen Wellen haben wird.

InSight wird im Rahmen der Mission *Mars Cube One* zwei Cubesats der NASA, *MarCO-A* und *MarCO-B*, zum Mars bringen, die die Nützlichkeit von Cubesat-Technologien im Weltraum demonstrieren sollen. Die beiden *MarCOs* werden die Kommunikation von *InSight* während des Abstiegs des Landers durch die Marsatmosphäre in Echtzeit zur Erde übertragen. Anschließend sollen sie weiter ins Sonnensystem vordringen, um die Grenzen der interplanetaren Kleinsatelliten-Telekommunikation aufzuzeigen.

SIEHE AUCH Mars (vor 4,5 Mrd. Jahren), *Die Viking*-Sonden auf dem Mars (1976), Der erste erfolgreiche Mars-Rover (1997), *Spirit* und *Opportunity* auf dem Mars (2004), Der Mars-Labor-Rover *Curiosity* (2012)

OBEN: *Grafische Darstellung des* InSight-*Landers nach Aussetzung des Seismometers und der Instrumente für die Wärmeflussexperimente.* GEGENÜBER: *Techniker prüfen den* InSight-*Lander ein letztes Mal, bevor er im Mai 2018 für den Start zum Mars nach Cape Canaveral transportiert wird.*

Das James-Webb-Weltraumteleskop

James Edwin Webb (1906–1992)

Kleine, mittelgroße und große Weltraumteleskope hatten die Möglichkeiten und die Schönheit der weltraumgestützten Astronomie schon unter Beweis gestellt, als sie mit den vier großen Observatorien der NASA – Hubble (HST, optisches Teleskop), *Compton Gamma-Ray Observatory* (CGRO, Gammaastronomie), Spitzer (Infrarotteleskop) und Chandra (Röntgenteleskop) – ihren Gipfel erreichte. Wie bei alle komplexen Raumflugkörpern ist auch bei ihnen die Lebensdauer begrenzt. Zwar konnten Astronauten Hubble als einziges der vier Weltraumteleskope warten und erneuern, aber mit dem Aus für das Spaceshuttle fanden 2011 auch die HST-Serviceeinsätze ein Ende. Deshalb denkt man bei der NASA schon seit einiger Zeit über einen Ersatz nach.

Das geplante (optische) Weltraumteleskop der nächsten Generation von NASA, ESA und CSA ist nach James Edwin Webb, dem zweiten NASA-Administrator benannt, in dessen Amtszeit die Raumfahrtprogramme *Merkur*, *Gemini* und *Apollo* fielen. Mit der Planung für das James-Webb-Weltraumteleskop (JWST) wurde bereits 1989 begonnen, ein Jahr vor der Stationierung von Hubble. Im Laufe der nächsten beinahe drei Jahrzehnte wurde das Design mehrfach überarbeitet. Derzeit befindet sich die Entwicklung des Weltraumteleskops im Endstadium. Der ursprünglich für 2019 geplante Start soll nun frühestens im März 2021 stattfinden.

Dank der Kombination bestimmter Funktionen von Hubble (hochauflösende Bildgebung), Keck (präzise steuerbarer segmentierter Spiegel) und Spitzer (Empfindlichkeit im Infrarotbereich) wird das JWST für mindestens ein Jahrzehnt als wissenschaftliches Arbeitspferd den Astronomen gute Dienste leisten. Das Lichtsammelvermögen seines 6,5-Meter-Hauptspiegels aus 18 Segmenten ist sechsmal höher als bei Hubble. Zudem wird das Teleskop auf unter 50 Kelvin (–223 °C) gekühlt, damit sich auch lichtschwache, weit entfernte Objekte im Kosmos beobachten lassen.

Die Forscher hegen ehrgeizige Pläne für das JWST in den Bereichen visuelle und Infrarotastronomie sowie Astrophysik. Zu den Themenbereichen gehören die zu Beginn des Dunklen Zeitalters entstandenen Sterne und Galaxien, Dunkle Materie, neue Sterne und ihre protoplanetaren Scheiben aus Gas und Staub, die Planetenbildung sowie die Suche nach Exoplaneten und anderen lebensfreundlichen Umgebungen.

SIEHE AUCH Erste astronomische Teleskope (um 1608), Das Hubble-Weltraumteleskop (1990), Großteleskope (1993), Das Chandra-Röntgenobservatorium (1999), Das Spitzer-Weltraumteleskop (2003), *Dawn* erreicht Ceres (2015)

Grafische Darstellung des James-Webb-Weltraumteleskops mit dem vergoldeten 6,5-Meter-Hauptspiegel und den Strahlenschutzschilden, die das Teleskop vor Licht- und Hitzeverschmutzung durch die Strahlung von Sonne, Erde und Mond schützen sollen.

2020

Proben-Rückhol-Mission zum Mars

Laut einer kürzlich durchgeführten Umfrage halten führende Planetenforscher der USA einen neuen Mars-Rover, der einen unter astrobiologischen Gesichtspunkten vielversprechenden Standort erkunden und Proben zur Erde zurückbringen soll, für die wichtigste große unbemannte Raumfahrtmission der NASA mit Start im Jahrzehnt zwischen 2013 bis 2022. Diese Proben würden aufschlussreiche Daten im Hinblick auf eine unbemannte Folgemission in den 2020er-Jahren liefern. Die NASA arbeitet tatsächlich daran, 2020 einen neuen, derzeit aufgrund seines geplanten Starts nur *Mars 2020* genannten Rover zum Roten Planeten zu schicken, um Proben zu sammeln.

Um Geld und Zeit zu sparen, wird der Rover *Mars 2020* zu über 90 Prozent aus Ersatzteilen des Mars-Rovers *Curiosity* gebaut und lässt deshalb eine auffallende Ähnlichkeit mit diesem erkennen. Was Instrumente, Missionsziele, Betriebsstrategie und Landeplatz anbetrifft, wird sich *Mars 2020* wesentlich von *Curiosity* unterscheiden. So tritt ein Kernbohrer mit Aufbewahrungsmöglichkeit für die Proben anstelle des reinen Bohrers, während die wissenschaftlichen Instrumente aktualisiert wurden, um insbesondere die bestmögliche Auswahl der für die Rückführung zu sammelnden Materialien sowie eine zuverlässige Begutachtung des geologischen Umfelds am Landeplatz sowie an den Probeentnahmeorten zu gewährleisten. Der Landeplatz wird erst kurz vor Start festgelegt, aber alle derzeitigen Anwärter befinden sich in uraltem Gelände, dessen bereits bekannte Geologie und Mineralogie es möglich erscheinen lassen, dass man hier Biosignaturen (Materialien oder Texturen, die wissenschaftliche Beweise für vergangenes oder gegenwärtiges Leben in der entsprechenden Marsgegend liefern) für eine mögliche Rückkehr zur Erde sammeln kann.

Die Landung des Rovers ist für Anfang 2021 vorgesehen. Falls sie problemlos verläuft, sollte er bei Abschluss der Hauptmission im Jahre 2023 etwa drei bis vier Dutzend Röhren mit Proben von Gestein, Boden und atmosphärischen Gasen gesammelt haben. Noch in den 2020er-Jahren sollen eine oder mehrere, noch zu planende, unbemannte Marsmissionen diese Proben zur Erde zurückbringen. In Labors auf der Erde werden sie darauf einer viel genaueren Analyse hinsichtlich ihrer chemischen, mineralischen und womöglich sogar organischen Molekülzusammensetzung unterzogen, als sie ein Rover oder Lander auf dem Mars hätte durchführen können. Die Mission wird den Forschern auf der Erde auch die für das nächste große Ziel der NASA auf dem Mars erforderlichen Umweltdaten liefern: Menschen auf dem Roten Planeten in den 2030er-Jahren.

SIEHE AUCH Mars (vor 4,5 Mrd. Jahren), *Die Viking*-Sonden auf dem Mars (1976), Der erste erfolgreiche Mars-Rover (1997), *Spirit* und *Opportunity* auf dem Mars (2004), Der Mars-Labor-Rover *Curiosity* (2012)

Der NASA-Rover Mars 2020 *bohrt einen Felskern und hebt ihn für eine spätere Rückholmission zur Erde auf. Grafische Darstellung.*

Europa Clipper

Aus den Daten der Raumsonden *Voyager* und *Galileo* geht hervor, dass der Jupitermond Europa unter seiner ebenen, rissigen Eiskruste wahrscheinlich einen gewaltigen Ozean aus flüssigem Wasser beherbergt, der aufgrund seiner Tiefe das zwei- bis dreifache Gesamtvolumen sämtlicher Erdozeane aufweisen könnte. Falls dies zutrifft, stünde Europa ganz oben auf der Liste anderer Welten im Sonnensystem, auf denen sich uns bekanntes Leben entwickelt haben könnte und sogar noch heute existiert. Diese äußerst spannende astrobiologische Perspektive treibt die Erforschung Europas voran.

Die NASA plant deshalb eine Mission, die die Existenz des unterirdischen Ozeans auf Europa und – falls es ihn wirklich gibt – seine Eigenschaften untersuchen soll. Die solarbetriebene Raumsonde *Europa Clipper* soll mindestens 45 Nahvorbeiflüge an Europa absolvieren, um seine Oberfläche mit Kameras im Bereich des sichtbaren Lichts, der UV- und Infrarotstrahlung sowie mit Spektrometern mit nie gekannter Detailtreue zu kartieren, die chemische Zusammensetzung von Eruptionssäulen und überhaupt der dünnen Atmosphäre Europas zu untersuchen und mit Radar und Magnetometer unter die Eiskruste zu »blicken«. Die Raumsonde soll auf einer elliptischen Umlaufbahn um den Jupiter und nicht um Europa selbst kreisen. So hält sich die Sonde möglichst kurz in Jupiternähe auf, wo die Strahlung sehr intensiv ist, während die Zeit für die Untersuchung Europas aus der Nähe maximiert wird.

Europa Clipper wird womöglich 2022 an Bord der neuen NASA-Trägerrakete *Space Launch System* starten, einer Art Kreuzung zwischen *Saturn V* und einem Spaceshuttle, die Astronauten und Sonden in die Tiefen des Weltraums jenseits des Mondes bringen kann und 2025 oder 2026 im Jupitersystem ankommen soll. In der geplanten Missionsdauer von etwa drei Erdenjahren dürfte *Europa Clipper* über 95 Prozent der Oberfläche von Europa mit beispielloser Genauigkeit kartieren und Tiefe, Volumen und chemische Zusammensetzung des unterirdischen Ozeans bestimmen.

Außerdem untersucht die NASA im Rahmen dieses Programms die Möglichkeit einer Landermission in den 2020er-Jahren, höchstwahrscheinlich mit einer eigenen Start- und Missionszeitlinie. Der Lander würde die chemische Zusammensetzung der eisigen und salzigen Oberfläche Europas bestimmen, den Untergrund mit dem Radar untersuchen, um nach der Grenze zwischen Eis und Wasser zu suchen, und möglicherweise Bohrungen vornehmen, um den Untergrund direkt unter die Lupe zu nehmen. Die starke Strahlung des Jupiters beschränkt allerdings die Lebensdauer eines Landers auf wenige Wochen.

SIEHE AUCH Europa (1610), Ein Ozean auf Europa? (1979), *Galileo* im Orbit des Jupiters (1995), Ein Ozean auf Ganymed? (2000), *Jupiter Icy Moons Explorer* (2022)

Grafische Darstellung der Raumsonde Europa Clipper *bei einem ihrer mehr als 45 Vorbeiflüge nahe am Jupiter-Eismond Europa mit dem unterirdischen Ozean.*

2022

Jupiter Icy Moons Explorer

Als größter Mond im Sonnensystem wurde Ganymed im Rahmen der Raumsondenmissionen *Voyager* und *Galileo* eingehend untersucht. Dabei stellte sich heraus, dass der Trabant sich in einen Kern aus Fels und Metall, einen Mantel aus Eis und Fels sowie eine Eiskruste gliedert und in dieser Hinsicht dem Nachbarmond Europa ähnelt. Ganymeds Oberfläche ist jedoch stärker verkratert, was auf ihre Neugestaltung vor eher kurzer Zeit und womöglich auch auf weniger innere Aktivität hindeutet. Überraschender ist jedoch Ganymeds Magnetfeld, aus dessen Beschaffenheit Forscher schon früher auf das Vorhandensein eines unterirdischen Ozeans unter der Eiskruste des Jupitermondes geschlossen haben.

Die ESA plant für das Jahr 2022 den Start der Sondenmission *Jupiter Icy Moons Explorer* (*JUICE*), um die Existenz des unterirdischen Ozeans auf Ganymed zu bestätigen (oder zu widerlegen) und die benachbarten Eismonde Europa und Kallisto genauer zu untersuchen. Die solarbetriebene Raumsonde *JUICE* soll 2030 in eine Jupiter-Umlaufbahn eintreten und an allen wichtigen Monden vorbeifliegen, um schließlich 2033 in den Orbit von Ganymed einzuschwenken. Sie wird über Kameras für ultraviolette und sichtbare Wellenlängen sowie Spektrometer, Radare und Magnetometer verfügen, die die Eiskruste durchdringen, um Tiefe und Beschaffenheit der Eis-Ozean-Grenze zu bestimmen, sowie eine Vielzahl weiterer wissenschaftlicher Instrumente zur Untersuchung der Magnetfelder und Plasmaumgebungen von Jupiter und Ganymed an Bord haben. Da nur wenige Jahre vor *JUICE* auch die NASA-Raumsonde *Europa-Clipper* im Jupitersystem eintreffen soll, sind erhebliche Synergien und koordinierte Beobachtungen der beiden Missionen bereits eingeplant.

Falls es auf Ganymed tatsächlich einen großen unterirdischen Ozean mit flüssigem Wasser gibt, könnte er neben Europa auf die Liste der astrobiologischen »Hotspots« im Sonnensystem gesetzt werden, auf denen Wasser, Wärmequellen und organische Moleküle eine potenziell bewohnbare Umgebung schaffen. Ob diese fernen Welten jedoch wirklich bewohnt sind, wird sich erst bei zukünftigen Missionen erweisen, die auf der Eiskruste landen und tief in sie eindringen, ja vielleicht sogar ihre unterirdischen Ozeane erforschen und Proben davon sammeln werden.

SIEHE AUCH Ganymed (1610), Kallisto (1610), Europa (1610), Das Magnetfeld des Jupiters (1955), Ozean auf Europa? (1979), Galileo im Orbit des Jupiters (1995), Ein Ozean auf Ganymed? (2000), *Europa Clipper* (um 2022)

Grafische Darstellung der ESA-Raumfahrtmission Jupiter Icy Moons Explorer (JUICE)*, die das Innere von Ganymed (hier eine hypothetische Schnittansicht), die anderen großen Jupitermonde Europa, Io und Kallisto sowie weitere Aspekte des Jupitersystems wie Magnetfelder oder hochenergetische Teilchen untersuchen soll.*

um 2025?

Das Weltraumteleskop WFIRST

2010 räumte das Komitee des *Astronomy and Astrophysics Decadal Survey* einem neuen Weltraumteleskop für sichtbare und infrarote Wellenlängen absolute Priorität für die astronomische Forschung im nächsten Jahrzehnt ein. Als Nachfolger der Weltraumteleskope Hubble, Spitzer und James Webb wäre es bei der Lösung grundlegender Fragen der Kosmologie, der galaktischen und extragalaktischen Astronomie sowie auch in Bezug auf unser eigenes Sonnensystem von unschätzbarem Wert. Eine konkrete Anforderung lautete, eine Durchmusterung des ganzen Himmels mit scharfen Bildern, wie die Forscher sie von Hubble gewohnt sind, aber der hundertfachen Himmelsfläche pro Beobachtung durchzuführen. Die Gemeinde der Astronomen und Raumfahrtingenieure hat diese große Herausforderung angenommen und eine neue Mission ausgearbeitet: WFIRST (*Wide Field Infrared Survey Telescope*).

WFIRST soll um 2025 in Betrieb gehen und aus einem 2,4-Meter-Teleskop sowie einem Spektrometer und einem Koronografen, der das Licht aus dem hellsten Teil eines Sterns ausblendet, sodass man benachbarte Objekte wie Planeten beobachten kann, auf dem neuesten Stand der Technik bestehen. Das solarbetriebene Observatorium wird am Lagrange-Punkte L_2 auf der Fortsetzung der Linie Sonne–Erde hinter der Mondumlaufbahn stationiert und im Gleichtakt mit der Erde die Sonne umkreisen, nahe genug für einen Datentransfer mit hoher Bandbreite, aber mit anderthalb Millionen Kilometern Entfernung zur Erde weit weg von der Lichtverschmutzung von Erde und Mond. Die Missionsdauer wird mit sechs Jahren angegeben.

Wie zuvor Hubble wird auch WFIRST viele verschiedene wissenschaftliche Aufgaben zu erfüllen haben. Unter anderem soll es eine Zählung nahe gelegener Exoplaneten abschließen und dabei Bilder und spektroskopische Aufnahmen einer signifikanten Auswahl anfertigen oder die Beschaffenheit der Dunklen Energie durch Beobachtung ihrer Auswirkungen auf Supernovae, Galaxien und andere große Strukturen untersuchen. Die umfassende Himmelsdurchmusterung würde die Astronomen für Jahrzehnte mit Daten versorgen. Wie seine wegweisenden Vorgänger würde WFIRST ein weiteres Fenster zum Universum öffnen, hinter dem überraschende Entdeckungen auf uns warten.

SIEHE AUCH Die Lagrange-Punkte (1772), Das Hubble-Weltraumteleskop (1990), Dunkle Energie (1998), Das Alter des Universums (2001), Das Spitzer-Weltraumteleskop (2003), Das James-Webb-Weltraumteleskop (2019)

WFIRST vor der Spiralgalaxie NGC 2441, Collage. Beobachtungen von Supernovae (rot eingekreist) in derartigen Galaxien liefern womöglich neue Erkenntnisse zur Dunklen Energie.

2029

Beinahekollision der Erde mit Apophis

Bei Himmelsdurchmusterungen mit Teleskopen in den Neunziger- und Nullerjahren wurden Hunderttausende neuer Asteroiden im Sonnensystem entdeckt. Die meisten davon umkreisen die Sonne im Hauptgürtel zwischen Mars und Jupiter, nicht wenige aber auch als Trojaner vor allem beim Jupiter oder als erdnahe Asteroiden, deren drei bekannteste Populationen der Aten- (in größerer Sonnennähe als die Erde), der Amor- (außerhalb der Erdumlaufbahn) und der Apollo-Typ (kreuzen die Erdumlaufbahn) sind. Die erdnahen Asteroiden aller drei Typen stellen eine potenzielle Gefahr für die Erde dar.

Einer der meistbeobachteten erdnahen Asteroiden ist der kleine, 2004 entdeckte (99942) Apophis. Seine Bahnparameter wurden mithilfe von Teleskopbeobachtungen ermittelt, die unter anderem vom Arecibo-Radioobservatorium stammten. Anschließend fütterte man wie im Falle von Hunderten anderer erdnaher Asteroiden ein von Astronomen entwickeltes automatisiertes Computerprogramm mit den erhaltenen Daten, das die zukünftigen Flugbahnen und die Wahrscheinlichkeiten eines Einschlags auf der Erde berechnete. Apophis alarmierte die Forscher, denn laut Programm betrug die Wahrscheinlichkeit eines Impakts am 13. April 2029 etwa 1:37. Damit erreichte Apophis die Stufe vier von zehn auf der Turiner Skala und stellte einen neuen Rekord auf.

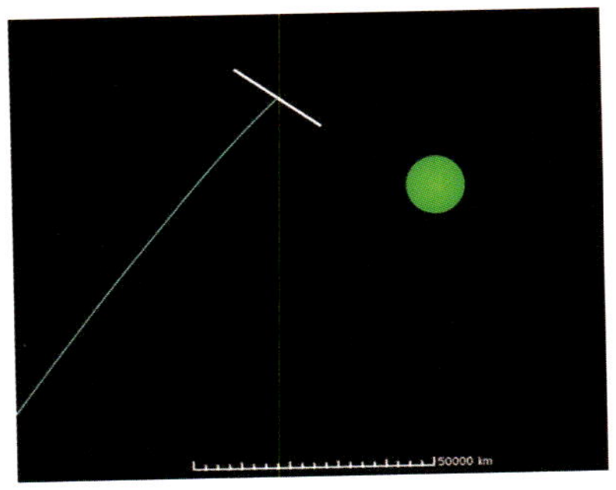

Mithilfe größerer Beobachtungskampagnen versuchten die alarmierten Astronomen die Vorhersagen zur Apophis-Umlaufbahn zu präzisieren. Sie konnten Entwarnung geben, denn nach den neuen, genaueren Daten würde der Asteroid die Erde in etwa zwei bis drei Erddurchmessern Entfernung – innerhalb der Umlaufbahnen geostationärer Satelliten – passieren. 2036 wird Apophis erneut nahe an der Erde vorbeiziehen, aber die Chancen auf einen Einschlag auf der Erde stehen dann bei 1:250 000, sodass er auf der Turiner Skala auf null herabgestuft werden konnte.

Dennoch ist Vorsicht geboten: Der Einschlag eines Steinasteroiden mit einem Durchmesser von 300 Metern würde zwar nicht die ganze Menschheit betreffen, wäre aber für die Impaktregion beispielsweise in Form eines vom Einschlag verursachten Tsunamis verheerend. Da kann man nur hoffen, dass der nach dem ägyptischen Gott der Zerstörung benannte Asteroid seinem Namen nie alle Ehre machen wird.

SIEHE AUCH Der Asteroidengürtel (vor 4,5 Mrd. Jahren), Ceres (1801), Vesta (1807), Jupiter-Trojaner (1906), Geostationäre Satelliten (1945), Das Arecibo-Radioteleskop (1963), Die Die Turiner Skala für erdnahe Objekte (1999), *NEAR Shoemaker* erreicht Eros (2000), *Hayabusa* auf Itokawa (2005)

OBEN: *Maßstabsgetreue Grafik des nahen Vorbeiflugs von Apophis am 13. April 2029 (der weiße Balken zeigt die mögliche seitliche Abweichung der Flugbahn).* GEGENÜBER: *Maßstabsgetreue Grafik mit den Positionen von Erde und Mond sowie der prognostizierten Flugbahn des erdnahen Asteroiden (99942) Apophis.*

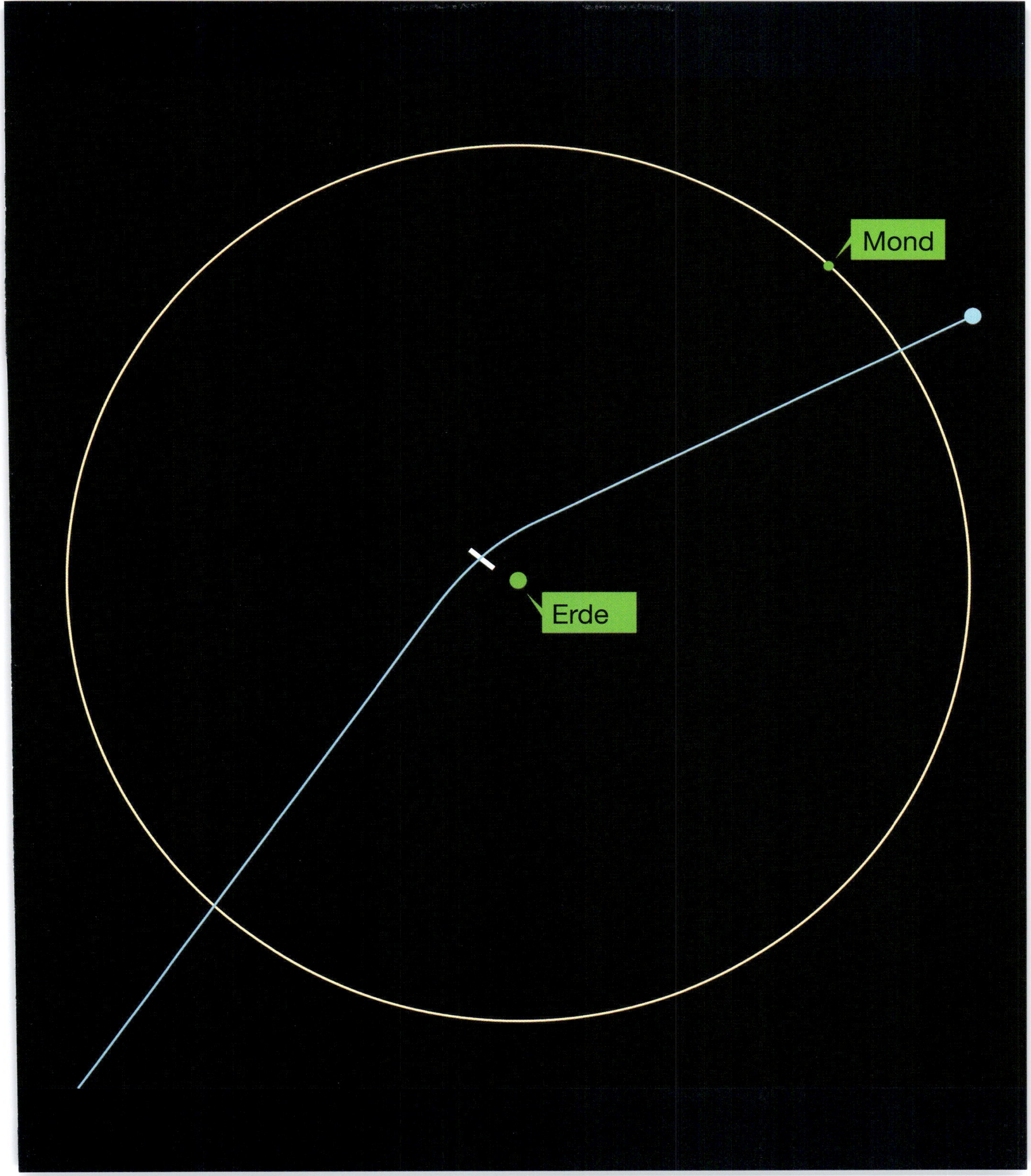
Mond
Erde

Erste Menschen auf dem Mars?

Hochauflösende Teleskopaufnahmen und Missionen mit Vorbeiflugsonden, Orbitern, Landern und Rovern haben die Attraktivität der Marserkundung im Laufe der letzten Jahrzehnte ansteigen lassen. Die Geologie, Mineralogie und auch die Atmosphäre des Mars deuten alle auf einschneidende Klimaveränderungen im Laufe der Geschichte des Roten Planeten hin. Während seine Oberfläche heute kalt, trocken und nach menschlichem Ermessen lebensfeindlich ist, dürften auf dem Mars in den ersten Milliarden Jahren seiner Existenz deutlich wärmere und feuchtere Bedingungen geherrscht haben, wenn auch kaum im selben Maße wie auf der Erde. Deshalb darf der frühe Mars als erdähnlicherer und lebensfreundlicherer Planet gelten.

Unbemannte Raumfahrtmissionen haben den Mars kartiert und die Bedingungen an verschiedenen Landeplätzen dokumentiert, aber die Suche nach vergangenem oder gegenwärtigem Leben geht weiter. Wie in der Kriminalistik muss das Gesamtbild aus einzelnen Hinweisen zusammengestückelt werden. Die Arbeit dürfte der von Geologen auf der Erde ähneln, die die Geschichte einer Region erst nach jahrelanger methodischer Feld- und Laborarbeit in Kombination mit Erfahrungen von anderen Orten und einer guten Dosis Bauchgefühl rekonstruieren können. Unverzichtbar sind auch geologische Kartierungen sowie vermutlich Kern- und Tiefbohrungen. Um den Mars wirklich zu verstehen, braucht es Menschen, nicht nur Roboter.

Wann die ersten Menschen zum Mars fliegen, weiß niemand. Häufig wird aufgrund der technologischen Fortschritte seitens der Weltraumorganisationen und der Bestrebungen privater Unternehmen wie *SpaceX* die Mitte der 2030er-Jahre genannt.

Vor über fünf Jahrzehnten forderte Präsident John F. Kennedy die Amerikaner dazu auf, vor 1970 Astronauten auf den Mond zu schicken. Die *Apollo*-Missionen inspirierten eine ganze Generation zu Innovationen, die die Welt veränderten. Werden wir die noch größere Herausforderung einer bemannten Marsmission meistern?

SIEHE AUCH Mars (vor 4,5 Mrd. Jahren), *Marskanäle (1906)*, Die ersten Menschen auf dem Mond (1969), Die zweite bemannte Mondlandung (1969), Die Fra-Mauro-Formation (1971), Mond-Rover (1971), Das Mondhochland (1972), Die letzte bemannte Mondlandung (1972), Erste Marsorbiter (1971), Die *Viking*-Sonden auf dem Mars (1976), Leben auf dem Mars? (1996), Der erste erfolgreiche Mars-Rover (1997), Mars Global Surveyor (1997), *Spirit* und *Opportunity* auf dem Mars (2004)

LINKS: *Mars am 26. August 2003 bei seiner größten Annäherung an die Erde seit 60 000 Jahren, Foto des Hubble-Weltraumteleskops.* GEGENÜBER: *Zwei Astronauten auf dem Mars mit Rover, der Proben sammelt und nach Spuren einst bewohnbarer Umgebungen sucht, Bild des NASA-Künstlers Pat Rawlings.*

Breakthrough Starshot

Juri Borissowitsch Milner (geb. 1961)

Welche technologischen Fortschritte wären erforderlich, um die Flugzeit von Raumsonden zu Nachbarsternen entscheidend zu verkürzen? Diese und andere aktuelle Fragen im Zusammenhang mit der Suche nach außerirdischen intelligenten Wesen stehen im Mittelpunkt einiger jeweils mit 100 Millionen Dollar dotierter Initiativen zur Unterstützung der Forschung und Entwicklung im Technologiebereich, die 2015 der russische Unternehmer und Physiker Juri Milner ins Leben rief.

Das Projekt, mit dem ein für heutige Verhältnisse superschneller Flug zu nahe gelegenen Sternen angestrebt wird, trägt den Namen *Breakthrough Starshot*. Damit wollen die beteiligten Forscher den Beweis dafür erbringen, dass man einen Schwarm winziger Raumsonden auf etwa ein Fünftel der Lichtgeschwindigkeit beschleunigen und so in nur zwei Jahrzehnten eine wissenschaftliche Raumfahrtmission zum Alpha-Centauri-System in etwa 4,3 Lichtjahren Entfernung abschließen kann. In Zusammenarbeit mit dem kürzlich verstorbenen Physiker Stephen Hawking und anderen hat Milners Team vorgeschlagen, eine Flotte von 1000 *StarChip*-Miniaturraumschiffen von der Größe einer Briefmarke zu bauen, die mithilfe von Lichtsegeln extrem hohe Geschwindigkeiten erreichen. Der Hundert-Gigawatt-Laserstrahl, der von der Erde zehn Minuten lang auf die Segel geschossen wird, sollte die Sonden theoretisch extrem beschleunigen.

Das entscheidende Wort lautet »theoretisch«, denn alle Beteiligten wissen, dass es bis zur Umsetzung ihres Plans noch viele große Herausforderungen zu bewältigen gibt. Neue Materialien, Lasertechniken und Miniaturinstrumente wie Kameras oder Magnetometer müssen entwickelt und getestet werden. Dank der beachtlichen Startfinanzierung schreitet die Forschung jedoch zügig voran. So wurden beispielsweise schon kleine Prototyp-Sonden entwickelt und in einen niedrigen Erdorbit gebracht, um sie unter Weltraumbedingungen zu testen.

Die Idee mag abwegig erscheinen, aber sollten auch nur einige Mikrosonden ihre Mission erfolgreich zu Ende bringen, wäre der Erkenntnisgewinn enorm. So wurde bei Proxima Centauri, der mit den deutlich größeren Sternen Alpha Centauri A und B ein Dreifachsystem bildet, kürzlich ein erdgroßer Exoplanet in der habitablen Zone entdeckt. Aus der Nähe aufgenommene Bilder oder andere Daten über diese Welt könnten zu umfangreicheren, traditionellen Missionen zu diesem System oder gar zu einem bemannten Raumflug zum nächsten Nachbarn der Sonne anregen.

SIEHE AUCH Die Eigenbewegung der Sterne (1718), Das SETI-Programm (1960), Bewohnbare Supererden? (2007), *Kepler* sucht nach Exoplaneten (2009), Sonnensegel (2015), Das Planetensystem Trappist-1 (2017)

Grafische Darstellung eines briefmarkengroßen StarChip-*Sonnensegelraumschiffs, das von der Erde in Richtung Sternsystem Alpha Centauri unterwegs ist.*

in 100 Mio. Jahren

Kollision der Sagittarius-Zwerggalaxie

Um manche Planeten und Asteroiden kreisen wie bei der Erde ein oder mehrere Satelliten. Wie sich herausstellte, ist das aber auch bei Galaxien der Fall. Unsere Milchstraße umkreisen wahrscheinlich über zwei Dutzend Satelliten-Galaxien, darunter die Große und Kleine Magellan'sche Wolke, deren Umlaufzeit zwischen Hunderten Millionen und Milliarden Jahren beträgt. Offenbar kollidierte mindestens eine davon, die Sagittarius-Zwerggalaxie, einst mit der Milchstraße und ist auf bestem Weg dazu, es in etwa 100 Millionen Jahren erneut zu tun.

Die Sagittarius-Zwerggalaxie wurde erst 1994 entdeckt, denn die zentrale Wölbung und die Scheibe der Milchstraße verdecken sie zu einem Großteil. Sie besteht aus vier großen Kugelsternhaufen und einem hellen Sternenbogen, der einem Abschnitt einer Schleife von Pol zu Pol der Milchstraße entspricht. Astronomen sind der Ansicht, dass die Schleife den bisherigen Weg der Zwerggalaxie durch die Ebene der Milchstraße nachzeichnet, auf dem sie allmählich an Masse verloren hat. Nach einigen weiteren Umlaufbahnen und damit Passagen durch die Ebene des Milchstraßensystems werden die Sterne der Sagittarius-Zwerggalaxie vermutlich in unserer viel größeren Galaxie aufgehen und die Größe und Masse der Milchstraße erhöhen. Solche galaktischen Kollisionen, Fusionen und »kannibalischen« Prozesse könnten auch der Grund sein, warum Spiralgalaxien so groß werden können: durch Verschlucken kleinerer, älterer Galaxien oder Galaxienhaufen.

Einige Forscher vermuten, dass ein Zusammenhang zwischen engen Begegnungen der Milchstraße mit ihren Satellitengalaxien und Massenaussterben oder großen Klimaänderungen auf der Erde besteht. Sie könnten entfernte Kometen und Asteroiden in den Öpik-Oort-Wolken die Systeme unserer Sonne und nahe gelegener Sterne durcheinandergewirbelt haben, sodass mehr Kometen und Asteroiden periodisch nach innen flogen und mit der Erde kollidierten. Diese Hypothese ist jedoch umstritten und mit Supercomputern nur in der Theorie zu testen. Die Vorstellung, dass nicht nur Himmelskörper, sondern auch ganze Galaxien im Vorbeiflug das Leben auf unserem Planeten grundlegend beeinflussen, erscheint aufregend. Eine detaillierte Untersuchung der großräumigen Klimaänderungen und der fossilen Aufzeichnungen könnte bei der Aufdeckung vergangener lokaler galaktischer Kollisionen behilflich sein.

SIEHE AUCH Die Milchstraße (vor 13,3 Mrd. Jahren), Kugelsternhaufen (1665), Die Öpik-Oort-Wolke (1932), Elliptische Galaxien (1936), Spiralgalaxien (1959)

Kollision der Spiralgalaxien NGC 2207 (oben) und IC 2163 (unten), Aufnahme des Hubble-Weltraumteleskops. Bei galaktischen Kollisionen entstehen aufgrund der gewaltigen Masse der beteiligten Galaxien gigantische Gezeitenkräfte. In diesem Fall wird beispielsweise die kleinere Galaxie auseinandergezogen.

Die Erdozeane verdampfen

Der Lebenszyklus eines Hauptreihensterns wie der Sonne ist vorhersehbar, denn Astronomen beobachteten im frühen 20. Jahrhundert große Mengen sonnenähnlicher Sterne in verschiedenen Entwicklungsstadien und konnten so deren Evolution entschlüsseln. Bis zur Mitte des Jahrhunderts lagen auch stichhaltige Theorien zum Inneren der Sterne und den Kernfusionsprozessen vor, die sie zum Leuchten bringen. Und schließlich kennen wir dank der Forschungen zu primitiven Meteoriten und radiometrischer Datierungsmethoden das ungefähre Alter der Sonne: 4,65 Milliarden Jahre. Mit diesen Kenntnissen lässt sich auch das weitere Leben unseres Sterns vorhersagen.

Im Kern der Sonne fusionieren bei enormen Temperaturen und Drücken Wasserstoffatome zu Helium, und der Wasserstoffvorrat der Sonne nimmt langsam ab. Um den nach innen gerichteten Druck der Gravitation und den nach außen gerichteten der Strahlung im Gleichgewicht zu halten und in der Hauptreihe zu verbleiben, wird der Sonnenkern allmählich immer heißer. Das beschleunigt die Kernfusion, gleicht die Auswirkungen der abnehmenden Wasserstoffversorgung aus und vergrößert die Helligkeit der Sonne. Astronomen schätzen, dass der Energieausstoß der Sonne in einer Milliarde Jahren um etwa zehn Prozent ansteigt.

Eine derart umfassende Veränderung der Sonnenenergieproduktion zieht einschneidende Veränderungen des Erdklimas nach sich. In zehn bis hundert Millionen Jahren wird die Temperatur auf der Erde so stark angestiegen sein, dass die Ozeane unwiederbringlich zu verdunsten beginnen und sich unser Planet in eine dampfende Welt verwandelt. Wissenschaftler vermuten ferner, dass die allmähliche Zersetzung des atmosphärischen Wassers durch das Sonnenlicht und die anschließende Verflüchtigung des dabei freigesetzten Wasserstoffs unseren Planeten in etwa einer Milliarde Jahren in eine staubtrockene, unwirtliche Wüste verwandelt haben werden.

Aber es könnte noch schlimmer kommen: Nach langfristigen Modellen einiger Klimatologen dürfte unser Planet schon lange vor dem völligen Austrocknen der Ozeane unbewohnbar sein. Im immer heißeren Klima wird mehr Kohlendioxid in Kalkstein eingeschlossen, sodass den Pflanzen weniger für die Fotosynthese zur Verfügung steht. Nach etwa 500 Millionen Jahren wäre die Nahrungskette an ihrer Basis und damit die Biosphäre insgesamt zusammengebrochen. Keine erfreuliche Langzeitprognose, aber vielleicht nennt unsere Spezies bis dahin ja eine andere schöne Welt ihr Zuhause.

SIEHE AUCH Die Geburt der Sonne (vor 4,6 Mrd. Jahren), Mira-Sterne (1596), Die Hauptreihe (1910), Die Kernfusion (1939), Das Ende der Sonne (in 5–7 Mrd. Jahren)

Grafische Darstellung eines sogenannten Heißen Jupiters, der zu den häufigsten Arten von Exoplaneten in sonnennahen Sternsystemen gehört. In einer Milliarde Jahren werden unsere Ozeane aufgrund der ständig zunehmenden Hitze der Sonne verdunsten, und unser Planet verwandelt sich in eine »Heiße Erde«.

Andromeda-Milchstraßen-Kollision

Unsere Milchstraße darf insofern als Inseluniversum gelten, als es sich dabei um eine organisierte, abgeschlossene Ansammlung von etwa 400 Milliarden Sternen samt dem Gas, Staub und der Dunklen Materie handelt, die durch die Gravitation daran gebunden sind. Zugleich gehört sie einem Haufen gravitativ gebundener Nachbargalaxien an, dem der Astronom Edwin Hubble den Namen »Lokale Gruppe« gab. Unter den Dutzenden Galaxien der Lokalen Gruppe bildet die Milchstraße mit der Großen und Kleinen Magellan'schen Wolke, der Sagittarius-Zwerggalaxie und weiteren Satellitengalaxien eine der vier Untergruppen. Eine weitere besteht aus der Andromedagalaxie und ihren Satellitengalaxien. Astronomen schätzen die Größe der Lokalen Gruppe auf etwa zehn Millionen Lichtjahre und ihre Gesamtmasse auf über eine Billion Sonnenmassen.

Das Gravitationszentrum der Lokalen Gruppe befindet sich zwischen der Milchstraße und der Andromedagalaxie, die zusammen den größten Teil ihrer Masse ausmachen. Astronomen haben entdeckt, dass sich die beiden großen Spiralgalaxien aufeinander zubewegen und in etwa 3–5 Milliarden Jahren miteinander zusammenstoßen dürften. Die Art der Kollision wird dabei vor allem von ihrer Geschwindigkeit und der Verteilung der Dunklen Materie in beiden Galaxien abhängen.

Kollision dürfte aber nicht die passendste Bezeichnung für die Wechselwirkungen von Galaxien sein, denn sie bestehen größtenteils aus leerem Raum. Deshalb werden wohl kaum viele Sterne physisch miteinander kollidieren. Im Wesentlichen werden die beiden Galaxien einfach durch die jeweils andere hindurchgehen, während die Gravitations- und Gezeitenkräfte, die zwischen ihren Sternen und Satellitengalaxien wirken, ihre Spiralstrukturen auseinanderreißen. Im Endergebnis könnte dies zur Verschmelzung zu einer größeren, elliptischen Supergalaxie führen.

Die Lokale Gruppe gehört ihrerseits zum Virgo-Superhaufen, der aus mehr als 100 interagierenden Galaxienhaufen wie der Lokalen Gruppe in unserem Teil des Universums besteht und sich über mehr als 110 Millionen Lichtjahre erstreckt. Virgo ist aber nur einer von Millionen ähnlicher Superhaufen, die durch fadenförmige Filamente verbunden das kosmische Netz des Universums bilden.

SIEHE AUCH Die Milchstraße (vor 13,3 Mrd. Jahren), Die Sichtung des Andromedanebels (964), Der Messier- Katalog (1771), Cepheiden und Standardkerzen (1908), Dunkle Materie (1933), Spiralgalaxien (1959), Große Mauern (1989), Kollision der Sagittarius-Zwerggalaxie (in 100 Mio. Jahren)

Die spektakuläre Andromedagalaxie (Messier 31) ist in zwei Millionen Lichtjahren Entfernung die der Milchstraße am nächsten gelegene Spiralgalaxie und gehört ebenfalls zum Galaxiehaufen der Lokalen Gruppe. In ferner Zukunft dürfte es zur Kollision von Andromeda und der Milchstraße kommen.

in 5–7 Mrd. Jahren

Das Ende der Sonne

Das Schicksal der Sonne ist besiegelt. Das wissen wir, denn in der Milchstraße existieren Milliarden Hauptreihensterne, die derselben Klasse wie unsere Sonne angehören und die sich in unterschiedlichen Phasen ihres Lebenszyklus befinden. Über den Lebensweg eines Sterns entscheidet seine Anfangsmasse. Sterne mit der Masse unserer Sonne durchleben eine stürmische Jugend, gefolgt von einem zehn Milliarden Jahre dauernden stabilen mittleren Abschnitt und einem eher sanften, stillen Tod.

Die radiometrische Altersbestimmung primitiver Meteoriten sowie die Analyse von Sonnenwindteilchen, die von der Raumsonde *Genesis* und anderen Missionen gesammelt wurden, lassen die Weltraumforscher das Alter der Sonne auf etwa 4,65 Milliarden Jahre schätzen. Das entspricht etwa der halben Lebensdauer eines Hauptreihensterns. Im mittleren Lebensabschnitt steigt bei solchen Sternen der Wasserstoffverbrauch für die Kernfusion stetig an, und sie werden allmählich heißer. In etwa einer Milliarde Jahren wird die Temperatur der Sonne Werte erreichen, bei denen die Ozeane der Erde für immer verdunsten. In etwa fünf Milliarden Jahren wird die Sonne allen verfügbaren Wasserstoff aufgebraucht haben, sodass sich ihr Kern zusammenzieht und weiter erhitzt.

In der Folge dehnt sich die Sonne, das heißt ihre äußeren Atmosphärenschichten, immer weiter aus und wird schließlich zu einem Roten Riesen mit bis zu 250-facher Größe, der die inneren Planeten, einschließlich der Erde, verschlingt. Sobald auch das Helium und weitere, schwerere Elemente verbrannt sind, beginnt der pulsierende Todeskampf unseres Sterns, und seine äußeren Schichten, darunter auch die Atome und früheren Bewohner der verdampften Erde, werden als planetarischer Nebel in den Weltraum abgestoßen, wo daraus neue Sterne entstehen. Der als Weißer Zwerg bezeichnete strahlende Rest des Sonnenkerns kühlt langsam ab und erlischt schließlich.

Die Erde ist dann längst Geschichte, aber ist es auch das Leben? Falls wir Menschen unsere derzeitigen Herausforderungen meistern, werden unsere Nachfahren vielleicht dereinst andere Sonnensysteme besiedeln und auf einer Welt, die um einen jüngeren sonnenähnlichen Stern kreist, ein neues Zuhause finden.

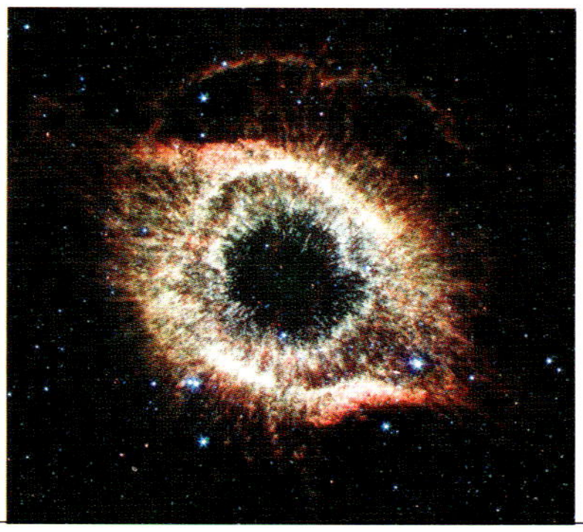

SIEHE AUCH Die Geburt der Sonne (vor 4,6 Mrd. Jahren), Planetarische Nebel (1764), Der Messier-Katalog (1771), Weiße Zwerge (1862), Radioaktivität (1896), Die Hauptreihe (1910), Die Kernfusion (1939), *Genesis* im Sonnenwind (2001), Die Erdozeane verdampfen (in 1 Mrd. Jahren)

LINKS: *Helixnebel, Aufnahme des Spitzer-Weltraumteleskops. Er gilt als planetarischer Nebel, wie er beim Tod eines Roten Riesen oder anderen Sterns mit Sonnenmasse entsteht.*
GEGENÜBER: *Der Mond durchquert die Scheibe der zum Roten Riesen angeschwollenen Sonne in etwa fünf Milliarden Jahren, Bild des Weltraumkünstlers Don Dixon.*

Der letzte Stern

Der immerwährende Zyklus von Sternengeburt und -tod hat etwas von einem kosmischen Recyclingprogramm. Gas- und Staubwolken kondensieren, die Gravitation zieht sie zusammen, sodass sich schließlich kugelförmige Massensterne bilden, in deren Zentrum Drücke und Temperaturen hoch genug sind, um die Kernfusion in Gang zu bringen. Sobald der Kernbrennstoff, meist Wasserstoff oder Helium, aufgebraucht ist, sterben die Sterne je nach Masse einen sanften bis spektakulären Tod und stoßen einen Großteil ihrer Materie in den Weltraum ab. Diese Überreste in Form von Gas- und Staubwolken können erneut wie bereits beschrieben kondensieren, sich zusammenziehen und neue Sterne bilden.

Bei jedem Sterntod gelangt jedoch ein beträchtlicher Teil seiner Masse nicht zurück in den Weltraum, sondern endet im Falle von massearmen Sternen als langsam abkühlender Weißer Zwerg, bei massereichen Sternen dagegen zum Beispiel als Neutronenstern oder schwarzes Loch. So wird nach und nach die gesamte an der Sternentstehung beteiligte Materie des Universums in diesen nicht wiederverwendbaren Sternüberresten gebunden. Da Hauptreihensterne mit mittlerer bis geringer Masse die überwiegende Mehrheit der Sterne im Universum ausmachen, sollte auch der Großteil seiner endgültig gebundenen Masse in Weißen Zwergen vorliegen.

Ein typischer Hauptreihenstern lebt etwa 10 Milliarden (10^{10}) Jahre, Sterne mit einer Masse, die nahe der theoretischen Untergrenze der Kernfusion (etwa acht Prozent der Sonnenmasse) liegt, dagegen bis zu 10 Billionen (10^{13}) Jahre. Nach groben Schätzungen der Astronomen wird in etwa 100 Billionen (10^{14}) Jahren, wenn das Universum etwa 10 000-mal so alt wie heute ist, fast seine gesamte beobachtbare Masse in Weißen Zwergen gefangen sein, kleine Mengen auch in Roten Zwergen, Neutronensternen, schwarzen Löchern und anderen Sternüberresten. Die Sternentstehung hat damit ihr Ende erreicht, und das Universum wird in die ganz andere, letzte Ära seiner Entwicklung eintreten.

Nach und nach wird der Kosmos verblassen, denn die Weißen Zwerge entwickeln sich gemäß der gängigen Theorie nach ihrer Abkühlung zu Schwarzen Zwergen, deren Temperaturen sich dem absoluten Nullpunkt nähern. Was übrig bleibt, ist unsichtbare Schwärze. Aber niemand weiß, wie lange es bis zum Erlöschen der letzten Sterne in unserem Universum dauern wird. Einige Forscher vertreten die Ansicht, das Dunkle Materie oder die schwache Wechselwirkung das letzte Glimmen der einst glorreichen Sterne für 10^{15} bis 10^{25} Jahre oder noch länger schwach leuchten lassen.

SIEHE AUCH Weiße Zwerge (1862), Die Hauptreihe (1910), Neutronensterne (1933), Die Kernfusion (1939), Schwarze Löcher (1965), Das Ende der Sonne (in 5–7 Mrd. Jahren), Wie endet das Universum? (Ende der Zeit)

12–13 Milliarden Jahre alte Weiße Zwerge im Kugelsternhaufen Messier 4 im Milchstraßen-Sternbild Skorpion, Aufnahme des Hubble-Weltraumteleskops, 2002.

Wie endet das Universum?

Die wichtigste Triebfeder der Astronomie und Raumfahrt war stets der Wunsch, einige der tiefgreifendsten Fragen zu beantworten: Was passiert da oben am Himmel? Wo hat alles seinen Ursprung? Wie ist das Leben entstanden? Sind wir allein im Universum? Wir verfügen heute glücklicherweise sowohl über die finanziellen Ressourcen als auch über die Technologien, um aktiv nach Antworten auf derartige Fragen zu suchen.

Lasst uns den Kreis schließen und unsere Reise durch die Geschichte der Astronomie und Raumfahrt an einem passenden Punkt beenden. Nach der gängigen Theorie zum Ursprung unseres Universums entstand alles um uns herum, Raum wie auch Zeit, vor 13,75 Milliarden Jahren beim Urknall, einer gigantischen Explosion aus einer Singularität. Somit hatte das uns bekannte Universum einen Anfang. Die auf der Hand liegende Frage lautet deshalb. Hat es auch ein Ende, und wenn ja, wann?

Wir wissen, dass sich das Universum ausdehnt, denn Messungen haben ergeben, dass sich alle Galaxien voneinander entfernen. Möglicherweise wird diese Expansion, in Gang gehalten von der hypothetischen, abstoßenden Kraft der Dunklen Energie, immer weitergehen, bis der letzte der Sterne verblasst und auch die schwarzen Löcher verdampft sind – und das Universum den dunklen, ruhigen, kalten Wärmetod findet (Big Freeze). In etwa 10^{100} Jahren (einem Googol Jahren). Aber nur vielleicht.

Einige Kosmologen sagen dem Universum jedoch ein ganz anderes Ende vorher. Wenn die gesamte Masse des Universums so groß ist, dass die Dunkle Energie die Ausdehnung des Raumes nicht mehr zu beschleunigen vermag, könnte die Anziehungskraft zwischen Galaxienhaufen sie verlangsamen und schließlich umkehren. Galaxien würden sich aufeinander zubewegen, bis die ganze Masse des Kosmos wieder in der winzigen Singularität eines schwarzen Lochs zusammenfällt (*Big Crunch*). Was wird dann geschehen? Ein erneuter Urknall, ein *Big Bounce* (Großer Rückprall) als Resultat des Kollapses des Vorgängeruniversums?

Moderne Kosmologen versuchen das Geheimnis um das Schicksal des Universums zu lüften, indem sie eifrig erörtern, ob es offen (expandiert für immer), geschlossen (zieht sich schließlich wieder zusammen) oder flach (in perfektem Gleichgewicht) ist. Neue Beobachtungen und Computermodelle könnten bei der Klärung der Frage helfen, ob, um mit T. S. Eliot zu sprechen, »der Welten Ende nicht wie ein Knall, sondern wie ein Gewinsel« sein könnte.

SIEHE AUCH Der Urknall (vor 13,7 Mrd. Jahren), Die Hubble-Konstante (1929), Dunkle Materie (1933), Schwarze Löcher (1965), Dunkle Energie (1998), Das Alter des Universums (2001), Der letzte Stern (in 10^{14} Jahren)

Der Galaxienhaufen Abell S0740, Aufnahmen des Hubble-Weltraumteleskops, 2005–2006. Er befindet sich in einer Entfernung von etwa 450 Millionen Lichtjahren und enthält eine spektakuläre Vielfalt galaktischer Erscheinungsformen. Was wird mit den 100 Milliarden Galaxien des Universums in ferner Zukunft geschehen?

Anmerkungen und weiterführende Literatur

Bei der Recherche zu diesem Buch habe ich zahlreiche Quellen konsultiert. Unter anderem habe ich mithilfe von allgemeinen historischen und enzyklopädischen Quellen Sachinformationen überprüft und sie mit Informationen von Websites ergänzt, insbesondere bei Themen, zu denen neueste Erkenntnisse vorliegen oder die mit laufenden Kontroversen verbunden sind. Nachfolgend führe ich diese Quellen an, soweit es Notizen und Gedächtnis erlauben, nicht zuletzt um zur weiteren Lektüre anzuregen. Um Platz zu sparen, verwende ich für viele Websites das *tinyurl.com*-Format. Das Internet ist dynamisch, sodass einige Links möglicherweise bereits nicht mehr erreichbar sind.

Die Auswahl von nur 250 Meilensteinen aus der Geschichte der Astronomie und Raumfahrt ist eine gewaltige Aufgabe, und meine Auswahl spiegelt natürlich meine eigenen Vorurteile, Kenntnisse und Erfahrungen wider. Ich würde mich über Vorschläge für andere Themen freuen, die ich in zukünftigen Ausgaben dieses Buches berücksichtigen könnte, und auch über Korrekturen oder allgemeines Feedback. Bitte kontaktieren Sie mich unter *Jim.Bell@asu.edu* oder *jimbell.sese.asu.edu/contact*.

Allgemein

Beatty, J.K., C.C. Petersen, and A. Chaikin, Hrsg. *The New Solar System*. Cambridge, UK: Cambridge Univ. Press, 1998.

Levy, D.H., Hrsg. *The Scientific American Book of the Cosmos*. New York: St. Martin's Press, 2000.

Mitton, S., Hrsg. *The Cambridge Encyclopaedia of Astronomy*. Cambridge, UK: Cambridge Univ. Press, 2001.

Moore, P., Hrsg. *Astronomy Encyclopedia*. Oxford, UK: Oxford Univ. Press, 2002.

Weissman, P.R., L.A. McFadden, und T.V. Johnson, Hrsg. *Encyclopedia of the Solar System*. San Diego, CA: Academic Press, 1999.

Websites

Neugierig auf Astronomie?: *curious.astro.cornell.edu*

Nine Planets: *nineplanets.org* oder *neunplaneten.de/nineplanets.html*

Ansichten unseres Sonnensystems: *www.solarviews.com*

Bad Astronomy (Blog): *blogs.discovermagazine.com/badastronomy*

Wikipedia: www.*wikipedia.org*

vor 13,7 Mrd. Jahren, Der Urknall

C. Lineweaver und T. Davis, Misconceptions about the Big Bang (*Scientific American*, Feb. 2005) sowie M. Riordan und W. Zajc, The First Few Microseconds (*Scientific American*, Apr. 2006).

vor 13,7 Mrd. Jahren, Die Rekobinationsära

Aufgrund von Daten der Raumsonde WMAP datieren Kosmologen den Beginn der Rekombinationsära (mit beinahe unglaublicher Genauigkeit) auf etwa 380 000 Jahre nach dem Urknall. Die Ergebnisse wurden 2003 als »Durchbruch des Jahres« bezeichnet (siehe *Science*, 19. Dezember 2003).

vor 13,5 Mrd. J., Erste Sterne

Tutorials, Aufsätze und Computeranimationen zu den ersten Sternen und Galaxien vom Kosmologen Volker Bromm und Kollegen von der University of Texas: *tinyurl.com/brdqoxx*.

vor 13,3 Mrd. J., Die Milchstraße

Gute Karten und Fotos der Milchstraße beim *Atlas of the Universe*: *tinyurl.com/2fooye*.

vor 5 Mrd. J., Sonnennebel

Das gängige Modell der Sonnennebelscheibe stammt vom russischen Astronomen Viktor Safronow (1917–1999). Sein Buch *Evolution of the Protoplanetary Cloud and the Formation of the Earth and the Planets* (NASA Tech. Trans. F-677, 1972) ist ein Klassiker.

vor 4,6 Mrd. J., Die Stürmische Protosonne

Australia Telescope Outreach and Education: tinyurl.com/c4ey6en.

vor 4,6 Mrd. J., Die Geburt der Sonne

Spektakuläre Fotos, Filme und andere Informationen zur Sonne sind auf der Website des *Solar and Heliospheric Observatory* (SOHO) der ESA/NASA zu finden: *tinyurl.com/thyo*.

vor 4,5 Mrd. J., Merkur

Strom, R.G., *Mercury: The Elusive Planet* (Cambridge, UK: Cambridge Univ. Press, 1987).

vor 4,5 Mrd. J., Venus

Venus auf *nineplanets.org/venus.html* oder *neunplaneten.de/nineplanets/venus.html*

vor 4,5 Mrd. J., Erde

Dalrymple, G.B., *The Age of the Earth* (Stanford, CA: Stanford Univ. Press, 1994).

vor 4,5 Mrd. J., Mars

Informationen über die Erforschung des Mars bei *The Planetary Society*, der weltweit größten gemeinnützigen Organisation für Weltraumforschung, bietet: *tinyurl.com/cntykwg*.

vor 4,5 Mrd. J., Der Asteroidengürtel

Details zu mehr als einer halben Million Kleinplaneten im Sonnensystem beim Minor Planet Center der Internationalen Astronomischen Union: *tinyurl.com/d2scxfy*.

vor 4,5 Mrd. J., Jupiter

Bagenal, F., T.E. Dowling, und W.B. McKinnon, Hrsg., *Jupiter: The Planet, Satellites, and Magnetosphere* (New York: Cambridge Univ. Press, 2007).

vor 4,5 Mrd. J., Saturn

Die Saturnatmosphäre ist weniger dynamisch als die des Jupiters, aber auch sie weist interessante Merkmale wie ein helles, 2010 entdecktes Sturmsystem auf: *tinyurl.com/24prgxd*.

vor 4,5 Mrd. J., Uranus

Eine tolle Sammlung von Fotos der Uranusatmosphäre, seiner Ringe und Monde auf der Website des *Planetary Photojournal* der NASA: *tinyurl.com/6pzdykv*.

vor 4,5 Mrd. J., Neptun

Die These, dass Uranus und Neptun seit ihrer Entstehung nach außen gewandert sind, diskutiert D.N.C. Lin in seinem Aufsatz *The Chaotic Genesis of Planets* im *Scientific American* vom Mai 2008.

vor 4,5 Mrd. J., Pluto und der Kuipergürtel

Auf der Website *365 Days of Astronomy* gibt es einen interessanten Podcast zum Kuipergürtel anzuhören: *tinyurl.com/d6q9ckf*.

vor 4,5 Mrd. J., Die Geburt des Mondes

Canup, R.M. und K. Righter, Hrsg., *The Origin of the Earth and Moon* (Tucson: Univ. of Arizona Press, 2000).

vor 4,1 Mrd. J., Das Große Bombardement

Die Riesenplaneten spielten vermutlich eine Schlüsselrolle beim Großen Bombardement: *tinyurl.com/csg6zh4*.

vor 3,8 Mrd. J., Leben auf der Erde
Ricardo, A. und J.W. Szostak, *The Origin of Life on Earth*, *Scientific American*, Sep. 2009.

vor 550 Mio. J., Die Kambrische Explosion
Erwin, D.H., *Extinction: How Life on Earth Nearly Ended 250 Million Years Ago* (Princeton, NJ: Princeton Univ. Press, 2006).

vor 65 Mio. J., Der Dinosaurier-Killer-Asteroid
Ausführlicher, mit Hinweisen zur Kontroverse um die Impakt-Hypothese ist der Wikipedia-Eintrag zur Kreide-Paläogen-Grenze: *de.wikipedia.org/wiki/Kreide-Paläogen-Grenze*.

vor 200 000 J., *Der Homo sapiens*
Holly Capelo von der Wissenschaftszeitschrift *Seed* hat eine interessante Zusammenfassung der jüngsten Belege für Spuren astronomischer Überlieferung in der altsteinzeitlichen Höhlenkunst verfasst: *tinyurl.com/cvgtd6q*.

vor 50 000 J., Der Barringer-Krater
Der Geologe David Rajmon hat eine Online-Datenbank mit den knapp 200 bekannten und vermuteten Einschlagkratern auf der Erde erstellt: *tinyurl.com/bqsgdsb*.

um 5000 v. Chr., Die Geburt der Kosmologie
Die Kosmologie beschäftigt sich mit dem Ursprung, der Entwicklung und der Struktur des gegenwärtigen Universums. Nicht klar davon abzugrenzen ist die Kosmogonie, die sich aber nur dem Ursprung und der Entwicklung (der Genese) des frühen Universums widmet.

um 3000 v. Chr., Erste Observatorien
Newham, C.A., *The Astronomical Significance of Stonehenge* (Warminster, UK: Coates & Parker, 1993).

um 2500 v. Chr., Astronomie im Alten Ägypten
Ich weiß noch, welche Faszination ich beim Lesen von E.C. Krupps *Echoes of the Ancient Skies: The Astronomy of Lost Civilizations* (Mineola, NY: Dover, 2003) als junger Mann empfand, denn mir wurde klar, wie viel unseren Ahnen die Himmelsbewegungen bedeuteten.

um 2100 v. Chr., Astronomie im Alten China
Präsentation zahlreicher chinesischer Astronomen und ihrer Instrumente von Marilyn Shea, University of Maine: *tinyurl.com/cxqtavp*.

um 500 v. Chr., Die Erde ist rund
Wer noch immer bezweifelt, auf einer rotierenden Kugel zu leben, kann den Kopf in den Sand stecken und sich der *Flat Earth Society* anschließen: *tinyurl.com/346e6c8*.

um 400 v. Chr., Das geozentrische Weltbild
Nick Strobel (tinyurl.com/blcrvgf) vom Bakersfield College hält Aristoteles für den Menschen mit dem wahrscheinlich größten Einfluss auf Forschungsgebiete wie Naturwissenschaften, Theologie, Philosophie und viele andere in der Geschichte der Menschheit.

um 400 v. Chr., Abendländische Astrologie
Ausgezeichnete Ressourcen für Leser, die mit der Astronomie verbundene Pseudowissenschaften entdecken wollen, von Andrew Fraknoi und der *Astronomical Society of the Pacific*: tinyurl.com/yfbp4vy.

um 280 v. Chr., Das heliozentrische Weltbild
Kragh, H.S., *Conceptions of Cosmos — From Myths to the Accelerating Universe: A History of Cosmology* (New York: Oxford Univ. Press, 2007).

um 250 v. Chr., Eratosthenes' Ausmessung der Erde
Seit 2000 können Schüler mit *Follow the Path of Eratosthenes* sein über 2200 Jahre altes Experiment nachvollziehen: *tinyurl.com/d7bd2k3*.

um 150 v. Chr., Scheinbare Helligkeit
Das von Astronomen verwendete »rückläufige« System der Scheinbaren Helligkeit erklärt Alan MacRobert von der Zeitschrift *Sky & Telescope* gut verständlich auf tinyurl.com/luxflk.

um 100 v. Chr., Der erste Computer
Empfehlenswert sind D.J. de Solla Price, *An Ancient Greek Computer* (*Scientific American*, Juni 1959) und Tony Freeth, *Decoding an Ancient Computer* (*Scientific American*, Dezember 2009).

45 v. Chr., Der Julianische Kalender
Ausführliche Information: *tinyurl.com/58ctv5*.

um 150 n. Chr. Ptolemäus und sein *Almagest*
Dennis Dukes animierte antike Planetenmodelle: *tinyurl.com/blh7uql*.

185, Ein »Gaststern« über China
Astronomen haben mit Daten der Weltraumteleskope Spitzer und WISE die Gestalt der Supernova vom 185 beobachteten hellen Blitz bis zu den heute sichtbaren, beinahe kugelförmigen Gas- und Staubresten nachgezeichnet: *tinyurl.com/88sosvy*.

um 500, Die *Aryabhatiya*
Walter E. Clark Übertragung der *Aryabhatiya* ins Englische: *tinyurl.com/chbvjet*.

c. 700, Das Kreuz mit dem Osterdatum
Wer möchte, kann die Berechnungen von Bede auf der Website der *Astronomical Society of South Australia* nachvollziehen: *tinyurl.com/9zsa*.

um 825, Frühe islamische Astronomie
Eine nützliche und lehrreiche Einführung in die Astronomie des mittelalterlichen Orients bietet Owen Gingerichs Artikel *Islamic Astronomy* (*Scientific American*, Apr. 1986).

um 964, Die Sichtung des Andromedanebels
Das *Buch der Fixsterne* des persischen Astronomen 'Abd ar-Rahmān as-Sūfī im arabischen Original: *tinyurl.com/cx7mkdr*.

um 1000, Experimentelle Astrophysik
Näheres über das Leben und die Arbeit von Alhazen und al-Bīrūnī in aktuellen Beiträgen von Jim Al-Khalili (*tinyurl.com/8q5k9c*) und Richard Covington (*tinyurl.com/2wqe7t*).

um 1000, Die Astronomie der Maya
Der Codex Dresdensis steht auf *tinyurl.com/d5f38vq* komplett zum Download bereit. Siehe auch Anthony Aveni, *Conversing with the Planets: How Science and Myth Invented the Cosmos* (New York: Kodansha International, 1994).

1054, Beobachtungen eines »Tagessterns« Mitton, S., *The Crab Nebula* (New York: Charles Scribner's Sons, 1979).

um 1230, *De Sphaera*
Website zu Johannes de Sacrobosco: *tinyurl.com/cbbvrsd*.

um 1260, Große Sternwarten des Mittelalters
Seite der NASA zu alten Obervatorien: *tinyurl.com/cl4busr*.

um 1500, Die frühe Infinitesimalrechnung
Vorlage der Abbildung: Ramasubramanian, K. u. a., *Modification of the Earlier Indian Planetary Theory by the Kerala Astronomers (c. 1500) and the Implied Heliocentric Picture of Planetary Motion* (*Current Science*, Bd. 66, 784–790, 1994).

1543, Kopernikus' himmlische Revolution
Helden, A.V.: *tinyurl.com/cebcm*.

1572, Brahes »neuer Stern«
Thoren, V.E., *The Lord of Uraniborg: A Biography of Tycho Brahe* (New York: Cambridge Univ. Press, 1990).

1582, Der Gregorianische Kalender
Eine Einführung zu den sechs wichtigsten Kalendersystemen, die derzeit in Gebrauch sind, vom *US Naval Observatory*: *tinyurl.com/d589vr8*.

1596, Mira-Sterne
Hoffleit, D.: *tinyurl.com/ct3mzgy*.

1600, Die Vielzahl der Welten
Der Wikipedia-Eintrag zu »Giordano Bruno« (*tinyurl.com/yd5dwrc5*) ist ein guter Ausgangspunkt für weitere Informationen zu diesem kontroversen Mönch, Philosophen und Astronomen.

um 1608, Erste astronomische Teleskope
Eine Geschichte der Brillen ist auf der Website der *American Academy of Ophthalmology* zu finden: tinyurl.com/bpbbqqn. Interessant ist auch der Artikel *The Telescope* vom *Galileo Project*: tinyurl.com/33gat4u.

1610, Galileis Nachricht von neuen Sternen
Detaillierte Informationen zu Galileis Fernrohr vom *Museo Galileo*: *tinyurl.com/d2n945d*. Zu seiner Person: Dava Sobel, *Galileo's Daughter: A Historical Memoir of Science, Faith, and Love* (New York: Walker & Co., 2011).

1610, Io
Lopes, R. M. C. und J. R. Spencer, Hrsg., *Io After Galileo: A New View of Jupiter's Volcanic Moon* (Chichester, UK: Springer/Praxis, 2006).

1610, Europa
Spektakuläre Bilder von Europa sind via Suchmaske des *Planetary Photojournal* der NASA zu finden: *tinyurl.com/cw7pz7w*.

1610, Ganymed
Mehr zur Geschichte der Bahnresonanzen und der Himmelsmechanik: C. D. Murray und S. F. Dermott, *Solar System Dynamics* (New York: Cambridge Univ. Press, 2000).

1610, Kallisto
Auf Paul Schenks *House of Satellites* 3-D-Blog (*tinyurl.com/bssr43w*) kann man Kallisto und die anderen Galileischen Monde aus der Nähe betrachten.

1610, Die »Entdeckung« des Orionnebels
Mehr über die Vorstellungen unserer frühen Vorfahren über den Orionnebel ist in E. C. Krupps Artikel *Igniting the Hearth*, *Sky & Telescope* (Februar 1999) zu finden.

1619, Drei Gesetze der Planetenbewegung
Mehr zu Johannes Kepler: C. Wilson, *How Did Kepler Discover His First Two Laws?* (*Scientific American*, March 1972) und O. Gingerich *The Great Copernicus Chase and Other Adventures in Astronomical History* (Cambridge, MA: Sky Publishing, 1992).

1639, Venustransite
Eine kurze Geschichte der Venustransit-Beobachtungen: W. Sheehan und J. Westfall, *The Transits of Venus* (Amherst, NY: Prometheus, 2004).

1650, Das Sechsgestirn von Mizar-Alcor
Kaler, J.: *tinyurl.com/yezwdhv*; Siehe auch L. Ondra, A *New View of Mizar*, ursprünglich in *Sky & Telescope* (Juli 2004): *tinyurl.com/bqjaeh4*.

1655, Titan
Der Text von Huygens' *Systema Saturnium* ist bei den *Smithsonian Institution Libraries* online zugänglich: *tinyurl.com/bpwdunv*.

1659, Saturnringe
Daten des NASA *Planetary Data System*: *tinyurl.com/d28nu2n*.

1665, Der Großer Rote Fleck
Überblick über die Geschichte und Erforschung des Großen Roten Flecks von A. P.Ingersoll in *Atmospheres of the Giant Planets*, Chapter 15 in *The New Solar System*, Hrsg. J. K. Beatty, C. C. Petersen, and A. Chaikin (Cambridge, MA: Sky Publishing, 1999).

1665, Kugelsternhaufen
National Optical Astronomy Observatory: *tinyurl.com/abjnve*.

1671–1672, Iapetus und Rhea
Iapetus auf der NASA-Website zur Erforschung des Sonnensystems: *tinyurl.com/ycxdgl85*.

1676, Lichtgeschwindigkeit
Siehe auch S. Soter and N. D. Tyson (Hrsg.), *Cosmic Horizons: Astronomy at the Cutting Edge* (New York: New Press, 2001).

1682, Der Halley'sche Komet
Alan H. Cook, *Edmond Halley: Charting the Heavens and the Seas* (New York: Clarendon Press, 1998). Listen mit Daten zu den Umlaufbahnen sämtlicher bekannten periodischen Kometen des *Minor Planet Center* der IAU: *tinyurl.com/28y8a5r*.

1684, Tethys und Dione
NASA-Photojournal: *tinyurl.com/c24cvnh*.

1684, Das Zodiakallicht
Ausführlichere Informationen zur frühen Geschichte der Zodiakallicht-Beobachtungen: C. E. Brame, *The Zodiacal Light* (*Popular Science Monthly*, Juli 1877), *tinyurl.com/bstncr3*.

1686, Der Ursprung der Gezeiten
Eine hervorragende Einführung bieten *How Tides Work* auf E. Siegels Blog *Starts with a Bang!* (*tinyurl.com/2axmfap*); *Tidal Misconceptions* von D. Simanek (*tinyurl.com/lhm5ac*); Seiten 265–274 in V. D. Barger und M. G. Olsson, *Classical Mechanics: A Modern Perspective* (New York: McGraw-Hill, 1973).

1687, Newtons Gesetze
Hawking, S., *On the Shoulders of Giants: The Great Works of Physics and Astronomy*, (Philadelphia: Running Press, 2002).

1718, Die Eigenbewegung der Sterne
Eine verständliche Kurzdarstellung der Ideen in Halleys Considerations on the Changes of the Latitudes of Some of the Principal Fixed Stars (1718) ist in R. G. Aitkens Aufsatz Edmund Halley and Stellar Proper Motions (*Astronomical Society of the Pacific Leaflets*, Oct. 1942), *tinyurl.com/c8mxavz* zu finden.

1757, Die astronomische Navigation
Als englischsprachige Bibel der Hochseenavigation und der dabei verwendeten Instrumente gilt Nathaniel Bowditch, *The American Practical Navigator*, Erstveröffentlichung 1802, *tinyurl.com/c6pxcpl*.

1764, Planetarische Nebel
Detailaufnahmen des Hubble-Weltraumteleskops vom Katzenaugen- und anderen planetarischen Nebeln: *tinyurl.com/cuoaxur*.

1771, Der Messier-Katalog
Detaillierte Informationen zum Messiermarathon sind unter *tinyurl.com/ybbxgpzq* zu finden, Messier-Poster unter *tinyurl.com/bt5kq46*. Die Adresse der Homepage des Messier-Katalogs (in Deutsch) *tinyurl.com/ybdy52kn*.

1772, Die Lagrange-Punkte
Der Astrophysiker Neil deGrasse Tyson erläutert Geschichte, Physik und Potenzial für die Weltraumfahrt der Lagrange-Punkte auf *tinyurl.com/bmqhark*.

1781, Die Entdeckung des Uranus
Lemonick, M., *The Georgian Star: How William and Caroline Herschel Revolutionized Our Understanding of the Cosmos* (New York: W. W. Norton, 2009).

1787, Titania und Oberon
Einen faszinierenden Bericht aus erster Hand über die Entdeckung der ersten beiden Monde des Uranus veröffentlichte Wilhelm Herschel 1787 unter dem Titel *An Account of the Discovery of Two Satellites Revolving Round the Georgian Planet* in der Zeitschrift *Philosophical Transactions of the Royal Society* vom 1. Januar 1787; online auf *tinyurl.com/dyou62p*.

1789, Enceladus
Bilder der Raumsonde Cassini von Enceladus zeigen Flüssigwasser-Geysire am Südpol des Mondes: *tinyurl.com/8k4d6g2*.

1789, Mimas
Eine detaillierte Beschreibung der Konstruktion und Fertigung der Spiegel für Herschels Zwölf-Meter-Teleskop bietet W. H. Steavenson, *Herschel's First 40-foot Speculum (The Observatory*, Bd. 50, 114–118, 1927), *tinyurl.com/8dyosha*.

1794, Meteoriten aus dem Weltraum
Smith, C., S. Russell und G. Benedix, *Meteorites* (Buffalo, NY: Firefly Books, 2011).

1795, Der Encke'sche Komet
Eine unterhaltsame Kurzfassung von Caroline Herschels Leben und Werk ist J. Donald Fernies *The Inimitable Caroline* in Ausgabe Nov./Dez. 2007 des *American Scientist*: *tinyurl.com/y9gd6kpz*.

1801, Ceres
Fotos des Hubble-Weltraumteleskops von Ceres und Vesta auf C. Seligman's Website: *tinyurl.com/blemkol*.

1807, Vesta
Eine hervorragende Zusammenfassung der jüngsten Asteroidenforschung bietet *Asteroids III* (Tucson: Univ. of Arizona Press, 2002), Hrsg. W. F. Bottke u. a. Ein Beitrag von K. Keil mit dem Titel *Geological History of Asteroid 4 Vesta: The Smallest Terrestrial Planet* (S. 573–584) ist online auf *tinyurl.com/blf4765* abrufbar.

1814, Die Geburt der Spektroskopie
Broschüre über Joseph von Fraunhofer (PDF): *tinyurl.com/y9udr6g6*.

1838, Die Sternparallaxe
Das ganzseitige Foto ist ein Screenshot aus einer Web-App von V. Bodurov, mit der man die Sterne in Sonnennähe aus allen Richtungen betrachten kann: *tinyurl.com/9htgzzq*.

1839, Erste Astrofotografien
Hintergrundinformationen über die Astrofotografie John Drapers und seines Sohnes Henry von der *Hastings Historical Society*: *tinyurl.com/8fd5pmd* und *tinyurl.com/8hpad5n*.

1846, Die Entdeckung des Neptuns
Spannend zu lesen ist die Geschichte der Neptunentdeckung des britischen Astronomen Sir Patrick Moore mit dem Titel *The Planet Neptune: An Historical Survey Before Voyager* (New York: Wiley, 1996).

1846, Triton
Für einen Überlick über Tritons Zusammensetzung, Geologie und mögliche Herkunft siehe D. Cruikshank, *Triton, Pluto, Centaurs, and Trans-Neptunian Bodies*, in T. Encrenaz, u. a., *The Outer Planets and Their Moons* (Norwell, MA: Springer, 2005, S. 421–440).

1847, »Miss Mitchells Komet«
Ausführliche Informationen über Maria Mitchell bietet die *Maria Mitchell Association* (mmo.org), »die 1902 gegründet wurde, um das Vermächtnis der in Nantucket geborenen Astronomin, Naturforscherin, Bibliothekarin und zuvorderst Erzieherin zu bewahren«.

1848, Der Dopplereffekt bei Lichtwellen
Wright, N.: *tinyurl.com/ygjz7t2*.

1848, Hyperion
Thomas, P. C., u. a., *Hyperion's Sponge-like Appearance* (*Nature* Bd. 448, S. 50–56, 2007).

1851, Das Foucault'sche Pendel
Technische Beschreibung: *tinyurl.com/y8gl6j23*.

1851, Ariel und Umbriel
Nachruf auf William Lassell von 1880 in der Zeitschrift *The Observatory* (Bd. 3, S. 586–590, 1880), online auf *tinyurl.com/9qetb93*.

1857, Kirkwoodlücken
Fernie, J. D., *The American Kepler* (*American Scientist*, Sept./Okt. 1999: *tinyurl.com/ybbmjafj*.

1859, Sonneneruptionen
NASA Science News: A Super Solar Flare (6. Mai 2008): *tinyurl.com/32v6amx*.

1859, Die Suche nach Vulkan
Fontenrose, R., *In Search of Vulcan* (*J. History of Astronomy* Bd. 4, S. 145, 1973): *tinyurl.com/95ua9fn*.

1862, Weiße Zwerge
Als hervorragende Darstellung der Geschichte des Teleskopherstellers *Alvan Clark & Sons* gilt D. J. Warner und R. B. Ariail's *Alvan Clark & Sons: Artists in Optics* (Richmond, VA: Willmann-Bell, 1995).

1866, Der Ursprung der Leoniden-Meteore
Kronk, G.: *tinyurl.com/8zw8e8d*.

1868, Helium
Der Wikipedia-Eintrag auf *tinyurl.com/ml6yhn5* ist ein guter Ausgangspunkt.

1877, Deimos und Phobos
Ein persönlicher Bericht über Asaph Halls Entdeckung der Monde des Mars ist *The Discovery of the Satellites of Mars* (*Monthly Notices of the Royal Astronomical Society* Bd. 38, S. 205–209, 1878), online *tinyurl.com/9cy46pc*. Näheres zu den Beobachtungen der Mars-Rover über die Durchgänge beider Monde vor der Sonne sind in einem Artikel zu finden, den ich mit Kollegen verfasst habe: *Solar Eclipses of Phobos and Deimos Observed from the Surface of Mars* (*Nature* Bd. 436, S. 55–57, 2005).

1887, Das Ende des Äthers
Der Originalaufsatz von Michelson und Morley mit dem Titel *On the Relative Motion of the Earth and the Luminiferous Ether* wurde im *American Journal of Science* (Bd. 34, S. 333–345, 1887) veröffentlicht und ist online abrufbar: *tinyurl.com/92vz92u*.

1893, Sternfarbe und Sterntemperatur
Wilhelm Wien wurde für seine Entdeckungen auf dem Gebiet von Licht und Energie 1911 mit dem Physik-Nobelpreis ausgezeichnet. Informationen zu den bisherigen Preisträgern auf der Website des Komitees: *tinyurl.com/32r8ue*.

1895, Dunkelwolken
Informativer Artikel über Max Wolf auf der Website der *Bruce Medal*: J. S. Tenn, *Max Wolf: The Twenty-Fifth Bruce Medalist* (*Mercury*, July–Aug. 1994): *tinyurl.com/9sm5xt8*.

1896, Der Treibhauseffekt
Intergovernmental Panel on Climate Change Fourth Assessment Report der UNO: *tinyurl.com/aprync*.

1896, Radioaktivität
Hedman, M., *The Age of Everything: How Science Explores the Past* (Chicago: Univ. of Chicago Press, 2007).

1899, Phoebe
NASA-Website zur Erforschung des Sonnensystems: *tinyurl.com/yb9e8smf*.

1900, Quantenphysik
New Scientist: *tinyurl.com/ca8lnx*.

1901, Spektralklassen
Nelson, S., *The Harvard Computers* (*Nature* Bd. 455, 36–37, Sept. 4, 2008).

1904, Himalia
Animierte Ansichten der Monde aller Riesenplaneten aus dem Orbit generiert der *Solar System Visualizer* der Unversity of Maryland: *tinyurl.com/2acvd7*.

1905, Einsteins Wunderjahr
Ein ausgezeichneter Ausgangspunkt für weitere Nachforschungen ist der ausführliche Wikipedia-Eintrag: *tinyurl.com/bnvdolc*.

1906, Jupiter-Trojaner
Bei Saturn, Neptun und Mars, seltsamerweise aber nicht bei Uranus, fand man Trojaner an den Lagrange-Punkten L4 und L5. Auch die Monde Tethys und Dione werden an L4 und L5 relativ zum Saturn von kleinen Trojanern begleitet. Mehr dazu: *tinyurl.com/yoklvg*.

1906, Marskanäle
Lowells Buch *Mars and Its Canals* bei Projekt Gutenberg: *gutenberg.org/ebooks/47015*.

1908, Die Tunguska-Explosion
Zusammenstellung von Zeitzeugengeschichten und künstlerischen Eindrücken zur Tunguska-Explosion vom Künstler und Planetenforscher W. K. Hartmann: *tinyurl.com/95pjc2t*.

1908, Cepheiden und Standardkerzen
Johnson, G., *Miss Leavitt's Stars: The Untold Story of the Woman Who Discovered How to Measure the Universe* (New York: W. W. Norton, 2005).

1910, Die Hauptreihe
Lustiges Online-Applet, mit dem man die Entwicklung von Hauptreihen-Sternen unterschiedlicher Masse nachverfolgen kann: *tinyurl.com/b35942*.

1918, Die Größe der Milchstraße
Details zur 1920 zwischen den US-Astronomen Harlow Shapley und Heber Curtis (1872–1942) geführten »Großen Debatte« über die Größe des Universums: *tinyurl.com/9afp4fn*.

1920, Zentauren
Aktualisierte Liste aller bekannten Zentauren und anderer *Scattered Disc Objects* vom *Minor Planet Center* der IAU: *tinyurl.com/99w9mrp*.

1924, Die Masse-Leuchtkraft-Beziehung
Ein Standardwerk von Generationen von Astrophysikern ist Arthur Eddingtons Buch *The Internal Constitution of the Stars* (Cambridge, UK: Cambridge Univ. Press, 1926).

1926, Flüssigraketen
Goddards Buch über Raketen von 1919 mit dem Titel *A Method to Reach Extreme Altitudes* (Washington, D.C.: Smithsonian Institution Press) kann online gelesen werden: *tinyurl.com/9tha5jc*.

1927, Die Rotation der Milchstraße
Auf der Website der *Galactic Center Group* des Astronomen A. Ghez sind Ansichten vom Zentrum unserer Galaxie bei verschiedenen Wellenlängen zu finden: *tinyurl.com/9etp5wj*.

1929, Die Hubble-Konstante
Osterbrock, D. E., J. A. Gwinn und R. S. Brashear, *Edwin Hubble and the Expanding Universe* (*Scientific American, Bd. 269, 84–89, Juli 1993*).

1930, Die Entdeckung des Pluto
Tombaugh, C., *The Search for the Ninth Planet, Pluto* (*Astronomical Society of the Pacific Leaflets, Juli 1946*): *tinyurl.com/8redhe8*.

1931, Radioastronomie
Bericht des Bruders Cyril über Karl Janskys Entdeckung »elektrischer Störungen scheinbar außerirdischen Ursprungs« unter dem Titel *My Brother Karl Jansky and His Discovery of Radio Waves* von 1956: *tinyurl.com/rrst4*.

1932, Die Öpik-Oort-Wolke
Jan Oorts Artikel im *Bulletin of the Astronomical Institutes of the Netherlands* von 1950, der zur Benennung »Oort'sche Wolke« führte und eine Hypothese Ernst Öpiks von 1932 weiterentwickelt: *tinyurl.com/99tcy9w*.

1933, Neutronensterne
Näheres zur Identifizierung eines einzelnen Neutronensterns mithilfe des Hubble-Weltraumteleskops (1997): *tinyurl.com/cstllk2*.

1933, Dunkle Materie
N. D. Tyson und S. Soter zum »aufbrausenden Charakter« Fritz Zwickys: *tinyurl.com/c45z6l3*.

1936, Elliptische Galaxien
Edwin Hubbles Klassiker *The Realm of the Nebulae* (New Haven, CT: Yale Univ. Press, 1936) beruht auf seinen Vorlesungen in Yale im Jahre 1935 zu seinen Beobachtungen und Interpretationen von »Inseluniversen«.

1939, Die Kernfusion
In seinem Aufsatz zur Geschichte der Kernfusion in Sternen mit dem Titel *How the Sun Shines* (tinyurl.com/bocbkj4) schrieb der Astronom J. Bahcall über Hans Bethes Artikel *Energy Production in Stars* von 1939: »Wenn man Physiker ist und nur die Zeit zum Lesen eines einzigen Beitrags zu diesem Thema aufbringen kann, sollte man sich diesen zu Gemüte führen«.

1945, Geostationäre Satelliten
Arthur C. Clarkes 1945 in der Zeitschrift *Wireless World* erschienener prophetischer Artikel über die Zukunft von Kommunikationssatelliten sowie weitere Aufsätze und Dokumente über das frühe Weltraumprogramm hat der Weltraumhistoriker J. Logsdon in einem Band versammelt: *Exploring the Unknown: Selected Documents in the History of the U.S. Civil Space Program* (*tinyurl.com/bruoxsd*).

1948, Miranda
Sehenswerte Filme und Ansichten der faszinierenden Topografie des winzigen Mondes Miranda, die der Planetenforscher P. Schenk online gestellt hat: *tinyurl.com/cr9cm3g*.

1955, Das Magnetfeld des Jupiters
Lesenswert ist L. Garcias Artikel auf der Website *Radio Jove*: *tinyurl.com/csy4rch*.

1956, Neutrino-Astronomie
Gelmini, G. B., A. Kusenko und T. J. Weile, *Through Neutrino Eyes: Ghostly Particles Become Astronomical Tools* (*Scientific American, Mai 2010*).

1957, *Sputnik 1*
Einen unterhaltsamen Blick auf den Sputnik-Schock in den USA, der die Amerikaner zum Mond trieb, bieten der autobiografische Roman *Rocket Boys* von H. Hickam (New York: Delacorte Press, 1998) sowie der dazugehörige Film *October Sky* (Universal Pictures, 1999).

1958, Die Van-Allen-Strahlungsgürtel
Mehr zum ungeheuer erfolgreichen Kleinsatellitenprogramm *Explorer* mit seinen 93 Starts zwischen 1958 und 2012: *tinyurl.com/qp34s*.

1958, Die NASA und das *Deep Space Network*
Einzelheiten zu den NASA-Raumfahrtmissionen, die vom DSN mitverfolgt werden: *tinyurl.com/5ucc4c* and *tinyurl.com/7ebsjx3*.

1959, Die Mondrückseite
Die Rückseite des Mondes ist meist nicht mit der dunklen Seite identisch, denn der Mond durchläuft einen Zyklus von Tag und Nacht, sodass sich die helle und die dunkle Seite wie auf der Erde ständig ändern. Bei Vollmond ist die Rückseite die dunkle, bei Neumond wird die der Erde zugewandte Seite dunkel. Eine Erklärung von P. Plait: *tinyurl.com/ya4vf3w*.

1959, Spiralgalaxien
Auf der Website *Women in Astronomy* der *Astronomical Society of the Pacific* ist Näheres zur Spiralgalaxien- und Dunkle-Materie-Forscherin Vera Rubin zu finden: *tinyurl.com/6e8r54*.

1960, Das SETI-Programm
Kaplan, F., *An Alien Concept* (*Nature* Bd. 461, 345–346, Sep. 17, 2009).

1961, Die ersten Menschen im Weltall
Zu Ehren von Juri Gagarin als erstem Menschen im Weltraum wird seit 2001 der 12. April auf der ganzen Welt als »Yuri's Night« mit kosmischen Partys und Veranstaltungen gefeiert. Mehr dazu: *yurisnight.net*.

1963, Das Arecibo-Radioteleskop
Arecibo-Observatorium: *tinyurl.com/9roxj3j*.

1963, Quasare
Informationen zur visuellen und spektroskopischen Erforschung von Quasaren und deren Wirtsgalaxien mit dem Hubble-Weltraumteleskop: *tinyurl.com/8qtve6j*.

1964, Die Hintergrundstrahlung
Seit ihrer 1925 erfolgten Gründung tun sich die Bell Laboratories als gutes Beispiel dafür hervor, wie die Privatwirtschaft den wissenschaftlichen und technologischen Fortschritt fördern kann. Neben der Entdeckung der Hintergrundstrahlung und der Erfindung der Radioastronomie zählten Mitarbeiter der Bell Labs auch zu den Pionieren der Transistor-, Laser- sowie Solarzellentechnologie und entwickelten den ersten Telekommunikationssatelliten.

1965, Schwarze Löcher
Einen unterhaltsamen und lehrreichen Überblick über die Erforschung und das Geheimnis der schwarzen Löcher gibt der Astrophysiker N. D. Tyson in *Death by Black Hole: And Other Cosmic Quandaries* (New York: W. W. Norton, 2007).

1965, Hawkings »Extreme Physik«
Stephen Hawkings Bestseller *Eine kurze Geschichte der Zeit* und *Das Universum in der Nussschale* sind ausgezeichnete Einführungen in die moderne Kosmologie und die exotische Welt der schwarzen Löcher, Wurmlöcher und anderer Erscheinungen der Extremphysik für ein breites Publikum.

1966, *Venera* 3 auf der Venus
Mitchell, D. P.: *tinyurl.com/3nud9*.

1967, Pulsare
Max-Planck-Institut für Gravitationsphysik, Einstein Online: *einstein-online.de*.

1967, Extremophile
T. Brocks Aufforderung zu einer Ausweitung

der Suche nach bewohnbaren Lebensräumen auf der Erde: *Life at High Temperatures* (*Science* vol. 158, Nov. 1967, S. 1012–1019).

1969, Die ersten Menschen auf dem Mond
Apollo Lunar Surface Journal: *hq.nasa.gov/alsj/*.

1969, Die zweite bemannte Mondlandung
Nur wenig wurde über das gescheiterte bemannte sowjetische Mondforschungsprogramm veröffentlicht. Einen Überblick über die sowjetischen Bemühungen bietet der Raumfahrthistoriker M. Lindroos: tinyurl.com/8j2nj4q

1969, Die Digitalisierung der Astronomie
Willard Boyle und George Smith teilten sich 2009 den Physik-Nobelpreis für die Erfindung des CCD-Sensors. Hier beschreiben sie ihre Pionierarbeit: *tinyurl.com/ydlehwe*.

1970, Organische Moleküle auf dem Murchison-Meteoriten
Rosenthal, A. M., *Murchison's Amino Acids: Tainted Evidence?* (*Astrobiology*, February 12, 2003): *tinyurl.com/9ha432o*.

1970, *Venera 7* landet auf der Venus
Chronologische Liste der Raumfahrtmissionen zur Venus vom *National Space Science Data Center*: *tinyurl.com/8taqj9x*.

1970, Unbemannte Proben-Rückhol-Missionen
Fotos des NASA-Teams der *Lunar Reconnaissance Orbiter Camera* von »anthropogenen Objekten« auf dem Mond wie den *Luna*-, *Surveyor*- und *Apollo*-Landern mit Informationen: *tinyurl.com/8gotnwy*.

1971, Die Fra-Mauro-Formation
Chaiken, A., *A Man on the Moon: The Voyages of the Apollo Astronauts* (New York: Penguin, 1998).

1971, Erste Marsorbiter
Hartmann, W. K. und O. Raper, *The New Mars: The Discoveries of* Mariner 9 (NASA-Sonderveröffentlichung 337, 1974).

1971, Mond-Rover
Historische Dokumente und technische Schemata zu den *Apollo*-Mond-Rovern sind in *A Brief History of the Lunar Roving Vehicle* (*tinyurl.com/8nxezlh*) und *The Lunar Roving Vehicle – Historical Perspective* (*tinyurl.com/997dad8*) zu finden.

1972, Das Mondhochland
Animierte Panoramen aller *Apollo*-Landeplätze: *moonpans.com/vr/*.

1972, Die letzte bemannte Mondlandung
Wikipedia-Eintrag zum *Apollo*-Programm: *tinyurl.com/y9e5p4b7*.

1973, Gammablitze
Observations of Gamma-Ray Bursts of Cosmic Origin, der Aufsatz, mit dem R. W. Klebesadel, I. B. Strong und R. A. Olson 1973 im *Astrophysical Journal* die Entdeckung von Gammablitzen bekannt gaben: *tinyurl.com/9dhw9ot*.

1973, *Pioneer 10* erreicht den Jupiter
Der Weg der fünf NASA-Raumschiffe, die unser Sonnensystem verlassen (haben): *tinyurl.com/8jlw3sm*.

1976, Die *Viking*-Sonden auf dem Mars
Bis zur Mitte der Neunzigerjahre galt M. Carrs prächtig illustriertes Buch *The Surface of Mars* (New Haven, CT: Yale Univ. Press, 1981) als Standardwerk zur Marsgeologie.

1977, Der Start der *Voyager*-Sonden
Genauere Informationen zur Geschichte und zu den Ergebnissen der *Voyager*-Missionen bietet mein Buch *The Interstellar Age* (Dutton, 2015). Zu den *Golden Records* von *Voyager 1* und 2 sowie der Datenplatte von *Pioneer 10* und *11*: C. Sagan, *Murmurs of Earth: The Voyager Interstellar Record* (Ballantine, 1978). Der Weg der fünf NASA-Raumschiffe, die unser Sonnensystem verlassen (haben): *tinyurl.com/8jlw3sm*.

1977, Uranusringe
Elliot, J. und R. Kerr, *Rings: Discoveries from Galileo to Voyager* (Cambridge, MA: MIT Press, 1987).

1978, Charon
Charon war der letzte große (nicht unregelmäßige) Satellit eines Planeten (Pluto galt damals noch als solcher), der mit dem Teleskop entdeckt wurde. Eine chronologische Auflistung aller Satelliten, die im Sonnensystem entdeckt wurden (mit dem Teleskop oder von Raumsonden): *tinyurl.com/3uuj6t*.

1979, Aktive Vulkane auf Io
R. Lopes und M. Carroll, *Alien Volcanoes* (Baltimore: Johns Hopkins Univ. Press, 2008).

1979, Jupiterringe
NASA-Website zu Ringsystemen und Monden: *pds-rings.seti.org*.

1979, Ein Ozean auf Europa?
Greenberg, R. J., *Europa: The Ocean Moon* (New York: Springer, 2005).

1979, Der Gravitationslinseneffekt
Der Wikipedia-Eintrag (*tinyurl.com/yddblo3m*) enthält nicht nur Informationen, sondern auch Visualisierungen und Animationen.

1979, *Pioneer 11* erreicht den Saturn
Die NASA-Sonderpublikation 349 (1977) bietet unter dem Titel *Pioneer Odyssey* eine reich illustrierte Geschichte der Missionen *Pioneer 10* und *11*: *tinyurl.com/9lnp9ex*.

1980, Ein telegener Kosmos
Durch den Beitritt zur 1980 von C. Sagan, B. Murray und L. Friedman gegründeten *Planetary Society* (*www.planetary.org*), einer gemeinnützigen Organisation zur Erkundung des Weltraums, kann sich jeder von uns aktiv an der Planeten- und Weltraumforschung beteiligen.

1980, 1981, Die *Voyager*-Sonden erreichen den Saturn
Pyne, S., *Voyager: Seeking New Worlds in The Third Great Age of Discovery* (New York: Viking, 2010).

1981, Spaceshuttles
Was steht in der bemannten US-Weltraumfahrt nach der Stilllegung der Spaceshuttle-Flotte im Jahre 2011 als Nächstes an? Eine Präsidialkommission empfahl 2009 der NASA einen »flexiblen Weg« mit Missionen zum Mond, zum Mars oder Asteroiden: *tinyurl.com/ygez243*.

1982, Neptunringe
Die derzeitige naturwissenschaftliche Bibel zur Ringforschung ist L. Espositos *Planetary Rings* (New York: Cambridge Univ. Press, 2006).

1984, Protoplanetare Scheiben
Eine Website, die dem Laien protoplanetare Scheiben verstehen hilft: *tinyurl.com/94879ma*.

1986, *Voyager 2* erreicht den Uranus
Voyager 2 besuchte als bisher einziges Raumfahrzeug den Uranus. 2011 forderte die NASA in ihrem *Planetary Decadal Survey* für 2013–2022 die Planung einer Uranus-Orbitermission, um die Entdeckungen der *Voyager 2* zu erweitern. Der Bericht steht auf *tinyurl.com/3j8qcjb* zum Download bereit.

1987, Supernova 1987A
Ein spektakulärer Zeitrafferfilm über »Lichtechos« der Supernova 1987A zwischen 1996 und 2002: *tinyurl.com/9x8zuu6*.

1988, Lichtverschmutzung
Website der *International Dark-Sky Association*: *www.darksky.org*. Machen Sie mit!

1989, *Voyager 2* erreicht den Neptun
Das 1995 in der Reihe *Space Science* der University of Arizona erschienene Buch *Neptune and Triton* (D. P. Cruikshank, Hrsg.) wird wahrscheinlich noch für längere Zeit eine maßgebliche Quelle für das Neptunsystem bleiben, denn in naher Zukunft sind keine neuen Missionen zum achten Planeten geplant.

1989, Große Mauern
Der Astronom S. D. Landy führte die Vorstellung großräumiger kosmischer Strukturen, darunter der Großen Mauern, in *Mapping the Universe* (*Scientific American*, Juni 1999) ein.

1990, Das Hubble-Weltraumteleskop
Die Website von Hubble (*hubblesite.org*) ist ein Internet-Selbstbedienungsladen voller Informationen, Geschichten und Bildern zum Kosmos.

1990, Die Venusakartierung durch *Magellan*
D. Grinspoon, der mit den Daten der *Magellan*- Mission arbeitete, legte mit *Venus Revealed: A New Look Below the Clouds of Our Mysterious Twin Planet* (New York: Basic Books, 1998) ein unterhaltsames Buch über den »Zwillingsplaneten« der Erde vor.

1992, Die Messung der Hintergrundstrahlung
Mit J. Mather und G. Smoot wurden 2006 zwei führende COBE-Wissenschaftler für ihren Beitrag zu einer neuen Ära der präzisen, beobachtenden Kosmologie mit weltraumgestützten Observatorien mit dem Nobelpreis für Physik ausgezeichnet.

1992, Erste Exoplaneten
Inzwischen wurden zwölf weitere Planetenanwärter bei elf weiteren Pulsaren außer PSR B1257+12 entdeckt. Die Enzyklopädie der Exoplaneten (*tinyurl.com/39qusq*) präsentiert die jeweils neuesten detaillierten Informationen.

1992, Kuipergürtelobjekte
Das *Minor Planet Center* der IAU beobachtet derzeit über 1250 transneptunische Objekte im Kuipergürtel: *tinyurl.com/9zxhsbz*.

1992, Asteroiden mit Monden
Die Entdeckung eines Asteroiden-Mondes ermöglicht Astronomen mithilfe der Kepler'schen Gesetze die Bestimmung der Masse und Dichte des Asteroiden, was Hinweise auf seine Zusammensetzung (Eis, Gestein, Metall) und innere Struktur (massiv oder aus »Brocken«) gibt.

1993, Großteleskope
Liste der größten historischen und heutigen optischen Teleskope: *tinyurl.com/cnfuo4p*.

1994, Einschlag von SL9 auf Jupiter
Spencer, J. und J. Mitton, *The Great Comet Crash: The Collision of Comet Shoemaker-Levy 9 and Jupiter* (New York: Cambridge Univ. Press, 1995).

1994, Braune Zwerge
Zu den Wetterphänomenen auf Braunen Zwergen könnte ein eher heftiger Regen aus flüssigem Eisen gehören, der durch eine Atmosphäre aus verdampftem Gestein fällt. Mehr dazu: J. Bryner, *Wild Weather: Iron Rain on Failed Stars*, *tinyurl.com/bn2q4jg*.

1995, Planeten bei sonnenähnlichen Sternen
Interaktiver Katalog der Exoplaneten: *tinyurl.com/32bozw*.

1995, *Galileo* im Orbit des Jupiters
Meltzer, M., *Mission to Jupiter: A History of the Galileo Project* (NASA Sonderveröffentlichung 4231, 2007): *tinyurl.com/3gfnqge*.

1996, Leben auf dem Mars?
National Space Science Data Center: tinyurl.com/6gjhsug.

1997, Der Große Komet Hale-Bopp
G. W. Kronk, *Cometography: tinyurl.com/8q6scg5*.

1997, (253) Mathilde
Da Mathilde tiefschwarz ist und vermutlich zu großen Teilen aus Kohlenstoff besteht, wurden Krater und andere Merkmale auf der Oberfläche nach Kohlefeldern und -minen auf der Erde benannt. Folgende Liste gibt einen Überblick über die Themen bei der Namensvergabe im Sonnensystem: tinyurl.com/3rnenrp.

1997, Der erste erfolgreiche Mars-Rover
Ein Gefühl für den *Sojourner* in Aktion auf dem Mars vermitteln die Filme des Planetenforschers J. Maki und des *Mars-Pathfinder*-Teams: *tinyurl.com/976hyys*.

1997, *Mars Global Surveyor*
Spektakuläre Fotosammlung vom Team, das die *MGS Mars Orbiter Camera* (MOC) baute und betrieb: *tinyurl.com/8ezruqa*.

1998, Die Internationale Raumstation
Der Montageablauf der ISS zwischen 1998 und 2011 animiert: *tinyurl.com/d4plha*.

1998, Dunkle Energie
Mehr auf der Hubble-Website (*tinyurl.com/yv7q7d*) und in: T. Clifton und P. G. Ferreira *Does Dark Energy Really Exist?* (*Scientific American*, April 2009).

1999, Die Turiner Skala für erdnahe Objekte
Mehr zur Turiner Skala und zur neueren Palermo-Skala: *tinyurl.com/kwt3tg* und *tinyurl.com/94lg6dx*.

1999, Das Chandra-Röntgenobservatorium
Website des Observatoriums: *tinyurl.com/j84ul*.

2000, Ozean auf Ganymed?
Ganymed ist größer als Merkur, differenziert in Kern, Mantel und Kruste und hat sowohl einen unterirdischen Ozean als auch ein Magnetfeld. Ich betrachte ihn deshalb als Planet, der zufällig um den Jupiter kreist. Kein Wunder, dass die ESA beschlossen hat, 2022 eine spezielle Ganymed-Orbitermission namens *Jupiter Icy Moons Explorer* zu starten: tinyurl.com/7nbred7.

2000, NEAR *Shoemaker* erreicht Eros
National Space Science Data Center: tinyurl.com/cpvjrkv.

2001, Das solare Neutrinoproblem
Spannend erzählen A. B. McDonald, J. R. Klein, und D. L. Wark die Geschichte der Neutrinos und ihrer astronomischen Detektion zwischen 1970 und 2002 in *Solving the Solar Neutrino Problem* (*Scientific American*, April 2003).

2001, Das Alter des Universums
Bei der Bestimmung des Alters des Universums sind nicht nur die Weltraumteleskope WMAP und Hubble behilflich, sondern auch andere Methoden: die Schätzung, wie lange die ältesten Sterne in Kugelhaufen oder die ältesten Weißen Zwerge bereits existieren, sowie die radiometrische Datierung von Meteoriten in Kombination mit einem Modell der Zeitspanne, in der sich schwere Elemente in Supernovae herausbilden. Die Ergebnisse liegen bei allen Methoden zwischen zehn und zwanzig Milliarden Jahren. Siehe dazu: J. C. Villanueva, *How Old Is the Universe*, *tinyurl.com/97qw7mu*.

2001, *Genesis* im Sonnenwind
Burnett, D. und das wissenschaftliche Team der *Genesis*-Mission, *Solar Composition from the Genesis Discovery mission* (*Proceedings of the National Academy of Sciences*, 9. Mai 2011): *tinyurl.com/8lck3ra*.

2003, Das Spitzer-Weltraumteleskop
Website des *Jet Propulsion Laboratory* der NASA: *tinyurl.com/44ys3*.

2004, *Spirit* und *Opportunity* auf dem Mars
Mein Bildband *Postcards from Mars* (New York: Dutton, 2006) and mein Raumbildalbum *Mars 3-D* (New York: Sterling, 2008) präsentieren die Geschichten und Foto-Highlights der Mars-Rover-Missionen *Spirit* und *Opportunity*.

2004–2017, *Cassini* erforscht den Saturn
Dougherty, M. K., L. W. Esposito und S. M. Krimigis, Hrsg., *Saturn from Cassini-Huygens* (New York: Springer, 2009).

2004, *Stardust* erreicht 81P/Wild 2
Das Magazin *Science* enthält in der Ausgabe vom 15. Dezember 2006 die erste detaillierte Analyse der chemischen und mineralogischen Zusammensetzung der Stardust Proben.

2005, *Deep Impact* erreicht 9P/Tempel 1
Informationen zum Einschlag des *Deep Impact*-Projektils auf Tempel 1 mit Computeranimationen: *tinyurl.com/8fsh7qx*.

2005, *Huygens* auf Titan
Lorenz, R. und C. Sotin, *The Moon That Would Be a Planet* (*Scientific American* Bd. 302, 36–43, März 2010).

2005, *Hayabusa* auf Itokawa
Entdeckungen der Planetenforschung: *tinyurl.com/8wxxq3x*.

2006, Die Herabstufung des Pluto
Ausführliche Beschreibung und Erläuterung der neuen IAU-Definition eines Planeten

und Diskussion der hitzigen Debatte nach der Einführung der Kategorie »Zwergplanet«: tinyurl.com/qfrdxc.

2007, Bewohnbare Supererden?
Die Aufregung über die mögliche Bewohnbarkeit insbesondere von Gliese 581 d lässt nicht nach, denn neue Computermodelle des möglichen Klimas verheißen Gutes. Ausführlicher behandelt dieses Thema der Artikel *First Habitable Exoplanet? Climate Simulation Reveals New Candidate That Could Support Earth-Like Life*, *tinyurl.com/424vjmk*.

2009, *Kepler* sucht nach Exoplaneten
Homepage des NASA *Ames Research Center: kepler.nasa.gov*.

2010, Das SOFIA-Observatorium
Website: *sofia.usra.edu*.

2010, *Rosetta* erreicht (21) Lutetia
Seite der Planetary-Society-Bloggerin Emily Lakdawalla, auf der sie Lutetia mit anderen Asteroiden und Kometen vergleicht, die von Raumsonden besucht worden sind: *tinyurl.com/esjulym*.

2010, Komet 103P/Hartley 2
Aktuelles und Links zum Kometen Hartley 2: *kometen.info/103p.htm*.

2011, *MESSENGER* erreicht den Merkur
Homepage der Mission: *messenger.jhuapl.edu*.

2011, *Dawn* erreicht Vesta
Informativ sind meine Artikel *Dawn's Early Light: A Vesta Fiesta!* und *Protoplanet Closeup* in der Zeitschrift *Sky & Telescop* von November 2011 und September 2012.

2011, Das ALMA-Observatorium
Mehr zur Geschichte, technischen Details und den neuesten Forschungsergebnissen: *almaobservatory.org*.

2012, Der Mars-Labor-Rover *Curiosity*
Missionsseite mit Fotos und Videos vom Bau und den Tests des Mars-Rovers *Curiosity*, Zeitraffer-Film über seine erfolgreiche Landung auf dem Mars im August 2012 sowie den neuesten wissenschaftlichen Ergebnissen: *tinyurl.com/8h94w65*.

2013, Der Meteor von Tscheljabinsk
Aktuelle Informationen über die neuesten atmosphärischen Kometen- und Asteroidenereignisse wie große und kleinere Feuerbälle des NASA *Center for Near-Earth Object Studies: cneos.jpl.nasa.gov/fireballs/*.

2015, Sonnensegel
Weitere Informationen zur Geschichte des Projekts *LightSail-1*sowie zu Plänen und Fortschritten von *LightSail-2* auf der Website der Planetary Society: *www.planetary.org/explore/projects/lightsail-solar-sailing/*.

2015, *Dawn* erreicht Ceres
Offizielle Projektseite der NASA mit den neuesten und besten Bildern sowie weiteren Informationen über die Dawn-Mission zu Vesta und Ceres: *dawn.jpl.nasa.gov*.

2015, Die Erforschung des Pluto
Website des New-Horizons-Teams: *pluto.jhuapl.edu*.

2016, *Juno* erreicht den Jupiter
Missionswebsite der NASA mit den neuesten Informationen in Bild und Wort: *Juno* mission website, at *www.nasa.gov/mission_pages/juno/*.

2016, *ExoMars Trace Gas Orbiter*
ESA-Website mit vielseitiger Hintergrundinformation und Details zur *Mission: http://exploration.esa.int/mars/46475-trace-gas-orbiter/*.

2016, Gravitationswellen
Umfangreiche Sammlung von Aufsätzen amerikanischer Wissenschaftler zur Entdeckung von Gravitationswellen zum Download: *https://www.scientificamerican.com/report/the-discovery-of-gravitational-waves/*.

2017, Die Nordamerikanische Sonnenfinsternis
Aktualisierte Listen mit Sonnen- und Mondfinsternissen sowie Planetentransiten vom Finsternisforscher F. Espenak: *tinyurl.com/6cqw2c*.

2017, Das Planetensystem Trappist-1
Hintergrundinformationen, Details und neue Erkenntnisse zu den sieben kürzlich dort gefundenen terrestrischen Planeten aus einer Hand präsentiert die »offizielle« Website des Trappist-1-Planetensystems: *www.trappist.one*.

2018, *InSight* unterwegs zum Mars
Neueste Informationen zur *InSight*-Landermission der NASA zum Mars: *insight.jpl.nasa.gov*.

2019, Das James-Webb-Weltraumteleskop
Gardner, J. P. und Kollegen, *Space Science Reviews* (Bd. 123, S. 485–606, 2006): *tinyurl.com/d7elwth*.

2020, Proben-Rückhol-Mission zum Mars
Die offizielle Website der NASA mit Hintergrundinformationen und Details zur Rovermission *Mars 2020: mars.jpl.nasa.gov/mars2020*.

um 2022, *Europa Clipper*
Eine reiche Vielfalt von Informationen zu Europa und zur Mission *Europa Clipper: www.nasa.gov/europa*.

2022, *Jupiter Icy Moons Explorer*
Offizielle Missionswebsite der ESA: *http://sci.esa.int/juice/*.

um 2025?, Das Weltraumteleskop WFIRST
Offizielle Projektwebsite, betreut vom *Goddard Space Flight Center: wfirst.gsfc.nasa.gov*.

2029, Beinahekollision der Erde mit Apophis
Wie stark sich Apophis 2036 der Erde nähert, hängt von seiner Passage zwischen Erde und Mond im Jahre 2029 und subtiler Beeinflussung seiner Flugbahn durch die Schwerefelder von Erde und Mond ab, die sich mit dem Computer nicht perfekt modellieren lassen.

um 2035–2050, Erste Menschen auf dem Mars?
Einer bemannten Marsmission stehen keine unüberwindlichen technischen Hindernisse im Weg. Der größte Hemmschuh ist offenbar der Mangel an ausreichenden staatlichen Mitteln.

um 2050?, *Breakthrough Starshot*
Alles über die wegweisenden *Breakthrough*-Initiativen (*Listen*, *Watch*, *Message* und *Starshot*) kann man auf ihrer Website erfahren: *breakthroughinitiatives.org*.

in 100 Mio. Jahren, Kollision der Sagittarius-Zwerggalaxie
Reich, E. S., *How Does Your Galaxy Grow?* (*New Scientist* vol 2717, July 17, 2009).

in 1 Mrd. Jahren, Verdampfen der Erdozeane
Kasting, J. und Kollegen, *Earth's Oceans Destined to Leave in Billion Years: tinyurl.com/8t28g6x*.

in 3–5 Mrd. Jahren, Andromeda-Milchstraßen-Kollision
Eine spektakuläre Computeranimation der Kollision und Fusion von Milchstraße und der Andromeda ähnlichen Galaxien ist auf der Website des Hubble-Weltraumteleskops zu finden: *tinyurl.com/2mfudk*.

in 5–7 Mrd. Jahren, Das Ende der Sonne
Kaler, J. B., *Stars* (New York: Scientific American Library, 1992).

in 10^{14} Jahren, Der letzte Stern
Die Vorstellungen über das Ende der Sternenbildung gehen auseinander, siehe T. Darnell, *The Decay of Heaven* (*tinyurl.com/8r4na6n*).

Wie endet das Universum?
Wer das Ende der Zeit noch nie als mögliches Reiseziel in Betracht gezogen hat, dem sei die Lektüre von Douglas Adams' 1980 veröffentlichtem Buch *Das Restaurant am Ende des Universums* anempfohlen, dem zweiten Teil der Reihe *Per Anhalter durch die Galaxis*, deren gleichnamiger erster und ebenfalls sehr lesenswerter Band 1979 erschienen war.

Index

Anmerkung: **Fett** gedruckte Seitenzahlen kennzeichnen den Haupteintrag zu einem Thema.

Bildnachweis

© **AAVSO:** 254

© **Guillermo Abramson/Celestia freeware:** 249

© **AirPhoto/Jim Wark:** 65

Alamy: © INTERFOTO PRESSEBILDAGENTUR: 103; © Pictorial Press, Ltd.: 268; © Science History Images: 119; © Stocktrek Images, Inc.: 505

ALMA/ESO/NAOJ/NRAO: 466

© **Anthony Ayiomamitis:** 167

© **Julian Baum/Take 27 Ltd.:** 55

© **Vladimir Bodurov/http://blog.bodurov.com/Nearest-Stars-3D Map:** 195

© **Michael Carroll:** 395

© **J. Chennamangalam:** 311

© **Steward Cohen (2001):** 315

© **Don Dixon/Cosmographica:** 27, 51, 309, 513

© **Andrew Dunn:** 164

ESA: 446; AOES: 497; David Ducros: 481; Hubble/Nick Rose: 499; MPAe: 156; VIRTIS & VMC TEAMS: 35

ESO: 170, 257; ESO10: 453; ESO online Digital Sky Survey: 142; N. Bartmann/spaceengine.org: 487; Y. Beletsky: 161; B. Tafreshi/twanight.org: 467

Flickr: Alex Marentes: 106; Nantucket Historical Association: 203

Getty Images: © Bettmann/CORBIS: 237; © Elizaveta Becker/ullstein bild: 471

William K. Hartmann/Planetary Science Institute: 253, 261, 423

Institute for Biblical & Scientific Studies: 67

ISAS/JAXA: 449

iStock: © Sergii Shcherbakov: 327; © Duncan Walker: 165

J.L. Johnson, T.H. Greif, P. Navratil, V. Bromm, and Texas Advanced Computing Center: 23

© **Alexander Krot:** 329

© **LaurieHatch.com:** 399

© **M. Lellouch/Grand Canyon National Park:** 59

© **M. Lemke and C.S. Jeffery:** 243

Library of Congress: 236, 241, 242, 250; George Grantham Bain: 262

© **Thierry Lombry:** 173

Mit freundlicher Genehmigung von Lowell Observatory Archives: 251, 271

© **Lucasfilm, Ltd.:** 143

© **Larry McNish/Calgary Centre of the Royal Astronomical Society of Canada:** 451

© **Don P. Mitchell:** 331

© **Moonrunner Designs Ltd.:** 19

Mit freundlicher Genehmigung von NAIC – Arecibo Observatory, eine Einrichtung der NSF: 307

NASA: 141, 260, 265, 283, 293, 299, 322, 323, 325, 339, 341, 343, 347, 371, 462, 465, 483, 495; 2MASS, ein Gemeinschaftsprojekt der University of Massachusettes und des Infrared Processing and Analysis CenterCALTECH, finanziert von NASA/NSF. Atlas-Bildmosaiken von E. Kopan, R. Cutri, S. Van Dyk (IPAC): 267; Ames Research Center: 346; Ames/JPL-Caltech: 455; ARC/JPL: 365; M. Blanton and the Sloan Digital Sky Survey: 385; P. Cinzano u. a./DMSP Satellites/RAS: 381; CXC/HST/ASU/J. Hester u. a.: 319; CXC/M. Markevitch u. a.: 279; CXC/SAO/J. Hughes u. a.: 425; CXC/Universtiy of Utrecht/J. Vink u. a.; XMM-Newton: 92; Don Davis: 61; ESA/E. Jullo (JPL)/ P. Natarajan (Yale University)/J.-P. Kneib (Laboratoire d'Astrophysique de Marseille, CNRS, France): 421; ESA/E. Karkoschka (University of Arizona): 155; ESA/L. McFadden (University of Maryland-College Park): 191; ESA/Felix Mirabel: 313; ESA/G. Bacon (STScI): 355, 405; ESA/H. Weaver (JHUAPL)/A. Stern(SwRI)/HST Pluto Companion Search Team: 354; ESA/HEIC/Hubble Heritage Team: 171; ESA/Hubble Heritage Team: 281, 507; ESA/Hubble Heritage Team (STScI/AURA)/A. Riess (STScI): 259; ESA/J. Anderson/R. van der Marel (STScI): 231; ESA/J. Bell (Cornell University)/M. Wolff (SSI): 502; ESA/J. Hester (Arizona State University): 107; ESA/L. Sromovsky (University of Wisconsin-Madison)/H. Hammel (SSI)/K. Rages (SETI): 177; ESA/M. Robberto (STScI/ESA)/Hubble Space Telescope Orion Treasury Project Team: 137; ESA/P. Challis/R. Kirshner (Harvard-Smithsonian CfA): 379; ESA/Richard Ellis (Caltech)/Jean-Paul Kneib (Observatoire Midi-Pyrenees, France): 363; ESA/S. Beckwith (STScI)/Hubble Heritage Team (STScI/AURA): 301; ESA/S. Beckwith (STScI)/HUDF Team: 269; ESA/SOHO: 282, 435; Dr. Wendy L. Freedman, Observatories of the Carnegie Institute Washington: 255; Aubrey Gemignani: 485; GSFC: 391; GSFC/SDO: 31, 37, 215; Hubble Heritage Team: 147, 151; Hubble Space Telescope Comet Team: 401; JHUAPL: 428; JHUAPL/Carnegie Institute: 463; JHUAPL/Carnegie Institute Washington: 33; Johns Hopkins University Applied Physics Laboratory/Southwest Research Institute: 477; JPL: 49, 93, 129, 131, 133, 135, 137, 157, 178, 179, 201, 210, 211, 286, 287, 297, 348, 349, 351, 353, 356, 361, 367, 369, 373, 377, 383, 397, 406, 427, 434, 440, 447, 464; JPL-Caltech: 101, 436, 442, 443, 468, 478, 486, 488, 493, 509; JPL-Caltech/J. Hora (Harvard-Smithsonian CfA): 512; JPL-Caltech/J. Stauffer (SSC/Caltech): 437; JPL-Caltech/Lockheed Martin: 489; JPL-Caltech/M. Kelley (University of Minnesota): 187; JPL-Caltech/MSSS: 17, 469; JPL-Caltech/MSSS/SwR/Kevin M. Gill: 149; JPL-Caltech/R. Hurt (SSC): 393; JPL-Caltech/Space Science: 45, 441; JPL-Caltech/SwRI/MSSS/Gerald Eichstadt/Sean Doran: 479; JPL-Caltech/UCLA/MPS/DLR/IDA: 189, 474, 475; JPL-Caltech/University of Arizona: 225, 227, 445, 461; JPL-Caltech/University of Maryland: 445, 461; JPL/Cornell University: 226, 358; JPL/Cornell/USGS: 438, 439; JPL/DLR: 407; JPL/IMP Team: 415; JPL/JHUAPL: 413; JPL/LASP: 359; JPL/MSSS: 417; JPL/SSI: 145, 152, 153(x2), 158, 159, 180, 181, 183, 207, 239; JPL/SSIitute:43; JPL/USGS: 357, 382, 389; JSC: 3, 284, 285, 335, 409; S. Kulkarni (Clatech)/D. Golimowski (JHU): 403; Emily Lakdawalla (The Planetary Society): 459; S. Lee (University of Colorado)/J. Bell (Cornell University/M. Wolff (SSI): 39; J. Morse/STScI: 29; Mount Stromlo and Siding Springs Observatory: 400; MSFC: 424; National Radio Astronomy Observatories: 273; NEAR Project/JHUAPL: 429; NSSDC Photo Gallery: 330, 336, 337; Tim Pyle: 454; Pat Rawlings/SAIC: 503; T.A. Rector (University of Alaska-Anchorage, NRAO/AUI/NSF)/B.A. Wolpa (NOAO/AURA/NSF): 303; H. Richer (University of British Columbia): 515; Jim Ross: 457; SAO/CSC: 219; SDO: 263; N.A. Sharp, NOAO/NSO/Kitt Peak FTS/AURA/NSF: 193; STS-119 Shuttle Crew: 419; STScI: 85, 387, 491; Swift/Mary Pat Hrybyk-Keith and John Jones: 345; USAF/J. Strang: 295; Corby Waste: 416; Fred Walter (SUNY Stony Brook): 277; WMAP Science Team: 21, 175, 433

NOAA: 168

© **Tyler Nordgren:** 233

NYU Archives: 197

Orbis World Globes/www.earthball.com: 75

© **J.M. Pasachoff, W.G. Wagner, and H. Druckmülerová:** 223

The Planetary Society: 473

Private Collection: 77, 79, 81, 84, 91, 100, 113, 115, 117, 146

© **Massimo Ramella:** 384

© **Pedro Ré:** 74

© **Casey Reed/Courtesy of Penn State University:** 517

Kristian Resset: 69

© **Graham Rigg of South Shields Daily Photo (http://southshieldsdailyphoto.wordpress.com):** 97

Royal Swedish Academy of Sciences: 431

Science Source: © Julian Baum/New Scientist: 213; © Mark Garlick: 275

© **Scott S. Sheppard/Carnegie Institution:** 245

Shutterstock: © Bertold Werkmann: 235

© **Mit freundlicher Genehmigung von A. Siddiqi/Fordham University:** 305

© **John Spencer:** 289

© **Lawrence Sromovsky/University Wisconsin-Madison/W.M. Keck Observatory:** 47

© **STFC:** 291

© **Barry Sutton:** 57

© **R. Svoboda (UC Davis)/K. Gordan (LSU):** 290

© **Joe Tucciarone:** 53

Mit freundlicher Genehmigung der University of Cambridge, Institute of Astronomy: 194

© **Massimo Mogi Vicentini:** 87

© **David Wall/Paul Hewitt:** 229

© **M. Weiss (CXC):** 121

Mit freundlicher Genehmigung von Wikimedia Foundation: 89, 99, 109, 114, 125, 126, 127, 128, 130, 132, 134, 138, 139, 154, 169, 182, 186, 221, 252, 472; Adamt: 105; Brian Brondel: 83; CXC/SAO, Infrared: NASA/JPL-Caltech; Optical: MPIS, Calar Alto, O. Krause u. a.:116; Eugene Zelenko: 317; Adam Evans: 511; Goodvint: 333; HTO: 63; Jastrow: 123; E. Kolmhofer/ H. Raab/ Johannes-Kepler-Sternwarte, Linz: 411; KuniyoshiProject.com: 73; Ricardo Liberato: 71; Marco Polo: 500, 501; Marsyas: 86; Mdf/NASA/JPL/IAU: 41; Meteorite Recon: 185; Mukerjee: 95; orci: 240; Alex Ostrovski: 111; Pfalstad: 205; Prolineserver/Holgar Motzkau: 229; Reyk YO!: 217; Daniel Sancho: 209; Ferdinand Schmutzer: 247; Silvercat: 298; skatebiker/Chris Heilman: 240; John Sullivan: 321; taking.kwong: 110; Mike Young/Ed Grafton: 176

© **Robert Wilson:** 163

© **Yale University:** 280

© **Michael Zeiler/elipse-maps.com:** 484

© **Mila Zinkova:** 25